住房和城乡建设部“十四五”规划教材
土 木 工 程 专 业 本 研 贯 通 系 列 教 材

弹 塑 性 力 学

李遇春　编著

中 国 建 筑 工 业 出 版 社

图书在版编目（CIP）数据

弹塑性力学 / 李遇春编著. — 北京 ：中国建筑工业出版社，2022.7

住房和城乡建设部“十四五”规划教材 土木工程专业本研贯通系列教材

ISBN 978-7-112-27282-2

Ⅰ. ①弹… Ⅱ. ①李… Ⅲ. ①弹性力学－高等学校－教材②塑性力学－高等学校－教材 Ⅳ. ①O343②O344

中国版本图书馆 CIP 数据核字(2022)第 058255 号

本书是专为土木工程专业研究生编写的 50～60 学时的弹塑性力学教材。本书针对土木工程（应用）的特点，内容包括：第一篇弹性力学部分，包括弹性力学基本方程的建立、平面问题、空间轴对称问题、应力应变坐标变换、等截面直杆的扭转、薄板的小挠度弯曲、薄板的弯曲振动、温度应力及变分原理；第二篇塑性力学部分，包括单轴拉压时的塑性现象和简化模型、屈服条件、塑性应力-应变关系及结构弹塑性分析。本书介绍了弹塑性力学在土木工程中的一些重要应用实例，如：地基应力与沉降计算原理、混凝土板的（弹性）计算方法、混凝土材料受拉劈裂试验的力学原理、混凝土结构温度裂缝分析、工程应变分析、结构中的剪力滞、混凝土板的塑性极限荷载、结构的塑性失稳、楔形坡体的滑移稳定等问题。本书最后附有部分习题参考答案。

本书覆盖的内容较宽，可作为土木工程类研究生教科书或参考书，其中的弹性力学部分也可作为土木工程类本科生弹性力学教科书或参考书。同时，本书还可供土木结构工程师参考使用。

本书配备教学课件，请选用此教材的教师通过以下方式索取：1. jckj@cabp. com；2. 电话：(010) 58337285；3. 建工书院：http：//edu. cabplink. com。

* * *

责任编辑：赵 莉 吉万旺
责任校对：张惠雯

住房和城乡建设部“十四五”规划教材
土木工程专业本研贯通系列教材
弹塑性力学
李遇春 编著
*
中国建筑工业出版社出版、发行（北京海淀三里河路 9 号）
各地新华书店、建筑书店经销
北京红光制版公司制版
天津安泰印刷有限公司印刷
*
开本：787 毫米×1092 毫米 1/16 印张：19 字数：425 千字
2022 年 8 月第一版 2022 年 8 月第一次印刷
定价：**58.00** 元（赠教师课件）
ISBN 978-7-112-27282-2
(39167)

出 版 说 明

党和国家高度重视教材建设。2016 年，中办国办印发了《关于加强和改进新形势下大中小学教材建设的意见》，提出要健全国家教材制度。2019 年 12 月，教育部牵头制定了《普通高等学校教材管理办法》和《职业院校教材管理办法》，旨在全面加强党的领导，切实提高教材建设的科学化水平，打造精品教材。住房和城乡建设部历来重视土建类学科专业教材建设，从“九五”开始组织部级规划教材立项工作，经过近 30 年的不断建设，规划教材提升了住房和城乡建设行业教材质量和认可度，出版了一系列精品教材，有效促进了行业部门引导专业教育，推动了行业高质量发展。

为进一步加强高等教育、职业教育住房和城乡建设领域学科专业教材建设工作，提高住房和城乡建设行业人才培养质量，2020 年 12 月，住房和城乡建设部办公厅印发《关于申报高等教育职业教育住房和城乡建设领域学科专业“十四五”规划教材的通知》（建办人函〔2020〕656 号），开展了住房和城乡建设部“十四五”规划教材选题的申报工作。经过专家评审和部人事司审核，512 项选题列入住房和城乡建设领域学科专业“十四五”规划教材（简称规划教材）。2021 年 9 月，住房和城乡建设部印发了《高等教育职业教育住房和城乡建设领域学科专业“十四五”规划教材选题的通知》（建人函〔2021〕36 号）。为做好“十四五”规划教材的编写、审核、出版等工作，《通知》要求：（1）规划教材的编著者应依据《住房和城乡建设领域学科专业“十四五”规划教材申请书》（简称《申请书》）中的立项目标、申报依据、工作安排及进度，按时编写出高质量的教材；（2）规划教材编著者所在单位应履行《申请书》中的学校保证计划实施的主要条件，支持编著者按计划完成书稿编写工作；（3）高等学校土建类专业课程教材与教学资源专家委员会、全国住房和城乡建设职业教育教学指导委员会、住房和城乡建设部中等职业教育专业指导委员会应做好规划教材的指导、协调和审稿等工作，保证编写质量；（4）规划教材出版单位应积极配合，做好编辑、出版、发行等工作；（5）规划教材封面和书脊应标注“住房和城乡建设部‘十四五’规划教材”字样和统一标识；（6）规划教材应在“十四五”期间完成出版，逾期不能完成的，不再作为《住房和城乡建设领域学科专业“十四五”规划教材》。

住房和城乡建设领域学科专业“十四五”规划教材的特点：一是重点以修订教育部、住房和城乡建设部“十二五”“十三五”规划教材为主；二是严格按照专业标准规范要求编写，体现新发展理念；三是系列教材具有明显特点，满足不同层次和类型的学校专业教学要求；四是配备了数字资源，适应现代化教学的要求。规划教材的出版凝聚了作者、主审及编辑的心血，得到了有关院校、出版单位的大力支持，教材建设管理过程有严格保障。希望广大院校及各专业师生在选用、使用过程中，对规划教材的编写、出版质量进行反馈，以促进规划教材建设质量不断提高。

住房和城乡建设部“十四五”规划教材办公室

2021年11月

前　言

本书作者多年来为同济大学土木工程专业研究生讲授54学时的弹塑性力学课程，本书正是在这门课程的基础上编写而成的，基于培养土木工程师的理念，本书在选材及内容叙述上具有土木工程专业的鲜明特点。

在过去的几十年里，国内出版过一批优秀的弹塑性力学教材，这些教材的作者很多以力学研究者的观点来编写教材，强调力学理论的系统性与严密性，尤其注重力学中各种不同分析方法的描述，编写的教材一般具有通用性，适合于力学、土木、水利、机械等专业，对于工程应用通常只作一般性的讨论，这种编写教材的方式，无疑对学生（尤其是力学专业的学生）奠定扎实的理论基础、培养理性思维能力具有很好的作用。

对于土木工程而言，现代的土木工程结构千变万化，其设计与施工涉及很多的弹塑性力学问题，弹塑性力学是土木工程师最基本的分析工具，过去一些工程事故的案例表明，土木工程师力学知识（尤其是弹塑性力学知识）覆盖不够，导致工程设计失误，从而引发工程事故，因此土木工程专业弹塑性力学课程的选材应尽可能覆盖到土木工程所涉及的相关弹塑性力学问题，这就决定了本课程的内容比较宽泛。由于现代计算技术的巨大进步，土木工程师已不大可能采用解析方法去求解复杂的工程弹塑性力学问题，因此土木工程专业弹塑性力学课程不宜太深，也不宜过分追求力学的系统性与数学上的严密性，土木结构工程师需要具备清晰的弹塑性力学概念以及基本弹塑性力学问题的解算能力。

土木工程专业的学生在学习弹塑性力学这门课程时往往感到困惑，常常听到学生抱怨，书很难看懂，须上课听老师讲授以后，才有所领会，学懂了理论，但能解决什么实际工程问题还是模糊不清。一般认为弹塑性理论在工程中的具体应用是专业课的事情，而专业课在应用弹塑性理论时，很少谈及计算方法与公式是如何得到的，理论与实际应用之间似乎缺少一些必要的联系。作者尝试以一个土木工程师的视角来编写本书，从土木工程师的需求出发，选材覆盖了土木工程中比较宽广的弹塑性力学知识，在尽力满足弹塑性力学系统性的基础上，作者精心编写了较多的工程应用实例，最大限度地展示土木工程中的弹塑性力学现象，在弹塑性理论与实际工程应用之间建立起联系，体现土木工程专业的特点，强调弹塑性力学在土木工程中的应用价值。

本书采用数学解析的方法来求解弹塑性力学问题，并不涉及数值求解方法。由于数值（如有限元）计算技术的迅猛发展，人们更多地依赖于数值计算方法来求解弹塑性力学问题，而疏于解析方法的研究和应用。一个数值解只能窥探豹的一个斑点，而唯有解析（公式）解才可以窥视全豹，能更为全面、深刻地理解问题的物理本质。弹塑性力学基本理论凝结了前人许多解析问题的思想和方法，作者期望本书能为土木工程专业学生提供这样一个训练素材，用以提高其理性思维能力以及解析实际工程问题的能力。

为便于学生自学，本书在叙述方式上力求简单明了，在内容叙述和公式推导过程中采用了较多的插图加以说明，鉴于土木工程专业的学生一般都熟悉微积分与矩阵理论，本教材基本采用微积分与矩阵理论推导弹塑性力学（分量）方程，与之对应的“微元体分析”方法贯穿全书，分量方程推导直观，容易理解且应用方便。本书也简要介绍弹塑性力学方程的张量描述（但不采用张量进行方程推导），张量描述客观且与坐标选择无关，便于学生在更高层次上理解弹塑性力学方程。本书将课程中的一些数学难点（包括张量分析）在附录中单独列出，数学附录是本书的有机组成部分，建议在讲授或自学弹塑性力学课程中，穿插讲授或学习附录中的数学难点，本书在方程推导中有相应的数学知识提示。本书的预备知识为高等数学（微积分、微分方程）、线性代数、理论力学、材料力学及结构力学。

本书编写了较多的习题，可供教师和学生选用，书中带星号（*）的习题为研究型题目，要求解这些问题，除了掌握本书的知识以外，还需要查阅其他的文献资料才能解决，通过对研究型题目的钻研并撰写小型的学术论文，可激发学生的研究兴趣，提高学生解决实际工程问题的能力。

现有许多弹塑性力学教材将弹性力学与塑性力学融合在一起，弹性力学与塑性力学交替讲授，尤其关注材料的弹塑性力学过程，从力学研究者的角度看，这有利于学生深刻理解弹塑性的力学过程，对于某些机械加工专业或许是必要的，因为机械工程师需要了解加工成型过程中材料的弹塑性状态。对于土木工程专业而言，结构工程师对于结构中的弹塑性力学过程一般并不感兴趣，因为工程结构通常是按（极限）状态（弹性或塑性状态）设计的，因而本书将弹性力学与塑性力学分开编排，从教学的角度看，这样使学生更容易理解和掌握弹塑性力学的基本原理。

本书分为两篇共16章，第一篇为弹性力学共12章，第1章介绍弹性力学的研究对象与基本假设；第2章介绍弹性力学基本方程的建立；第3章为平面问题基本理论；第4、5章分别列出了一些经典弹性力学问题的直角坐标与极坐标解答，介绍混凝土受拉劈裂试验的力学原理；第6章为应力、应变坐标变换，它是工程应力与应变后处理的常用方法，结合实例介绍了结构裂缝定性分析方法；第7章介绍一类空间轴对称问题，由此派生出土木工程中的地基沉降计算公式及弹性体的接触最大应力计算公式；第8章介绍经典的柱体扭转问题以及薄膜比拟的方法；第9章为矩形薄板的小挠度弯曲问题，介绍了工程中薄板的内力计算方法，本章是混凝土板配筋计算的力学基础；第10章介绍薄板的弯曲振动问题，实际工程中常常会在楼板上布置动力机器，从而可能引起楼板的过大振动，引起结构安全性或适用性问题，而现有土木工程专业的结构动力学课程一般并不涉及板的振动问题，因为建立薄板的振动方程需要首先介绍薄板的静力弯曲方程及边界条件，在结构动力学课程中不方便介绍板的振动问题，而在第9章薄板静力问题的基础上，可很容易得到薄板的振动方程及边界条件，学习起来比较顺畅，第10章可作为一个补充内容，可供学生选学或直接跳过不学；第11章介绍温度应力问题，温度应力是混凝土结构产生裂缝的重要原因之一，温度应力对结构的安全性与耐久性产生重要影响，由于温度应力（热弹性力学）问题是一个极复杂的问题，本章只介绍了热弹性力学的基本方程、基本解法及简单的分析实例；第 12 章介绍了变分原理，这一方法是工程数值计算（有限元法）的理论基础，本章采用变分法分析了薄壁结构的剪力滞问题。第二篇为塑性力学共 4 章，第 13 章为塑性力学绪论；第 14 章为屈服条件，介绍了屈服条件的表示方法，给出了塑性材料与脆性材料的常用屈服条件（准则）；第 15 章为塑性应力-应变关系，简要介绍了加、卸载准则，材料硬化模型以及增量型与全量型本构关系等；第 16 章为结构弹塑性分析，分析了几类工程结构弹塑性过程以及结构塑性极限荷载计算方法。

尽管本书是为土木工程专业硕士研究生编写的教材，但本书的弹性力学部分自成体系，因此本书也可作为土木工程专业本科生 36 学时的弹性力学教材或参考书。

作者感谢研究生贾世文、田敬、党珍珍及阙彰为本书一部分习题做出了解答，感谢本书责任编辑赵莉、吉万旺所做出的辛勤劳动。

本书作者学识有限，书中必有谬误或不妥之处，恳请专家和读者来信指正（地址：上海市四平路 1239 号同济大学土木工程学院土木大楼 B610，E-mail：YCL2000@tongji. edu. cn）。

2022 年 2 月于同济大学

目　录

第一篇　弹性力学

第二篇 塑 性 力 学

附 录

第一篇

弹 性 力 学

第 1 章　弹 性 力 学 绪 论

1.1　弹性力学的研究对象与任务

弹性力学是固体力学的一个分支学科，是研究固体材料在外部作用下（外部作用一般包括：荷载、温度变化以及固体边界约束改变），弹性变形及应力状态的一门学科。

土木工程中的结构物设计与力学息息相关、紧密联系。我们已学过材料力学及结构力学，那么土木工程专业的学生为什么还要学习弹性力学呢？我们知道材料力学及结构力学这两门课程主要研究的是“杆状”构件（或结构）的力学问题，所谓的“杆状”构件是指构件的纵向尺寸远大于其横向尺寸，如常见的梁构件，其纵向长度远大于梁高和宽，对于这样的构件或结构可以引入某些计算假定，如平截面假定，由这些假定所得到的分析结果与实际情况吻合良好，这一类的“杆状”构件在土木工程中得到了大量的应用，例如：连续梁、框架、排架及桁架结构等，采用材料力学与结构力学可以研究这类结构的强度、刚度以及稳定性问题，为结构设计提供计算依据。然而工程上还存在着许多其他的“非杆状”结构，例如：图 1-1～图 1-7 所示的各类结构，这些结构均不能采用材料力学及结构力学的方法求解。图 1-1 的简支深梁由于梁高与跨度比较接近，材料力学中的平截面假定在这里不成立，因此材料力学关于深梁的解答是不可以采用的，必须采用弹性力学的方法求解深梁的应力分布，对于混凝土深梁而言，只有知道了深梁内部的拉应力分布状况，才可以进行相应的配筋设计。图 1-2 为砖混结构中常见的墙梁，它们由混凝土与砖砌体两种

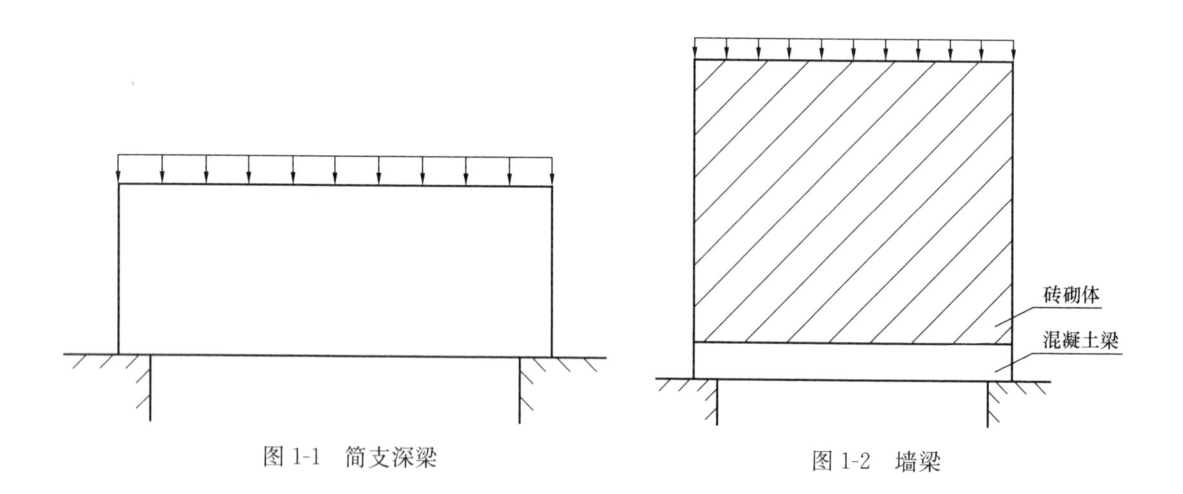

图 1-1　简支深梁　　　图 1-2　墙梁

材料组成，对于混凝土梁的设计分析，应考虑砌体的影响，应将砌体与梁作整体弹性力学分析，由于砌体具有拱效应，混凝土梁实际上起到一个拉杆的作用（偏心受拉构件），这样混凝土梁的截面就可设计得较小，如果按材料力学或结构力学方法，单独对混凝土梁进行力学分析，则得到的混凝土梁截面会非常的粗大，材料浪费，而且达不到预期的结构效果。图 1-3 为高层建筑中的一种常见结构体系，由于建筑物上面为小开间住宅，可设计成全剪力墙结构，下面为大开间的商场，需要设计成框架结构，于是在两种结构之间会出现一个所谓的转换层，常见的转换层结构采用的是框支梁，这个梁的高度至少有一层楼高，具有深梁的特性，框支梁的受力很复杂，一般要作精细的弹性力学（有限元）分析，才能作出合理的配筋设计。图 1-4 的大坝为块状结构物，显然结构力学（或材料力学）无法得到块状结构的应力解答，而必须采用弹性力学的方法才能得到大坝的应力解答，为坝体的设计提供参考。图 1-5 为房屋建筑中常见的双向板楼盖，我们知道单向板楼盖的荷载是沿一个方向传递的，因此楼板可以简化为（连续）梁来进行计算，而双向板的荷载是沿两个方向传递的，梁理论已不再适用，必须采用弹性力学中的薄板理论求解，计算板内的弯矩分布，为配筋设计提供依据。图 1-6 为壳体屋盖结构，一个著名的范例是北京火车站大厅 35m×35m 的双曲扁壳屋盖，这类壳体结构必须采用弹性力学中的壳体理论来分析其内力或应力（壳体力学是弹性力学专题内容，不在本书的讨论范围）。图 1-7 为房屋建筑中的地基基础，地基承载力与变形计算是地基基础设计的重要内容，地基是一个半无限体，需采用弹性力学的方法来分析地基的附加应力与变形。类似的工程实例还有很多。

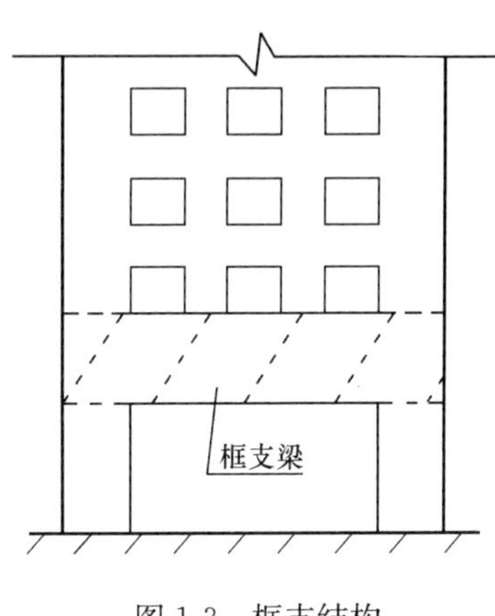

图 1-3 框支结构

弹性力学大大扩展了解决土木结构问题的范围。理论上，弹性力学包容材料力学及结构力学，可以说弹性力学是土木工程中最基本的力学分析工具。

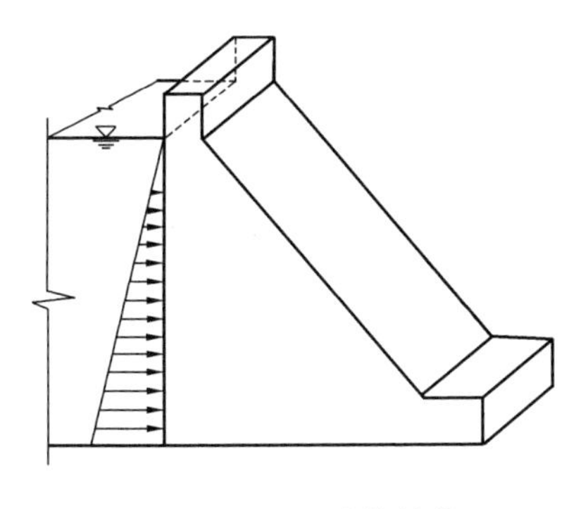

图 1-4 大坝（块体结构）

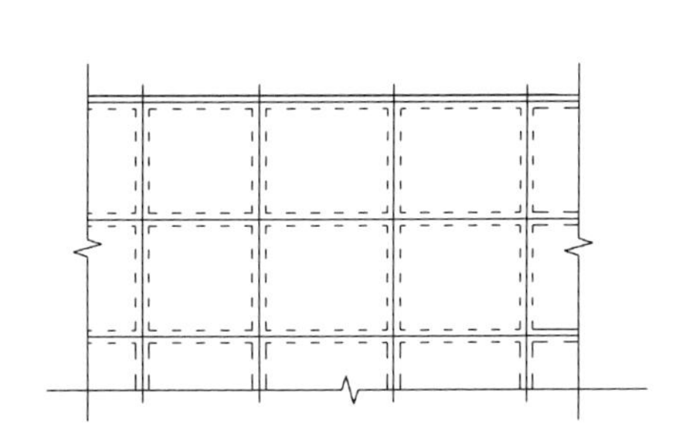

图 1-5 双向板楼盖

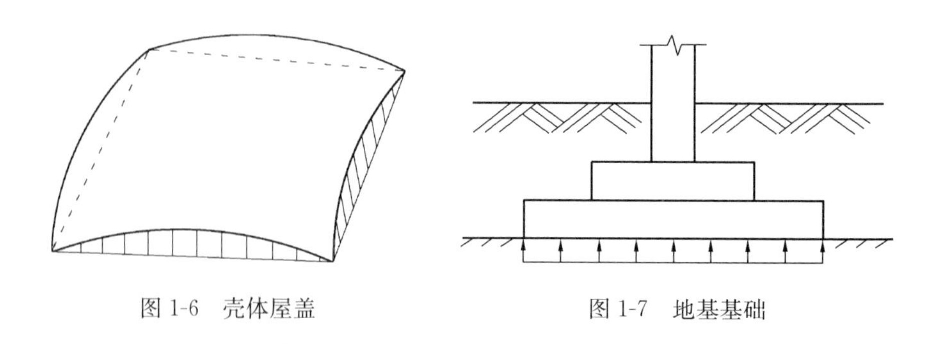

图 1-6 壳体屋盖　　　图 1-7 地基基础

1.2 弹性力学的基本假设

1. 连续性假设

假定所研究的固体材料是连续无间隙（无空洞）的介质，从微观上讲，固体材料中的原子与原子之间是有空隙的，固体在微观上是间断的，或不连续的；而从宏观上看，即使是很小一块固体，里面也挤满了成千上万的原子，宏观上的固体看起来是密实而连续的，弹性力学正是从宏观上研究固体的弹性变形及应力状态。根据这一假设，可以认为物体中的位移、应力与应变等物理量都是连续的，可以表示为空间（位置）坐标的连续函数。

2. 均匀性与各向同性假设

假定固体材料是均匀的，并且在各个方向上物理特性相同，也即材料的物理性质在空间分布上是均匀的（或不变的），例如材料的弹性模量、泊松比及密度可以假设为常数，不随位置坐标改变。在处理实际问题时，可以取出物体内任一部分确定其弹性模量、泊松比及密度，然后可将这一结果用于整个物体。钢材由微小晶体组成，晶体本身是各向异性的，但由于晶体很微小而排列又杂乱无章，按平均的物理性质，钢材可以认为是均匀的、各向同性的弹性体。混凝土由几种材料均匀混合而成，宏观上可看成是均匀的，但混凝土在拉伸与压缩两个方向上的力学性质有很大的差别，混凝土在拉伸与压缩两个方向上可看成是各向异性材料。显然木材也为各向异性材料，因为木材顺纹路方向的抗拉强度要高于垂直于纹路方向的抗拉强度。各向同性的钢材在受到冷拉（冷加工）以后，也会变成各向异性材料，因为钢材内的晶体在受拉的方向上被拉长了，排列也有序了，受拉方向的抗拉强度增加了，而垂直于受拉方向的抗拉强度下降了。

3. 小变形假设

假定固体材料在受到外部作用（荷载、温度、变形等）后的位移（或变形）与物体的尺寸相比是很微小的，在研究物体受力后的平衡状态时，物体尺寸及位置的改变可忽略不计，如图 1-8 所示的物体，在水平力作用下，物体产生如虚线所示的变形，最大弹性变形 δ 与物体最小尺寸 B 相比很小，可忽略不计，物体受力后的平衡位置可以看成与受力前的位置一样。在方程的推导中，物体位移及形变的二次项及二次以上的项可看成高阶小量，可略去不计，由此得到的弹性力学微分方程将是线性的，即所谓的线性弹性力学，因而与结构力学一样，叠加原理在线性弹性力学中普遍适用。

4. 完全线弹性假设

假设固体材料是完全弹性的，首先材料具有弹性性质，服从 Hooke（虎克）定律，应力与应变成线性关系，同时物体在外部作用下产生变形，外部作用去掉后，物体完全恢复其原来的形状而没有任何残余变形，即完全的弹性。

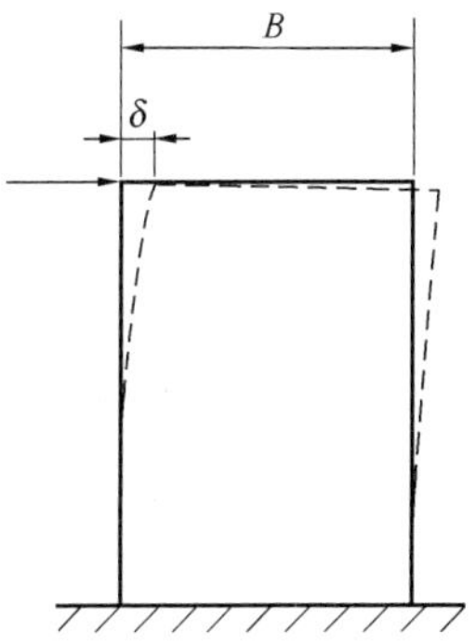

图 1-8　弹性变形 δ 与物体最小尺寸 B 相比很小

5. 无初始应力假设

假定外部作用（荷载、温度、变形等）之前，物体处于无应力状态，由弹性力学所求得的应力仅仅是由外部作用所引起的，若物体中已有初始应力存在，则由弹性力学所求得的应力加上初始应力才是物体中的实际应力。

习　题

1.1　试回忆材料力学中初等梁理论的平截面假设，根据这一假设所得到梁横截面上的正应力是按线性分布的，对于一般梁截面（如：深梁截面），如果平截面假设不成立，梁横截面上的正应力是否还按线性分布？

1.2　举例说明各向同性材料有哪些？各向异性材料有哪些，岩石、土壤、冷拉加工后的钢材是否可看成各向同性材料，为什么？

1.3　如果弹性体的变形较大，小位移假设不成立，那么叠加原理是否还适用？对于非线性问题，有没有叠加原理？

第 2 章　弹性力学基本方程的建立

2.1　弹性力学的两个基本概念

1. 外力的概念

土木工程中的结构物所承受的外力可分为体积力（以下简称为体力）与表面力（以下简称为面力）两类。

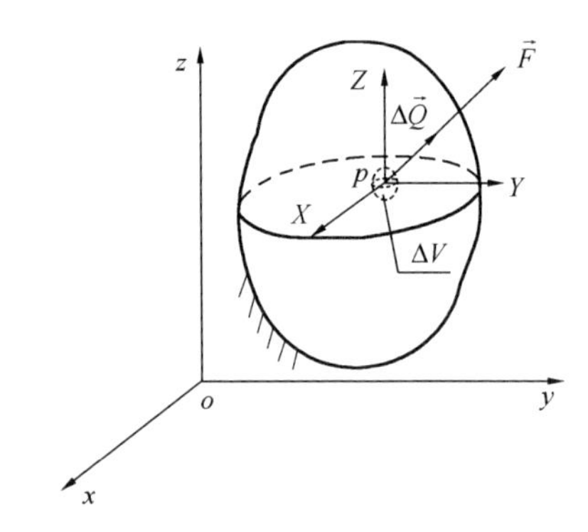

图 2-1　结构介质中任意一点所受到的体力

体力来自于物体内，作用在结构介质上，如常见的重力与惯性力都是体力。对图 2-1 结构介质中的任意一点 p，取包围 p 点的一团微小介质，其体积为 ΔV，所受到的力为 $\Delta\vec{Q}$，则任一点 p 所受到的体力可定义为：

$$\vec{F}=\lim_{\Delta V\to 0}\frac{\Delta\vec{Q}}{\Delta V} \tag{2-1}$$

显然 $\vec{F}$ 表示了物体内单位体积介质所受到的力，因为 ΔV 为正的标量，所以 $\vec{F}$ 与 $\Delta\vec{Q}$ 同方向，将 $\vec{F}$ 沿三个坐标轴分解可得：

$$\vec{F}=X\vec{i}+Y\vec{j}+Z\vec{k} \tag{2-2}$$

这里 X,Y,Z 为体力 $\vec{F}$ 在 x,y,z 三个坐标方向上的分量，$\vec{i},\vec{j},\vec{k}$ 分别表示 x,y,z 三个坐标方向上的单位向量，在以后的分析中，体力均以分量来表示，体力的单位为 $\mathrm{N/m^3}$ 或 $\mathrm{kN/m^3}$。土木工程中最常见的体力是由重力引起的，重力可用体力来表示，材料的重度代表了该体力的大小，例如：若物体只受到重力作用，则体力为：$\vec{F}=Z\vec{k}=-\rho g\vec{k}$，这里 ρg 为重度，其中 ρ 为物体的质量密度，g 为重力加速度，负号表示体力向下，与坐标轴方向相反。一个旋转圆盘上的任一质点都受到一个离心力的作用，这个力为惯性力，它也是一类体力。

面力来自于物体外，作用在结构介质的外表面上，对图 2-2 结构介质外表面任意一点 p，取外表面包围 p 点的一个微小区域，其面积为 ΔA，ΔA 上所受到的力为 $\Delta\vec{P}$，则外表面任一点 p 所受到的面力可定义为：

$$\vec{P}=\lim_{\Delta A\to 0}\frac{\Delta\vec{P}}{\Delta A}\tag{2-3}$$

显然 $\vec{P}$ 表示了物体外表面单位面积所受到的力，因为 ΔA 为正的标量，所以 $\vec{P}$ 与 $\Delta\vec{P}$ 同方向，将 $\vec{P}$ 沿三个坐标轴分解可得：

$$\vec{P}=P_x\vec{i}+P_y\vec{j}+P_z\vec{k}\tag{2-4}$$

这里 P_x, P_y, P_z 为面力 $\vec{P}$ 在 x, y, z 三个坐标方向上的分量，在以后的分析中，面力均以分量来表示，面力的单位为 N/m^2 或 kN/m^2。土木工程中最常见的面力是水压力、土压力、风压力及接触压力等。

2. 应力的概念

物体受到外力（体力与面力）作用时会有内力产生。如何描述物体内力的作用效果呢？弹性力学采用应力的方法来描述：如图 2-3 所示，过物体内一点 p，任意截取一个平面 mn，在截面 mn 上，取包围 p 点的一个微小区域，其面积为 ΔA，ΔA 上所受到的内力为 $\Delta\vec{S}$，则截面 mn 上任一点 p 所受到的应力可定义为：

$$\vec{S}=\lim_{\Delta A\to 0}\frac{\Delta\vec{S}}{\Delta A}\tag{2-5}$$

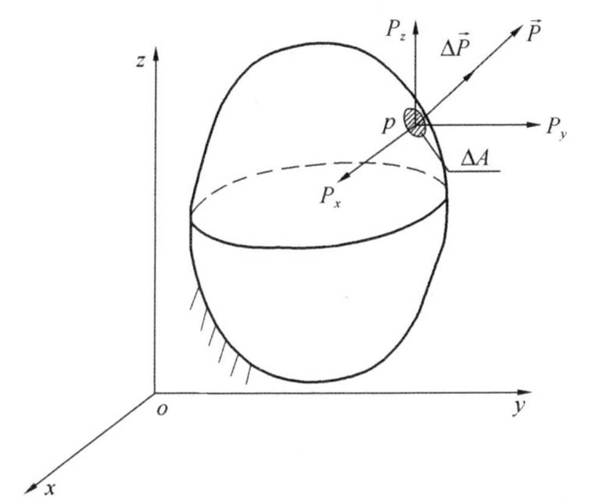

图 2-2　结构介质外表面任意一点所受到的面力

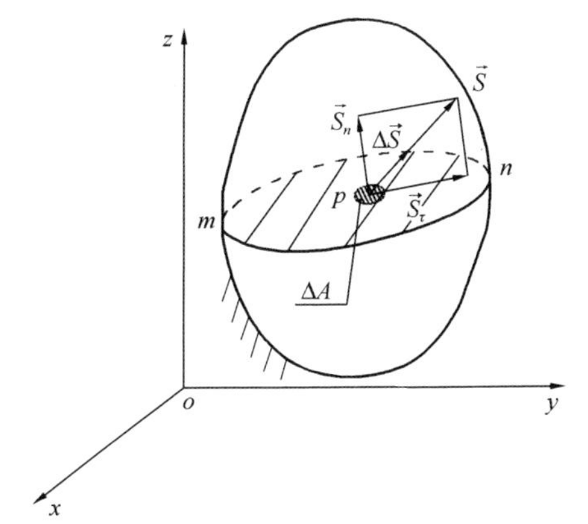

图 2-3　物体内任一截面上某一点的应力描述

因为 ΔA 为正的标量，所以 $\vec{S}$ 与 $\Delta\vec{S}$ 同方向，$\vec{S}$ 可沿截面 mn 的法向及切向分解：

$$\vec{S}=\vec{S}_n+\vec{S}_\tau\tag{2-6}$$

这里 $\vec{S}_n$ 垂直于截面 mn，为法向应力（正应力），$\vec{S}_\tau$ 平行于截面 mn（或在截面 mn 上），为切向应力（剪应力）。应力的单位为 N/m^2 或 kN/m^2。

2.2　一点的应力状态

当我们要对某一点的应力进行度量时，根据上述应力的定义，就会产生这样一个问题，过某一点 p 的截面 mn 取向不同，所得到应力的方向及大小都会不同，截面 mn 的取法有无限多个，所得到的应力值也有无限多个，用无限多个截面上的应力来描述一点的应力状态显然是不现实的，我们很自然地想到用某些特殊截面上的应力来描述一点的应力状态，最简单的办法是取三个与坐标轴相垂直的截面来描述某一点 p 的应力状态，如图 2-4 所示。以图 2-4（a）为例，根据应力的概念，与 x 轴垂直的截面上有一个正应力 σ_x 与一个剪应力，截面上的任何剪应力总可以在这个截面上沿两个坐标轴 y 和 z 分解为两个分量 τ_{xy} 及 τ_{xz}，即这个截面有三个应力分量 σ_x、τ_{xy} 及 τ_{xz}。同理，图 2-4（b）、（c）的截面也各自有三个应力分量，三个截面一共有九个应力分量，将这九个分量记为下列的一个矩阵：

$$[\sigma]=\begin{bmatrix}\sigma_x & \tau_{xy} & \tau_{xz}\\ \tau_{yx} & \sigma_y & \tau_{yz}\\ \tau_{zx} & \tau_{zy} & \sigma_z\end{bmatrix} \tag{2-7}$$

式（2-7）称之为应力矩阵或应力张量，弹性体中任一点 p 的应力状态可由上述的应力矩阵来描述。那么这个应力矩阵能否充分地描述任一点 p 的应力状态呢？回答是肯定的，因为只要知道这个应力矩阵，那么过 p 点的任一截面上的应力都可以由式（2-7）的应力矩阵确定，具体的计算公式将在下一节中讨论。

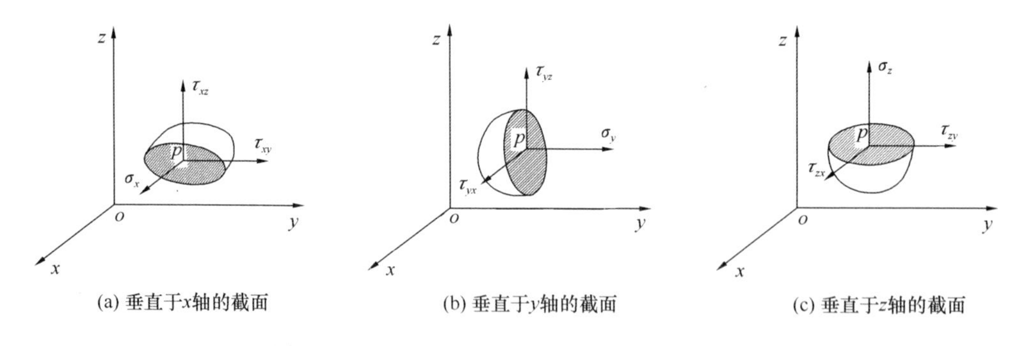

图 2-4　过 p 点垂直于 x、y、z 轴截面上的应力

应力方向与符号的规定：正应力以 σ_x 为例，下标 x 表示应力沿 x 方向（截面垂直于 x 轴），当截面受拉时 σ_x 的符号为正，当截面受压时 σ_x 为负。剪应力以 τ_{xy} 为例，下标 x 表示应力作用的截面垂直于 x 轴，y 表示剪应力沿 y 轴方向，剪应力的正负号按两个因素确定：（1）截面外法线方向沿坐标轴正向时为正，反向为负；（2）剪应力的作用方向沿坐标轴正向为正，反向为负。当截面外法线与剪应力方向的符号相同时，剪应力为正；符号

不同时，剪应力为负，即规则为："正正得正，正负得负（负正得负），负负得正"。以图 2-4（a）中 τ_{xy} 为例，截面的外法线方向沿 x 轴正向，剪应力方向沿 y 轴正向，两者符号相同，所以图中的 τ_{xy} 为正。弹性力学中应力图皆以正向标注。

2.3　任一斜截面上的应力

根据上一节，若已知某一点三个与坐标轴相垂直截面上的应力，如何求解该点任一斜截面上的应力？如图 2-5 过 p 点截取一个微元四面体，与三个坐标轴相垂直截面上的应力如图所示，任一斜截面 abc 的外法线向量 $\vec{v}$ 方向余弦为 (l, m, n)（即：$\vec{v}=\cos\alpha\vec{i}+\cos\beta\vec{j}+\cos\gamma\vec{k}=l\vec{i}+m\vec{j}+n\vec{k}$），方向余弦可以用来确定斜截面在空间中的倾斜角度，斜截面上的总应力可沿坐标轴分解，其应力分量为 (X_v, Y_v, Z_v)，斜截面 abc 的面积为 ΔS，则三个直角三角形 $\Delta pbc, \Delta pac, \Delta pab$ 的面积分别为：

$$\begin{cases}\Delta pbc=\Delta S\cdot l\\ \Delta pac=\Delta S\cdot m\\ \Delta pab=\Delta S\cdot n\end{cases}\tag{2-8}$$

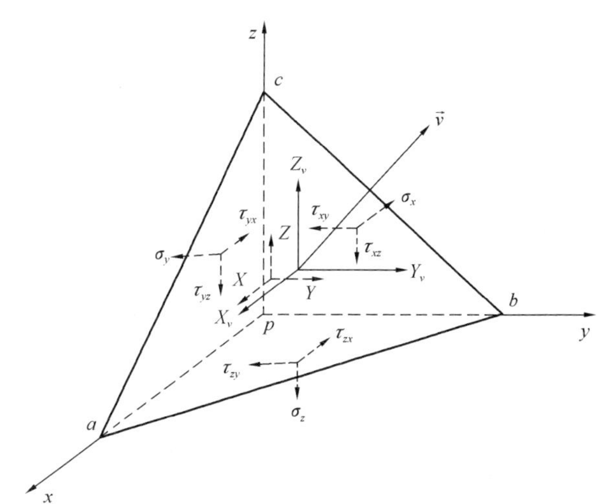

图 2-5　微元四面体所受到的应力与体力

假设微元四面体受到的体力为 (X, Y, Z)，体力方向沿坐标轴正向，图 2-5 中的四面体在体力与各个面上的应力作用下应保持平衡，由 $\sum F_x=0$ 得：

$$X_v\cdot\Delta S-\sigma_x\cdot\Delta S\cdot l-\tau_{yx}\cdot\Delta S\cdot m-\tau_{zx}\cdot\Delta S\cdot n+\frac{1}{3}\cdot\Delta S\cdot\Delta h\cdot X=0\tag{2-9}$$

上式中，Δh 为以斜面为底的四面体高度，$\frac{1}{3}\cdot\Delta S\cdot\Delta h$ 表示四面体的体积，令 pa，pb，$pc\rightarrow 0$，即有：ΔS，$\Delta h\rightarrow 0$，这时可保证斜截面也过 p 点，将 ΔS 除式（2-9）得：

$$X_v=\sigma_x\cdot l+\tau_{yx}\cdot m+\tau_{zx}\cdot n\tag{2-10}$$

同理，由 $\sum F_y=0$ 及 $\sum F_z=0$ 有：

$$Y_v=\tau_{xy}\cdot l+\sigma_y\cdot m+\tau_{zy}\cdot n\tag{2-11}$$

$$Z_v=\tau_{xz}\cdot l+\tau_{yz}\cdot m+\sigma_z\cdot n\tag{2-12}$$

将式（2-10）、式（2-11）及式（2-12）合并写为矩阵形式：

$$\begin{Bmatrix} X_v \\ Y_v \\ Z_v \end{Bmatrix} = \begin{bmatrix} \sigma_x & \tau_{yx} & \tau_{zx} \\ \tau_{xy} & \sigma_y & \tau_{zy} \\ \tau_{xz} & \tau_{yz} & \sigma_z \end{bmatrix} \begin{Bmatrix} l \\ m \\ n \end{Bmatrix} \tag{2-13}$$

为便于记忆，应用剪应力互等定理 $\tau_{xy}=\tau_{yx}$，$\tau_{xz}=\tau_{zx}$，$\tau_{zy}=\tau_{yz}$（关于剪应力互等定理的证明见下一节），将式（2-13）改写为：

$$\begin{Bmatrix} X_v \\ Y_v \\ Z_v \end{Bmatrix} = \begin{bmatrix} \sigma_x & \tau_{xy} & \tau_{xz} \\ \tau_{yx} & \sigma_y & \tau_{yz} \\ \tau_{zx} & \tau_{zy} & \sigma_z \end{bmatrix} \begin{Bmatrix} l \\ m \\ n \end{Bmatrix} \tag{2-14}$$

式（2-14）即为任一斜截面上的应力计算公式，这个公式回答了上一节的问题，即应力矩阵能充分地描述任一点 p 的应力状态，因为只要已知一个点 p 的应力矩阵，那么过 p 点的任一斜截面上的应力都可以根据这个应力矩阵来确定。

2.4 平衡方程、应力边界条件

对弹性体中的任一点 p，截取一个包围 p 点的微元平行六面体（图 2-6），它的六个面都垂直于坐标轴，棱边长分别为 $\mathrm{d}x$、$\mathrm{d}y$、$\mathrm{d}z$，p 点受到的体力为 $(X, Y, Z)^{\mathrm{T}}$ 。从图示的位置看，可以将这个微元体的六个面分为前面、后面、上面、下面、左面、右面，六个面上都受到应力作用，以前面与后面上的应力为例说明，后面上的应力为 σ_x、τ_{xy}、τ_{xz}，而 $\frac{\partial \sigma_x}{\partial x}$、$\frac{\partial \tau_{xy}}{\partial x}$、$\frac{\partial \tau_{xz}}{\partial x}$ 分别表示应力沿 x 方向的变化率，前面与后面的位置坐标仅在 x 方向有一个增量 $\mathrm{d}x$，因此前面上的三个应力分量随位置的增量可分别表示为 $\frac{\partial \sigma_x}{\partial x}\mathrm{d}x$、$\frac{\partial \tau_{xy}}{\partial x}\mathrm{d}x$、$\frac{\partial \tau_{xz}}{\partial x}\mathrm{d}x$，所以前面上的三个应力分量可写为 $\sigma_x+\frac{\partial \sigma_x}{\partial x}\mathrm{d}x$、$\tau_{xy}+\frac{\partial \tau_{xy}}{\partial x}\mathrm{d}x$、$\tau_{xz}+\frac{\partial \tau_{xz}}{\partial x}\mathrm{d}x$，其他面上的应力依此类推，如图 2-6 所示。微元体在体力与应力的作用下应保持平衡，由 $\sum F_x=0$：

$$\begin{aligned}&(\sigma_x+\frac{\partial \sigma_x}{\partial x}\mathrm{d}x)\mathrm{d}y\mathrm{d}z-\sigma_x\mathrm{d}y\mathrm{d}z+(\tau_{yx}+\frac{\partial \tau_{yx}}{\partial y}\mathrm{d}y)\mathrm{d}z\mathrm{d}x-\tau_{yx}\mathrm{d}z\mathrm{d}x\\&+(\tau_{zx}+\frac{\partial \tau_{zx}}{\partial z}\mathrm{d}z)\mathrm{d}x\mathrm{d}y-\tau_{zx}\mathrm{d}x\mathrm{d}y+X\mathrm{d}x\mathrm{d}y\mathrm{d}z=0\end{aligned} \tag{2-15}$$

式（2-15）中 1、2 项，3、4 项与 5、6 项分别表示前后面，左右面与上下面上沿 x 方向的力，最后一项为 x 方向的体力，整理上式可得：

$$\frac{\partial \sigma_x}{\partial x}+\frac{\partial \tau_{yx}}{\partial y}+\frac{\partial \tau_{zx}}{\partial z}+X=0 \tag{2-16}$$

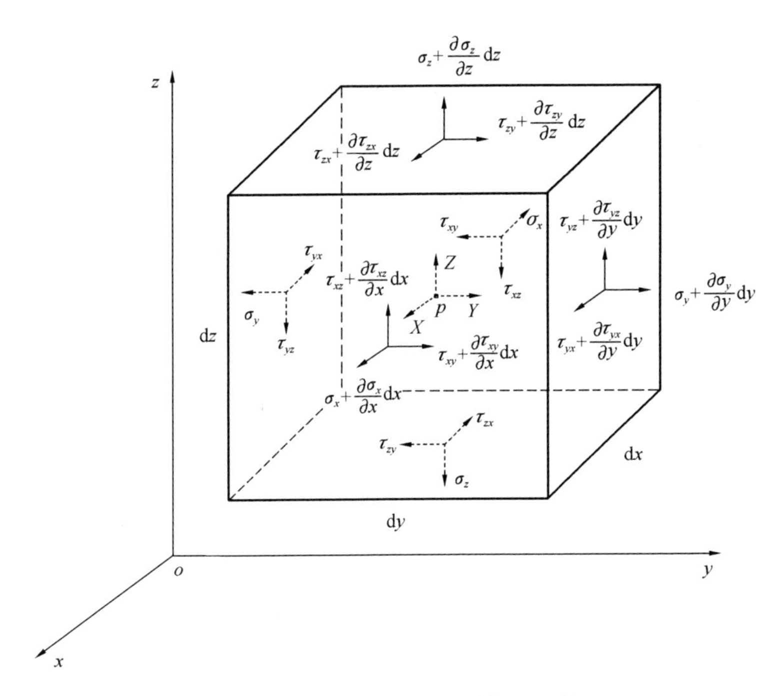

图 2-6　包围 p 点的微元平行六面体

同理，由 $\Sigma F_y=0$ 及 $\Sigma F_z=0$ 有：

$$\frac{\partial\tau_{xy}}{\partial x}+\frac{\partial\sigma_y}{\partial y}+\frac{\partial\tau_{zy}}{\partial z}+Y=0 \tag{2-17}$$

$$\frac{\partial\tau_{xz}}{\partial x}+\frac{\partial\tau_{yz}}{\partial y}+\frac{\partial\sigma_z}{\partial z}+Z=0 \tag{2-18}$$

又由微元体的转动平衡条件：$\Sigma M_x=0$、$\Sigma M_y=0$、$\Sigma M_z=0$ 得：

$$\tau_{xy}=\tau_{yx},\ \tau_{xz}=\tau_{zx},\ \tau_{zy}=\tau_{yz} \tag{2-19}$$

式（2-19）就是所谓的剪应力互等定理。利用式（2-19），将方程（2-16）～方程(2-18)写成便于记忆的矩阵形式：

$$\begin{bmatrix}\sigma_x & \tau_{xy} & \tau_{xz}\\ \tau_{yx} & \sigma_y & \tau_{yz}\\ \tau_{zx} & \tau_{zy} & \sigma_z\end{bmatrix}\begin{Bmatrix}\frac{\partial}{\partial x}\\ \frac{\partial}{\partial y}\\ \frac{\partial}{\partial z}\end{Bmatrix}+\begin{Bmatrix}X\\ Y\\ Z\end{Bmatrix}=\begin{Bmatrix}0\\ 0\\ 0\end{Bmatrix} \tag{2-20}$$

上式的适用范围为在弹性体区域 V 内，式（2-20）即为平衡方程。

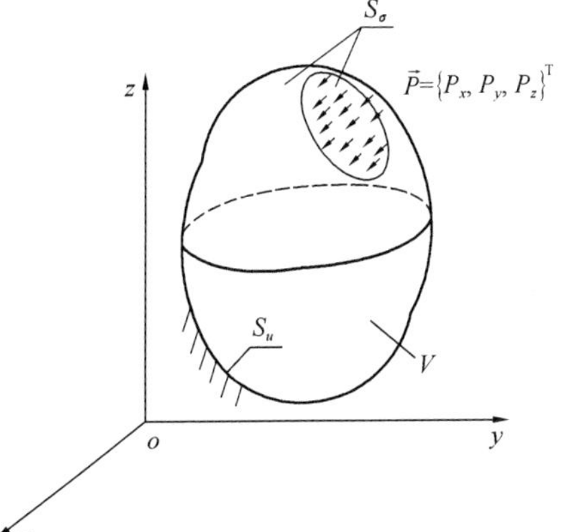

图 2-7　弹性体表面区域 S_σ 受面力 $\vec{P}=\{P_x, P_y, P_z\}^T$ 的作用

设弹性体在表面区域 S_σ 受到面力 $\vec{P}=\{P_x, P_y, P_z\}^T$ 的作用，如图 2-7 所示，在表面

S_σ 处任意切出一个带外表面的微元四面体（图 2-8），外表面一般情况下可为曲面，很微小的曲面区域可看成平面，这个四面体的斜（平）面表示了外表面，其外法线向量 $\vec{v}$ 的方向余弦为 $(l, m, n)^T$ 。

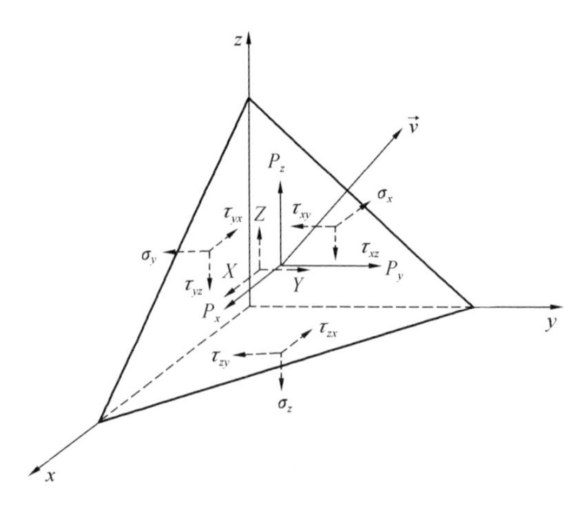

图 2-8 表面 S_σ 处任意切出一个带外表面的微元四面体

微体表面受到的应力及微体所受体力如图 2-8 所示，其中的符号意义同图 2-5，根据图 2-8 微体的平衡条件，同 2.3 节的方法，得弹性体的应力边界条件为：

$$\begin{pmatrix} P_x \\ P_y \\ P_z \end{pmatrix} = \begin{bmatrix} \sigma_x & \tau_{xy} & \tau_{xz} \\ \tau_{yx} & \sigma_y & \tau_{yz} \\ \tau_{zx} & \tau_{zy} & \sigma_z \end{bmatrix}_{S_\sigma} \begin{pmatrix} l \\ m \\ n \end{pmatrix} \tag{2-21}$$

在应力边界 S_σ 上，式（2-21）适用于面力 $\vec{P} = \{P_x, P_y, P_z\}^T$ 等于零及不等于零的情形。

2.5 位移、应变、几何方程

图 2-9 的弹性体在外部作用下（荷载、温度、沉降等），弹性体上每一点会产生位移，图中任一点位移 $\vec{U}$ 可沿 x、y、z 坐标轴分解为三个分量，即 $\vec{U} = \{u, v, w\}^T$ ，其中 u，v，w 分别表示位移在 x，y，z 轴上的三个分量。位移一般包括刚性位移与弹性变形位移两部分，刚性位移是由（牵连）刚性运动引起的，例如，当房屋基础发生沉降时，房屋会产生整体刚性下沉或倾斜，同时房屋本身形状也会产生扭曲（弹性）变形，刚性位移值可以很大，它不会引起内应力，但弹性（扭曲）变形一般很小，会引起内应力，弹性力学中的小变形假设指的就是弹性变形。

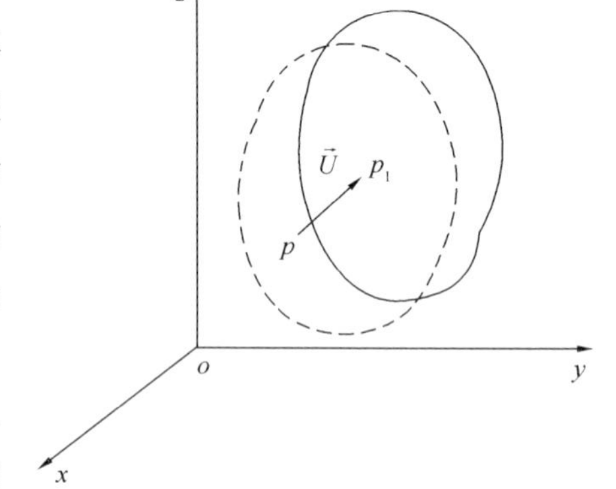

图 2-9 弹性体在外部作用下的位移

弹性力学中的应变与材料力学中的定义一样，弹性微体沿三个坐标轴方向的长度相对伸长或缩短称为正应变，用 ε_x,ε_y,ε_z 表示，它们以伸长为正，压缩为负。弹性微体角度的改变称为剪应变，用 γ_{xy}，γ_{xz}，γ_{yz} 表示，微体原始角度设为直角，剪应变符号规定为：使直角变小为正，使直角变大为负。与应力矩阵对应的应变矩阵为：

$$
[\varepsilon]=\begin{bmatrix}
\varepsilon_x & \frac{1}{2}\gamma_{xy} & \frac{1}{2}\gamma_{xz} \\
\frac{1}{2}\gamma_{yx} & \varepsilon_y & \frac{1}{2}\gamma_{yz} \\
\frac{1}{2}\gamma_{zx} & \frac{1}{2}\gamma_{zy} & \varepsilon_z
\end{bmatrix} \tag{2-22}
$$

与应力矩阵一样，应变矩阵也具有对称性（证明从略），即有：$\gamma_{xy}=\gamma_{yx}$，$\gamma_{xz}=\gamma_{zx}$，$\gamma_{yz}=\gamma_{zy}$。

下面建立弹性体位移与应变之间的关系，任意取一矩形微体，弹性体受外部作用后，矩形微体变为棱形体（图 2-10），如不考虑物体的刚体运动，物体变形是微小的，在推导公式的过程中，用微体三条棱边在坐标平面上的投影长度代替它们的实际长度，用它们在坐标平面投影之间的夹角代替实际的夹角，如图 2-11 所示，这样处理不会引起明显误差。以 xoy 坐标平面的投影为例，微体棱边 MA，MB 受作用前后在 xoy 平面上的投影为 ma，mb 及 $m'a'$，$m'b'$，如图 2-12 所示，棱边的形变尺寸见图中标注，位移随位置改变的增量描述与 2.4 节的应力增量描述方法一样。由图可以看出：

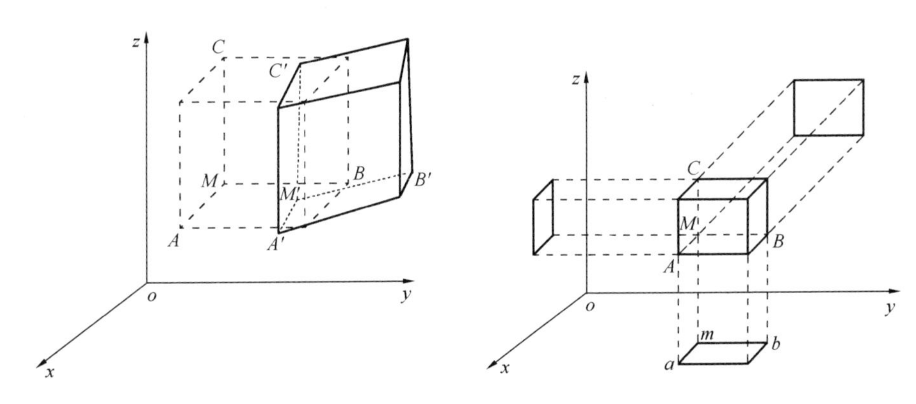

图 2-10　矩形微体受作用后变为棱形体　　图 2-11　微体在坐标平面上的投影

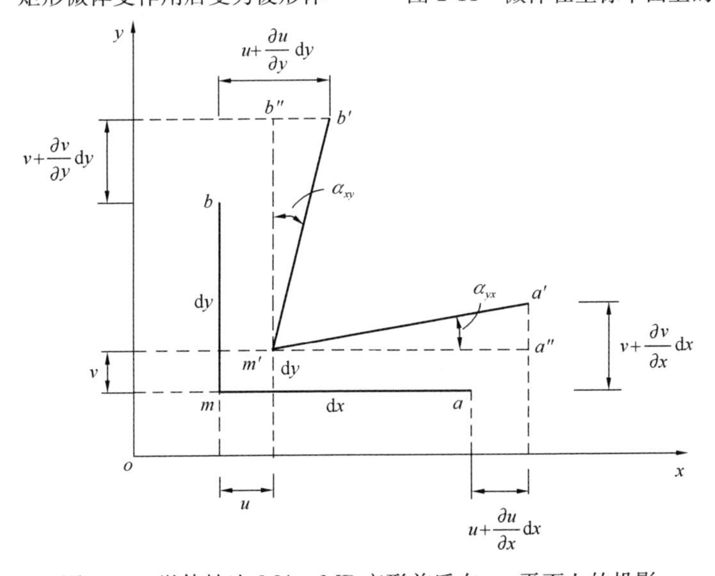

图 2-12　微体棱边 MA，MB 变形前后在 xy 平面上的投影

$$\varepsilon_x = \frac{m'a'' - ma}{ma} = \frac{\left[(\mathrm{d}x - u) + u + \dfrac{\partial u}{\partial x}\mathrm{d}x\right] - \mathrm{d}x}{\mathrm{d}x} = \frac{\partial u}{\partial x} \tag{2-23}$$

同理

$$\varepsilon_y = \frac{\partial v}{\partial y} \tag{2-24}$$

$$\varepsilon_z = \frac{\partial w}{\partial z} \tag{2-25}$$

由图 2-12，假定剪应变为正，剪应变可写为：

$$\gamma_{xy} \approx \alpha_{xy} + \alpha_{yx} \tag{2-26}$$

而

$$\alpha_{yx} = \frac{a'a''}{m'a''} = \frac{\dfrac{\partial v}{\partial x}\mathrm{d}x}{(\mathrm{d}x - u) + \left(u + \dfrac{\partial u}{\partial x}\mathrm{d}x\right)} = \frac{\dfrac{\partial v}{\partial x}}{1 + \dfrac{\partial u}{\partial x}} \approx \frac{\partial v}{\partial x} \tag{2-27}$$

同理

$$\alpha_{xy} \approx \frac{\partial u}{\partial y} \tag{2-28}$$

所以

$$\gamma_{xy} = \frac{\partial u}{\partial y} + \frac{\partial v}{\partial x} \tag{2-29}$$

在 yoz 及 xoz 坐标投影面上，同理有：

$$\gamma_{yz} = \frac{\partial w}{\partial y} + \frac{\partial v}{\partial z} \tag{2-30}$$

$$\gamma_{xz} = \frac{\partial u}{\partial z} + \frac{\partial w}{\partial x} \tag{2-31}$$

综合式（2-23）～式（2-25）及式（2-29）～式（2-31），可得到如下六个关系式：

$$\left.\begin{aligned} \varepsilon_x &= \frac{\partial u}{\partial x},\ \gamma_{yz} = \frac{\partial w}{\partial y} + \frac{\partial v}{\partial z} \\ \varepsilon_y &= \frac{\partial v}{\partial y},\ \gamma_{xz} = \frac{\partial w}{\partial x} + \frac{\partial u}{\partial z} \\ \varepsilon_z &= \frac{\partial w}{\partial z},\ \gamma_{xy} = \frac{\partial u}{\partial y} + \frac{\partial v}{\partial x} \end{aligned}\right\} \tag{2-32}$$

方程组（2-32）称为几何方程。以上通过微元体的几何直观分析得到几何方程，也可通过精确的向量分析（数学弹性力学的方法）得到同样的结果。

2.6 应 变 协 调 方 程

从以上六个几何方程可以看出，应变有六个分量，它们与三个独立的位移分量 u，v，w 有关系，这说明六个应变分量之间彼此有关联，如何关联呢？可根据几何方程将位移分量去掉，得到只有应变的约束方程，先考察下列三个几何方程：

$$\varepsilon_x=\frac{\partial u}{\partial x},\ \varepsilon_y=\frac{\partial v}{\partial y},\ \gamma_{xy}=\frac{\partial u}{\partial y}+\frac{\partial v}{\partial x} \tag{2-33}$$

由这三个方程分别可得：$\dfrac{\partial^2\varepsilon_x}{\partial y^2}=\dfrac{\partial^3 u}{\partial x\,\partial y^2}$，$\dfrac{\partial^2\varepsilon_y}{\partial x^2}=\dfrac{\partial^3 v}{\partial x^2\,\partial y}$，$\dfrac{\partial^2\gamma_{xy}}{\partial x\,\partial y}=\dfrac{\partial^3 u}{\partial x\,\partial y^2}+\dfrac{\partial^3 v}{\partial x^2\,\partial y}$

观察上面三项得：

$$\frac{\partial^2\varepsilon_x}{\partial y^2}+\frac{\partial^2\varepsilon_y}{\partial x^2}=\frac{\partial^2\gamma_{xy}}{\partial x\,\partial y} \tag{2-34}$$

再考察下列三个几何方程：

$$\gamma_{xy}=\frac{\partial u}{\partial y}+\frac{\partial v}{\partial x},\quad \gamma_{xz}=\frac{\partial u}{\partial z}+\frac{\partial w}{\partial x},\quad \gamma_{yz}=\frac{\partial w}{\partial y}+\frac{\partial v}{\partial z} \tag{2-35}$$

将上面的三式分别对 z、y、x 求导：

$$\frac{\partial\gamma_{xy}}{\partial z}=\frac{\partial^2 u}{\partial y\,\partial z}+\frac{\partial^2 v}{\partial x\,\partial z},\ \frac{\partial\gamma_{xz}}{\partial y}=\frac{\partial^2 u}{\partial y\,\partial z}+\frac{\partial^2 w}{\partial x\,\partial y},\frac{\partial\gamma_{yz}}{\partial x}=\frac{\partial^2 w}{\partial x\,\partial y}+\frac{\partial^2 v}{\partial x\,\partial z} \tag{2-36}$$

将上面第一式加上第二式，减去第三式得：

$$\frac{\partial\gamma_{xy}}{\partial z}+\frac{\partial\gamma_{xz}}{\partial y}-\frac{\partial\gamma_{yz}}{\partial x}=2\,\frac{\partial^2 u}{\partial y\,\partial z} \tag{2-37}$$

再将上式对 x 求导：

$$\frac{\partial}{\partial x}\left(\frac{\partial\gamma_{xy}}{\partial z}+\frac{\partial\gamma_{xz}}{\partial y}-\frac{\partial\gamma_{yz}}{\partial x}\right)=2\,\frac{\partial^3 u}{\partial x\,\partial y\,\partial z}=2\,\frac{\partial^2}{\partial y\,\partial z}\left(\frac{\partial u}{\partial x}\right)=2\,\frac{\partial^2\varepsilon_x}{\partial y\,\partial z} \tag{2-38}$$

即：

$$\frac{\partial}{\partial x}\left(\frac{\partial\gamma_{xy}}{\partial z}+\frac{\partial\gamma_{xz}}{\partial y}-\frac{\partial\gamma_{yz}}{\partial x}\right)=2\,\frac{\partial^2\varepsilon_x}{\partial y\,\partial z} \tag{2-39}$$

式（2-34）与式（2-39）两式，对 x、y、z 轮换后，总共可得六个关系式，综合如下：

$$\left.\begin{aligned}
&\frac{\partial^2\varepsilon_x}{\partial y^2}+\frac{\partial^2\varepsilon_y}{\partial x^2}=\frac{\partial^2\gamma_{xy}}{\partial x\,\partial y}\\
&\frac{\partial^2\varepsilon_y}{\partial z^2}+\frac{\partial^2\varepsilon_z}{\partial y^2}=\frac{\partial^2\gamma_{yz}}{\partial y\,\partial z}\\
&\frac{\partial^2\varepsilon_x}{\partial z^2}+\frac{\partial^2\varepsilon_z}{\partial x^2}=\frac{\partial^2\gamma_{xz}}{\partial x\,\partial z}\\
&\frac{\partial}{\partial x}\left(-\frac{\partial\gamma_{yz}}{\partial x}+\frac{\partial\gamma_{xz}}{\partial y}+\frac{\partial\gamma_{xy}}{\partial z}\right)=2\,\frac{\partial^2\varepsilon_x}{\partial y\,\partial z}\\
&\frac{\partial}{\partial y}\left(\frac{\partial\gamma_{yz}}{\partial x}-\frac{\partial\gamma_{xz}}{\partial y}+\frac{\partial\gamma_{xy}}{\partial z}\right)=2\,\frac{\partial^2\varepsilon_y}{\partial x\,\partial z}\\
&\frac{\partial}{\partial z}\left(\frac{\partial\gamma_{yz}}{\partial x}+\frac{\partial\gamma_{xz}}{\partial y}-\frac{\partial\gamma_{xy}}{\partial z}\right)=2\,\frac{\partial^2\varepsilon_z}{\partial x\,\partial y}
\end{aligned}\right\} \tag{2-40}$$

方程组（2-40）称为应变协调方程或相容方程，表示了六个应变之间的约束关系，说明弹性体的各种变形（拉伸、压缩、剪切变形）是彼此相关，相互约束的。如果弹性体有不满足应变协调方程的情况，那么说明物体内的某些变形可以是相互独立的（或不受约束的），例如：若物体内某些单元之间产生裂缝时，这时单元之间可以彼此脱离（图 2-13b），也可相互侵入（图 2-13c），这时弹性体已不再保持连续，因此六个应变分量满足应变协调方程是保证弹性体具有连续性（图 2-13d）的必要条件。

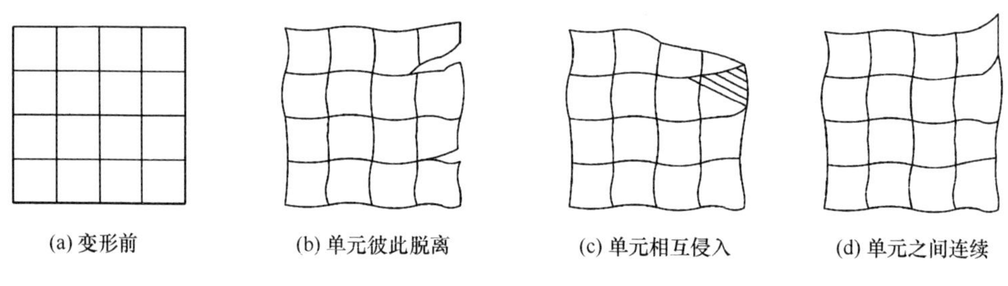

(a) 变形前　(b) 单元彼此脱离　(c) 单元相互侵入　(d) 单元之间连续

图 2-13　弹性体可能的变形状态

2.7　广义 Hooke（虎克）定律（物理方程）

各向同性线弹性体的应力与应变之间的关系可根据试验得到，由以下的广义 Hooke 定律确定：

$$\left.\begin{aligned}
\varepsilon_x &= \frac{\sigma_x}{E} - \nu\frac{\sigma_y}{E} - \nu\frac{\sigma_z}{E},\ \gamma_{yz} = \frac{2(1+\nu)}{E}\tau_{yz} \\
\varepsilon_y &= \frac{\sigma_y}{E} - \nu\frac{\sigma_x}{E} - \nu\frac{\sigma_z}{E},\ \gamma_{xz} = \frac{2(1+\nu)}{E}\tau_{xz} \\
\varepsilon_z &= \frac{\sigma_z}{E} - \nu\frac{\sigma_x}{E} - \nu\frac{\sigma_y}{E},\ \gamma_{xy} = \frac{2(1+\nu)}{E}\tau_{xy}
\end{aligned}\right\} \tag{2-41}$$

这里 E 为弹性材料的 Young（杨）氏模量，ν 为 Poisson（泊松）比，这两个参数表征了弹性材料的力学性质，不同的材料，E 和 ν 不尽相同。上面左边三式表示正应变与正应力之间的关系，表明一个方向上的拉伸正应力引起这个方向上的伸长（正应变），与这个方向相垂直的拉伸正应力引起这个方向上的缩短（负应变），缩短的量值由 Poisson（泊松）比确定。上面右边三式表示剪应变与剪应力之间的关系。

将式（2-41）重新改写为另一种形式：

$$\left.\begin{aligned}
\sigma_x &= \lambda\theta + 2\mu\varepsilon_x,\ \tau_{yz} = \mu\gamma_{yz} \\
\sigma_y &= \lambda\theta + 2\mu\varepsilon_y,\ \tau_{xz} = \mu\gamma_{xz} \\
\sigma_z &= \lambda\theta + 2\mu\varepsilon_z,\ \tau_{xy} = \mu\gamma_{xy}
\end{aligned}\right\} \tag{2-42}$$

式中：

$$\theta=\varepsilon_x+\varepsilon_y+\varepsilon_z \tag{2-43}$$

$$\mu=G=\frac{E}{2(1+\nu)} \tag{2-44}$$

$$\lambda=\frac{E\nu}{(1+\nu)(1-2\nu)} \tag{2-45}$$

这里：系数 λ，μ 称为 Lamé（拉梅）常数，G 称为剪切弹性模量；θ 称为体积应变，表示某一点的体积变化率（单位体积的变化）。将式（2-42）左边三式相加得体积应力、应变 Hooke 定律：

$$\Theta=3K\cdot\theta \tag{2-46}$$

式中：

$$\Theta=\sigma_x+\sigma_y+\sigma_z \tag{2-47}$$

$$K=\lambda+\frac{2}{3}\mu=\frac{E}{3(1-2\nu)} \tag{2-48}$$

Θ 称为体积应力，K 为体积压缩模量，根据式（2-48），当弹性体材料为不可压缩时：$\nu=0.5$，此时 $K\to\infty$，在固体力学中，当研究某些材料（如某些高分子材料）的力学性能时，可以假定材料具有不可压缩性，此时材料的 Poisson 比可设为 $\nu=0.5$。

2.8　以应力表示的应变协调方程

若体力为常数，可将物理方程（2-41）代入应变协调方程（2-40），再利用平衡方程（2-20），经整理，最后可得到以应力表示的应变协调方程为：

$$\left.\begin{aligned}
&\nabla^2\sigma_x+\frac{1}{1+\nu}\cdot\frac{\partial^2\Theta}{\partial x^2}=0,\ \nabla^2\tau_{xy}+\frac{1}{1+\nu}\cdot\frac{\partial^2\Theta}{\partial x\,\partial y}=0\\
&\nabla^2\sigma_y+\frac{1}{1+\nu}\cdot\frac{\partial^2\Theta}{\partial y^2}=0,\ \nabla^2\tau_{xz}+\frac{1}{1+\nu}\cdot\frac{\partial^2\Theta}{\partial x\,\partial z}=0\\
&\nabla^2\sigma_z+\frac{1}{1+\nu}\cdot\frac{\partial^2\Theta}{\partial z^2}=0,\ \nabla^2\tau_{yz}+\frac{1}{1+\nu}\cdot\frac{\partial^2\Theta}{\partial y\,\partial z}=0
\end{aligned}\right\} \tag{2-49}$$

以上方程（2-49）与应变协调方程（2-40）具有相同的物理意义，只是用应力来表示应变协调条件。

2.9　弹性力学基本方程及三类边值问题

在本章里，我们建立了求解弹性力学问题的全部基本方程及边界条件，现归纳如下：

（1）平衡方程——表示了弹性体 V 内（图 2-14），应力与体力的平衡关系。

$$\begin{bmatrix}\sigma_x & \tau_{xy} & \tau_{xz}\\ \tau_{yx} & \sigma_y & \tau_{yz}\\ \tau_{zx} & \tau_{zy} & \sigma_z\end{bmatrix}\begin{pmatrix}\dfrac{\partial}{\partial x}\\ \dfrac{\partial}{\partial y}\\ \dfrac{\partial}{\partial z}\end{pmatrix}+\begin{pmatrix}X\\ Y\\ Z\end{pmatrix}=\begin{pmatrix}0\\ 0\\ 0\end{pmatrix} \tag{2-50}$$

（2）几何方程——表示了弹性体内应变分量与位移分量之间的关系。

$$\left.\begin{aligned}\varepsilon_x&=\frac{\partial u}{\partial x},\ \gamma_{yz}=\frac{\partial w}{\partial y}+\frac{\partial v}{\partial z}\\ \varepsilon_y&=\frac{\partial v}{\partial y},\ \gamma_{xz}=\frac{\partial w}{\partial x}+\frac{\partial u}{\partial z}\\ \varepsilon_z&=\frac{\partial w}{\partial z},\ \gamma_{xy}=\frac{\partial u}{\partial y}+\frac{\partial v}{\partial x}\end{aligned}\right\} \tag{2-51}$$

（3）物理方程（广义 Hooke 定律）——表示了弹性体应力-应变关系。

$$\left.\begin{aligned}\varepsilon_x&=\frac{1}{E}[\sigma_x-\nu(\sigma_y+\sigma_z)],\ \gamma_{yz}=\frac{2(1+\nu)}{E}\tau_{yz}\\ \varepsilon_y&=\frac{1}{E}[\sigma_y-\nu(\sigma_x+\sigma_z)],\ \gamma_{xz}=\frac{2(1+\nu)}{E}\tau_{xz}\\ \varepsilon_z&=\frac{1}{E}[\sigma_z-\nu(\sigma_x+\sigma_y)],\ \gamma_{xy}=\frac{2(1+\nu)}{E}\tau_{xy}\end{aligned}\right\} \tag{2-52}$$

以上平衡方程 3 个，几何方程 6 个，物理方程 6 个，共有 15 个方程，待求的物理量有 6 个应力分量、6 个应变分量、3 个位移分量，共有 15 个未知量，如配上适合的边界条件，15 个方程可以用来求解 15 个未知量。

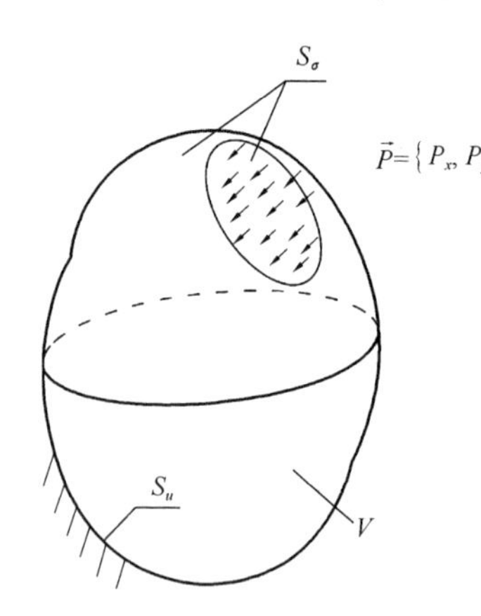

图 2-14 弹性体应力与位移边界

（4）边界条件

1）应力边界条件：在 S_σ 边界上（图 2-14），有已知的外部面力 $\vec{P}=\{P_x, P_y, P_z\}^T$ 作用。

$$\begin{pmatrix}P_x\\ P_y\\ P_z\end{pmatrix}=\begin{bmatrix}\sigma_x & \tau_{xy} & \tau_{xz}\\ \tau_{yx} & \sigma_y & \tau_{yz}\\ \tau_{zx} & \tau_{zy} & \sigma_z\end{bmatrix}_{S_\sigma}\begin{pmatrix}l\\ m\\ n\end{pmatrix} \tag{2-53}$$

2）位移边界条件：在 S_u 边界上（图 2-14），有已知的位移 $(\bar{u}, \bar{v}, \bar{w})^T$ 。

$$\begin{pmatrix}u\\ v\\ w\end{pmatrix}_{S_u}=\begin{pmatrix}\bar{u}\\ \bar{v}\\ \bar{w}\end{pmatrix} \tag{2-54}$$

例如：对于结构物地基的固支条件，可以有 $\bar{u}=\bar{v}=\bar{w}=0$ ，或在地基边界 S_u 上有已知

的沉降位移 $\bar{u}$，$\bar{v}$，$\bar{w}$。

自然界中任何的弹性物体，不管它们的形状有多么复杂，只要满足弹性力学基本假设，那么弹性体在任何复杂外部荷载作用下，弹性体内的应力、应变与位移都受到上述基本方程与边界条件的控制，一组如此漂亮而规则的数学方程就能概括自然界中千变万化的弹性力学现象，这是自然界给我们呈现的一种美丽。

弹性力学基本方程及边界条件也可采用张量来描述，方程将会变得十分简洁且客观，关于弹性力学方程的张量表述可参见本书附录 1。

（5）三类边值问题

弹性力学问题本质上是在给定的边界条件下求解一组偏微分方程组，即所谓的边值问题，根据边界条件的不同，可分为三类边值问题。第一类：已知应力边界条件；第二类：已知位移边界条件；第三类：混合边界条件——同时已知应力与位移边界条件。

2.10　解的唯一性定律

如果弹性力学问题的解答满足所有的基本方程与边界条件，那么这个解答是否唯一的，我们不加证明地给出以下的唯一性定律（有兴趣的读者可在其他参考书上阅读证明过程）。

假如弹性体受已知体力作用，对第一类边界条件（已知应力边界条件），其应力与应变解答都是唯一的，但位移解答一般不唯一；对第二、三类边界条件，则应力、应变与位移解答都是唯一的。

在所有边界条件中，只要有位移边界条件存在，则所有解答一定是唯一的，因为位移是最基本的物理量，只要能求得弹性体中的位移，则应变、应力就可相应地确定。若边界条件中，只有应力边界条件，则只能唯一地求得应力与应变解答，而由应变却无法得到唯一的位移解，因为求解位移需要进行积分运算，没有位移边界条件，积分常数无法确定，例如图 2-15 的矩形板受均匀拉伸作用，板中的应力、应变可唯一确定，但位移不能唯一确定，因为矩形板在平面中任何位置都可保持平衡，平衡位置不确定，刚性位移也不确定。

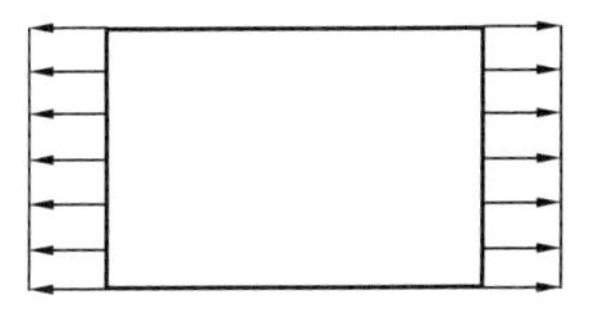

图 2-15　仅有应力边界条件，其位移不能唯一确定

习　　题

2.1　一个任意形状的物体，其表面受均匀法向压力 p 的作用（静水压力），如果不计其体力，试验证应力分量

$$\sigma_x = \sigma_y = \sigma_z = -p \quad \tau_{yz} = \tau_{xz} = \tau_{xy} = 0$$

是否满足平衡微分方程和该问题的静力边界条件。

2.2　橡皮立方块放在同样大小的铁盒内，在上面用铁盖封闭，铁盖上受均布压力 q 作用，如

图 2-16所示，设铁盒和铁盖可以作为刚体看待，而且橡皮与铁盒之间无摩擦力。试求铁盒内侧所受的压力、橡皮块的体积应变和橡皮中的最大剪应力［提示：最大剪应力＝0.5×（最大正应力－最小正应力)］。

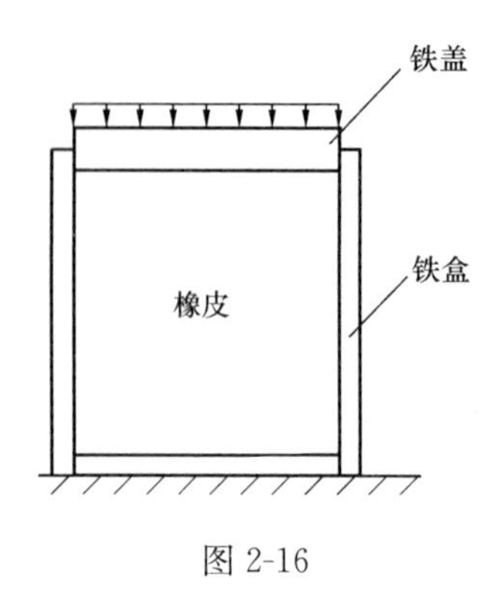

图 2-16

2.3 对于如下的应力场，要保持平衡，求体力 X,Y,Z 的分布，x,y,z 的单位为米。

$$[\sigma]=\begin{bmatrix}6x^2+y & 3z^2+y & 5y^2+x\\ 3z^2+y & 10x^3 & -6x^2z\\ 5y^2+x & -6x^2z & 3y+z\end{bmatrix}\text{MPa}$$

2.4 下列弹性应变位移场是否可能?

$$[\varepsilon]=\begin{bmatrix}x^3z & bxyz & 0\\ bxyz & az(x^2+y^2) & 0\\ 0 & 0 & 0\end{bmatrix}$$

2.5 对不可压缩的弹性体，有性质(　　)。

A. $\sigma_x+\sigma_y+\sigma_z=0$　　B. $\varepsilon_x+\varepsilon_y+\varepsilon_z=0$ 且 $\nu<0.5$

C. $\varepsilon_x+\varepsilon_y+\varepsilon_z=0$ 且 $\sigma_x+\sigma_y+\sigma_z=0$　　D. $\varepsilon_x+\varepsilon_y+\varepsilon_z=0$ 且 $\nu=0.5$

2.6 根据体积应变的定义：$\theta=\dfrac{\Delta V}{V}$（$V$ 表示微体的原始体积，ΔV 表示微体体积的改变量)，试证明：

$$\theta=\varepsilon_x+\varepsilon_y+\varepsilon_z$$

2.7 第一边值问题的所有解答（应力、应变、位移）都是唯一的吗？为什么？

第 3 章　平面问题基本理论

严格地讲，一般弹性结构都是空间结构，所受的外部荷载一般也都是空间力系，所以弹性力学问题一般都是空间问题，但当弹性体具有某些特殊形状，且受有某种特殊的外力时，空间问题就可以简化为平面问题，即弹性体的几何参数和所受的外力只与二维坐标有关，基本方程是二维的，这样简化使计算工作量大大减少，所得计算结果又能满足工程设计要求。

3.1　平面应力问题与平面应变问题

弹性力学平面问题可分为两类：平面应力问题及平面应变问题。

1. 平面应力问题

考察图 3-1 的一等厚度薄板，外部荷载作用在 xoy 平面内，由于板很薄，可以认为外荷载沿板厚度方向没有变化，板的两个外表面 $z=\pm\frac{h}{2}$ 为自由表面，无外力作用（$P_x=P_y=P_z=0$），即有：$\sigma_z\big|_{z=\pm\frac{h}{2}}=0$，$\tau_{zx}\big|_{z=\pm\frac{h}{2}}=0$，$\tau_{zy}\big|_{z=\pm\frac{h}{2}}=0$，由于板很薄，可近似认为在整个板厚范围内均有：$\sigma_z=0$，$\tau_{zx}(=\tau_{xz})=0$，

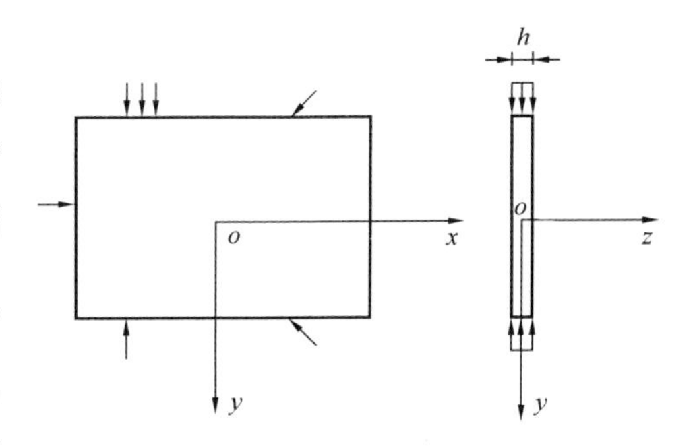

图 3-1　等厚度薄板受 xoy 平面内荷载作用

$\tau_{zy}(=\tau_{yz})=0$，由于 xoy 平面内外荷载的挤压或拉伸，在 z 方向上会产生变形，一般情况下 $\varepsilon_z\neq 0$，所以不为零的应力分量为：σ_x，σ_y，$\tau_{xy}(=\tau_{yx})$，它们都是 x，y 的函数，与坐标 z 无关（不沿厚度方向变化）。具有上述平面应力状态的问题称为平面应力问题。土木工程中的深梁、墙梁及框支梁等都可以近似地按平面应力问题处理。

2. 平面应变问题

土木工程中有一类很长的结构物，如大坝、压力管道、挡土墙、地下人防工程等（图 3-2），这类结构物很长，在数学上可抽象地认为无限长，在结构中部任意取出一个截面（图 3-3），因为结构在这个截面的左右两边都是无限延伸的，因而这个截面可以视为整个无限长结构的一个横向对称面，既然是对称面，那么这个截面上就没有纵向位移，即 $w=0$（$\varepsilon_z=0$），位移都限制在截面的平面上，所以这类问题称为平面位移问题，为了与平面应力问题相对应，亦称为平面应变问题。

为了保证截面的对称性，破坏截面对称性的剪应力必须为零：$\tau_{xz}(=\tau_{zx})=0$，$\tau_{yz}(=\tau_{zy})=0$，由于 z 方向的位移被阻止，z 方向必然会有正应力约束，所以 $\sigma_z\neq 0$，则不为零的应力分量为：σ_x，σ_y，$\tau_{xy}(=\tau_{yx})$，σ_z，它们都是 x，y 的函数，与坐标 z 无关。具有上述应力、应变特征的问题称为平面应变问题。

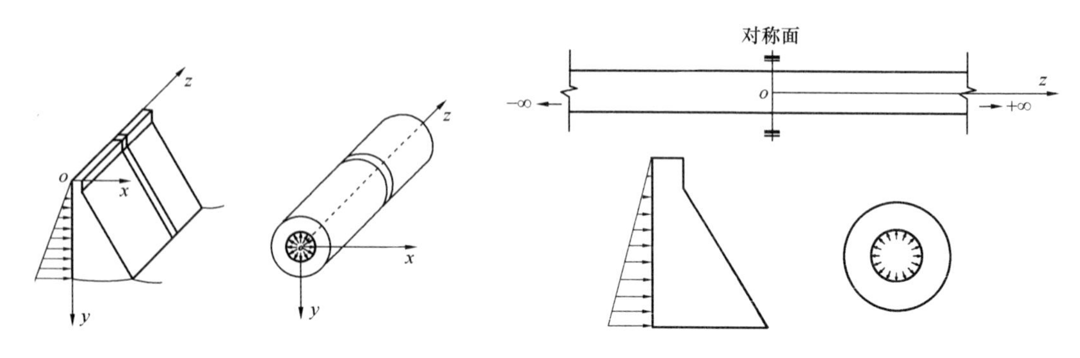

图 3-2　无限长的结构物　　图 3-3　无限长结构中的对称截面

需要说明的是，实际工程中无限长的结构是不存在的，对于较长的结构（有限长），可在结构中部（离两端部较远的地方，端部的约束影响很小，可忽略不计）取出一个图 3-3所示的薄片，可近似地按平面应变问题处理，所得解答在工程上是可用的，但在端部附近取薄片分析时，则不能按平面应变问题处理，这时应考虑端部约束的影响，关于这种端部约束影响的说明可见 3.3 节的 Saint Venant（圣维南）原理。

3.2　平面问题基本方程

1. 平衡方程

对于平面应力问题或平面应变问题，由于 $\sigma_z=0$ 或 $\sigma_z=f(x,y)\Rightarrow\dfrac{\partial\sigma_z}{\partial z}=0$，且：$\tau_{yz}=\tau_{zy}=\tau_{xz}=\tau_{zx}=0$，$Z=0$，在第 2 章的三维问题平衡方程的基础之上，简化得：

$$\left.\begin{aligned}&\frac{\partial\sigma_x}{\partial x}+\frac{\partial\tau_{xy}}{\partial y}+X=0\\&\frac{\partial\tau_{yx}}{\partial x}+\frac{\partial\sigma_y}{\partial y}+Y=0\end{aligned}\right\}\tag{3-1}$$

2. 几何方程

由于 $\tau_{yz}=\tau_{zy}=\tau_{xz}=\tau_{zx}=0$，所以根据剪切 Hooke 定律得：$\gamma_{yz}=\gamma_{zy}=\gamma_{xz}=\gamma_{zx}=0$，因此，平面应力问题与平面应变问题的几何方程均可写为：

$$\left.\begin{aligned}&\varepsilon_x=\frac{\partial u}{\partial x}\\&\varepsilon_y=\frac{\partial v}{\partial y}\\&\gamma_{xy}=\frac{\partial v}{\partial x}+\frac{\partial u}{\partial y}\end{aligned}\right\}\tag{3-2}$$

3. 物理方程

平面应力问题与平面应变问题的物理方程有所不同。对于平面应力问题，因为 $\sigma_z = 0$，由广义 Hooke 定律得：

$$\left.\begin{aligned}\varepsilon_x &= \frac{1}{E}(\sigma_x - \nu\sigma_y) \\ \varepsilon_y &= \frac{1}{E}(\sigma_y - \nu\sigma_x) \\ \gamma_{xy} &= \frac{\tau_{xy}}{G}\end{aligned}\right\} \tag{3-3}$$

且：

$$\varepsilon_z = -\frac{\nu}{E}(\sigma_x + \sigma_y) \neq 0 \tag{3-4}$$

对于平面应变问题，因为 $\varepsilon_z = 0 \Rightarrow \varepsilon_z = \frac{1}{E}[\sigma_z - \nu(\sigma_x + \sigma_y)] = 0 \Rightarrow \sigma_z = \nu(\sigma_x + \sigma_y)$，将 σ_z 的表达式代入广义 Hooke 定律中得：

$$\left.\begin{aligned}\varepsilon_x &= \frac{1-\nu^2}{E}\left(\sigma_x - \frac{\nu}{1-\nu}\sigma_y\right) \\ \varepsilon_y &= \frac{1-\nu^2}{E}\left(\sigma_y - \frac{\nu}{1-\nu}\sigma_x\right) \\ \gamma_{xy} &= \frac{\tau_{xy}}{G} = \frac{2(1+\nu)}{E}\tau_{xy}\end{aligned}\right\} \tag{3-5}$$

且：

$$\sigma_z = \nu(\sigma_x + \sigma_y) \neq 0 \tag{3-6}$$

观察式（3-3）与式（3-5），可以发现，对于平面应力问题式（3-3），只需做参数替换：$E \rightarrow \frac{E}{1-\nu^2}$，$\nu \rightarrow \frac{\nu}{1-\nu}$，就可变为式（3-5）的平面应变问题。在处理平面问题时，我们可以统一按平面应力问题求解，如果实际问题是平面应变问题，则只需将所得解答中的参数 E，ν 作上述替换即可。反过来，若按平面应变问题得到的解答，那么只需将参数作替换 $E \rightarrow \frac{E(1+2\nu)}{(1+\nu)^2}$，$\nu \rightarrow \frac{\nu}{1+\nu}$，则平面应变问题的解答就变为相应的平面应力问题的解答，这一结果将在第 12 章的例 12-2 中得到应用。

4. 边界条件

将第 2 章三维问题边界条件退化为平面二维问题（图 3-4），则应力边界条件为：

$$\begin{Bmatrix} P_x \\ P_y \end{Bmatrix} = \begin{bmatrix} \sigma_x & \tau_{xy} \\ \tau_{yx} & \sigma_y \end{bmatrix}_{S_\sigma} \begin{Bmatrix} l \\ m \end{Bmatrix} \tag{3-7}$$

注意到，上式中的外荷载 $(P_x, P_y)^{\mathrm{T}}$ 由三维问题的面荷载退化为二维问题的线荷载。位移边界条件为：

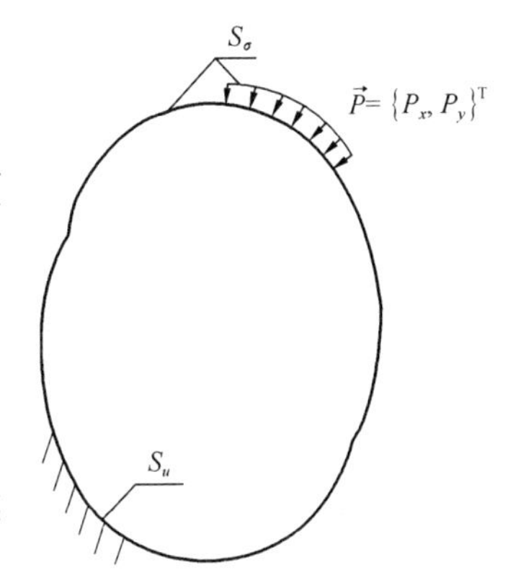

图 3-4　平面问题边界条件

$$\begin{Bmatrix} u \\ v \end{Bmatrix}_{S_u} = \begin{Bmatrix} \bar{u} \\ \bar{v} \end{Bmatrix} \tag{3-8}$$

3.3 Saint Venant（圣维南）原理

弹性力学的问题在数学上表现为偏微分方程的边值问题，获得满足偏微分的解答相对容易些，但要求解答同时满足给定的边界条件却是一件十分困难的事情。对于很多的实际工程问题，我们很难提出问题的精确边界条件，在很多情况下，弹性结构的局部边界所受到的外部面力分布状况并不清楚，但面力的合力（主矢和主矩）通常是已知的，例如：最简单的低碳钢拉伸试验，图 3-5 的试件拉伸轴力 N 是通过端部夹头的接触面力得到的，这里接触面力的实际分布状况是未知的，但接触面力的合成结果可以确定，就是轴力 N，这个试件端部的精确应力边界条件是写不出来的，因而也就无法得到精确的弹性力学解答。

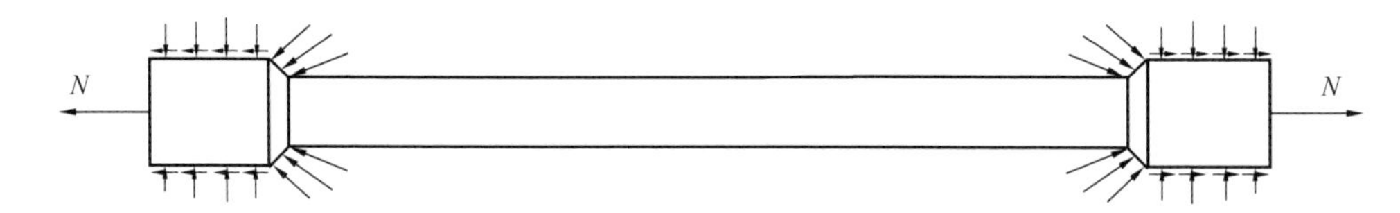

图 3-5 拉伸试验夹头处的面力与轴力 N 等效

如图 3-6（a）所示的简支梁，两端简支在砌体结构上，受均布荷载 q 作用，这样一个

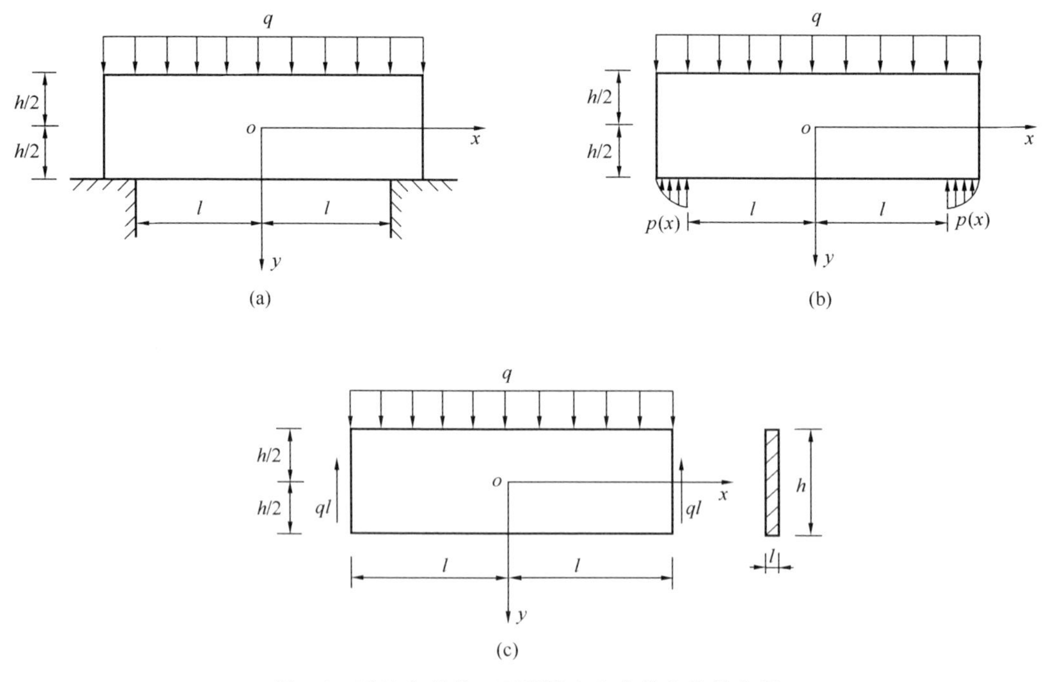

图 3-6 受均布荷载、两端简支在砌体上的简支梁

看上去极为简单的简支梁，要想获得其应力解答的精确解也是极为困难的，将该梁作为隔离体看待时，梁两端受到砌体的反力为 $p(x)$（图 3-6b），要精确求解这个问题，必须知道精确的反力分布 $p(x)$，然而实际问题中的反力分布通常是未知的（某些情况下，通过弹性接触分析可以得到近似反力分布，但要付出很大的分析成本，并不现实），但可以知道梁两端支承边缘的反力合力为 ql（图 3-6c），由于这个问题的精确应力边界条件很难得到，因此其精确的弹性力学解答也难以获得。

以上问题的精确解答难以获得，但能否退一步求解其近似解呢？Saint Venant 原理可以提供求解这类问题的近似解决方案。

Saint Venant 原理可以表述为：若把作用在弹性体局部边界上的面力用另一组与它静力等效（主矢和主矩相同）的力系来代替，则在力系作用区域的附近，应力分布将有显著改变，但在远处所受的影响很小，可忽略不计。

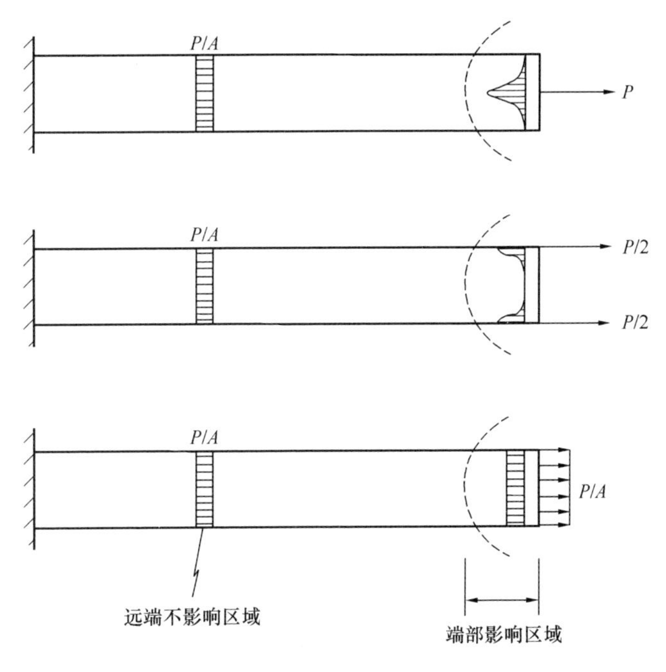

图 3-7　等效力系的作用效应

以图 3-7 所示的拉杆为例，在杆右端受到的拉力主矢为 P，但三个杆端的面力分布状况不同，显然三个杆在右端附近截面处的应力分布完全不同，端部区域的应力分布受外部面力分布的影响，我们把这个区域称为端部影响区域。然而在离端部较远的地方，三种情况下的应力分布都是相同的均匀应力，远处的应力大小与分布只与端部面力的合力有关，与面力的分布方式无关，我们把远端的区域称为不影响区域。因此对于物体局部边界上面力分布不清楚，但面力的合力已知的情况下，边界条件可以放松处理，在边界截面上，只需使应力的合力与外部面力的合力相等即可，这样得到的解答在远离这个局部边界的地方是可用的，但在这个局部边界附近的解答是不可用的。关于这种边界条件的具体处理方法在以后的例题中讲述。

对于图 3-5 所示的拉伸试验，不论端部的面力如何分布，其等效静力为轴力 N，那么根据 Saint Venant 原理，离两端较远的试件中部，其应力为均匀拉应力（这正是我们所需要的应力），为等效轴力 N 除以试件中部的截面面积，但在试件的端部，应力分布是未知的。对于图 3-6 所示的简支梁，尽管端部的支承反力 p（x）的分布是未知的，但已知它的等效合力为 ql，根据 Saint Venant 原理，图 3-6（b）与图 3-6（c）两个解答在离梁端

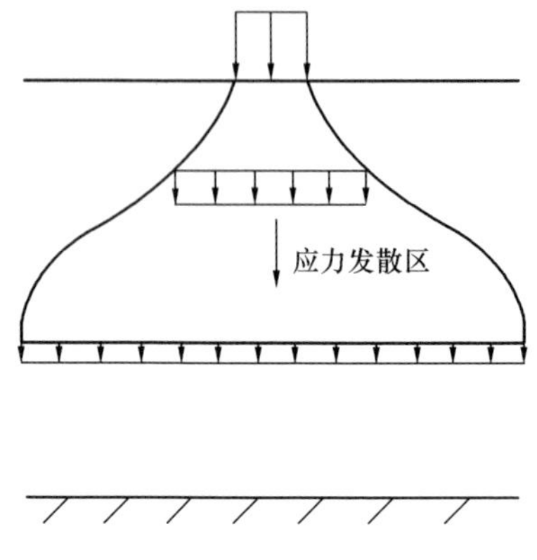

图 3-8 地基附加应力趋于均匀发散

部较远的中间区域是相同的，因此通过求解图 3-6（c）的解答从而可以知晓图 3-6（b）在梁中部的解答，但无法知晓图 3-6（b）在梁端部的精确应力分布。

以上 Saint Venant 原理的面力等效替换性也可理解为应力的发散性，即应力在传递过程中具有趋向于发散、均匀的性质，图 3-7 显示了端部的应力趋向于发散与均匀。图 3-8 所示房屋基础对地基的附加应力随着深度的增加，附加应力趋于均匀发散，越来越小，最终趋向于零。

事实上，结构力学也服从 Saint Venant 原理，图 3-9的框架结构，中柱顶部受一集中荷载 P 作用，当框架层数不多时，柱底部竖向反力中柱大，边柱小，但当框架层数增加很多时，集中荷载 P 的作用趋于发散、均匀，柱底部竖向反力也趋于均匀。

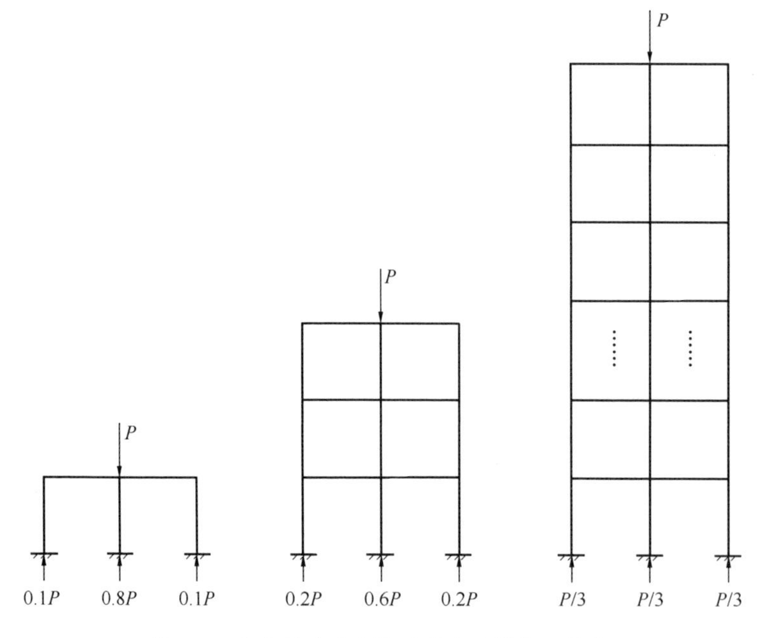

图 3-9 集中外力在框架内趋向于发散、均匀

Saint Venant 原理的另一种陈述是：如果弹性体局部边界上的面力是一个平衡力系（主矢及主矩都等于零），那么这个平衡力系只会对其附近区域产生显著的应力，而对其远端产生的应力很小，可以忽略不计。图 3-10 一平板右端作用一平衡力系，该力系只对端部产生显著应力，而远端的应力趋于零。

实际工程中，某些局部应力边界条件的不确定性（或不精确性），使得弹性力学解答只能在某些范围内适用，Saint Venant 原理给我们提供了这样一个解答适用范围的判断原则。在工程结构设计中，若构件的某些区域应力分布可以算得很清楚，可由理论计算来保

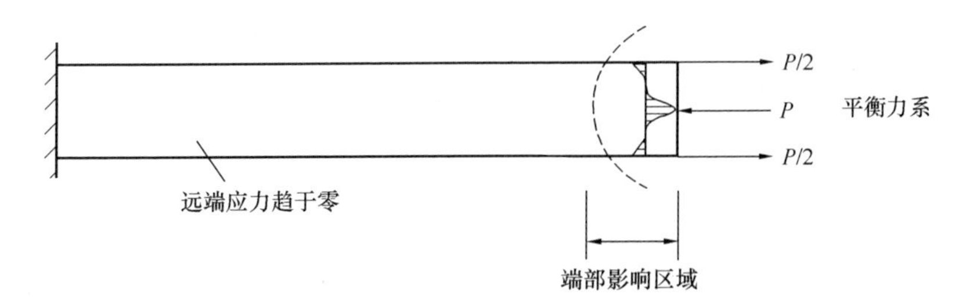

图 3-10　平衡力系只对局部产生影响

证结构安全，而另一些区域（如节点等部位）应力分布算不清楚，受力状况不明确，这时应通过构造措施来保证结构安全，对于重要的结构还需通过结构试验来确认结构的安全性。

图 3-11 为轴心受拉预应力构件，为保证混凝土构件在施工阶段不被破坏，需进行施工阶段混凝土强度验算。构件预应力是通过端部锚具施加上去的，端部的应力分布情况不清楚，但知道预应力合力为 N，根据 Saint Venant 原理知道，离端部较远地方的应力分布是均匀的，可以通过强度计算来保证混凝土在施工阶段不被破坏，然而构件端部锚具与混凝土的接触应力分布状况很复杂，预计构件端部接触应力会大于中部的应力，但具体要大多少，理论上预测比较困难（也可通过数值方法进行复杂的接触应力分析得到近似接触压力分布，但需要付出很大的计算代价），为了保证端部混凝土不被破坏，工程中一般可采取构造措施，即在端部增加几层钢筋网片来加强混凝土。

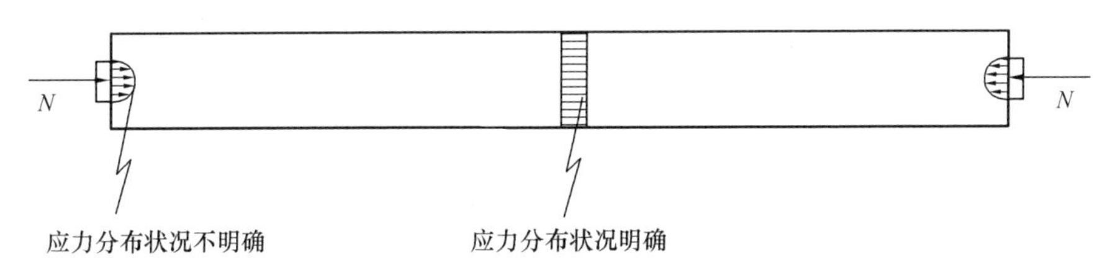

图 3-11　轴心受拉预应力构件应力分布状况

对于杆系结构，结构力学的结果对于远离节点处的杆件应力是确定可靠的，其强度计算可保证杆件在离节点较远的区域是安全的，但对于节点而言，受力状况复杂，一般难以精确计算节点处的应力分布，通常只知道节点所受到的合力，很难进行精确可靠的节点强度校核，结构设计时可根据已有的构造经验对节点进行专门加强设计，在缺乏设计经验的情况下，对于重要的节点，常常需要进行节点的结构试验来保证其安全。

3.4　应力边界条件的写法

弹性力学问题实际上是微分方程的边值问题，边界条件对弹性力学的解答起着至关重要的作用，错误的边界条件会导致错误的解答，会给工程设计留下安全隐患，正确地写出问题的边界条件是弹性力学求解的前提。下面给出应力边界条件的三种写法。

1. 公式写法

根据式（3-7）来写应力边界条件：（1）确定应力边界 S_σ 的方程；（2）计算边界 S_σ 外法线单位向量 $\vec{v}$ 在 x，y 轴上的投影 l，m；（3）计算面力在坐标轴上的分量 P_x，P_y。然后将结果代入式（3-7）即可。

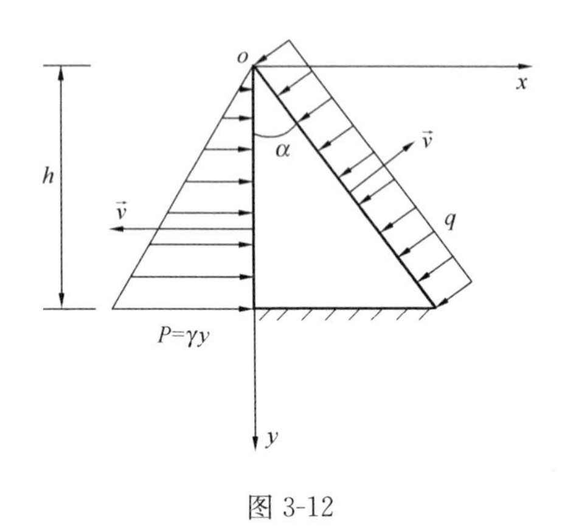

图 3-12

【例 3-1】 写出图 3-12 所示楔形体的边界条件，楔形体底面嵌固在地面上。

【解】 位移边界条件：底面 $y=h$

$$\begin{pmatrix} u \\ v \end{pmatrix}_{y=h} = \begin{pmatrix} 0 \\ 0 \end{pmatrix}$$

应力边界条件：

垂直边界 $x=0$，外法线单位向量 $\vec{v}$ 在 x，y 轴上的投影 $l=\cos 180°=-1$，$m=\cos 90°=0$，外部面力在坐标轴上的分量 $P_x=\gamma y$，$P_y=0$，注意到面力的正负由坐标轴的方向确定。将已知条件代入式（3-7）得：

$$\begin{pmatrix} \gamma y \\ 0 \end{pmatrix} = \begin{bmatrix} \sigma_x & \tau_{xy} \\ \tau_{yx} & \sigma_y \end{bmatrix}_{x=0} \begin{pmatrix} -1 \\ 0 \end{pmatrix} \Rightarrow \sigma_x \big|_{x=0} = -\gamma y,\ \tau_{xy} \big|_{x=0} = 0$$

斜边界 $x=y\tan\alpha$，外法线单位向量在 x，y 轴上的投影 $l=\cos\alpha$，$m=-\sin\alpha$，外部面力在坐标轴上的分量 $P_x=-q\cos\alpha$，$P_y=q\sin\alpha$，将已知条件代入式（3-7）得：

$$\left.\begin{aligned} (\sigma_x\cos\alpha-\tau_{xy}\sin\alpha)\big|_{x=y\tan\alpha} &= -q\cos\alpha \\ (\tau_{xy}\cos\alpha-\sigma_y\sin\alpha)\big|_{x=y\tan\alpha} &= q\sin\alpha \end{aligned}\right\}$$

2. 直接写法

公式写法是将弹性体外部边界上的面力作为外力来处理，由内部应力与外部面力的平衡来建立边界条件。如果我们将弹性体外部面力直接当作应力来看待，则某些与坐标轴垂直的简单边界上，其边界条件可直接写出，不必按照公式法来写。注意：这时的边界上的应力正负号应按应力符号的规定来确定。

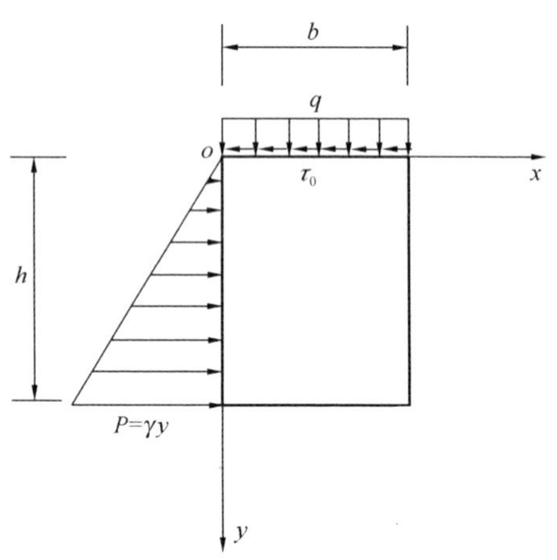

图 3-13

【例 3-2】 写出图 3-13 所示弹性体的应力边界条件。

【解】 垂直边界 $x=0$：边界上受压应力作用，压应力为负，应冠以负号，即：

$$\sigma_x \big|_{x=0} = -\gamma y$$

所得结果与公式写法一样。边界上没有剪应力作用，所以剪应力为零：

$$\tau_{xy}\big|_{x=0}=0$$

水平边界 $y=0$：

$$\sigma_y\big|_{y=0}=-q,\ \tau_{xy}\big|_{y=0}=\tau_0$$

注意到边界外法线方向为负，剪应力方向也为（坐标轴）负方向，所以剪应力为正值。

垂直边界 $x=b$ 为自由边界，无应力作用：

$$\sigma_x\big|_{x=b}=0,\tau_{xy}\big|_{x=b}=0$$

初学者容易在 $x=b$ 的边界上写出错误的边界条件：$\sigma_y\big|_{x=b}=0$，注意：在垂直边界这个截面上，σ_y 没有被显露出来，σ_y 不存在。在直角坐标系中，斜面上的边界条件只能由公式法来写。

3. 应用静力等效原则（Saint Venant 原理）写边界条件

某些边界上，面力分布未知，仅知道面力作用的主矢与主矩，这时只能应用静力等效原则来写边界条件。

【例 3-3】 图 3-14 所示悬臂梁端部受集中力 P 及弯矩 M 的作用，试写出左端边界 $x=0$ 处的应力边界条件。

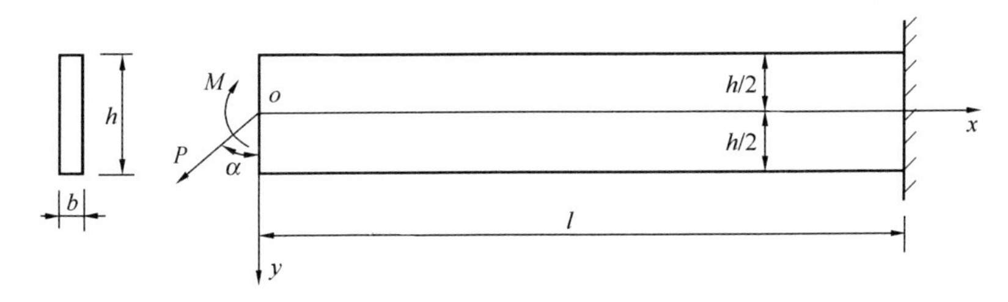

图 3-14

【解】 在梁左端边界 $x=0$ 处，切出一个（无穷薄的）薄片，如图 3-15 所示，薄片的左端受到外荷载 P 与 M 作用，薄片的右端截面上作用有分布正应力 σ_x 及剪应力 τ_{xy}，应力均按正向来标注，切出的薄片要保持平衡，由平面力系的平衡条件有：

$$\left.\begin{aligned}\Sigma F_x=0:&\int_{-h/2}^{h/2}\sigma_x\big|_{x=0}\cdot b\cdot \mathrm{d}y-P\sin\alpha=0\\ \Sigma F_y=0:&\int_{-h/2}^{h/2}\tau_{xy}\big|_{x=0}\cdot b\cdot \mathrm{d}y+P\cos\alpha=0\\ \Sigma M_o=0:&\int_{-h/2}^{h/2}\sigma_x\big|_{x=0}\cdot b\cdot y\cdot \mathrm{d}y-M=0\end{aligned}\right\}$$

上式中，由于薄片（图 3-15）的厚度为一无穷小量，即剪应力 τ_{xy} 对 o 点的力臂为无穷小量，所以剪应力 τ_{xy} 对 o 点的力矩可忽略不计。

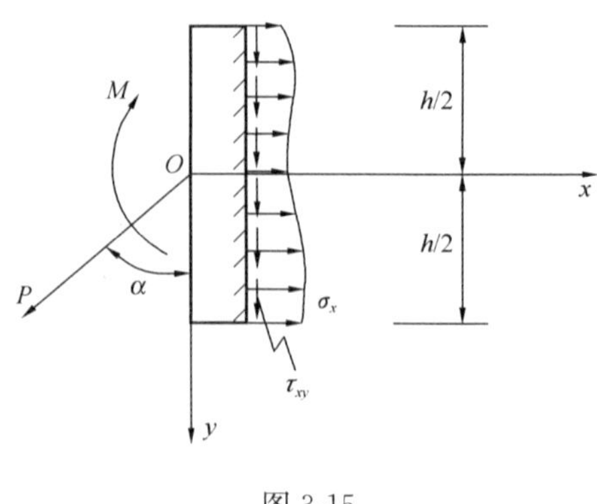

图 3-15

以上三式就是边界 $x=0$ 处的完整边界条件。需要说明的是，根据 Saint Venant 原理，由上面边界条件得到的解答在边界 $x=0$ 附近区域是不可用的，只有离这个边界稍远处的解答才可用。

应用静力等效原则（Saint Venant 原理）写边界条件时，只针对局部较小的边界区域（即所谓的次要边界，如例 3-3 中梁的端头）才有意义，这样获得的解答在绝大多数的区域是可用的，如果在大范围的边界区域（即所谓的主要边界，如上面例题中梁的长边）应用静力等效原则写边界条件，则得到的解答无意义，因为这样的解答在绝大多数的区域是不可用的。

3.5 位移解法与应力解法

1. 位移解法

位移解法是根据基本方程，采用消去法，去掉应力、应变未知量，得到一组以位移为基本未知量的方程，然后求解位移。有了位移就可得到应变与应力。基本方程推演过程为：

$$\text{物理方程}\left.\begin{aligned}\varepsilon_x&=\frac{1}{E}(\sigma_x-\nu\sigma_y)\\ \varepsilon_y&=\frac{1}{E}(\sigma_y-\nu\sigma_x)\\ \gamma_{xy}&=\frac{2(1+\nu)}{E}\tau_{xy}\end{aligned}\right\}\Rightarrow\left.\begin{aligned}\sigma_x&=\frac{E}{1-\nu^2}(\varepsilon_x+\nu\varepsilon_y)\\ \sigma_y&=\frac{E}{1-\nu^2}(\varepsilon_y+\nu\varepsilon_x)\\ \tau_{xy}&=\frac{E}{2(1+\nu)}\gamma_{xy}\end{aligned}\right\},$$

$$\text{将几何方程}\quad\left.\begin{aligned}\varepsilon_x&=\frac{\partial u}{\partial x}\\ \varepsilon_y&=\frac{\partial v}{\partial y}\\ \gamma_{xy}&=\frac{\partial u}{\partial y}+\frac{\partial v}{\partial x}\end{aligned}\right\}\text{代入}\Rightarrow$$

$$\left.\begin{aligned}\sigma_x&=\frac{E}{1-\nu^2}\left(\frac{\partial u}{\partial x}+\nu\frac{\partial v}{\partial y}\right)\\ \sigma_y&=\frac{E}{1-\nu^2}\left(\frac{\partial v}{\partial y}+\nu\frac{\partial u}{\partial x}\right)\\ \tau_{xy}&=\frac{E}{2(1+\nu)}\left(\frac{\partial v}{\partial x}+\frac{\partial u}{\partial y}\right)\end{aligned}\right\}\Rightarrow\text{代入平衡方程}\left.\begin{aligned}\frac{\partial\sigma_x}{\partial x}+\frac{\partial\tau_{xy}}{\partial y}+X=0\\ \frac{\partial\tau_{yx}}{\partial x}+\frac{\partial\sigma_y}{\partial y}+Y=0\end{aligned}\right\}\Rightarrow$$

$$\left.\begin{aligned}\frac{\partial^2u}{\partial x^2}+\frac{1-\nu}{2}\frac{\partial^2u}{\partial y^2}+\frac{1+\nu}{2}\frac{\partial^2v}{\partial x\,\partial y}+\frac{1-\nu^2}{E}X=0\\ \frac{\partial^2v}{\partial y^2}+\frac{1-\nu}{2}\frac{\partial^2v}{\partial x^2}+\frac{1+\nu}{2}\frac{\partial^2u}{\partial x\,\partial y}+\frac{1-\nu^2}{E}Y=0\end{aligned}\right\}\tag{3-9}$$

式（3-9）为以位移表示的平衡方程，两个方程，两个未知量，理论上可以求解。

位移法边界条件：

（1）应力边界条件：由 $\begin{Bmatrix} P_x \\ P_y \end{Bmatrix} = \begin{bmatrix} \sigma_x & \tau_{xy} \\ \tau_{yx} & \sigma_y \end{bmatrix}_{S_\sigma} \begin{Bmatrix} l \\ m \end{Bmatrix}$，将应力用位移来表示得：

$$S_\sigma: \left.\begin{aligned} l\left(\frac{\partial u}{\partial x}+\nu\frac{\partial v}{\partial y}\right)+m\frac{1-\nu}{2}\left(\frac{\partial v}{\partial x}+\frac{\partial u}{\partial y}\right)=\frac{1-\nu^2}{E}P_x \\ m\left(\frac{\partial v}{\partial y}+\nu\frac{\partial u}{\partial x}\right)+l\frac{1-\nu}{2}\left(\frac{\partial v}{\partial x}+\frac{\partial u}{\partial y}\right)=\frac{1-\nu^2}{E}P_y \end{aligned}\right\} \tag{3-10}$$

（2）位移边界条件：

$$S_u: \begin{Bmatrix} u \\ v \end{Bmatrix} = \begin{Bmatrix} \bar{u} \\ \bar{v} \end{Bmatrix} \tag{3-11}$$

位移解法就是依据定解条件式（3-10）与式（3-11）来求解微分方程（3-9），位移解法是一般性的解法，适用范围宽，所得到的解答是最基本的物理量——位移，这个解法尤其适合计算机数值解法，有限元法就是基于位移法来求解的。上述位移解法都是针对平面应力问题的，对于平面应变问题，只需作参数替换 $E \rightarrow \frac{E}{1-\nu^2}$，$\nu \rightarrow \frac{\nu}{1-\nu}$ 即可。

2. 应力解法

应力解法是根据基本方程，采用消去法，去掉位移、应变未知量，得到一组以应力为基本未知量的方程，然后求解应力。有了应力就可得到应变。基本方程推演过程为：

物理方程 $\left.\begin{aligned} \varepsilon_x &= \frac{1}{E}(\sigma_x-\nu\sigma_y) \\ \varepsilon_y &= \frac{1}{E}(\sigma_y-\nu\sigma_x) \\ \gamma_{xy} &= \frac{2(1+\nu)}{E}\tau_{xy} \end{aligned}\right\}$ 代入应变协调方程 $\frac{\partial^2\varepsilon_x}{\partial y^2}+\frac{\partial^2\varepsilon_y}{\partial x^2}=\frac{\partial^2\gamma_{xy}}{\partial x\,\partial y}$，利用平衡方程去掉剪应力 $\Rightarrow \nabla^2(\sigma_x+\sigma_y)=-(1+\nu)\left(\frac{\partial X}{\partial x}+\frac{\partial Y}{\partial y}\right)$

所以应力解法的基本方程为：

$$\left.\begin{aligned} \nabla^2(\sigma_x+\sigma_y)=-(1+\nu)\left(\frac{\partial X}{\partial x}+\frac{\partial Y}{\partial y}\right) \\ \frac{\partial\sigma_x}{\partial x}+\frac{\partial\tau_{xy}}{\partial y}+X=0 \\ \frac{\partial\sigma_y}{\partial y}+\frac{\partial\tau_{xy}}{\partial x}+Y=0 \end{aligned}\right\} \tag{3-12}$$

由应力边界条件定解：

$$S_\sigma: \begin{bmatrix} \sigma_x & \tau_{xy} \\ \tau_{yx} & \sigma_y \end{bmatrix} \begin{Bmatrix} l \\ m \end{Bmatrix} = \begin{Bmatrix} P_x \\ P_y \end{Bmatrix} \tag{3-13}$$

应力解法就是依据定解条件式（3-13）来求解微分方程组（3-12），因位移无法直接由应力来表示，应力法不能应用位移边界条件，所以应力解法只适用于求解第一类边值问题。上述应力解法都是针对平面应力问题的，对于平面应变问题，只需作参数替换 $E \to \frac{E}{1-\nu^2}$，$\nu \to \frac{\nu}{1-\nu}$ 即可。

3.6　应力函数、逆解法及半逆解法

按应力法求解第一类边值问题，设体力 X,Y 为常数，根据式（3-12），应力解法的基本方程变为：

$$\left.\begin{aligned} &\frac{\partial\sigma_x}{\partial x}+\frac{\partial\tau_{xy}}{\partial y}=-X \\ &\frac{\partial\sigma_y}{\partial y}+\frac{\partial\tau_{xy}}{\partial x}=-Y \\ &\nabla^2(\sigma_x+\sigma_y)=0 \end{aligned}\right\} \tag{3-14}$$

式（3-14）有三个方程，求解不方便，我们期望能像解三元一次代数方程一样，将三个方程最后简化为只含有一个未知数的方程来求解，首先求解前两个平衡方程，它们为非齐次微分方程，解法如下：

非齐次方程 $\left.\begin{aligned} &\frac{\partial\sigma_x}{\partial x}+\frac{\partial\tau_{xy}}{\partial y}=-X \\ &\frac{\partial\sigma_y}{\partial y}+\frac{\partial\tau_{xy}}{\partial x}=-Y \end{aligned}\right\}$ 的全解 $\Rightarrow$ 非齐次方程特解 + 齐次方程 $\left.\begin{aligned} &\frac{\partial\sigma_x}{\partial x}+\frac{\partial\tau_{xy}}{\partial y}=0 \\ &\frac{\partial\sigma_y}{\partial y}+\frac{\partial\tau_{xy}}{\partial x}=0 \end{aligned}\right\}$ 的通解

通过观察可找到非齐次方程的一个特解为：

$$\sigma_x=-Xx,\ \sigma_y=-Yy,\ \tau_{xy}=0 \tag{3-15}$$

下面寻求齐次方程的通解表达式：

由 $\frac{\partial\sigma_x}{\partial x}+\frac{\partial\tau_{xy}}{\partial y}=0 \Rightarrow \frac{\partial\sigma_x}{\partial x}=\frac{\partial}{\partial y}(-\tau_{xy})$，存在中间函数 $A(x,y)$，有：$\sigma_x=\frac{\partial A}{\partial y}$，$-\tau_{xy}=\frac{\partial A}{\partial x}$，满足方程 $\frac{\partial\sigma_x}{\partial x}+\frac{\partial\tau_{xy}}{\partial y}$。同理：$\frac{\partial\sigma_y}{\partial y}+\frac{\partial\tau_{xy}}{\partial x}=0 \Rightarrow \frac{\partial\sigma_y}{\partial y}=\frac{\partial}{\partial x}(-\tau_{xy})$，存在中间函数 $B(x,y)$，有：$\sigma_y=\frac{\partial B}{\partial x}$，$-\tau_{xy}=\frac{\partial B}{\partial y}$，于是有：$-\tau_{xy}=\frac{\partial A}{\partial x}=\frac{\partial B}{\partial y}$，那么存在中间函数

$\varphi(x,y)$，使得 A,B 可表示为：$A=\dfrac{\partial\varphi}{\partial y},B=\dfrac{\partial\varphi}{\partial x}$，满足方程 $\dfrac{\partial A}{\partial x}=\dfrac{\partial B}{\partial y}$，将 A，B 表达式回代，所以齐次方程的通解可以表示为：

$$\left.\begin{aligned}\sigma_x&=\frac{\partial^2\varphi}{\partial y^2}\\\sigma_y&=\frac{\partial^2\varphi}{\partial x^2}\\\tau_{xy}&=-\frac{\partial^2\varphi}{\partial x\,\partial y}\end{aligned}\right\}\tag{3-16}$$

这里 $\varphi(x,y)$ 称为 Airy（艾里）应力函数，所以非齐次平衡方程的全解可以表示为：

$$\left.\begin{aligned}\sigma_x&=\frac{\partial^2\varphi}{\partial y^2}-Xx\\\sigma_y&=\frac{\partial^2\varphi}{\partial x^2}-Yy\\\tau_{xy}&=-\frac{\partial^2\varphi}{\partial x\,\partial y}\end{aligned}\right\}\tag{3-17}$$

将式（3-17）代入式（3-14）的第三个方程得：

$$\nabla^4\varphi=\frac{\partial^4\varphi}{\partial x^4}+2\frac{\partial^4\varphi}{\partial x^2\,\partial y^2}+\frac{\partial^4\varphi}{\partial y^4}=0\tag{3-18}$$

上式是应力函数 φ 所应满足的双调和方程，也称为相容方程。于是原问题式（3-14）的三个方程现变为仅含有未知量 φ 的一个方程，但所得微分方程的阶数增加了，理论上只需求解一个方程式（3-18），得到应力函数 φ，再由式（3-17）就可得到应力分量，让应力分量满足应力边界条件，则所得的应力分量就是问题的解答。数学上，可以找到很多能满足方程（3-18）的双调和函数，但要找到同时能满足应力边界条件的双调和函数却是一件十分困难的事情。实用中，为了能获得问题的解答，采用所谓的逆解法或半逆解法。

逆解法是事先设定应力函数（双调和函数），根据式（3-17）可得到应力分量，看这个应力分量能满足哪些应力边界条件，由此可以确定所设定的应力函数能解决什么样的应力边值问题。

半逆解法是根据已知的应力边界条件，推测可能的（部分或全部）应力分量，由应力分量反推出可能的应力函数 φ 表达式，然后让 φ 强制满足双调和方程（3-18）及所有应力边界条件，如果能找到这样的应力函数 φ，则问题即告解决。

半逆解法适用面较宽，一般多用此法求解问题，半逆解法通俗地讲是一个“凑”的方法，一般情况很难“凑”出一个应力函数 φ（调和函数）能满足所有的应力边界条件，因此工程上能够获得封闭解析解的问题是很有限的。

习　题

3.1　图 3-16 为平面应力问题，证明：牛腿尖点 C 处的应力等于零。

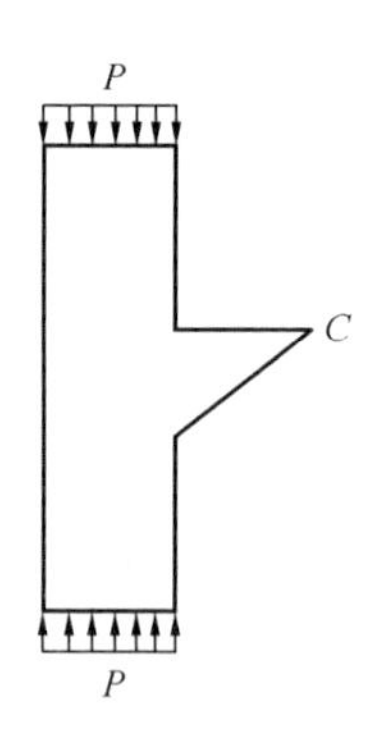

图 3-16

3.2 写出图 3-17 中 AB 面上的位移与应力边界条件。

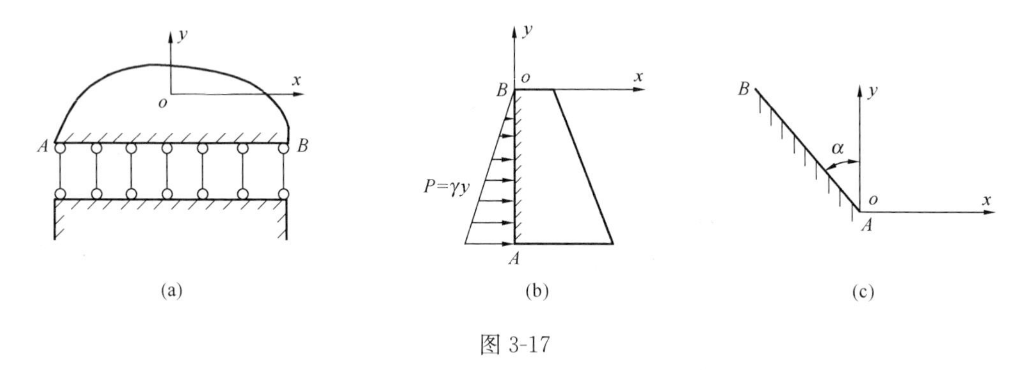

图 3-17

3.3 为什么说平面问题中的方程 $\nabla^2\nabla^2\varphi=0$（$\varphi$ 为应力函数）表示应变协调条件？

3.4 试证明：若体力虽然不是常量，但却为有势力，即

$$X=-\frac{\partial V}{\partial x},Y=-\frac{\partial V}{\partial y}$$

这里，V 为势函数，则应力分量可用应力函数表示为

$$\sigma_x=\frac{\partial^2\varphi}{\partial y^2}+V,\sigma_y=\frac{\partial^2\varphi}{\partial x^2}+V,\tau_{xy}=-\frac{\partial^2\varphi}{\partial x\partial y}$$

并导出应力函数 φ 所满足的方程。

3.5 写出图 3-18 的边界上的应力边界条件（$l\gg h$）。

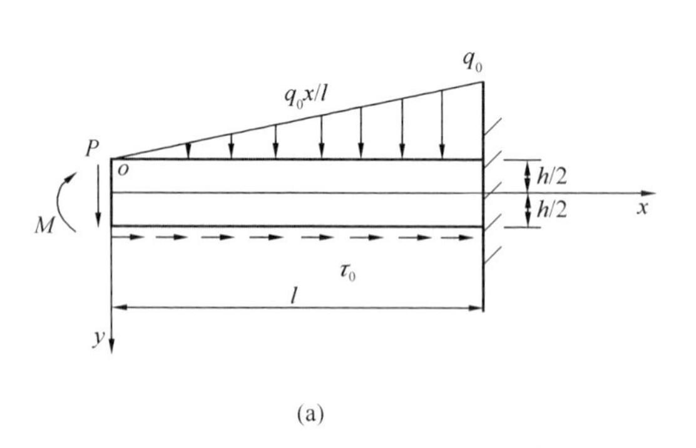

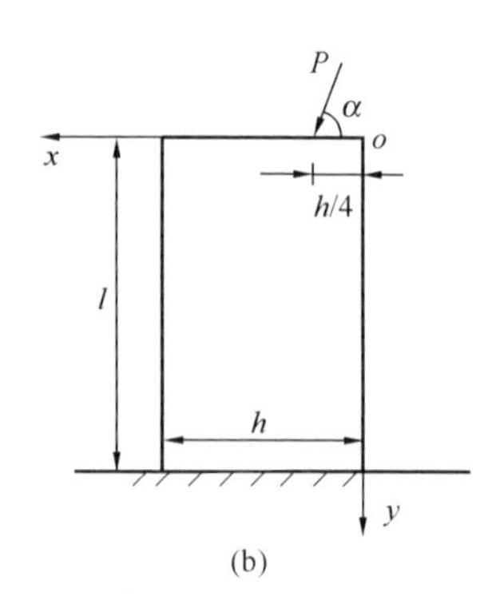

图 3-18

3.6　图3-19基础的悬臂伸出部分，具有三角形形状，处于强度为 q 的均匀压力作用下，已求出应力分量为：

$$\sigma_x = A\left(-\arctan\frac{y}{x} - \frac{xy}{x^2+y^2} + C\right)$$

$$\sigma_y = A\left(-\arctan\frac{y}{x} + \frac{xy}{x^2+y^2} + B\right)$$

$$\sigma_z = \tau_{yz} = \tau_{xz} = 0$$

$$\tau_{xy} = -A\frac{y^2}{x^2+y^2}$$

试根据静力边界条件确定常数 A，B 和 C。

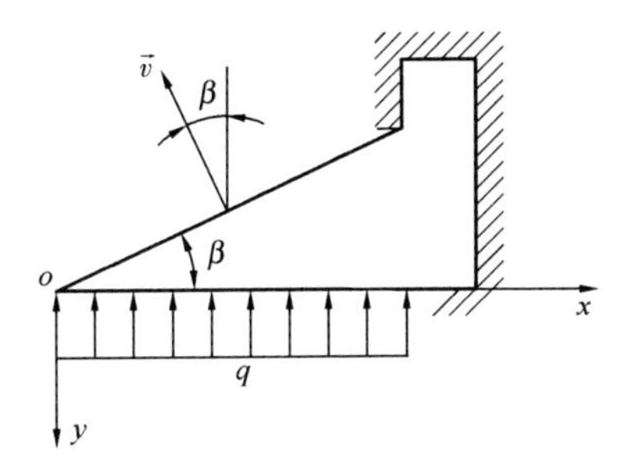

图 3-19

3.7　图3-20表示一三角形水坝，已求得应力分量

$$\sigma_x = Ax + By，\sigma_y = Cx + Dy，\sigma_z = 0，\tau_{yz} = \tau_{xz} = 0，\tau_{xy} = -Dx - Ay - \gamma x$$

γ 和 γ_1 分别表示坝身和液体的重度，试根据静力边界条件确定常数 A，B，C，D。

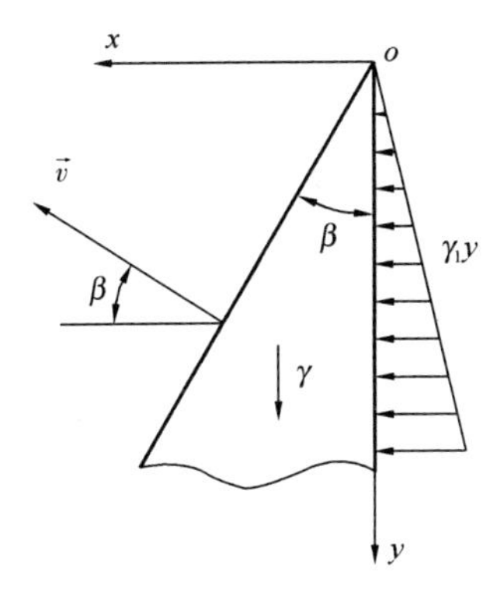

图 3-20

第 4 章　平面问题直角坐标解答

4.1　代数多项式解答

采用逆解法，设体力 $X=Y=0$，假设应力函数有下列几种形式，看这些应力函数能解决什么样的问题。

1. 一次式

设：$\varphi=a+bx+cy$，a，b，c 均为常数，满足相容方程 $\nabla^4\varphi=0$，应力分量为：

$$\sigma_x=\frac{\partial^2\varphi}{\partial y^2}=0,\ \sigma_y=\frac{\partial^2\varphi}{\partial x^2}=0,\ \tau_{xy}=-\frac{\partial^2\varphi}{\partial x\,\partial y}=0 \tag{4-1}$$

代入应力边界条件有：

$$\begin{pmatrix}P_x\\P_y\end{pmatrix}=\begin{bmatrix}\sigma_x & \tau_{xy}\\ \tau_{yx} & \sigma_y\end{bmatrix}_{S_u}\begin{pmatrix}l\\m\end{pmatrix}=\begin{pmatrix}0\\0\end{pmatrix}$$

所以一次式应力函数对应于无应力、无外面力的状态，也即应力函数加上（或减去）一个线性函数不影响应力状态。

2. 二次式

设：(1) $\varphi=ax^2$；(2) $\varphi=bxy$；(3) $\varphi=cy^2$，a，b，c 为常数，均满足相容方程 $\nabla^4\varphi=0$，应力分量分别为：

(1)
$$\sigma_x=\frac{\partial^2\varphi}{\partial y^2}=0,\ \sigma_y=\frac{\partial^2\varphi}{\partial x^2}=2a,\ \tau_{xy}=-\frac{\partial^2\varphi}{\partial x\,\partial y}=0 \tag{4-2}$$

(2)
$$\sigma_x=\frac{\partial^2\varphi}{\partial y^2}=0,\ \sigma_y=\frac{\partial^2\varphi}{\partial x^2}=0,\ \tau_{xy}=-\frac{\partial^2\varphi}{\partial x\,\partial y}=-b \tag{4-3}$$

(3)
$$\sigma_x=\frac{\partial^2\varphi}{\partial y^2}=2c,\ \sigma_y=\frac{\partial^2\varphi}{\partial x^2}=0,\ \tau_{xy}=-\frac{\partial^2\varphi}{\partial x\,\partial y}=0 \tag{4-4}$$

三个函数对应的应力状态如图 4-1 所示，(1)(3) 可解决 y 及 x 方向均匀拉伸或压缩问题；(2) 可解决纯剪切问题。综合起来：$\varphi=ax^2+bxy+cy^2$ 可解决简单的拉压、纯剪组合问题。

3. 三次式

设：$\varphi=ay^3$，a 为常数，满足相容方程 $\nabla^4\varphi=0$，应力分量为：

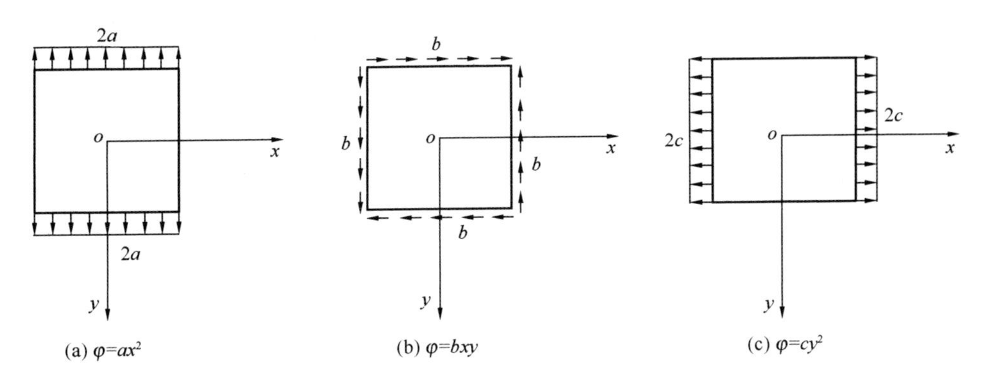

图 4-1　二次式应力函数及对应的应力状态

$$\sigma_x = \frac{\partial^2 \varphi}{\partial y^2} = 6ay, \ \sigma_y = \frac{\partial^2 \varphi}{\partial x^2} = 0, \ \tau_{xy} = -\frac{\partial^2 \varphi}{\partial x \partial y} = 0 \tag{4-5}$$

对应的应力边界如图 4-2 所示，为梁的纯弯曲问题。若坐标系的位置不同，则对应的应力边界也不同，如图 4-3 所示，为梁的偏心受拉（或受压）问题。

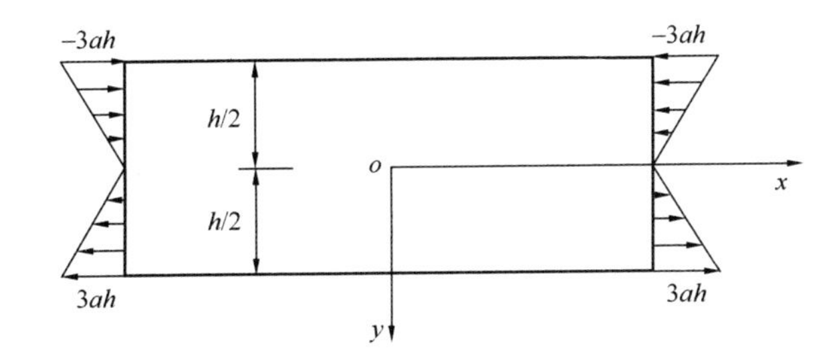

图 4-2　三次式应力函数对应梁的纯弯曲问题

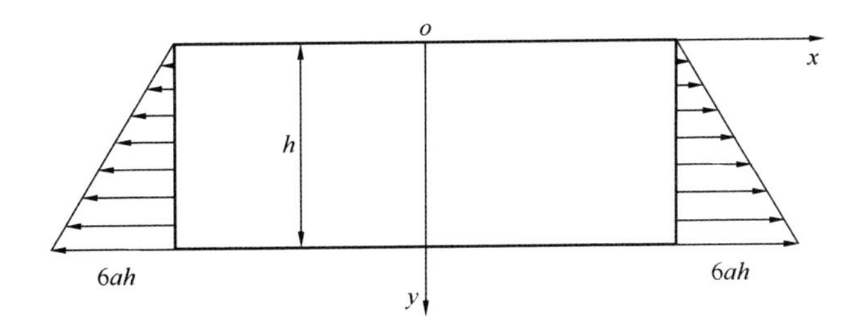

图 4-3　三次式应力函数对应梁的偏心受拉（或受压）问题

4.2　矩形梁的纯弯曲问题

如图 4-4 所示单位宽度的矩形梁，两端受弯矩 M 作用，体力 $X = Y = 0$ 。根据上一节，已知三次式应力函数能解决此问题。

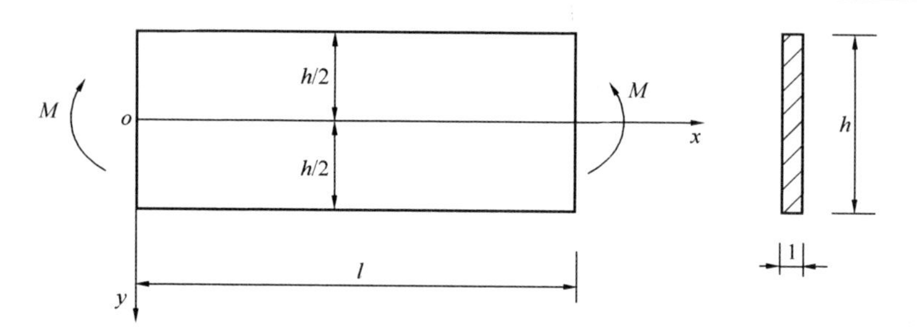

图 4-4 纯弯曲梁

设：

$$\varphi = ay^3 \tag{4-6}$$

所以应力分量： $\sigma_x = 6ay,\ \sigma_y = 0,\ \tau_{xy} = 0$

由边界条件确定待定参数 a，上下、左右边界零应力条件分别为：

$$\sigma_y\big|_{y=\pm h/2} = 0,\ \tau_{xy}\big|_{y=\pm h/2} = 0 \tag{4-7}$$

$$\tau_{xy}\big|_{x=0,\,l} = 0 \tag{4-8}$$

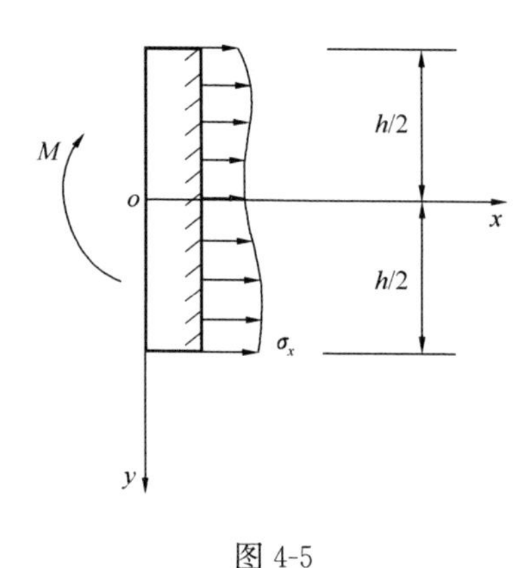

图 4-5

应力分量解答自然满足上述式（4-7）、式（4-8）边界条件。端部静力等效边界条件(图 4-5)为：

$$\left.\begin{aligned} \Sigma F_x = 0:\ N = \int_{-h/2}^{h/2} \sigma_x\big|_{x=0,\,l} \cdot \mathrm{d}y = 0 \\ \Sigma M_o = 0:M = \int_{-h/2}^{h/2} \sigma_x\big|_{x=0,\,l} \cdot y \cdot \mathrm{d}y \end{aligned}\right\} \tag{4-9}$$

将应力解答表达式代入式（4-9），第一式自动满足，由第二式有：

$$a = \frac{2M}{h^3}$$

所以应力分量解答为：

$$\sigma_x = \frac{12M}{h^3}y,\ \sigma_y = 0,\ \tau_{xy} = 0 \tag{4-10}$$

讨论：上式（4-10）解答与材料力学公式完全相同，正应力按线性分布，外部弯矩 M 是由面力产生的，但实际工程中这个面力分布是未知的，当为细长梁时，解答在离端部稍远的绝大部分区域是可用的；对于深梁而言，上述的解答无意义，因为很大一部分区域的解答是不可用的。

4.3 简支梁受均布荷载

设有如图 4-6 所示单位宽度的简支梁，受均布荷载作用，体力 $X = Y = 0$（重力为体力，可以将其加到外荷载 q 中，所得结果满足工程要求)。采用半逆解法求解，此问题的材料力学解答为：

$$\left.\begin{aligned}\sigma_x &= \frac{6q}{h^3}(l^2 - x^2)y \\ \sigma_y &= 0 \\ \tau_{xy} &= -\frac{6q}{h^3}x\left(\frac{h^2}{4} - y^2\right)\end{aligned}\right\} \tag{4-11}$$

上述式 (4-11) 的解答应该比较接近问题的真实解，考察上面第二式 $\sigma_y = 0$，显然不满足本问题的边界条件 $\sigma_y\big|_{y=-h/2} = -q$，为了使 σ_y 满足边界条件，可假设 $\sigma_y = f(y)$，这个假设是否合理，就要看看下面的推导过程是否能进行下去，能否得到合理的解答，如果能，则假设合理，若不能，则要回头修改假设，重新演算。由：$\sigma_y = f(y) = \dfrac{\partial^2\varphi}{\partial x^2} \Rightarrow$

$\varphi = \dfrac{x^2}{2}f(y) + x\,f_1(y) + f_2(y)$ 代入相容方程 $\nabla^4\varphi = 0$ 得：

$$\frac{x^2}{2}\frac{\mathrm{d}^4 f(y)}{\mathrm{d}y^4} + x \cdot \frac{\mathrm{d}^4 f_1(y)}{\mathrm{d}y^4} + \frac{\mathrm{d}^4 f_2(y)}{\mathrm{d}y^4} + 2\frac{\mathrm{d}^2 f(y)}{\mathrm{d}y^2} = 0 \tag{4-12}$$

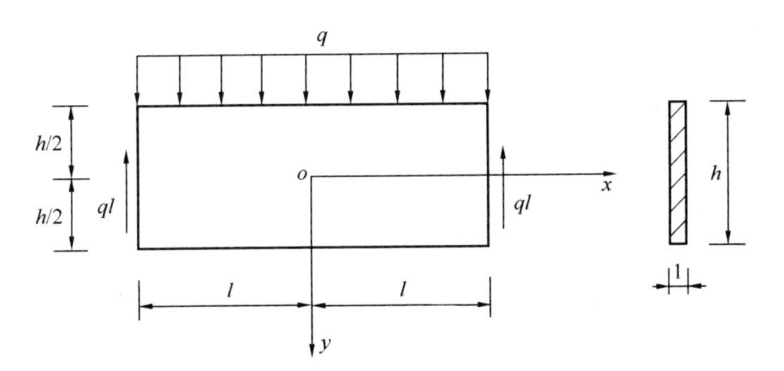

图 4-6　简支梁受均布荷载

式 (4-12) 可以看成为 x 的二次三项式，对任意 x，要使式 (4-12) 为零，必须有：

$$\left.\begin{aligned}&\frac{\mathrm{d}^4 f(y)}{\mathrm{d}y^4} = 0 \\ &\frac{\mathrm{d}^4 f_1(y)}{\mathrm{d}y^4} = 0 \\ &\frac{\mathrm{d}^4 f_2(y)}{\mathrm{d}y^4} + 2\frac{\mathrm{d}^2 f(y)}{\mathrm{d}y^2} = 0\end{aligned}\right\} \tag{4-13}$$

解式 (4-13) 的三个常微分方程得：

$$\left.\begin{aligned}f(y) &= Ay^3 + By^2 + Cy + D \\ f_1(y) &= Ey^3 + Fy^2 + Gy + A_1 \\ f_2(y) &= -\frac{A}{10}y^5 - \frac{B}{6}y^4 + Hy^3 + Ky^2 + A_2 y + A_3\end{aligned}\right\} \tag{4-14}$$

上式中 $A\sim K$ 均为积分常数。于是应力函数为：

$$\varphi=\frac{x^2}{2}(Ay^3+By^2+Cy+D)+x(Ey^3+Fy^2+Gy)-\frac{A}{10}y^5-\frac{B}{6}y^4+Hy^3+Ky^2 \tag{4-15}$$

式（4-15）中，为了使结果简洁，已去掉了对应力无贡献的一次项 $A_1x+A_2y+A_3$，所以应力分量为：

$$\left.\begin{aligned}\sigma_x&=\frac{\partial^2\varphi}{\partial y^2}=\frac{x^2}{2}(6Ay+2B)+x(6Ey+2F)-2Ay^3-2By^2+6Hy+2K\\ \sigma_y&=\frac{\partial^2\varphi}{\partial x^2}=Ay^3+By^2+Cy+D\\ \tau_{xy}&=-\frac{\partial^2\varphi}{\partial x\,\partial y}-x(3Ay^2+2By+C)-3Ey^2-2Fy-G\end{aligned}\right\} \tag{4-16}$$

接下来确定待定系数 $A\sim K$。首先根据问题的对称性，正应力 σ_x，σ_y 对称于 y 轴，为 x 的偶函数，剪应力 τ_{xy} 反对称于 y 轴，为 x 的奇函数，得：

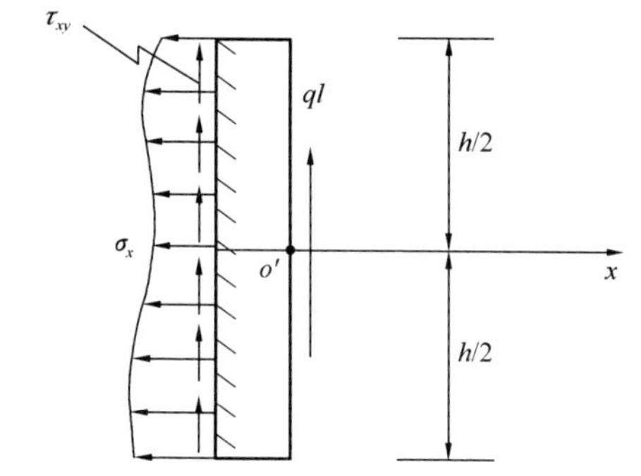

图 4-7 简支梁端部（$x=l$）边界

$$E=F=G=0 \tag{4-17}$$

$y=\pm\dfrac{h}{2}$ 边界条件：

$$\sigma_y\big|_{y=\frac{h}{2}}=0,\sigma_y\big|_{y=-\frac{h}{2}}=-q,\ \tau_{xy}\big|_{y=\pm\frac{h}{2}}=0 \tag{4-18}$$

$x=l$ 边界条件（由于对称性已利用，仅考虑 $x=l$ 边界，如图 4-7 所示）：

$$\left.\begin{aligned}&\Sigma F_x=0:\int_{-h/2}^{h/2}\sigma_x\big|_{x=l}\cdot \mathrm{d}y=0\\ &\Sigma F_y=0:-\int_{-h/2}^{h/2}\tau_{xy}\big|_{x=l}\cdot \mathrm{d}y-ql=0\\ &\Sigma M_{o'}=0:\int_{-h/2}^{h/2}\sigma_x\big|_{x=l}\cdot y\cdot \mathrm{d}y=0\end{aligned}\right\} \tag{4-19}$$

将应力分量代入上面边界条件式（4-18）与式（4-19），求解诸方程得：

$$A=-\frac{2q}{h^3},\ B=0,\ C=\frac{3q}{2h},\ D=-\frac{q}{2},\ H=\frac{ql^2}{h^3}-\frac{q}{10h},\ K=0 \tag{4-20}$$

所以本问题的解答为：

$$\left.\begin{aligned}\sigma_x&=\frac{6q}{h^3}(l^2-x^2)y+q\frac{y}{h}\left(4\frac{y^2}{h^2}-\frac{3}{5}\right)\\\sigma_y&=-\frac{q}{2}\left(1+\frac{y}{h}\right)\left(1-\frac{2y}{h}\right)^2\\\tau_{xy}&=-\frac{6q}{h^3}x\left(\frac{h^2}{4}-y^2\right)\end{aligned}\right\}\quad(4\text{-}21)$$

应力分量在梁（$x=0$ 附近）横截面上的变化如图 4-8 所示。将应力表达式（4-21）与材料力学结果式（4-11）相比，可以发现剪应力 τ_{xy} 与材料力学结果完全一样；σ_y 表示纵向纤维间的挤压应力，而在材料力学里假设为零；σ_x 中的第一项与材料力学结果相同，第二项表示弹性力学提出的修正项，正是这一项使得截面正应力 σ_x 一般呈三次曲线分布，对于细长梁，修正项很小，可以忽略不计，这时正应力 σ_x 与材料力学结果一样，呈斜直线分布，但对于短而高的梁，则须注意修正项的影响。

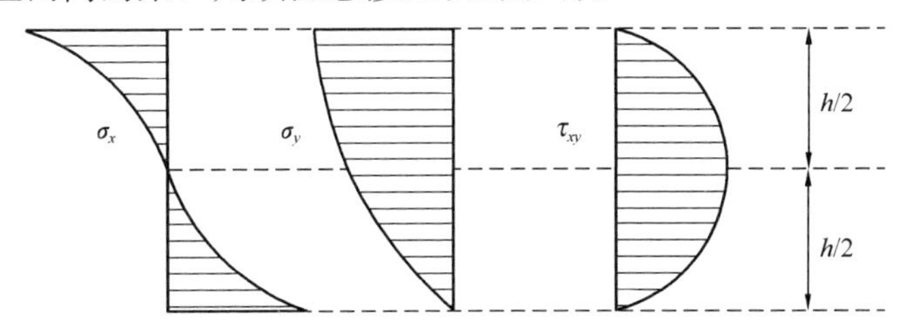

图 4-8　梁（$x=0$ 附近）截面上的应力分布

4.4　三角形水坝受重力和流体压力作用

如图 4-9 所示三角形水坝，左面铅直，右面与铅垂面呈 α 角，下端可认为伸向无穷，坝体承受自重和流体压力作用，水坝与流体的质量密度分别为 ρ 与 γ，现采用量纲分析法求解它的应力分量。

这个问题可作为平面应变问题处理，假定在无限长的坝体内取出一个具有单位厚度的薄片进行应力分析。坝体内应力产生于两个荷载：（1）水压力 $P=\gamma g y$；（2）重力（体力）ρg。

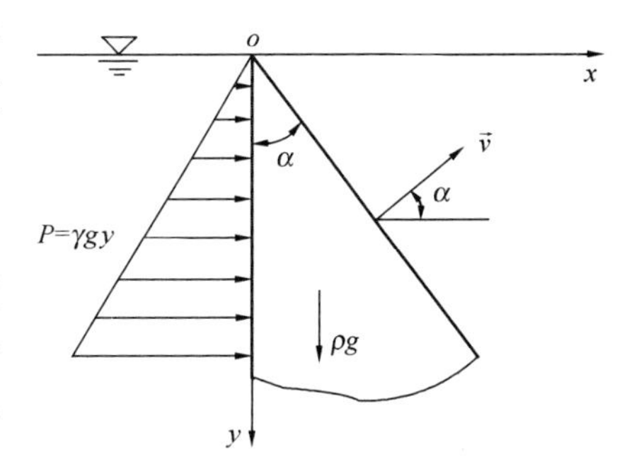

图 4-9　三角形水坝受重力和流体压力作用

坝体内应力与坝体的重度 ρg 以及流体的重度 γg 成正比，且应力与 α、x、y 有关，应力的量纲为：[力]/[长度]^2，而 γg 与 ρg 的量纲为：[力]/[长度]^3，两者量纲只相差一个长度的乘积，而坐标 x，y 的量纲为长度，所以应力最简单的表达式可以写为：

$$\text{应力}=A\rho gx+B\rho gy+C\gamma gx+D\gamma gy=A'x+B'y$$

这里 A,B,C,D 为无量纲的常数（A'，B' 为有量纲的常数），根据应力分量的公式：

$$\sigma_x = \frac{\partial^2 \varphi}{\partial y^2} - X x = A_1 x + B_1 y \Rightarrow \varphi \to \frac{1}{2}(A_1 + X) x y^2 + \frac{1}{6} B_1 y^3$$

$$\sigma_y = \frac{\partial^2 \varphi}{\partial x^2} - Y y = A_2 x + B_2 y \Rightarrow \varphi \to \frac{1}{6} A_2 x^3 + \frac{1}{2}(B_2 + Y) x^2 y$$

$$\tau_{xy} = -\frac{\partial^2 \varphi}{\partial x \partial y} = A_3 x + B_3 y \Rightarrow \varphi \to -\frac{1}{2} A_3 x^2 y - \frac{1}{2} B_3 x y^2$$

以上给出的是应力函数最简单的形式，综合以上应力函数，可设：

$$\varphi = A x^3 + B x^2 y + C x y^2 + D y^3 \tag{4-22}$$

应力函数 φ 满足相容方程 $\nabla^4 \varphi = 0$，所以应力分量为：

$$\left.\begin{aligned} \sigma_x &= \frac{\partial^2 \varphi}{\partial y^2} - X x = 2Cx + 6Dy \\ \sigma_y &= \frac{\partial^2 \varphi}{\partial x^2} - Y y = 6Ax + 2By - \rho g y \\ \tau_{xy} &= -\frac{\partial^2 \varphi}{\partial x \partial y} = -2Bx - 2Cy \end{aligned}\right\} \tag{4-23}$$

应力边界条件：

垂直面 $x = 0$：

$$\sigma_x \big|_{x=0} = -\gamma g y \text{ ，} \tau_{xy} \big|_{x=0} = 0 \tag{4-24}$$

将式（4-23）代入式（4-24），解得：$C = 0$，$D = -\gamma g / 6$。

斜面 $x = y\tan\alpha$：

$$\begin{pmatrix} \sigma_x & \tau_{xy} \\ \tau_{xy} & \sigma_y \end{pmatrix}_{x = y\tan\alpha} \begin{pmatrix} l \\ m \end{pmatrix} = \begin{pmatrix} 0 \\ 0 \end{pmatrix} \tag{4-25}$$

将式（4-23）及 $l = \cos\alpha$，$m = -\sin\alpha$，$x = y\tan\alpha$ 代入式（4-25），解之：

$$A = \frac{\rho g}{6}\cot\alpha - \frac{\gamma g}{3}\cot^3\alpha \text{ ，} B = \frac{\gamma g}{2}\cot^2\alpha$$

所以应力解答为：

$$\left.\begin{aligned} \sigma_x &= -\gamma g y \\ \sigma_y &= (\rho g \cot\alpha - 2\gamma g \cot^3\alpha) x + (\gamma g \cot^2\alpha - \rho g) y \\ \tau_{xy} &= -\gamma g x \cot^2\alpha \end{aligned}\right\} \tag{4-26}$$

从上面 4.1～4.4 节的应力解答可以发现所有解答都与材料的弹性常数 E，ν 无关。本节三角形水坝问题作为平面应变问题对待，但得到的解答却与平面应力问题一样，这是因为当体力为常数时，应力解法所用到的式（3-14）三个方程中均无弹性常数 E，ν，所以得到的应力解答都与弹性常数无关。这一性质可用于试验应力分析，当我们从理论上可以确信应力解答与材料的弹性常数无关时，就可以采用与结构不相同的材料做结构模型来进行试验分析（当然试验中要考虑到材料重度的不同），试验模型所得的应力分布与实际结构物的应力分布一致，因为两者的应力解答都与材料的弹性常数无关，例如，可以用环氧树脂材料做混凝土大坝的模型，进行应力分析试验，由环氧树脂模型所得到的应力分布状况与实际混凝土大坝的应力分布状况一致，由此可给大坝设计人员提供参考依据。

必须注意的是，弹性力学应变与位移解答都与材料弹性常数有关。

习　题

4.1　应力函数 $\varphi(x,y)=ax^4+bx^2y^2+cy^4$ 如果能作为应力函数，其 a,b,c 的关系应该是(　　)。

A. $a+b+c=0$　　B. $4a+3b+c=0$　　C. $3a+b+3c=0$　　D. $a+b+2c=0$

4.2　试证 $\varphi=\frac{2P}{h^3}xy^3-\frac{3P}{2h}xy-\frac{2}{h^3}(M+Pl)y^3$ 是一个应力函数，并指出该函数能解决图 4-10 梁的什么问题（提示：列出静力边界条件，作图表示之，$l\gg h$）。

4.3　如图 4-11 所示矩形截面梁受三角形分布荷载作用，试检验应力函数

$$\varphi=Ax^3y^3+Bxy^5+Cx^3y+Dxy^3+Ex^3+Fxy$$

能否成立。若能成立，求出应力分量。

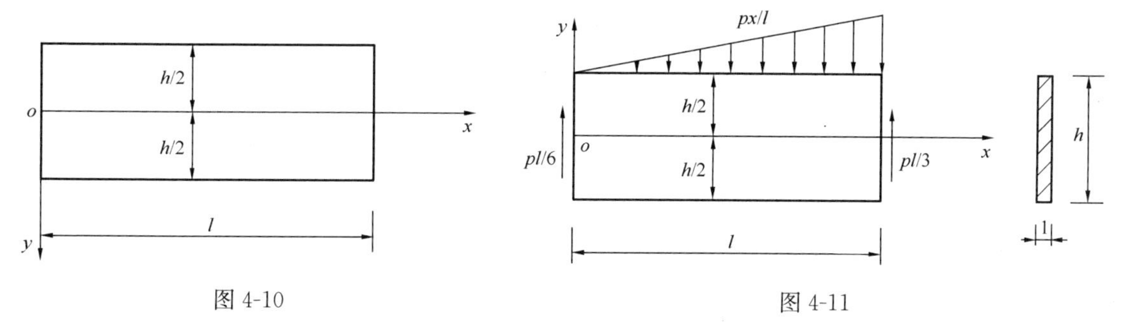

图 4-10　　图 4-11

4.4　应力函数 $\varphi=\frac{3Q}{2h}\left(xy-\frac{4}{3}\frac{xy^3}{h^2}\right)+\frac{N}{2}y^2$ 可以求解哪些平面应力问题?

4.5　图 4-12 所示的三角形板（悬臂梁）只受重力作用，板厚为 1，梁的重度为 γ，试求应力分量。（提示：设该问题有代数多项式解，用量纲分析法确定应力函数。）

4.6　如图 4-13 所示，设有矩形截面的板（厚度为 1），重度为 γ，在其一个侧面上作用有均匀分布的剪力 q，求应力分量（提示：可假设 $\sigma_x=0$，在 $y=0$ 的边界上，可采用近似边界条件：$\int_0^h \tau_{xy}\big|_{y=0}\mathrm{d}x=0$）。

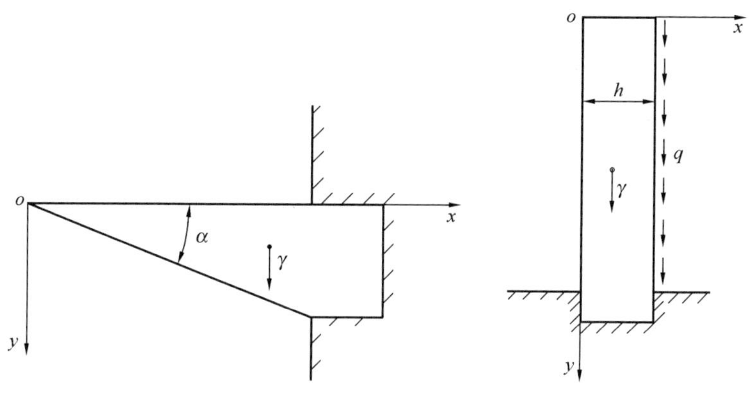

图 4-12　　图 4-13

4.7 如图 4-14 所示悬臂梁（梁宽为 1），上表面作用有一线性竖向分布荷载，若体力不计，求其应力分量（设应力函数为：$\varphi=Ax^3y^3+Bxy^5+Cx^3y+Dxy^3+Ex^3+Fxy$）。

4.8 如图 4-15 所示的悬臂梁（梁宽为 1），跨度为 l，自由端受集中力 P 作用，试求各应力分量［提示：设应力函数形式为 $\varphi=xf(y)$］。

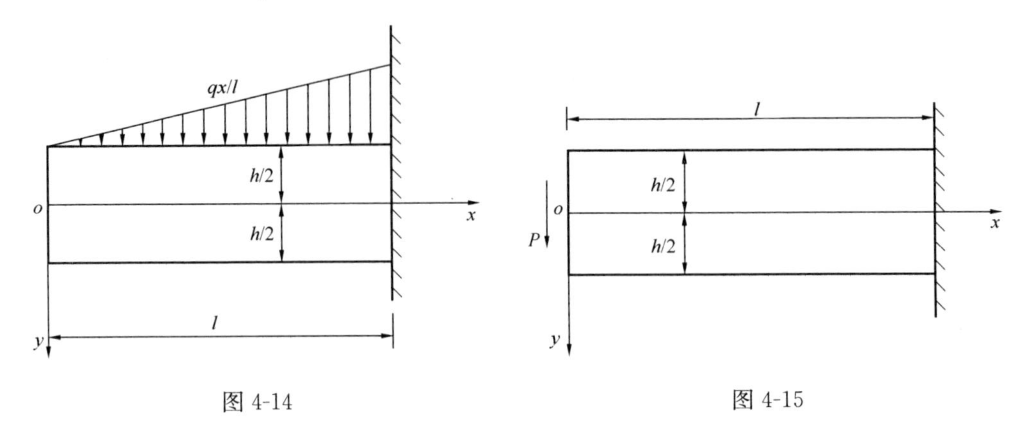

图 4-14　　图 4-15

4.9 一矩形截面的板（板厚为 1）受到均匀剪切荷载及顶部的集中力和力矩的作用，如图 4-16 所示，不计体力，试用应力函数 $\varphi=Ay^2+Bxy+Cxy^3+Dy^3$ 求解其应力分量。

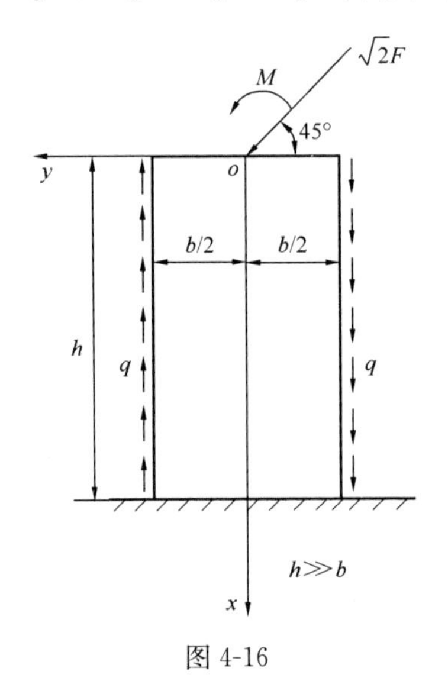

图 4-16

第 5 章　平面问题极坐标解答

对于曲梁、圆筒及扇形等构件，如果采用直角坐标求解，会非常的繁难，而采用极坐标求解会变得简单方便，为此本章介绍用极坐标 (r,θ) 代替直角坐标 (x,y) 求解此类问题。

5.1　平面问题的极坐标基本方程

1. 平衡方程

在极坐标系下，在平面弹性体内切取如图 5-1 所示的单位厚度扇形微体 $ABCD$，它沿径向的长度为 $\mathrm{d}r$，沿环向的夹角为 $\mathrm{d}\theta$。极坐标 (r,θ) 的正向按图示箭头方向确定（r 由坐标原点 o 向外为正，θ 由 x 轴正向从第一象限向 y 轴正向旋转为正），r 与 θ 两个方向相互垂直。仿照直角坐标系中的规定，极坐标的正应力分量分别用径向应力 σ_r 与环向应力 σ_θ 表示，剪应力分量分别用 $\tau_{r\theta}$、$\tau_{\theta r}$ 表示，体力分量为 X_r（径向体力）、X_θ（环向体力），将微体表面上的应力分量按正向标注在图 5-1 上，正应力、剪应力的符号和方向规定与 2.2 节相同。微体在应力与体力作用下要保持平衡，由平衡条件 $\sum F_r=0$，$\sum F_\theta=0$，$\sum M_{o'}=0$ 得：

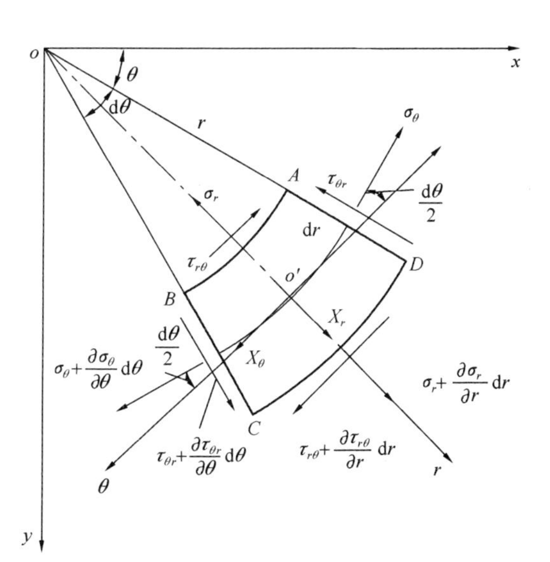

图 5-1　极坐标下扇形微体的平衡

$$\left.\begin{aligned}\frac{\partial\sigma_r}{\partial r}+\frac{1}{r}\cdot\frac{\partial\tau_{r\theta}}{\partial\theta}+\frac{\sigma_r-\sigma_\theta}{r}+X_r=0\\ \frac{\partial\tau_{r\theta}}{\partial r}+\frac{1}{r}\cdot\frac{\partial\sigma_\theta}{\partial\theta}+\frac{2\tau_{r\theta}}{r}+X_\theta=0\end{aligned}\right\}\tag{5-1}$$

$$\tau_{r\theta}=\tau_{\theta r}\tag{5-2}$$

式（5-1）为弹性体在极坐标下的平衡方程，式（5-2）为极坐标下的剪应力互等定律。

2. 几何方程

在极坐标中，用 u_r 表示沿 r 方向（径向）的位移分量，u_θ 表示沿 θ 方向（环向）的位移分量，径向与环向正应变分量分别为 ε_r 、ε_θ ，剪应变为 $\gamma_{r\theta}$ 。

如图 5-2（a）所示相互垂直的棱边 PA 与 PB ，设 P 点仅有径向位移，而没有环向位移，径向线段 PA 变形后移到 $P'A'$ ，环向线段 PB 变形后移到 $P'B'$ ，则 P 、A 、B 三点的径向位移可分别写为：$PP' = u_r$, $AA' = u_r + \frac{\partial u_r}{\partial r}\mathrm{d}r$, $BB' = u_r + \frac{\partial u_r}{\partial \theta}\mathrm{d}\theta$ 。于是线段 PA 的径向正应变为：

$$\varepsilon_r = \frac{P'A' - PA}{PA} = \frac{AA' - PP'}{PA} = \frac{\left(u_r + \frac{\partial u_r}{\partial r}\mathrm{d}r\right) - u_r}{\mathrm{d}r} = \frac{\partial u_r}{\partial r} \tag{5-3}$$

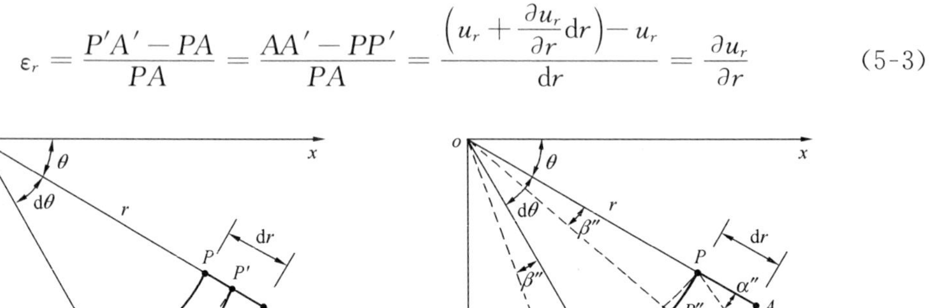

图 5-2 极坐标下扇形微体的位移（变形）

线段 PB 的环向正应变为：

$$\varepsilon_\theta = \frac{P'B' - PB}{PB} = \frac{(r + u_r)\mathrm{d}\theta - r\mathrm{d}\theta}{r\mathrm{d}\theta} = \frac{u_r}{r} \tag{5-4}$$

径向线段 PA 的转角为：

$$\alpha' = 0 \tag{5-5}$$

环向线段 PB 的转角为：

$$\beta' = \frac{BB' - PP'}{PB} = \frac{\left(u_r + \frac{\partial u_r}{\partial \theta}\mathrm{d}\theta\right) - u_r}{r\mathrm{d}\theta} = \frac{1}{r}\frac{\partial u_r}{\partial \theta} \tag{5-6}$$

注意到图 5-2（a）中 β' 角使得棱边 PA 与 PB 夹角（直角）变小，这里取正值。于是剪应变为：

$$\gamma_{r\theta} = \alpha' + \beta' = \frac{1}{r}\frac{\partial u_r}{\partial \theta} \tag{5-7}$$

如图 5-2（b）所示，设 P 点仅有环向位移，而没有径向位移，径向线段 PA 变形后移到 $P''A''$ ，环向线段 PB 变形后移到 $P''B''$ ，则 P 、A 、B 三点的环向位移可分别写为：$PP'' = u_\theta$, $AA'' = u_\theta + \frac{\partial u_\theta}{\partial r}\mathrm{d}r$, $BB'' = u_\theta + \frac{\partial u_\theta}{\partial \theta}\mathrm{d}\theta$ 。于是线段 PA 的径向正应变为：

$$\varepsilon_r = 0 \tag{5-8}$$

线段 PB 的环向正应变为：

$$\varepsilon_\theta = \frac{P''B'' - PB}{PB} = \frac{BB'' - PP''}{PB} = \frac{\left(u_\theta + \frac{\partial u_\theta}{\partial \theta}\mathrm{d}\theta\right) - u_\theta}{r\mathrm{d}\theta} = \frac{1}{r}\frac{\partial u_\theta}{\partial \theta} \tag{5-9}$$

如图 5-2（b）所示，将变形后的折线 $A''P''B''$ 平移，使 P'' 点与 P 点重合，则 $P''A''$ 变为 PA'''、$P''B''$ 变为 PB'''（图中虚线所示），且 PA''' 与 PA 的夹角为 α''，径向线段 PA 的转角为：

$$\alpha'' = \frac{AA'' - PP''}{PA} = \frac{\left(u_\theta + \frac{\partial u_\theta}{\partial r}\mathrm{d}r\right) - u_\theta}{\mathrm{d}r} = \frac{\partial u_\theta}{\partial r} \tag{5-10}$$

PB''' 与 PB 的夹角为 β''，这个夹角与 P 点旋转的角度相同，于是环向线段 PB 的转角为：

$$\beta'' = -\frac{PP''}{oP} = -\frac{u_\theta}{r} \tag{5-11}$$

注意到图 5-2（b）中 α'' 角使得棱边 PA 与 PB 夹角（直角）变小，在式（5-10）中取为正号；而 β'' 角使得棱边 PA 与 PB 夹角（直角）变大，所以式（5-11）中取负值。于是剪应变为：

$$\gamma_{r\theta} = \alpha'' + \beta'' = \frac{\partial u_\theta}{\partial r} - \frac{u_\theta}{r} \tag{5-12}$$

一般情况下，径向与环向位移都存在，于是将以上式（5-3）、式（5-4）、式（5-7）三式分别与式（5-8）、式（5-9）、式（5-12）三式叠加得到位移与应变之间的关系为：

$$\left.\begin{aligned} \varepsilon_r &= \frac{\partial u_r}{\partial r} \\ \varepsilon_\theta &= \frac{1}{r}\frac{\partial u_\theta}{\partial \theta} + \frac{u_r}{r} \\ \gamma_{r\theta} &= \frac{1}{r}\frac{\partial u_r}{\partial \theta} + \frac{\partial u_\theta}{\partial r} - \frac{u_\theta}{r} \end{aligned}\right\} \tag{5-13}$$

式（5-13）即为极坐标下的几何方程。

3. 物理方程

由于极坐标与直角坐标都是正交坐标，所以极坐标物理方程与直角坐标方程具有相同的形式，只需下标 x, y 换为 r, θ 即可。平面应力情况下，物理方程为：

$$\left.\begin{aligned} \varepsilon_r &= \frac{1}{E}(\sigma_r - \nu\sigma_\theta) \\ \varepsilon_\theta &= \frac{1}{E}(\sigma_\theta - \nu\sigma_r) \\ \gamma_{r\theta} &= \frac{2(1+\nu)\tau_{r\theta}}{E} \end{aligned}\right\} \tag{5-14}$$

平面应变情况，只需作弹性常数替换 $E \rightarrow \dfrac{E}{1-\nu^2}$、$\nu \rightarrow \dfrac{\nu}{1-\nu}$ 即可。

5.2 平面应力分量的坐标变换

平面直角坐标下，一点的应力分量可以表示为：

$$[\sigma]_{(x,y)} = \begin{bmatrix} \sigma_x & \tau_{xy} \\ \tau_{yx} & \sigma_y \end{bmatrix} \tag{5-15}$$

在平面极坐标下，同一点的应力分量又可以表示为：

$$[\sigma]_{(r,\theta)} = \begin{bmatrix} \sigma_r & \tau_{r\theta} \\ \tau_{\theta r} & \sigma_\theta \end{bmatrix} \tag{5-16}$$

那么两个不同坐标系统下的应力分量之间有什么关系呢？下面回答这一问题，设一个弹性体平面的厚度为 1，取图 5-3（a）的一个矩形微体 $pABC$，微体四个面上的应力代表了 p 点在直角坐标下的应力分量，在垂直于坐标 θ 与 r 方向，对矩形微体分别截取两个截面 pB、CD，对应得到两个三角板 pAB 与 pCD，见图 5-3（b）及（c），截面 pB、CD 上的应力代表了 p 点在极坐标下的应力分量。

由三角板 pAB 与 pCD 的平衡条件 $\Sigma F_r = 0, \Sigma F_\theta = 0$，可得：

$$\sigma_r = \sigma_x \cos^2\theta + \sigma_y \sin^2\theta + 2\tau_{xy}\sin\theta\cos\theta \tag{5-17}$$

$$\sigma_\theta = \sigma_x \sin^2\theta + \sigma_y \cos^2\theta - 2\tau_{xy}\sin\theta\cos\theta \tag{5-18}$$

$$\tau_{r\theta} = \tau_{\theta r} = (\sigma_y - \sigma_x)\cos\theta\sin\theta + \tau_{xy}(\cos^2\theta - \sin^2\theta) \tag{5-19}$$

式（5-17）～式（5-19）表示了直角坐标与极坐标下的微体应力分量的关系，如图 5-3（d）所示。

将式（5-17）～式（5-19）合写成便于记忆的矩阵形式：

$$\begin{bmatrix} \sigma_r & \tau_{r\theta} \\ \tau_{\theta r} & \sigma_\theta \end{bmatrix} = [T]^{\mathrm{T}} \begin{bmatrix} \sigma_x & \tau_{xy} \\ \tau_{yx} & \sigma_y \end{bmatrix} [T] \tag{5-20}$$

式中变换矩阵 $[T]$ 为正交矩阵：

$$[T] = \begin{bmatrix} \cos\theta & -\sin\theta \\ \sin\theta & \cos\theta \end{bmatrix} \tag{5-21}$$

应力分量的坐标变换为一个正交变换（线性代数中的正交变换见附录 3），两个坐标系下的应力矩阵具有相似关系。由于正交矩阵具有性质 $[T]^{-1} = [T]^{\mathrm{T}}$，所以很容易从式（5-20）解出直角坐标系下的应力矩阵：

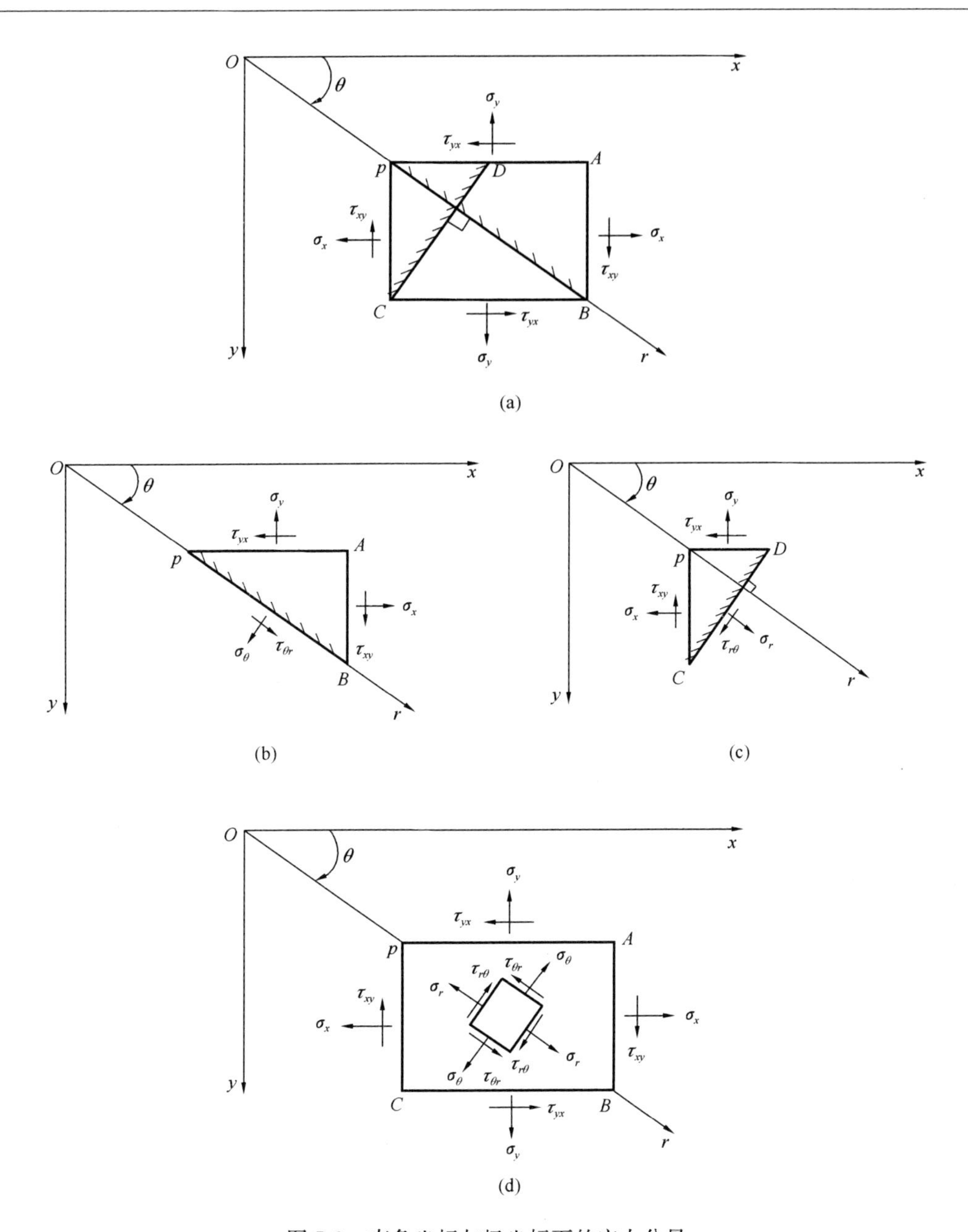

图 5-3　直角坐标与极坐标下的应力分量

$$\begin{bmatrix}\sigma_x & \tau_{xy}\\ \tau_{yx} & \sigma_y\end{bmatrix}=[T]\begin{bmatrix}\sigma_r & \tau_{r\theta}\\ \tau_{\theta r} & \sigma_\theta\end{bmatrix}[T]^{\mathrm{T}} \tag{5-22}$$

5.3　极坐标下的相容方程与应力函数

两个坐标系转换过程中：$x=r\cos\theta$，$y=r\sin\theta$ 。根据高等数学，两个坐标系下微分算子的相互关系为：

$$\frac{\partial^2}{\partial x^2}=\cos^2\theta\frac{\partial^2}{\partial r^2}-\frac{2\sin\theta\cos\theta}{r}\frac{\partial^2}{\partial r\partial\theta}+\frac{\sin^2\theta}{r}\frac{\partial}{\partial r}+\frac{2\sin\theta\cos\theta}{r^2}\frac{\partial}{\partial\theta}+\frac{\sin^2\theta}{r^2}\frac{\partial^2}{\partial\theta^2}\tag{5-23}$$

$$\frac{\partial^2}{\partial y^2}=\sin^2\theta\frac{\partial^2}{\partial r^2}+\frac{2\sin\theta\cos\theta}{r}\frac{\partial^2}{\partial r\partial\theta}+\frac{\cos^2\theta}{r}\frac{\partial}{\partial r}-\frac{2\sin\theta\cos\theta}{r^2}\frac{\partial}{\partial\theta}+\frac{\cos^2\theta}{r^2}\frac{\partial^2}{\partial\theta^2}\tag{5-24}$$

$$\begin{aligned}\frac{\partial^2}{\partial x\partial y}=&\sin\theta\cos\theta\frac{\partial^2}{\partial\theta^2}+\frac{\cos^2\theta-\sin^2\theta}{r}\frac{\partial^2}{\partial r\partial\theta}-\frac{\sin\theta\cos\theta}{r}\frac{\partial}{\partial r}\\&-\frac{\cos^2\theta-\sin^2\theta}{r^2}\frac{\partial}{\partial\theta}-\frac{\sin\theta\cos\theta}{r^2}\frac{\partial^2}{\partial\theta^2}\end{aligned}\tag{5-25}$$

设体力为零，直角坐标系下，根据式（3-14）的第三个方程，即相容方程：

$$\nabla^2(\sigma_x+\sigma_y)=0\tag{5-26}$$

将式（5-17）与式（5-18）二式相加得：

$$\sigma_x+\sigma_y=\sigma_r+\sigma_\theta\tag{5-27}$$

式（5-27）表示了应力张量第一不变量在任何坐标下都保持不变（关于应力张量第一不变量将在下一章介绍），将上面式（5-23）、式（5-24）二式相加得：

$$\nabla^2=\frac{\partial^2}{\partial x^2}+\frac{\partial^2}{\partial y^2}=\frac{\partial^2}{\partial r^2}+\frac{1}{r}\frac{\partial}{\partial r}+\frac{1}{r^2}\frac{\partial^2}{\partial\theta^2}\tag{5-28}$$

式（5-28）即为 Laplace（拉普拉斯）算子 ∇^2 在直角坐标与极坐标下的相互关系。根据式（5-26）、式（5-27）及式（5-28），得到极坐标下的相容方程为：

$$\left(\frac{\partial^2}{\partial r^2}+\frac{1}{r}\frac{\partial}{\partial r}+\frac{1}{r^2}\frac{\partial^2}{\partial\theta^2}\right)(\sigma_r+\sigma_\theta)=0\tag{5-29}$$

对任意应力函数 $\varphi(x,y)=\varphi(r,\theta)$，利用式（5-23）～式（5-25）有：

$$\left.\begin{aligned}\sigma_x&=\frac{\partial^2\varphi}{\partial y^2}=\sin^2\theta\frac{\partial^2\varphi}{\partial r^2}+\frac{2\sin\theta\cos\theta}{r}\frac{\partial^2\varphi}{\partial r\partial\theta}+\frac{\cos^2\theta}{r}\frac{\partial\varphi}{\partial r}-\frac{2\sin\theta\cos\theta}{r^2}\frac{\partial\varphi}{\partial\theta}+\frac{\cos^2\theta}{r^2}\frac{\partial^2\varphi}{\partial\theta^2}\\\sigma_y&=\frac{\partial^2\varphi}{\partial x^2}=\cos^2\theta\frac{\partial^2\varphi}{\partial r^2}-\frac{2\sin\theta\cos\theta}{r}\frac{\partial^2\varphi}{\partial r\partial\theta}+\frac{\sin^2\theta}{r}\frac{\partial\varphi}{\partial r}+\frac{2\sin\theta\cos\theta}{r^2}\frac{\partial\varphi}{\partial\theta}+\frac{\sin^2\theta}{r^2}\frac{\partial^2\varphi}{\partial\theta^2}\\\tau_{xy}&=-\frac{\partial^2\varphi}{\partial x\partial y}=-\sin\theta\cos\theta\frac{\partial^2\varphi}{\partial\theta^2}-\frac{\cos^2\theta-\sin^2\theta}{r}\frac{\partial^2\varphi}{\partial r\partial\theta}+\frac{\sin\theta\cos\theta}{r}\frac{\partial\varphi}{\partial r}+\\&\quad\frac{\cos^2\theta-\sin^2\theta}{r^2}\frac{\partial\varphi}{\partial\theta}+\frac{\sin\theta\cos\theta}{r^2}\frac{\partial^2\varphi}{\partial\theta^2}\end{aligned}\right\}\tag{5-30}$$

将式（5-30）代入式（5-20），得极坐标下由应力函数表示的应力分量为：

$$\left.\begin{aligned}\sigma_r&=\frac{1}{r}\frac{\partial\varphi}{\partial r}+\frac{1}{r^2}\frac{\partial^2\varphi}{\partial\theta^2}\\\sigma_\theta&=\frac{\partial^2\varphi}{\partial r^2}\\\tau_{r\theta}&=\tau_{\theta r}=-\frac{1}{r}\frac{\partial^2\varphi}{\partial r\partial\theta}+\frac{1}{r^2}\frac{\partial\varphi}{\partial\theta}=-\frac{\partial}{\partial r}\left(\frac{1}{r}\frac{\partial\varphi}{\partial\theta}\right)\end{aligned}\right\}\tag{5-31}$$

显然式（5-31）的应力分量满足平衡方程式（5-1）。将式（5-31）代入式（5-29），得极坐标下，以应力函数表示的相容方程：

$$\nabla^2\nabla^2\varphi=\left(\frac{\partial^2}{\partial r^2}+\frac{1}{r}\frac{\partial}{\partial r}+\frac{1}{r^2}\frac{\partial^2}{\partial\theta^2}\right)^2\varphi=0 \tag{5-32}$$

5.4　平面轴对称问题一般解答

采用逆解法，如果应力函数 φ 与转角 θ 无关，即：

$$\varphi=\varphi(r) \tag{5-33}$$

观察这样一种应力函数能解决什么样的问题，将式（5-33）代入相容方程式（5-32），得：

$$\left(\frac{\mathrm{d}^2}{\mathrm{d}r^2}+\frac{1}{r}\frac{\mathrm{d}}{\mathrm{d}r}\right)\left(\frac{\mathrm{d}^2\varphi}{\mathrm{d}r^2}+\frac{1}{r}\frac{\mathrm{d}\varphi}{\mathrm{d}r}\right)=0 \tag{5-34}$$

展开上式：

$$r^4\frac{\mathrm{d}^4\varphi}{\mathrm{d}r^4}+2r^3\frac{\mathrm{d}^3\varphi}{\mathrm{d}r^3}-r^2\frac{\mathrm{d}^2\varphi}{\mathrm{d}r^2}+r\frac{\mathrm{d}\varphi}{\mathrm{d}r}=0 \tag{5-35}$$

式（5-35）为 Euler 方程（见附录 2），可进行变量替换 $r=e^t$，得到关于自变量为 t 的常系数微分方程，求解之，然后将变量 t 还原为 $t=\ln r$，得到原方程的通解为：

$$\varphi=A\ln r+Br^2\ln r+Cr^2+D \tag{5-36}$$

其中 A、B、C、D 是待定常数。将式（5-36）代入式（5-31），得应力分量为：

$$\left.\begin{aligned}\sigma_r&=\frac{1}{r}\frac{\mathrm{d}\varphi}{\mathrm{d}r}=\frac{A}{r^2}+B(1+2\ln r)+2C\\ \sigma_\theta&=\frac{\mathrm{d}^2\varphi}{\mathrm{d}r^2}=-\frac{A}{r^2}+B(3+2\ln r)+2C\\ \tau_{r\theta}&=0\end{aligned}\right\} \tag{5-37}$$

因为应力分量只与 r 有关，不随 θ 而变，所以应力是关于 z 轴对称的，这种应力称之为轴对称应力。

现将应力解答式（5-37）代入物理方程式（5-14）：

$$\left.\begin{aligned}\varepsilon_r&=\frac{1}{E}\left[(1+\nu)\frac{A}{r^2}+(1-3\nu)B+2(1-\nu)B\ln r+2(1-\nu)C\right]\\ \varepsilon_\theta&=\frac{1}{E}\left[-(1+\nu)\frac{A}{r^2}+(3-\nu)B+2(1-\nu)B\ln r+2(1-\nu)C\right]\\ \gamma_{r\theta}&=0\end{aligned}\right\} \tag{5-38}$$

可见应变也是关于 z 轴对称的，与 θ 转角无关。由此可以判断，式（5-33）的应力函数表达式可以解决应力与应变轴对称问题。

将上面应变分量式（5-38）代入几何方程式（5-13），得：

$$\left.\begin{aligned}
&\frac{\partial u_r}{\partial r}=\frac{1}{E}\left[(1+\nu)\frac{A}{r^2}+(1-3\nu)B+2(1-\nu)B\ln r+2(1-\nu)C\right]\\
&\frac{u_r}{r}+\frac{1}{r}\frac{\partial u_\theta}{\partial \theta}=\frac{1}{E}\left[-(1+\nu)\frac{A}{r^2}+(3-\nu)B+2(1-\nu)B\ln r+2(1-\nu)C\right]\\
&\frac{1}{r}\frac{\partial u_r}{\partial \theta}+\frac{\partial u_\theta}{\partial r}-\frac{u_\theta}{r}=0
\end{aligned}\right\} \quad (5\text{-}39)$$

解方程组（5-39）得：

$$\left.\begin{aligned}
&u_r=\frac{1}{E}\left[-(1+\nu)\frac{A}{r}+2(1-\nu)Br(\ln r-1)+(1-3\nu)Br+2(1-\nu)Cr\right]+I\cos\theta+K\sin\theta\\
&u_\theta=\frac{4Br\theta}{E}+Hr-I\sin\theta+K\cos\theta
\end{aligned}\right\}$$

$$(5\text{-}40)$$

式中 A、B、C、H、I、K 都是待定常数。式（5-40）的位移解答与 θ 角有关，说明应力轴对称问题不一定就是位移轴对称。

以上公式都是针对平面应力问题的，对于平面应变问题，只需作材料弹性常数替换 $E\to\frac{E}{1-\nu^2}$，$\nu\to\frac{\nu}{1-\nu}$ 即可。

5.5 圆环（圆筒）受均布压力

实际工程中，过盈配合的轴承套箍可看成受均匀内压的圆环，为平面应力问题；压力隧洞或管道可以看成受均匀内外压力的圆筒，为平面应变问题。这类问题都可简化为如图 5-4所示内半径为 a，外半径为 b 的受均匀内压 q_1、外压 q_2 的圆环（或圆筒）。图中结构几何形状与受力都关于 z 坐标轴对称，其应力、应变都是轴对称的，若结构无刚性平动位移，则位移也是轴对称的。

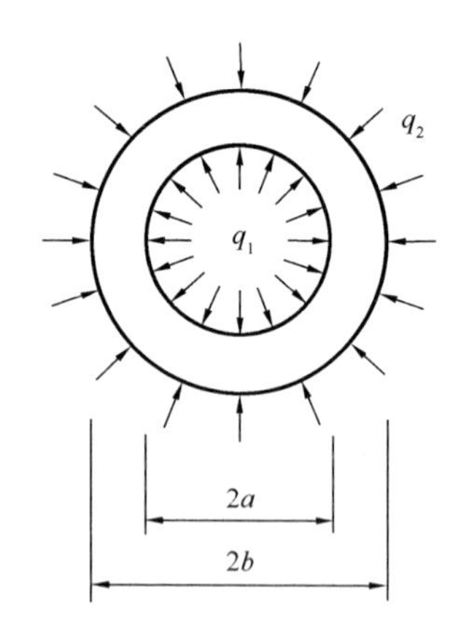

图 5-4 圆环（圆筒）

根据上一节的解答，位移一般不是轴对称的，而本问题的结构无刚性平动位移，位移应是轴对称的，根据位移解答式（5-40），要求位移解答与 θ 角无关，应有：

$$B=I=K=0 \quad (5\text{-}41)$$

根据式（5-37），应力分量为：

$$\left.\begin{aligned}\sigma_r &= \frac{A}{r^2}+2C\\ \sigma_\theta &= -\frac{A}{r^2}+2C\\ \tau_{r\theta} &= 0\end{aligned}\right\} \tag{5-42}$$

本问题的应力边界条件为：

$$\sigma_r\big|_{r=a}=-q_1,\sigma_r\big|_{r=b}=-q_2 \tag{5-43}$$

将式（5-42）代入边界条件式（5-43），得：

$$A=\frac{a^2b^2(q_2-q_1)}{b^2-a^2},\ 2C=\frac{q_1a^2-q_2b^2}{b^2-a^2} \tag{5-44}$$

于是应力分量：

$$\left.\begin{aligned}\sigma_r &= \frac{a^2b^2}{b^2-a^2}\frac{q_2-q_1}{r^2}+\frac{a^2q_1-b^2q_2}{b^2-a^2}\\ \sigma_\theta &= -\frac{a^2b^2}{b^2-a^2}\frac{q_2-q_1}{r^2}+\frac{a^2q_1-b^2q_2}{b^2-a^2}\\ \tau_{r\theta} &= 0\end{aligned}\right\} \tag{5-45}$$

将系数 A、B、C、I、K 的表达式代入式（5-40），圆环的径向位移 u_r 可唯一确定，但环向位移 u_θ 仍不能唯一确定，因为圆环可绕 z 轴作刚性转动，仍然满足轴对称条件，如果限制圆环的刚性转动，即有 $H=0$，则位移分量为：

$$\left.\begin{aligned}u_r &= \frac{1}{E}\left[-\frac{(1+\nu)a^2b^2(q_2-q_1)}{(b^2-a^2)r}+\frac{(1-\nu)(q_1a^2-q_2b^2)}{b^2-a^2}r\right]\\ u_\theta &= 0\end{aligned}\right\} \tag{5-46}$$

式（5-46）是针对圆环（平面应力问题）得到的，对于圆筒（平面应变问题），只需作材料弹性常数替换 $E\rightarrow\dfrac{E}{1-\nu^2}$，$\nu\rightarrow\dfrac{\nu}{1-\nu}$ 即可。

讨论：（1）当 $q_2=0$，$b\rightarrow\infty$时，问题变为具有圆孔的无限大薄板，或具有圆形孔道的无限大弹性体，圆孔内受均布荷载 q_1 作用，这时应力与位移解答为：

$$\sigma_r=-\frac{a^2}{r^2}q_1,\ \sigma_\theta=\frac{a^2}{r^2}q_1,\tau_{r\theta}=0 \tag{5-47}$$

$$u_r=\frac{(1+\nu)}{Er}q_1a^2,\ u_\theta=0 \tag{5-48}$$

离圆孔较远的地方（$r\rightarrow\infty$），应力与位移都趋向于零，这也证实了 Saint Venant 原理，因为圆孔内的内压力是平衡力系，它对远端的影响很小，可忽略不计。

（2）如果是圆筒埋在无限大的弹性体中，如压力隧洞衬砌或坝内水管，如图 5-5（a）所示，这个问题仍为轴对称问题，可以分解为图 5-5（b）、（c）两个轴对称问题，圆筒外

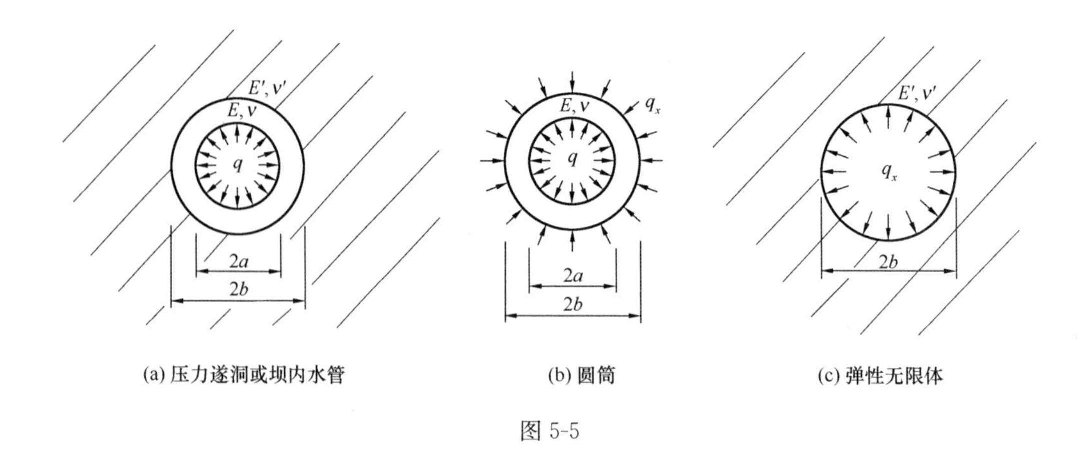

(a) 压力遂洞或坝内水管 (b) 圆筒 (c) 弹性无限体

图 5-5

围与弹性体之间的均匀挤压分布力设为 q_x ，若能求得 q_x ，则此问题即告解决。设圆筒中的应力与位移为 σ_r，σ_θ，u_r ，弹性常数为 E，ν ，无限弹性体中的应力与位移为 σ'_r，σ'_θ，u'_r ，弹性常数为 E'，ν' 。

圆筒与周边弹性体接触面上的位移应保持协调一致，即：

$$u_r\big|_{r=b} = u'_r\big|_{r=b} \tag{5-49}$$

利用式（5-46）与式（5-48），将其结果代入式（5-49），并注意到本问题为平面应变问题，需作材料弹性常数替换，于是有：

$$\frac{1}{E_1}\left[-\frac{(1+\nu_1)a^2b^2(q_x-q)}{(b^2-a^2)b}+\frac{(1-\nu_1)(qa^2-q_xb^2)}{b^2-a^2}\times b\right]=\frac{(1+\nu'_1)}{E'_1 b}q_x b^2 \tag{5-50}$$

其中：$E_1=\dfrac{E}{1-\nu^2}$，$\nu_1=\dfrac{\nu}{1-\nu}$，$E'_1=\dfrac{E'}{1-\nu'^2}$，$\nu'_1=\dfrac{\nu'}{1-\nu'}$ 。解式（5-50）：

$$q_x=\frac{2qa^2}{(a^2+b^2)+(b^2-a^2)\left[\dfrac{E_1}{E'_1}(1+\nu'_1)-\nu_1\right]} \tag{5-51}$$

再利用式（5-45）及式（5-47）就可分别得到圆筒与周边弹性体内的应力分量为：

$$\left.\begin{aligned}\sigma_r &= \frac{a^2b^2}{b^2-a^2}\frac{q_x-q}{r^2}+\frac{a^2q-b^2q_x}{b^2-a^2}\\ \sigma_\theta &= -\frac{a^2b^2}{b^2-a^2}\frac{q_x-q}{r^2}+\frac{a^2q-b^2q_x}{b^2-a^2}\\ \tau_{r\theta} &= 0\end{aligned}\right\}\quad (a\leqslant r\leqslant b) \tag{5-52}$$

$$\sigma'_r=-\frac{b^2}{r^2}q_x,\ \sigma'_\theta=\frac{b^2}{r^2}q_x,\ \tau'_{r\theta}=0\quad (r>b) \tag{5-53}$$

5.6 曲梁的纯弯曲

如图 5-6 所示的曲梁，内半径为 a，外半径为 b，两端受弯矩 M 作用，由于梁的每一个径向截面受到的弯矩都是 M，截面上的应力与转角 θ 无关，显然属于应力轴对称问题，但曲梁的几何形状不对称于 o 点，位移分量是非轴对称的。根据应力轴对称问题一般解答式（5-37），应力分量为：

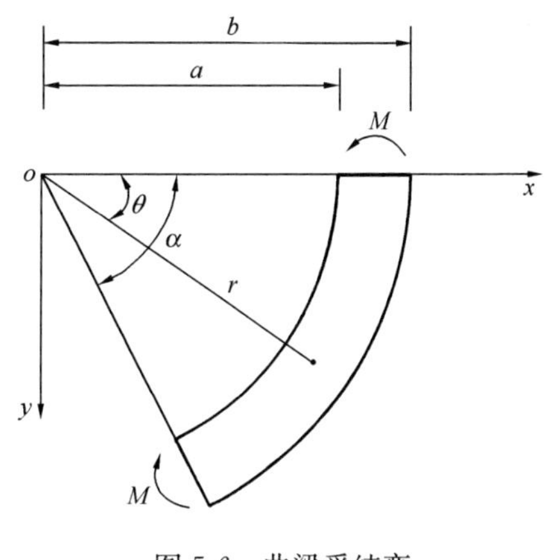

图 5-6　曲梁受纯弯

$$\left.\begin{aligned}\sigma_r &= \frac{1}{r}\frac{\mathrm{d}\varphi}{\mathrm{d}r} = \frac{A}{r^2} + B(1+2\ln r) + 2C \\ \sigma_\theta &= \frac{\mathrm{d}^2\varphi}{\mathrm{d}r^2} = -\frac{A}{r^2} + B(3+2\ln r) + 2C \\ \tau_{r\theta} &= 0\end{aligned}\right\} \tag{5-54}$$

曲梁内外边界条件为：

$$\left.\begin{aligned}\sigma_r\big|_{r=a} = 0, \tau_{r\theta}\big|_{r=a} = 0 \\ \sigma_r\big|_{r=b} = 0, \tau_{r\theta}\big|_{r=b} = 0\end{aligned}\right\} \tag{5-55}$$

两端的边界条件为：

$$\int_a^b \sigma_\theta\big|_{\theta=0,\alpha}\mathrm{d}r = 0, \int_a^b \sigma_\theta\big|_{\theta=0,\alpha} r\,\mathrm{d}r = M \tag{5-56}$$

将式（5-54）代入式（5-55）与式（5-56），可得到关于 A、B、C 的方程，求解之，然后再将其回代入式（5-54），得应力分量：

$$\left.\begin{aligned}\sigma_r &= -\frac{4M}{N}\left(\frac{a^2b^2}{r^2}\ln\frac{b}{a} + b^2\ln\frac{b}{r} + a^2\ln\frac{b}{r}\right) \\ \sigma_\theta &= -\frac{4M}{N}\left(-\frac{a^2b^2}{r^2}\ln\frac{b}{a} + b^2\ln\frac{r}{b} + a^2\ln\frac{a}{r} + b^2 - a^2\right) \\ \tau_{r\theta} &= 0\end{aligned}\right\} \tag{5-57}$$

式中：

$$N = (b^2 - a^2)^2 - 4a^2b^2\left(\ln\frac{b}{a}\right)^2 \tag{5-58}$$

5.7　圆孔的应力集中

如图 5-7（a）所示带有圆孔的板，受均匀拉伸作用，圆孔的直径为 $2a$。该问题可等效为图 5-7（b）、（c）问题的叠加。

首先研究图 5-7（b）问题，如图 5-8 所示，四边均匀拉伸的情形，取坐标如图示，在离圆孔很远的地方作一个很大的圆，半径为 b（$b \gg a$），在外圆边 $r = b$ 上切出一微体

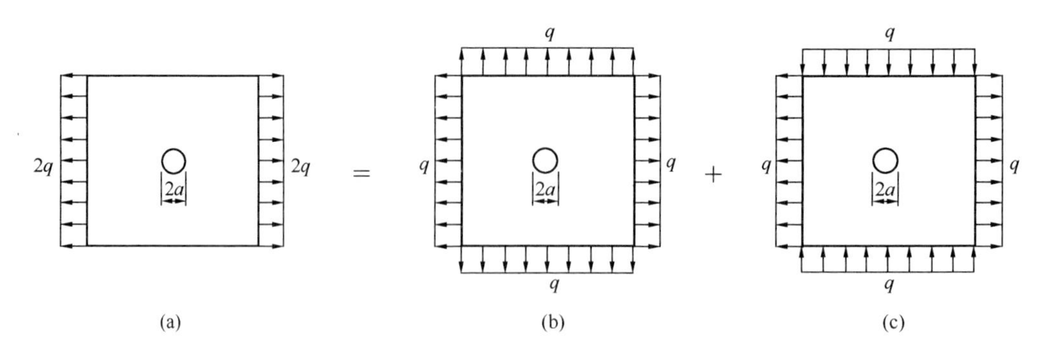

图 5-7　带有圆孔的板受均匀拉伸作用

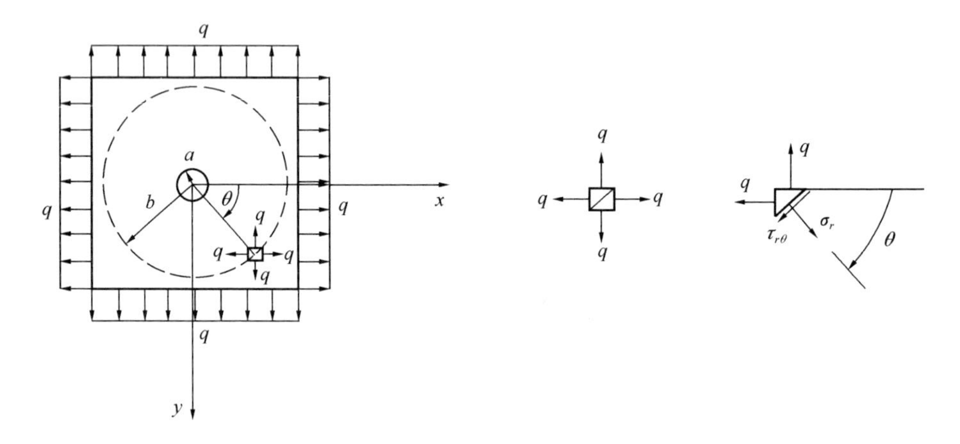

图 5-8

(图 5-8)，根据 Saint Venant 原理，在离内边界 $r=a$ 较远的地方，小圆孔（小圆孔上无应力）对远端微体应力状态影响很小，可忽略不计，也就是说，这个微体也是四边均匀拉伸的应力状态，在微体外圆斜面上，应力为 σ_r，$\tau_{r\theta}$，根据微体的平衡条件［或根据应力分量的坐标变换式（5-20)]，可得：$\sigma_r\big|_{r=b}=q$，$\tau_{r\theta}\big|_{r=b}=0$，这两个应力正是外圆 $r=b$ 边界上的应力，可以看成外圆上的边界条件，可用图 5-9 表示，引用 5.5 节的解答式（5-45)，命：$q_1=0$，$q_2=q$，则图 5-9 的应力解答为：

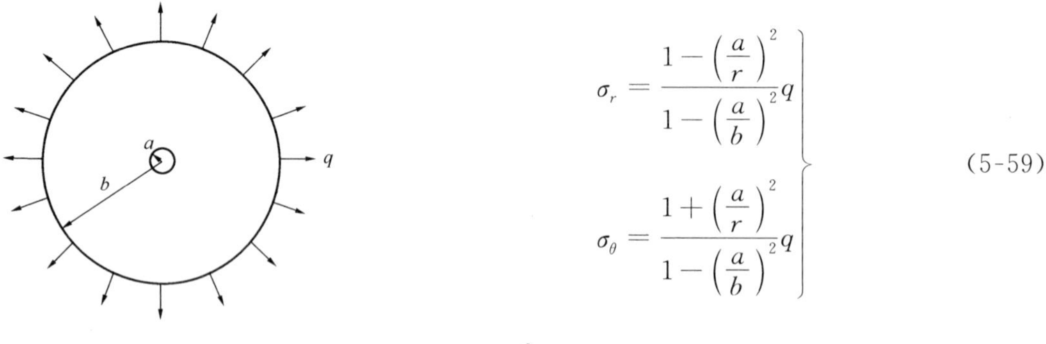

$$
\left.\begin{aligned}
\sigma_r &= \frac{1-\left(\frac{a}{r}\right)^2}{1-\left(\frac{a}{b}\right)^2}q \\
\sigma_\theta &= \frac{1+\left(\frac{a}{r}\right)^2}{1-\left(\frac{a}{b}\right)^2}q
\end{aligned}\right\} \tag{5-59}
$$

图 5-9

因为 $b \gg a$，$\frac{a}{b}\rightarrow 0$，所以图 5-7（b）问题的解答为：

$$\left.\begin{aligned}\sigma_r &= \left[1-\left(\frac{a}{r}\right)^2\right]q \\ \sigma_\theta &= \left[1+\left(\frac{a}{r}\right)^2\right]q \\ \tau_{r\theta} &= 0\end{aligned}\right\} \tag{5-60}$$

再研究图 5-7（c）问题，如图 5-10 所示，一个方向均匀拉伸、另一个方向均匀压缩的情形，与图 5-7（b）问题的研究方法完全一样，在离圆孔很远的地方作一个很大的圆，半径为 b（$b \gg a$），在外圆边 $r=b$ 上切出一微体（图 5-10），根据 Saint Venant 原理，在离内边界 $r=a$ 较远的地方，小圆孔对微体应力状态影响很小，可忽略不计，也即这个微体处于一个方向均匀受拉，另一个方向均匀受压的应力状态。在微体外圆斜面上，应力为 σ_r，$\tau_{r\theta}$，根据微体的平衡条件可得：$\sigma_r|_{r=b}=q\cos 2\theta$，$\tau_{r\theta}|_{r=b}=-q\sin 2\theta$，所以图 5-7（c）问题可归结为图 5-11 的问题（边界上的面力如图示），显然这个问题不是轴对称的，为了满足图 5-11 的应力边界条件，可设：

$$\varphi = f(r)\cos 2\theta \tag{5-61}$$

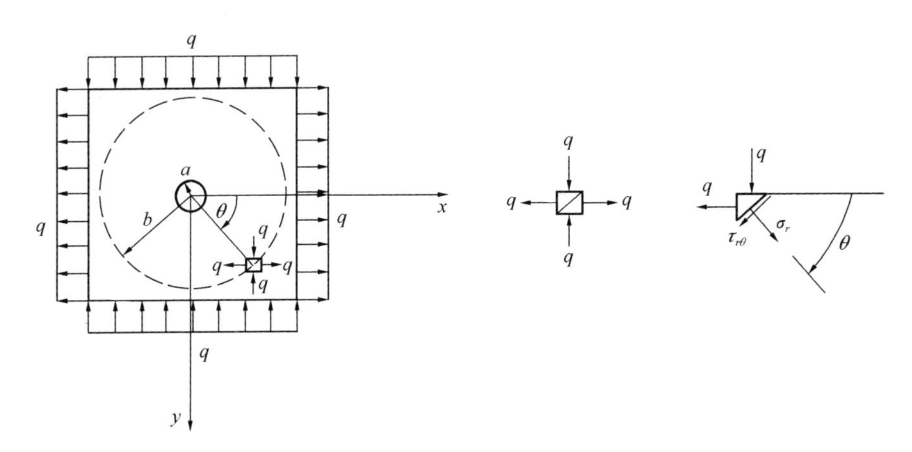

图 5-10

代入相容方程 $\nabla^4\varphi=0$ 得：

$$r^4\frac{d^4 f}{dr^4}+2r^3\frac{d^3 f}{dr^3}-9r^2\frac{d^2 f}{dr^2}+9r\frac{df}{dr}=0 \tag{5-62}$$

上式为 Euler 方程（解法见附录 2），其解为：

$$f(r)=Ar^4+Br^2+C+\frac{D}{r^2} \tag{5-63}$$

所以，应力分量为：

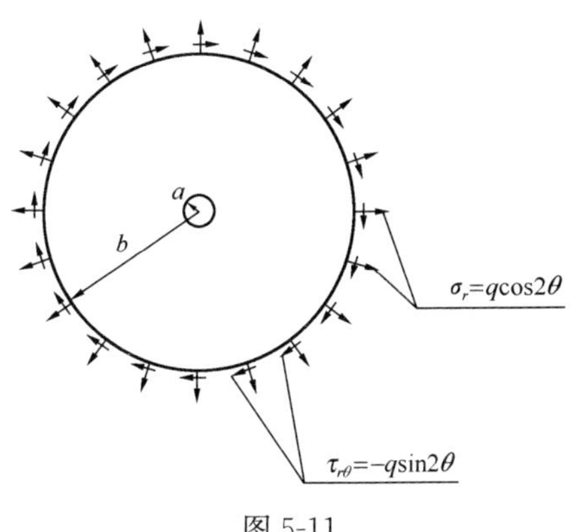

图 5-11

$$\left.\begin{aligned}\sigma_r&=\frac{1}{r}\frac{\partial\varphi}{\partial r}+\frac{1}{r^2}\frac{\partial^2\varphi}{\partial\theta^2}=-\cos2\theta\left(2B+\frac{4C}{r^2}+\frac{6D}{r^4}\right)\\\sigma_\theta&=\frac{\partial^2\varphi}{\partial r^2}=\cos2\theta\left(12Ar^2+2B+\frac{6D}{r^4}\right)\\\tau_{r\theta}&=-\frac{\partial}{\partial r}\left(\frac{1}{r}\frac{\partial\varphi}{\partial\theta}\right)=\sin2\theta\left(6Ar^2+2B-\frac{2C}{r^2}-\frac{6D}{r^4}\right)\end{aligned}\right\}\tag{5-64}$$

由应力边界条件：

$$\sigma_r\big|_{r=a}=0,\tau_{r\theta}\big|_{r=a}=0,\sigma_r\big|_{r=b}=q\cos2\theta,\ \tau_{r\theta}\big|_{r=b}=-q\sin2\theta\tag{5-65}$$

将应力分量式（5-64）代入边界条件式（5-65），可得到关于 A、B、C、D 的四个方程，解这四个方程，并注意到 $\frac{a}{b}\rightarrow0$，可得：

$$A=0,\ B=-\frac{q}{2},\ C=qa^2,\ D=-\frac{qa^4}{2}\tag{5-66}$$

最后应力分量为：

$$\left.\begin{aligned}\sigma_r&=q\cos2\theta\left(1-\frac{a^2}{r^2}\right)\left(1-3\frac{a^2}{r^2}\right)\\\sigma_\theta&=-q\cos2\theta\left(1+3\frac{a^4}{r^4}\right)\\\tau_{r\theta}&=-q\sin2\theta\left(1-\frac{a^2}{r^2}\right)\left(1+3\frac{a^2}{r^2}\right)\end{aligned}\right\}\tag{5-67}$$

叠加图 5-7（b）、（c）问题的解答［式（5-60）＋式（5-67）］，得图 5-7（a）问题的解答为：

$$\left.\begin{aligned}\sigma_r&=\left[1-\left(\frac{a}{r}\right)^2\right]q+q\cos2\theta\left(1-\frac{a^2}{r^2}\right)\left(1-3\frac{a^2}{r^2}\right)\\\sigma_\theta&=\left[1+\left(\frac{a}{r}\right)^2\right]q-q\cos2\theta\left(1+3\frac{a^4}{r^4}\right)\\\tau_{r\theta}&=-q\sin2\theta\left(1-\frac{a^2}{r^2}\right)\left(1+3\frac{a^2}{r^2}\right)\end{aligned}\right\}\tag{5-68}$$

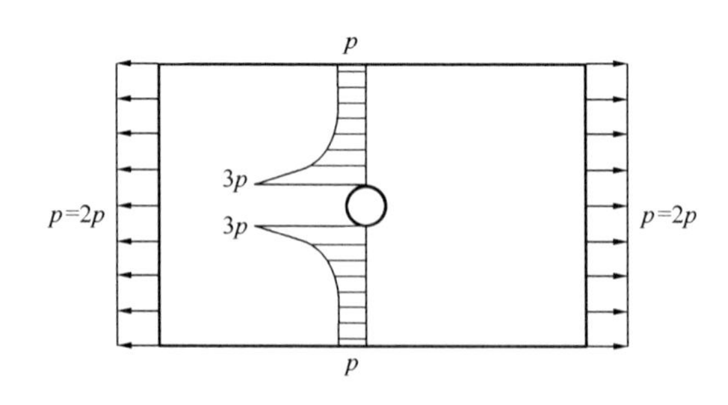

图 5-12　圆孔边缘处的应力集中

考察圆孔边缘处的拉应力 $\sigma_\theta\big|_{\theta=\pm\frac{\pi}{2}}$ 分布（图 5-12），拉应力最大值为 $\sigma_\theta\big|_{r=a,\ \theta=\pm\frac{\pi}{2}}=6q=3p$，为平均应力 $p=2q$ 的 3 倍，可见圆孔边缘有应力集中效应，当 $r\rightarrow\infty$ 时，应力趋向平缓均匀，圆孔的影响趋于零。

5.8 楔形体问题

如图 5-13 所示，设有一无限长楔形体（可以看成一个无限长的楔形坝），其中心角为 α，下端可认为伸向无穷，在其顶端受集中线荷载作用，并与楔形体的中心线呈 β 角，取一个单位厚度的楔形体进行分析（相当于平面应变问题），并设单位厚度上所受的力为 P，坐标选取如图 5-13 所示。

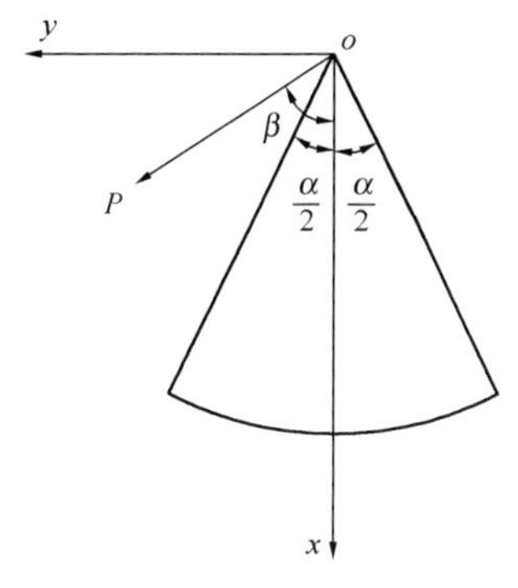

图 5-13 单位厚度楔形体

通过量纲分析可确定这个问题应力函数的形式。根据直观分析，楔形体内任一点的应力与 P 成正比例，并且与 α、β、r、θ 有关。由于 P 的量纲为［力］/［长度］，r 的量纲为［长度］，所以按量纲分析，应力的形式应为 $\frac{P}{r}\cdot F(\alpha,\beta,\theta)$，这里 $F(\alpha,\beta,\theta)$ 为无量纲的函数，所以 $\varphi\to r^2\sigma\to r^2\frac{P}{r}F(\alpha,\beta,\theta)\to rPF(\alpha,\beta,\theta)$，于是最终可设：

$$\varphi = r\,f(\theta) \tag{5-69}$$

其中 $f(\theta)$ 包含了参数 P、α、β，且为 θ 的函数。将式(5-69)代入相容方程 $\left(\frac{\partial^2}{\partial r^2}+\frac{1}{r}\frac{\partial}{\partial r}+\frac{1}{r^2}\frac{\partial^2}{\partial\theta^2}\right)^2\varphi=0$ 得：

$$\frac{\mathrm{d}^4 f(\theta)}{\mathrm{d}\theta^4}+2\frac{\mathrm{d}^2 f(\theta)}{\mathrm{d}\theta^2}+f(\theta)=0 \tag{5-70}$$

解之并代入式（5-69）：

$$\varphi = Ar\cos\theta+Br\sin\theta+r\theta(C\cos\theta+D\sin\theta) \tag{5-71}$$

上式中 A、B、C、D 为常数，前两项 $Ar\cos\theta+Br\sin\theta=Ax+By$ 为坐标的一次项，对应力分量无贡献，可略去，因而应力函数可简化为：

$$\varphi = r\theta(C\cos\theta+D\sin\theta) \tag{5-72}$$

于是应力分量：

$$\left.\begin{aligned}
\sigma_r &= \frac{1}{r}\frac{\partial\varphi}{\partial r}+\frac{1}{r^2}\frac{\partial^2\varphi}{\partial\theta^2}=\frac{2}{r}(D\cos\theta-C\sin\theta)\\
\sigma_\theta &= \frac{\partial^2\varphi}{\partial r^2}=0\\
\tau_{r\theta} &= -\frac{\partial}{\partial r}\left(\frac{1}{r}\frac{\partial\varphi}{\partial\theta}\right)=0
\end{aligned}\right\} \tag{5-73}$$

楔形体两侧面 $\left(\theta=\pm\frac{\alpha}{2}\right)$ 应力边界条件：

$$\sigma_\theta\big|_{\theta=\pm\frac{\alpha}{2}}=0,\quad \tau_{r\theta}\big|_{\theta=\pm\frac{\alpha}{2}}=0 \tag{5-74}$$

式（5-73）的应力分量自动满足上述边界条件，为了确定常数 C，D，还要寻找隔离体边界条件，取图 5-14 的扇形隔离体，根据式（5-73），圆弧面上的正应力 $\sigma_r\neq 0$，剪应力 $\tau_{r\theta}=0$，由隔离体平衡条件：

$$\left.\begin{aligned}&\Sigma F_X=0:\quad \int_{-\frac{\alpha}{2}}^{\frac{\alpha}{2}}\sigma_r r\,\mathrm{d}\theta\cdot\cos\theta+P\cos\beta=0\\&\Sigma F_Y=0:\quad \int_{-\frac{\alpha}{2}}^{\frac{\alpha}{2}}\sigma_r r\,\mathrm{d}\theta\cdot\sin\theta+P\sin\beta=0\end{aligned}\right\} \tag{5-75}$$

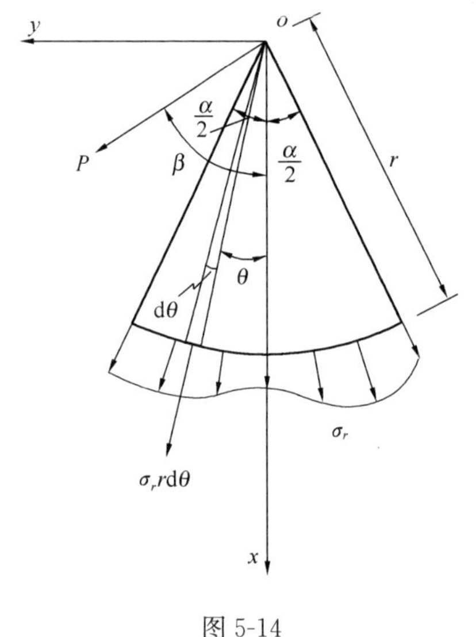

图 5-14

将式（5-73）代入式（5-75），解两个方程得：

$$C=\frac{P\sin\beta}{\alpha-\sin\alpha},\quad D=-\frac{P\cos\beta}{\alpha+\sin\alpha} \tag{5-76}$$

应力解答为：

$$\left.\begin{aligned}&\sigma_r=-\frac{2P\cos\beta\cos\theta}{(\alpha+\sin\alpha)r}-\frac{2P\sin\beta\sin\theta}{(\alpha-\sin\alpha)r}\\&\sigma_\theta=0\\&\tau_{r\theta}=0\end{aligned}\right\} \tag{5-77}$$

由于假定楔形体顶端受的是集中力，尖点处（$r=0$）的应力成为无限大，实际上集中在一点的力是不存在的，只是力作用的面积较小而已，因此实际不会发生无限大的应力，尖点处受有一定的面力，这个面力的最大值不超过比例极限，面力的合力是集中力 P，当然面力分布方式不同，应力分布也就不同，但是，按照 Saint Venant 原理，不论这个面力如何分布，在离开尖点稍远之处，应力分布都相同。因此对于本问题而言，尖点处的解答是不适用的，但离开尖点稍远处的解答可用。注意到本问题的解答与材料常数 E，ν 无关，因此式（5-77）的解答适合平面应力问题及平面应变问题。

5.9 半平面体在边界上受法向集中力

图 5-15 为半平面无限体在表面上受法向集中力 P 作用。可直接应用上一节的解答，命 $\alpha=\pi$，$\beta=0$ 就可得到本问题的解答为：

$$\left.\begin{aligned}\sigma_r &= -\frac{2P\cos\theta}{\pi r}\\ \sigma_\theta &= 0\\ \tau_{r\theta} &= 0\end{aligned}\right\} \tag{5-78}$$

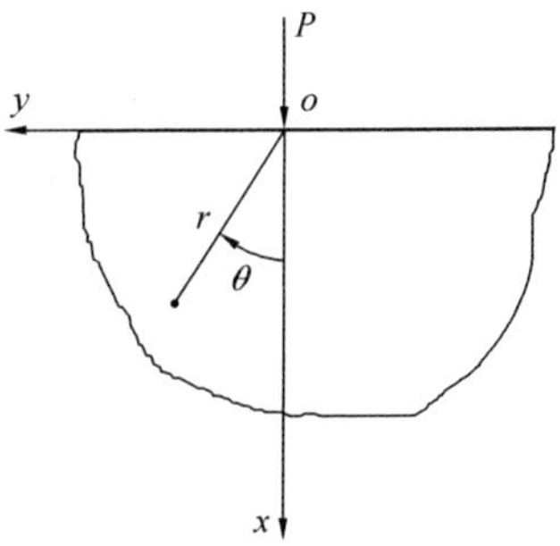

图 5-15　半平面体受法向集中力

利用式（5-22），变换到直角坐标系下，其应力分量为：

$$\left.\begin{aligned}\sigma_x &= -\frac{2P\cos^3\theta}{\pi r} = -\frac{2Px^3}{\pi(x^2+y^2)^2}\\ \sigma_y &= -\frac{2P\sin^2\theta\cos\theta}{\pi r} = -\frac{2Pxy^2}{\pi(x^2+y^2)^2}\\ \tau_{xy} &= -\frac{2P\sin\theta\cos^2\theta}{\pi r} = -\frac{2Px^2y}{\pi(x^2+y^2)^2}\end{aligned}\right\} \tag{5-79}$$

5.10　沿直径受压的圆盘（混凝土受拉劈裂试验原理）

图 5-16 为沿直径受压的单位厚度圆盘，这一问题需借助上一节的解答，否则将无从下手。根据上一节的半平面体问题，在图 5-17（a）中画一个圆，在极坐标下，圆周上各点的应力状态为 $\sigma_r = -\frac{2P\cos\theta}{\pi r} = -\frac{2P}{\pi}\cdot\left(\frac{\cos\theta}{r}\right) = -\frac{2P}{\pi}\cdot\left(\frac{1}{2R}\right) = -\frac{P}{\pi R}$，为等常压应力，方向都指向 o 点，其他应力 $\sigma_\theta = \tau_{r\theta} = 0$，如图 5-17（b）与（c）所示，将图中两个受力图叠加，可得到圆周受一对通过直径的反向集中力所产生的应力状态，如图 5-18（a）所示，且在圆周上受到双向均匀的压应力 $\sigma_r = -\frac{P}{\pi R}$ 作用，在圆周上切取一个如图 5-18（b）所示的微体，那么圆盘表面上所受的应力如图 5-18（c）所示，即所切取的圆盘表面受到均匀法向

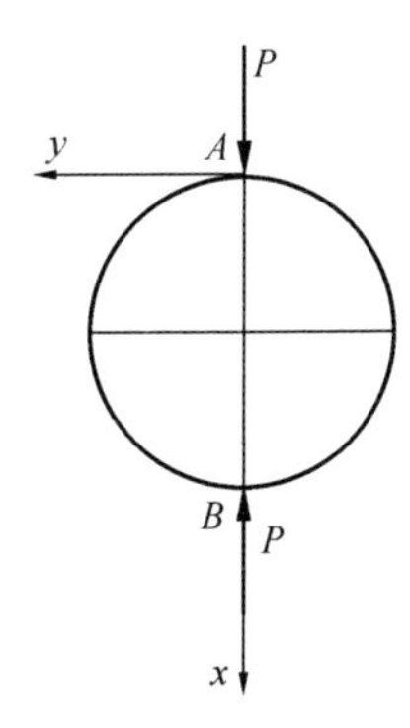

图 5-16　沿直径受压的单位厚度圆盘

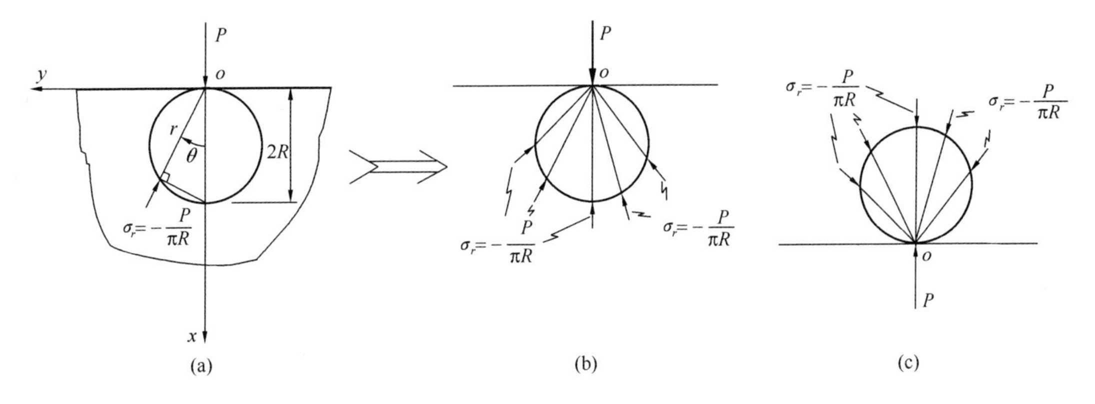

图 5-17

应力 $\sigma_r=-\dfrac{P}{\pi R}$ 的作用，如图 5-18（d）所示，由于真实的圆盘表面并不受面力作用，图 5-18（d）的受力情况与实际不符，为了与实际情况相符，需要在图 5-18（d）的圆周外表面叠加一个与其压应力相反的均匀拉应力，即叠加图 5-19（a）、（b）就得到图 5-19（c）真实的受力情形，注意到图 5-19（b）受载情形为双向均匀受拉（图中虚线所示）。

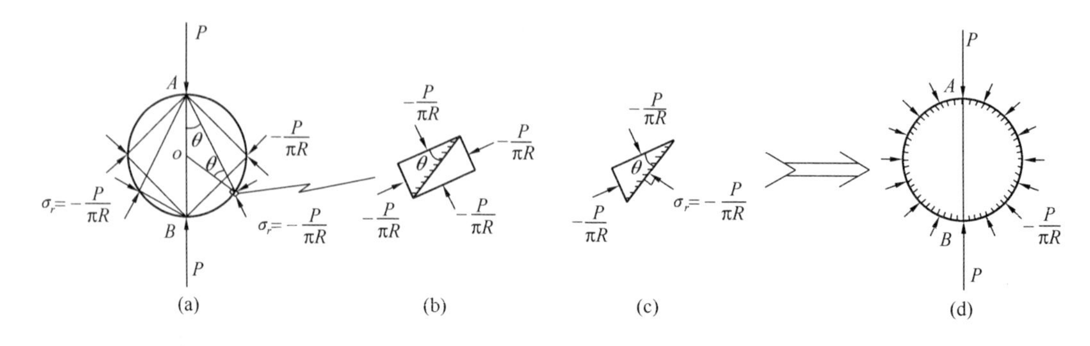

图 5-18

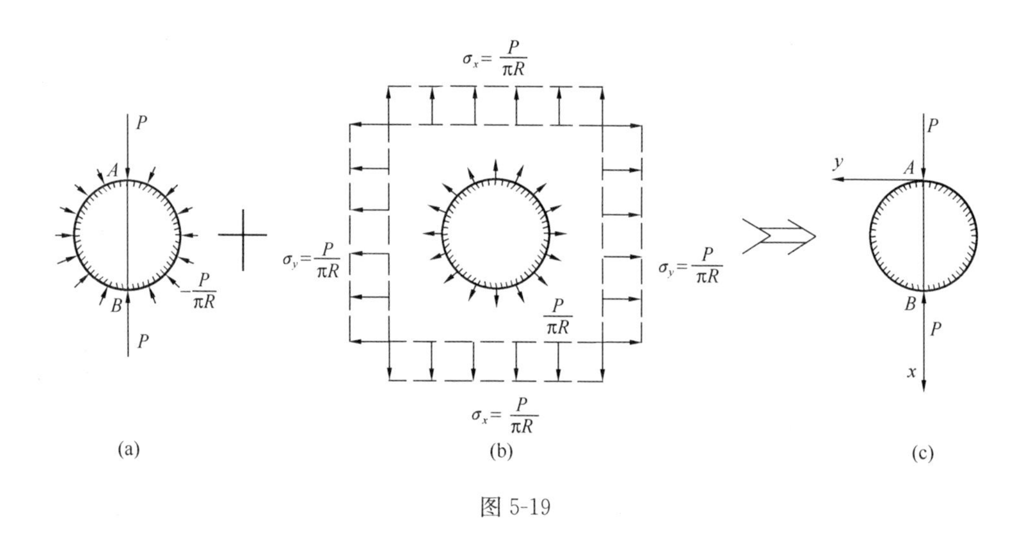

图 5-19

综上所述，图 5-16 所示圆盘内任一点的应力由三部分组成：（1）上部集中力 P 产生的应力（图 5-17b），可由式（5-78）计算；（2）下部集中力 P 产生的应力（图 5-17c），也可由式（5-78）计算，只是坐标原点的位置不同；（3）均匀拉应力 $\sigma_x=\sigma_y=\dfrac{P}{\pi R}$（或 $\sigma_r=\sigma_\theta=\dfrac{P}{\pi R}$）。以上（1）+（2）的结果对应图 5-19（a）的应力图，（3）的结果对应图 5-19（b）的应力图。

工程中，我们对圆盘直径 AB 上的应力分布特别感兴趣，应用公式（5-78），$\theta=0$，$r=x$，$r'=2R-x$，叠加三部分的应力得：

$$\left.\begin{aligned}\sigma_x &= \sigma_r\big|_{\theta=0} = -\frac{2P}{\pi r} - \frac{2P}{\pi r'} + \frac{P}{\pi R} = \frac{P}{\pi R} - \frac{2P}{\pi}\left(\frac{1}{x} + \frac{1}{2R-x}\right) \\ \sigma_y &= \sigma_\theta\big|_{\theta=0} = 0 + 0 + \frac{P}{\pi R} \\ \tau_{xy} &= \tau_{r\theta}\big|_{\theta=0} = 0 + 0 + 0 = 0\end{aligned}\right\} \tag{5-80}$$

根据式（5-80），截面 AB 上水平应力 σ_y 为均匀分布的拉应力，如图 5-20（a）所示，由于截面 AB 上只有拉应力，为了保持截面内力平衡，在端头 A、B 处必然有集中压力 P_{A}、P_{B} 存在，它们由平衡条件确定为：

$$P_{\mathrm{A}} = P_{\mathrm{B}} = \frac{P}{\pi} \tag{5-81}$$

理论上，端点 A、B 处的水平压应力 σ_y 为无穷大，实际上由于外加的集中力 P 是有作用面积的（图 5-20b，相应的面力分布情况是未知的，只知道其合力为 P），端点 A、B 处的水平压应力 σ_y 实际不可能为无穷大，所以截面 AB 上实际的水平应力 σ_y 分布如图 5-20（b）所示，在端头 A、B 处有较大的水平压应力，但压应力实际分布是不清楚的，仅知道其合力为 P_{A}、P_{B}，根据 Saint Venant 原理，截面 AB 中间部分应力可以确定为均匀的拉应力。直径 AB 上的 σ_x 均为压应力，在端点 A、B 处的压应力 σ_x 理论上为无穷大，而实际压应力 σ_x 分布如图 5-20（c）所示，两端点 A、B 处压应力 σ_x 不确定，但离端点 A、B 稍远的 σ_x 是确定的，其中间的 σ_x 大小如图 5-20（c）所示。

根据以上圆盘拉应力的分布特点，工程上常采用圆柱体对心受压试验来测定混凝土、石材的抗拉强度，只要能测出圆柱体开裂（图 5-21）时的线压力 P_{cr}（单位长度上的压力），就可知道混凝土（或石材）的抗拉强度为：

$$f_{\mathrm{tk}} = \frac{P_{\mathrm{cr}}}{\pi R} \tag{5-82}$$

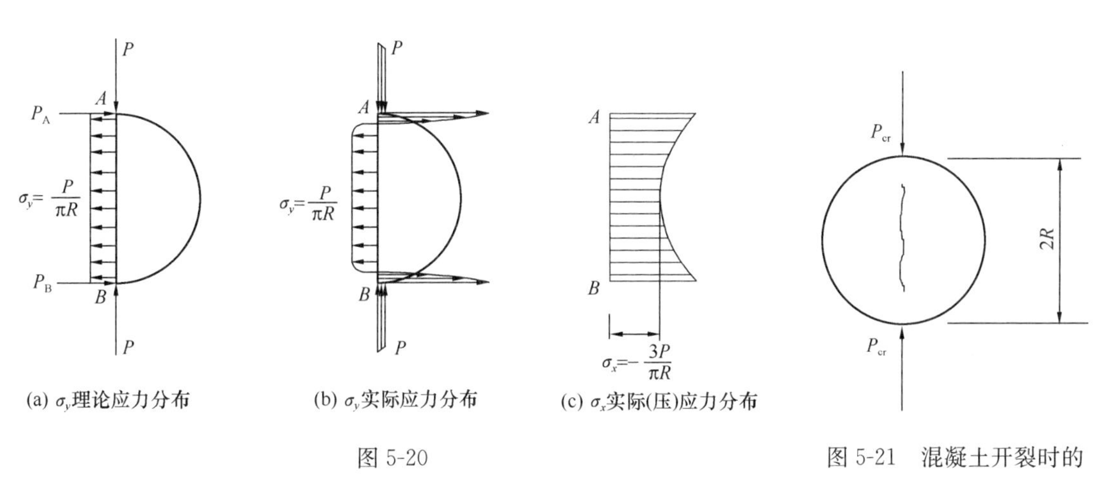

(a) σ_y理论应力分布　(b) σ_y实际应力分布　(c) σ_x实际(压)应力分布

图 5-20

图 5-21　混凝土开裂时的线压力 P_{cr}

必须注意的是，由式（5-82）得到的混凝土抗拉强度是在二向应力状态（一向受拉，另一向受压）下得到的，这个结果与混凝土单向受拉得到的抗拉强度有所不同。式（5-82）为理想情况下得到的混凝土抗拉强度值，实际的受拉劈裂试验中，考虑到圆柱体的三维效应以及加载处垫块的宽度等因素的影响，可将式（5-82）进行相应的修正，可参见文献［16］。

习　　题

5.1　如图 5-22 所示，写出 AB 边界在极坐标下的应力边界条件。

5.2　写出图 5-23 在极坐标下的应力边界条件。

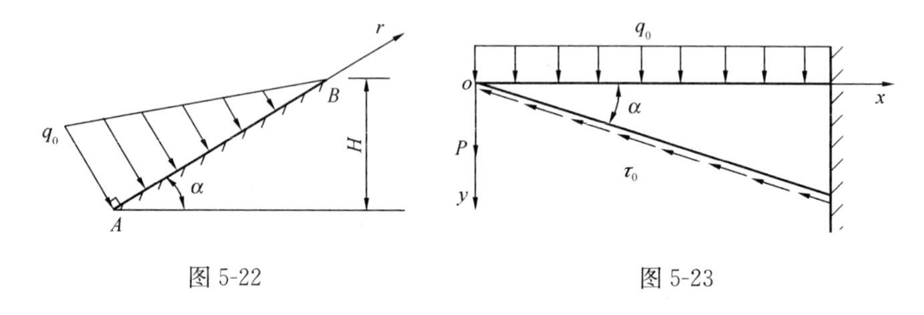

图 5-22　　　　图 5-23

5.3　试导出极坐标下位移分量（u_r，u_θ）与直角坐标下位移分量（u，v）之间的关系。

5.4　设有一刚体，具有半径为 b 的孔道，孔道内放置一内半径为 a、外半径为 b 的厚壁圆筒（图 5-24），圆筒内壁受均布压力 q 作用，求圆筒的应力和位移。

5.5　求图 5-25 所示问题的应力分量、孔边的最大正应力和最小正应力。

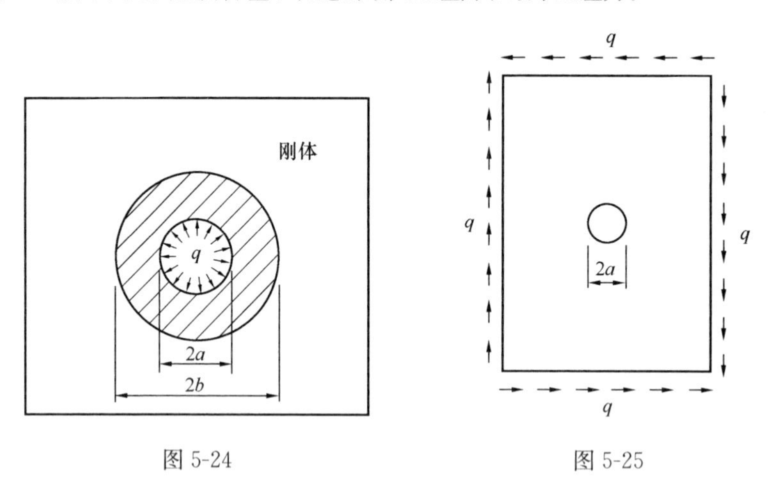

图 5-24　　　　图 5-25

5.6　图 5-26（a）～（c）所示尖劈两侧分别作用有均匀分布的剪应力 q、按 r 的一次方增长的剪应力 q、均匀分布的压应力。分别求其应力分量（提示：用量纲分析求应力函数）。

5.7　图 5-27 尖劈两侧分别作用有沿 x 正、负方向的均布力 q。不计体力，求应力分量 σ_r，σ_θ，$\tau_{r\theta}$。

5.8　图 5-28 三角形悬臂梁在自由端受集中荷载 P，求任一铅直截面上的正应力和剪应力，并与材料力学中的结果比较。

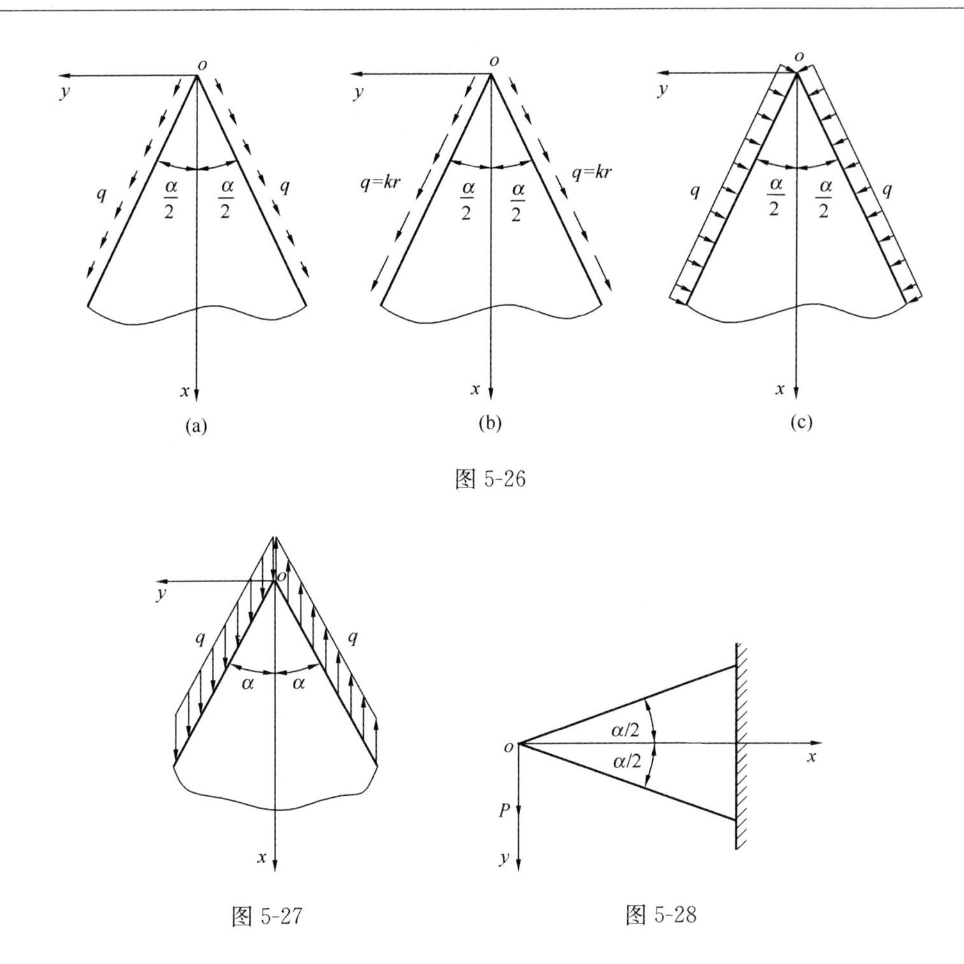

图 5-26

图 5-27

图 5-28

5.9　设有一个内半径为 a、外半径为 b 的薄圆环形板，内壁固定，外壁受均布剪力 q 作用(图 5-29)，求应力与位移。

5.10　图 5-30 所示弹性体半平面表面受几个集中力 $F_i(i=1, 2, \cdots, n)$ 作用，求应力分量。

5.11　弹性体半平面表面受分布力作用，如图 5-31 所示，求应力分量。

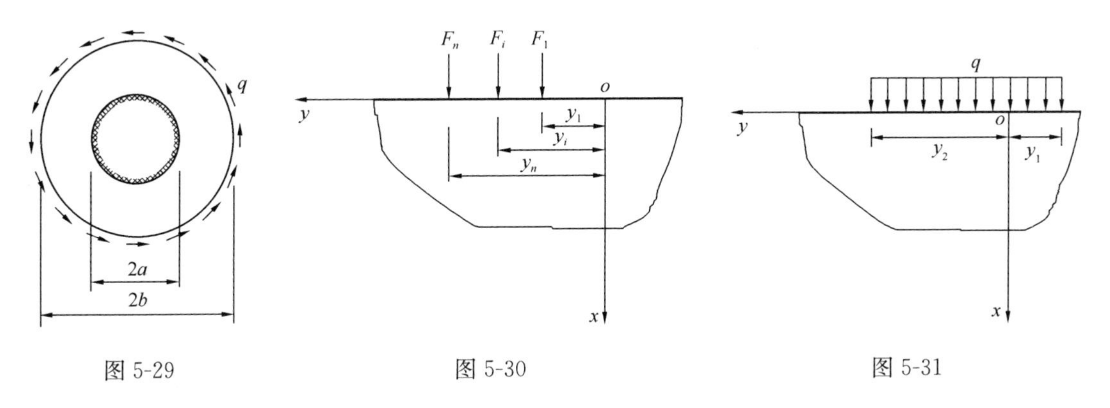

图 5-29　　图 5-30　　图 5-31

5.12*　根据第5章平面轴对称问题的解答，通过查阅文献资料，试研究无限长圆形隧道施工中岩爆发生的应力条件。

第6章 应力、应变坐标变换

通过求解弹性力学方程所得到的应力和应变解答是在一个固定坐标系下所观察到的物理量，实际工程中我们期望知道结构中一些特殊应力（如：拉应力、压应力、剪应力）的分布状况，例如：对混凝土结构，我们希望知道主拉应力的分布情况，以判断结构是否会开裂，并给混凝土结构配筋提供依据；对于钢结构（塑性材料），希望了解结构剪应力的分布状况，其中最大剪应力是否会引起结构的局部滑移变形等等。解方程后得到的应力与应变需要作某些后处理才能获得我们所期望的结果。对于一个固定坐标系下得到的每一点应力和应变解答，如果我们变换一个角度（变换到另一个坐标系下）来观察这一点的应力和应变，它们的量值会发生改变，这一点在2.3节及5.2节中已有说明，那么一定存在某一个特定的坐标系，在这个坐标系下所观察到的拉应力最大，或压应力最大，或剪应力最大。本章就是要找出这个特定的坐标系及相应的特殊应力（最大拉应力，或最大压应力，或最大剪应力）；以及相应的特殊应变（最大的拉应变或最大压应变等），并介绍相关的应力、应变状态及特性。本章内容是应力与应变后处理的常用方法。建议学习本章前，可先学习附录1与附录3。

6.1 转轴时应力分量的变换

6.1.1 转轴变换新旧坐标之间的关系

坐标系 $oxyz$ 在空间旋转一个角度后停下来成为坐标系 $ox'y'z'$，见图6-1，新坐标 $ox'y'z'$ 在空间中的位置由三个坐标轴 ox'，oy'，oz' 在老坐标 $oxyz$ 下的方向余弦确定，设 ox'，oy'，oz' 在坐标系 $oxyz$ 下的方向余弦分别为 $(l_1, m_1, n_1)^{\mathrm{T}}$，$(l_2, m_2, n_2)^{\mathrm{T}}$，$(l_3, m_3, n_3)^{\mathrm{T}}$，新坐标轴 ox'，oy'，oz' 的单位向量可由老坐标轴的单位向量表示为：

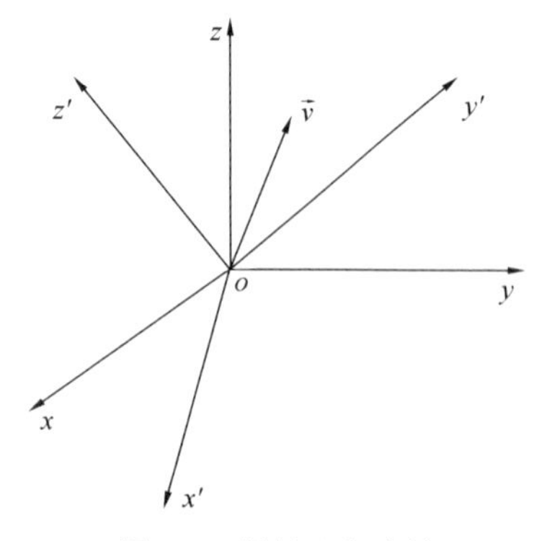

图6-1 转轴坐标变换

$$\left.\begin{aligned}\vec{i}' &= l_1\vec{i} + m_1\vec{j} + n_1\vec{k}\\ \vec{j}' &= l_2\vec{i} + m_2\vec{j} + n_2\vec{k}\\ \vec{k}' &= l_3\vec{i} + m_3\vec{j} + n_3\vec{k}\end{aligned}\right\} \tag{6-1}$$

或：

$$(\vec{i}',\ \vec{j}',\ \vec{k}')=(\vec{i},\ \vec{j},\ \vec{k})\begin{bmatrix} l_1 & l_2 & l_3 \\ m_1 & m_2 & m_3 \\ n_1 & n_2 & n_3 \end{bmatrix} \tag{6-2}$$

式中，$(\vec{i},\ \vec{j},\ \vec{k})$，$(\vec{i}',\ \vec{j}',\ \vec{k}')$ 分别为坐标系 $oxyz$ 与 $ox'y'z'$ 沿坐标轴的单位向量。

空间中的任一向量 $\vec{v}$，可分别在两个坐标系下表示：

$$\vec{v}=x\vec{i}+y\vec{j}+z\vec{k}=x'\vec{i}'+y'\vec{j}'+z'\vec{k}' \tag{6-3}$$

将式（6-1）代入式（6-3），得：

$$\left.\begin{aligned} x &= l_1x'+l_2y'+l_3z' \\ y &= m_1x'+m_2y'+m_3z' \\ z &= n_1x'+n_2y'+n_3z' \end{aligned}\right\} \tag{6-4}$$

即：

$$\begin{pmatrix} x \\ y \\ z \end{pmatrix}=\begin{bmatrix} l_1 & l_2 & l_3 \\ m_1 & m_2 & m_3 \\ n_1 & n_2 & n_3 \end{bmatrix}\begin{pmatrix} x' \\ y' \\ z' \end{pmatrix} \tag{6-5}$$

上式即为转轴坐标变换后，老坐标 $(x,\ y,\ z)$ 与新坐标 $(x',\ y',\ z')$ 之间的关系。因为 $(\vec{i},\ \vec{j},\ \vec{k})$，$(\vec{i}',\ \vec{j}',\ \vec{k}')$ 都是两两正交的单位向量，所以变换矩阵

$$[T]=\begin{bmatrix} l_1 & l_2 & l_3 \\ m_1 & m_2 & m_3 \\ n_1 & n_2 & n_3 \end{bmatrix} \tag{6-6}$$

为正交矩阵，式（6-5）的坐标变换为正交变换（关于正交变换可参见附录3）。

6.1.2　转轴变换应力分量之间的关系

在 $ox'y'z'$ 坐标系下取一个如图6-2所示的矩形微体，现考察与 ox' 轴相垂直的截面（图中阴影截面），这个截面上的应力分量为 $(\sigma_{x'},\ \tau_{x'y'},\ \tau_{x'z'})$，其合应力 $\vec{F}_{x'}$ 可表示为：

$$\begin{aligned} \vec{F}_{x'} &= \sigma_{x'}\vec{i}'+\tau_{x'y'}\vec{j}'+\tau_{x'z'}\vec{k}' \\ &= (\vec{i}',\ \vec{j}',\ \vec{k}')\begin{pmatrix} \sigma_x{}' \\ \tau_{x'y'} \\ \tau_{x'z'} \end{pmatrix} \end{aligned} \tag{6-7}$$

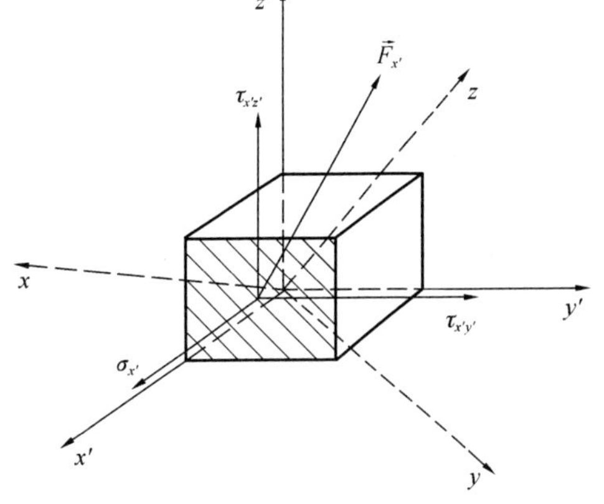

图6-2

又：这个合应力 $\vec{F}_{x'}$ 在 $oxyz$ 坐标系下可看成一个斜截面上的应力，它可以分解为 $(X_v,\ Y_v,\ Z_v)$，则有：

$$\vec{F}_{x'} = X_v\vec{i} + Y_v\vec{j} + Z_v\vec{k} = (\vec{i}, \vec{j}, \vec{k})\begin{pmatrix} X_v \\ Y_v \\ Z_v \end{pmatrix} \tag{6-8}$$

因为阴影截面在 $oxyz$ 坐标系下的外法线与 ox' 轴方向一致，所以阴影截面外法线的方向余弦为（l_1，m_1，n_1），根据 2.3 节任意斜截面上的应力公式（2-14），有：

$$\begin{pmatrix} X_v \\ Y_v \\ Z_v \end{pmatrix} = \begin{bmatrix} \sigma_x & \tau_{xy} & \tau_{xz} \\ \tau_{yx} & \sigma_y & \tau_{yz} \\ \tau_{zx} & \tau_{zy} & \sigma_z \end{bmatrix}\begin{pmatrix} l_1 \\ m_1 \\ n_1 \end{pmatrix} \tag{6-9}$$

对比式（6-7）和式（6-8）两式得：

$$\vec{F}_{x'} = (\vec{i}', \vec{j}', \vec{k}')\begin{pmatrix} \sigma_{x'} \\ \tau_{x'y'} \\ \tau_{x'z'} \end{pmatrix} = (\vec{i}, \vec{j}, \vec{k})\begin{pmatrix} X_v \\ Y_v \\ Z_v \end{pmatrix} \tag{6-10}$$

将式（6-2）代入式（6-10）的左边项，将式（6-9）代入上式的右边项，得：

$$(\vec{i}, \vec{j}, \vec{k})\begin{bmatrix} l_1 & l_2 & l_3 \\ m_1 & m_2 & m_3 \\ n_1 & n_2 & n_3 \end{bmatrix}\begin{pmatrix} \sigma_{x'} \\ \tau_{x'y'} \\ \tau_{x'z'} \end{pmatrix} = (\vec{i}, \vec{j}, \vec{k})\begin{bmatrix} \sigma_x & \tau_{xy} & \tau_{xz} \\ \tau_{yx} & \sigma_y & \tau_{yz} \\ \tau_{zx} & \tau_{zy} & \sigma_z \end{bmatrix}\begin{pmatrix} l_1 \\ m_1 \\ n_1 \end{pmatrix} \tag{6-11}$$

所以：

$$\begin{pmatrix} \sigma_{x'} \\ \tau_{x'y'} \\ \tau_{x'z'} \end{pmatrix} = \begin{bmatrix} l_1 & m_1 & n_1 \\ l_2 & m_2 & n_2 \\ l_3 & m_3 & n_3 \end{bmatrix}\begin{bmatrix} \sigma_x & \tau_{xy} & \tau_{xz} \\ \tau_{yx} & \sigma_y & \tau_{yz} \\ \tau_{zx} & \tau_{zy} & \sigma_z \end{bmatrix}\begin{pmatrix} l_1 \\ m_1 \\ n_1 \end{pmatrix} \tag{6-12}$$

同理有：

$$\begin{pmatrix} \sigma_{y'x'} \\ \sigma_{y'} \\ \tau_{y'z'} \end{pmatrix} = \begin{bmatrix} l_1 & m_1 & n_1 \\ l_2 & m_2 & n_2 \\ l_3 & m_3 & n_3 \end{bmatrix}\begin{bmatrix} \sigma_x & \tau_{xy} & \tau_{xz} \\ \tau_{yx} & \sigma_y & \tau_{yz} \\ \tau_{zx} & \tau_{zy} & \sigma_z \end{bmatrix}\begin{pmatrix} l_2 \\ m_2 \\ n_2 \end{pmatrix} \tag{6-13}$$

$$\begin{pmatrix} \sigma_{z'x'} \\ \tau_{z'y'} \\ \sigma_{z'} \end{pmatrix} = \begin{bmatrix} l_1 & m_1 & n_1 \\ l_2 & m_2 & n_2 \\ l_3 & m_3 & n_3 \end{bmatrix}\begin{bmatrix} \sigma_x & \tau_{xy} & \tau_{xz} \\ \tau_{yx} & \sigma_y & \tau_{yz} \\ \tau_{zx} & \tau_{zy} & \sigma_z \end{bmatrix}\begin{pmatrix} l_3 \\ m_3 \\ n_3 \end{pmatrix} \tag{6-14}$$

综合式（6-12），式（6-13）与式（6-14），得：

$$\begin{bmatrix} \sigma_{x'} & \tau_{x'y'} & \tau_{x'z'} \\ \tau_{y'x'} & \sigma_{y'} & \tau_{y'z'} \\ \tau_{z'x'} & \tau_{z'y'} & \sigma_{z'} \end{bmatrix} = \begin{bmatrix} l_1 & m_1 & n_1 \\ l_2 & m_2 & n_2 \\ l_3 & m_3 & n_3 \end{bmatrix}\begin{bmatrix} \sigma_x & \tau_{xy} & \tau_{xz} \\ \tau_{yx} & \sigma_y & \tau_{yz} \\ \tau_{zx} & \tau_{zy} & \sigma_z \end{bmatrix}\begin{bmatrix} l_1 & l_2 & l_3 \\ m_1 & m_2 & m_3 \\ n_1 & n_2 & n_3 \end{bmatrix} \tag{6-15}$$

注意到式（6-15）应用了剪应力互等定律，式（6-15）即为转轴变换时，两个坐标系下的应力分量之间的关系，将式（6-15）简写为：

$$[\sigma'] = [T]^{\mathrm{T}}[\sigma][T] \tag{6-16}$$

式中，$[\sigma'] = \begin{bmatrix} \sigma_{x'} & \tau_{x'y'} & \tau_{x'z'} \\ \tau_{y'x'} & \sigma_{y'} & \tau_{y'z'} \\ \tau_{z'x'} & \tau_{z'y'} & \sigma_{z'} \end{bmatrix}$，$[\sigma] = \begin{bmatrix} \sigma_x & \tau_{xy} & \tau_{xz} \\ \tau_{yx} & \sigma_y & \tau_{yz} \\ \tau_{zx} & \tau_{zy} & \sigma_z \end{bmatrix}$，正交变换矩阵 $[T]$ 由式（6-6）确定。

在平面应力状态下（图 6-3），式（6-16）变为：

$$\begin{bmatrix} \sigma_{x'} & \tau_{x'y'} \\ \tau_{y'x'} & \sigma_{y'} \end{bmatrix} = [T]^{\mathrm{T}} \begin{bmatrix} \sigma_x & \tau_{xy} \\ \tau_{yx} & \sigma_y \end{bmatrix} [T] \tag{6-17}$$

正交变换矩阵 $[T]$ 为：

$$[T] = \begin{bmatrix} \cos\theta & -\sin\theta \\ \sin\theta & \cos\theta \end{bmatrix} \tag{6-18}$$

两个坐标系下应力分量之间的关系，正是 5.2 节中直角坐标与极坐标之间的应力变换式（5-20），这里：$\sigma_{x'}$，$\sigma_{y'}$ 及 $\tau_{x'y'}$（或 $\tau_{y'x'}$）分别相当于 σ_r，σ_θ 及 $\tau_{r\theta}$（或 $\tau_{\theta r}$）。

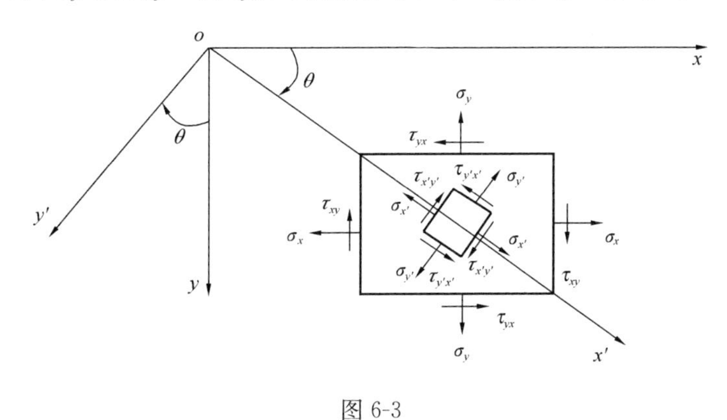

图 6-3

6.2 主应力、应力张量不变量

弹性体内任意一点的应力状态可由应力矩阵 $[\sigma]$（或应力分量）确定，当旋转坐标系时，在新的坐标系下，应力矩阵会发生改变，对于每一个微体（图 6-4），是否可以找到这样一个特殊的坐标系，在这个坐标系下所看到的应力分量，只有正应力，没有剪应力（剪应力为零），如图 6-4 所示，我们把图中的正应力（$\sigma_{x'}$，$\sigma_{y'}$，$\sigma_{z'}$）称之为主应力，相应的微体截面称之为主平面，主平面的外法线方向称为应力主方向。从力学上看，寻找主应力及其主方向是为了简化微体的应力状态并求解最大正应力，从数学上看，寻找主应力及其主方向就是将应力矩阵对角化，或对应力矩阵 $[\sigma]$ 进行相似（正交）变换，以下就是应力矩阵的对角化过程。

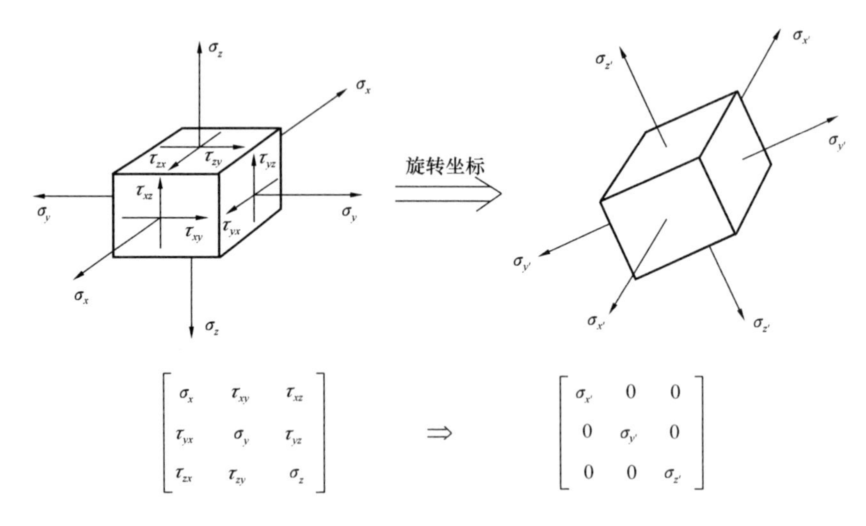

图 6-4

设某一斜面为主平面（图 6-5），该斜面上只有正应力，没有剪应力，则合应力向量 $\vec{F}$ 垂直于斜面，斜面的外法向单位向量 $\vec{v}$ 的方向余弦为 (l, m, n)，$\vec{F}$ 沿三个坐标轴的分量为 (X_v, Y_v, Z_v)，设 $|\vec{F}| = \sigma$（大于零，为拉应力），则有：$X_v = \sigma l$，$Y_v = \sigma m$，$Z_v = \sigma n$，即：

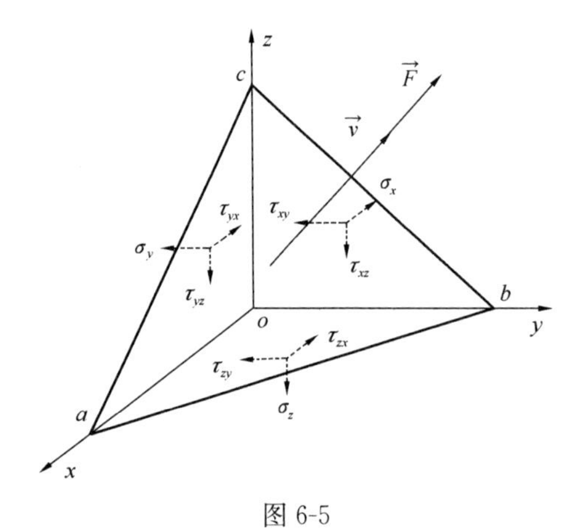

图 6-5

$$\begin{pmatrix} X_v \\ Y_v \\ Z_v \end{pmatrix} = \sigma \begin{pmatrix} l \\ m \\ n \end{pmatrix} \tag{6-19}$$

又：由斜截面上的应力公式（2-14），有：

$$\begin{pmatrix} X_v \\ Y_v \\ Z_v \end{pmatrix} = \begin{bmatrix} \sigma_x & \tau_{xy} & \tau_{xz} \\ \tau_{yx} & \sigma_y & \tau_{yz} \\ \tau_{zx} & \tau_{zy} & \sigma_z \end{bmatrix} \begin{pmatrix} l \\ m \\ n \end{pmatrix} \tag{6-20}$$

综合式（6-19）和式（6-20）两式有：

$$\begin{bmatrix} \sigma_x & \tau_{xy} & \tau_{xz} \\ \tau_{yx} & \sigma_y & \tau_{yz} \\ \tau_{zx} & \tau_{zy} & \sigma_z \end{bmatrix} \begin{pmatrix} l \\ m \\ n \end{pmatrix} = \sigma \begin{pmatrix} l \\ m \\ n \end{pmatrix} \tag{6-21}$$

上式即为线性代数中的标准特征值问题，σ 为特征值，$(l, m, n)^{\mathrm{T}}$ 为特征向量，它们为待求的未知量，可按线性代数方法求解。将式（6-21）改写为：

$$\begin{bmatrix} \sigma_x - \sigma & \tau_{xy} & \tau_{xz} \\ \tau_{yx} & \sigma_y - \sigma & \tau_{yz} \\ \tau_{zx} & \tau_{zy} & \sigma_z - \sigma \end{bmatrix} \begin{pmatrix} l \\ m \\ n \end{pmatrix} = \begin{pmatrix} 0 \\ 0 \\ 0 \end{pmatrix} \tag{6-22}$$

因为：$l^2 + m^2 + n^2 = 1$，所以方向余弦 (l, m, n) 不能同时为零，即方程（6-22）必有非零

解，由非零解条件有：

$$\begin{vmatrix} \sigma_x-\sigma & \tau_{xy} & \tau_{xz} \\ \tau_{yx} & \sigma_y-\sigma & \tau_{yz} \\ \tau_{zx} & \tau_{zy} & \sigma_z-\sigma \end{vmatrix}=0 \tag{6-23}$$

展开上式，即得特征多项式为：

$$\sigma^3-I_1\sigma^2+I_2\sigma-I_3=0 \tag{6-24}$$

其中特征多项式系数 I_1，I_2，I_3 为：

$$\left.\begin{aligned} I_1&=\sigma_x+\sigma_y+\sigma_z \\ I_2&=\sigma_y\sigma_z+\sigma_x\sigma_z+\sigma_y\sigma_x-\tau_{xy}^2-\tau_{xz}^2-\tau_{yz}^2 \\ I_3&=\begin{vmatrix} \sigma_x & \tau_{xy} & \tau_{xz} \\ \tau_{yx} & \sigma_y & \tau_{yz} \\ \tau_{zx} & \tau_{zy} & \sigma_z \end{vmatrix} \end{aligned}\right\} \tag{6-25}$$

由于上述特征多项式（6-24）与特征向量 $(l, m, n)^{\mathrm{T}}$ 无关，而 $(l, m, n)^{\mathrm{T}}$ 表示了斜面的方向（或坐标变换的方向），所以坐标变换并不改变特征多项式（在任何一个坐标系下所看到的特征多项式均相同），即在任何坐标系下，上述系数 I_1，I_2，I_3 都不改变，所以将 I_1、I_2、I_3 分别称为第一、二、三应力张量不变量。在张量分析中，矩阵为二阶张量，应力矩阵也称为应力张量（见附录1）。

我们知道在线性代数中，一个实对称矩阵的特征值为实数，而属于不同特征值的特征向量是彼此正交的。因此求解特征多项式（6-24），可分别得到三个实数特征值 σ_1、σ_2、σ_3，其物理意义表示三个主应力，正值表示拉应力，负值为压应力。将特征值 σ_1，σ_2，σ_3 分别代入方程式（6-22），可分别解得三个彼此正交的单位特征向量 $(l_1, m_1, n_1)^{\mathrm{T}}$，$(l_2, m_2, n_2)^{\mathrm{T}}$，$(l_3, m_3, n_3)^{\mathrm{T}}$，它们的物理意义分别表示三个主应力所在截面的法线方向，由此可以确定主应力所在截面的空间位置，它们正是坐标旋转后，三个新坐标轴 ox'、oy'、oz' 在老坐标下的方向余弦。由此我们就求出了主应力及其方向。

根据正交变换原理（见附录3），将三个特征向量组成如下的正交变换矩阵：

$$[T]=\begin{bmatrix} l_1 & l_2 & l_3 \\ m_1 & m_2 & m_3 \\ n_1 & n_2 & n_3 \end{bmatrix} \tag{6-26}$$

则有：

$$\begin{bmatrix} l_1 & m_1 & n_1 \\ l_2 & m_2 & n_2 \\ l_3 & m_3 & n_3 \end{bmatrix}\begin{bmatrix} \sigma_x & \tau_{xy} & \tau_{xz} \\ \tau_{yx} & \sigma_y & \tau_{yz} \\ \tau_{zx} & \tau_{zy} & \sigma_z \end{bmatrix}\begin{bmatrix} l_1 & l_2 & l_3 \\ m_1 & m_2 & m_3 \\ n_1 & n_2 & n_3 \end{bmatrix}=\begin{bmatrix} \sigma_1 & 0 & 0 \\ 0 & \sigma_2 & 0 \\ 0 & 0 & \sigma_3 \end{bmatrix} \tag{6-27}$$

上式可简写为：

$$[T]^{T}[\sigma][T]=\mathrm{diag}(\sigma_1, \sigma_2, \sigma_3) \tag{6-28}$$

上式表明：新老坐标系下的应力矩阵具有相似关系，它们由正交矩阵 $[T]$ 联系，表明正交变换使原有应力矩阵得到简化（对角化）。

【例 6-1】 设某一点的应力状态（或应力矩阵）为：

$$[\sigma]=\begin{bmatrix} 3 & -\sqrt{2} & 1 \\ -\sqrt{2} & 0 & -\sqrt{2} \\ 1 & -\sqrt{2} & -1 \end{bmatrix}$$

求主应力及主应力方向。

【解】 由式（6-25），应力张量不变量为：

$$I_1=\sigma_x+\sigma_y+\sigma_z=2$$

$$I_2=\sigma_y\sigma_z+\sigma_x\sigma_z+\sigma_y\sigma_x-\tau_{xy}^2-\tau_{xz}^2-\tau_{yz}^2=-8$$

$$I_3=\begin{vmatrix} \sigma_x & \tau_{xy} & \tau_{xz} \\ \tau_{yx} & \sigma_y & \tau_{yz} \\ \tau_{zx} & \tau_{zy} & \sigma_z \end{vmatrix}=0$$

所以由式（6-24），特征方程为：

$$\sigma^3-2\sigma^2-8\sigma=0$$

解方程得特征值（或主应力）为：

$$\sigma_1=4,\quad \sigma_2=0,\quad \sigma_3=-2$$

将特征值（主应力）$\sigma_1=4$，$\sigma_2=0$，$\sigma_3=-2$ 分别代入方程（6-22），得到对应单位化的特征向量（方向余弦）为：

$$\begin{Bmatrix} l_1 \\ m_1 \\ n_1 \end{Bmatrix}=\pm\begin{Bmatrix} -\frac{\sqrt{3}}{2} \\ \frac{\sqrt{6}}{6} \\ -\frac{\sqrt{3}}{6} \end{Bmatrix},\quad \begin{Bmatrix} l_2 \\ m_2 \\ n_2 \end{Bmatrix}=\pm\begin{Bmatrix} \frac{1}{2} \\ \frac{\sqrt{2}}{2} \\ -\frac{1}{2} \end{Bmatrix},\quad \begin{Bmatrix} l_3 \\ m_3 \\ n_3 \end{Bmatrix}=\pm\begin{Bmatrix} 0 \\ \frac{\sqrt{3}}{3} \\ \frac{\sqrt{6}}{3} \end{Bmatrix}$$

上述的方向余弦表示了主应力所在截面的法线方向。

6.3　三维应力圆、最大(小)正应力、最大剪应力

在主应力坐标 $ox'y'z'$ 下，与坐标轴垂直的截面上只有正应力，没有剪应力，如

图 6-6所示，任取一斜截面，其外法线方向余弦为 $\vec{v}=(l, m, n)^{\mathrm{T}}$，根据第 2 章式(2-14)，斜截面上的总应力 $\vec{F}_v$ 可沿坐标轴分解为 $(X_v, Y_v, Z_v)^{\mathrm{T}}$：

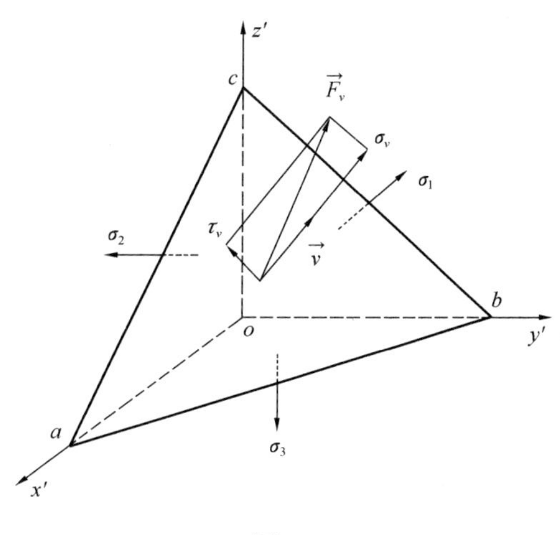

图 6-6

$$\begin{pmatrix} X_v \\ Y_v \\ Z_v \end{pmatrix} = \begin{bmatrix} \sigma_1 & 0 & 0 \\ 0 & \sigma_2 & 0 \\ 0 & 0 & \sigma_3 \end{bmatrix} \begin{pmatrix} l \\ m \\ n \end{pmatrix} \tag{6-29}$$

所以：

$$\left.\begin{aligned} X_v &= \sigma_1 l \\ Y_v &= \sigma_2 m \\ Z_v &= \sigma_3 n \end{aligned}\right\} \tag{6-30}$$

斜截面上总应力 $\vec{F}_v$ 还可以分解为这个截面上的正应力 σ_v 与剪应力 τ_v（图 6-6），所以 $\vec{F}_v$ 的大小可以表示为：

$$|\vec{F}_v|^2 = X_v^2 + Y_v^2 + Z_v^2 = \sigma_1^2 l^2 + \sigma_2^2 m^2 + \sigma_3^2 n^2 = \sigma_v^2 + \tau_v^2 \tag{6-31}$$

斜截面上正应力为：

$$\sigma_v = \vec{F}_v \cdot \vec{v} = X_v l + Y_v m + Z_v n = \sigma_1 l^2 + \sigma_2 m^2 + \sigma_3 n^2 \tag{6-32}$$

又：方向余弦 l, m, n 满足下列关系式：

$$l^2 + m^2 + n^2 = 1 \tag{6-33}$$

于是联立式（6-31），式（6-32）与式（6-33）：

$$\left.\begin{aligned} \sigma_1^2 l^2 + \sigma_2^2 m^2 + \sigma_3^2 n^2 &= \sigma_v^2 + \tau_v^2 \\ \sigma_1 l^2 + \sigma_2 m^2 + \sigma_3 n^2 &= \sigma_v \\ l^2 + m^2 + n^2 &= 1 \end{aligned}\right\} \tag{6-34}$$

将上式中的方向余弦 l^2，m^2，n^2 看成未知量，上式为三元一次方程，采用行列式法求解得：

$$\left.\begin{aligned} l^2 &= \frac{\tau_v^2 + (\sigma_v - \sigma_2)(\sigma_v - \sigma_3)}{(\sigma_1 - \sigma_2)(\sigma_1 - \sigma_3)} \\ m^2 &= \frac{\tau_v^2 + (\sigma_v - \sigma_3)(\sigma_v - \sigma_1)}{(\sigma_2 - \sigma_3)(\sigma_2 - \sigma_1)} \\ n^2 &= \frac{\tau_v^2 + (\sigma_v - \sigma_1)(\sigma_v - \sigma_2)}{(\sigma_3 - \sigma_1)(\sigma_3 - \sigma_2)} \end{aligned}\right\} \tag{6-35}$$

若规定 $\sigma_1 \geqslant \sigma_2 \geqslant \sigma_3$，则式（6-35）中第一式与第三式的分母大于零，第二式的分母小于零，为了保证 $l^2 \geqslant 0$，$m^2 \geqslant 0$，$n^2 \geqslant 0$，式（6-35）中的三个分子必须满足下式：

$$\left.\begin{array}{l}\tau_v^2+(\sigma_v-\sigma_2)(\sigma_v-\sigma_3)\geqslant 0\\ \tau_v^2+(\sigma_v-\sigma_3)(\sigma_v-\sigma_1)\leqslant 0\\ \tau_v^2+(\sigma_v-\sigma_1)(\sigma_v-\sigma_2)\geqslant 0\end{array}\right\}\tag{6-36}$$

将上式改写为：

$$\left.\begin{array}{l}\left(\sigma_v-\dfrac{\sigma_1+\sigma_3}{2}\right)^2+\tau_v^2\leqslant\left(\dfrac{\sigma_1-\sigma_3}{2}\right)^2\\ \left(\sigma_v-\dfrac{\sigma_1+\sigma_2}{2}\right)^2+\tau_v^2\geqslant\left(\dfrac{\sigma_1-\sigma_2}{2}\right)^2\\ \left(\sigma_v-\dfrac{\sigma_2+\sigma_3}{2}\right)^2+\tau_v^2\geqslant\left(\dfrac{\sigma_2-\sigma_3}{2}\right)^2\end{array}\right\}\tag{6-37}$$

在以 σ_v 为横轴，τ_v 为纵轴的坐标平面下，式（6-37）的几何意义如图 6-7 所示，其中第一不等式表示斜截面上的应力（σ_v，τ_v）取值范围在以 $\left(\dfrac{\sigma_1+\sigma_3}{2}, 0\right)$ 为圆心，半径为 $\left(\dfrac{\sigma_1-\sigma_3}{2}\right)$ 的（大）圆周内；第二不等式表示应力（σ_v，τ_v）取值范围在以 $\left(\dfrac{\sigma_1+\sigma_2}{2}, 0\right)$ 为圆心，半径为 $\left(\dfrac{\sigma_1-\sigma_2}{2}\right)$ 的圆周以外；第三不等式表示应力（σ_v，τ_v）取值范围在以 $\left(\dfrac{\sigma_2+\sigma_3}{2}, 0\right)$ 为圆心，半径为 $\left(\dfrac{\sigma_2-\sigma_3}{2}\right)$ 的圆周以外。综合以上三种情况的公共（交集）部分，（σ_v，τ_v）的取值范围为图 6-7 中三个应力圆的阴影部分。显然正应力的最大值、最小值分别为主应力 σ_1 与 σ_3。

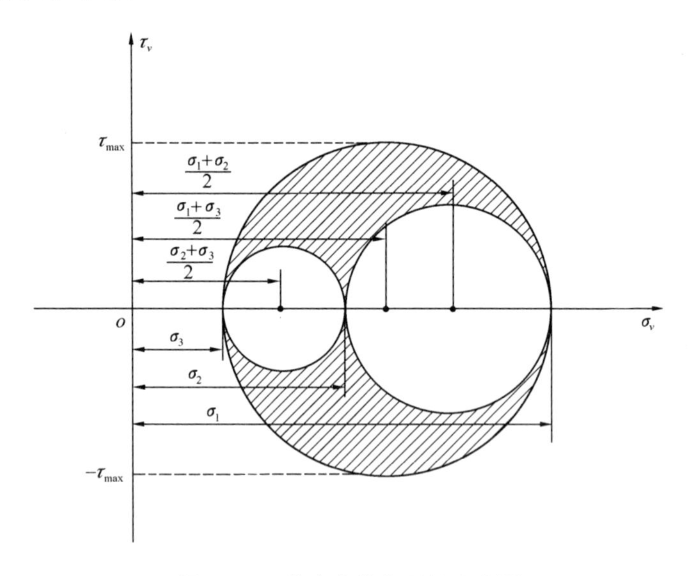

图 6-7　三维应力状态下的应力圆

根据 σ_1，σ_2，σ_3 取值不同，最大剪应力可分为以下几种情形：

(1) $\sigma_1>\sigma_2>\sigma_3$，应力圆如图 6-7 所示，显然最大剪应力为：

$$\tau_{\max}=\frac{\sigma_1-\sigma_3}{2} \tag{6-38}$$

图 6-7 中，最大剪应力所对应的坐标为 $\left(\frac{\sigma_1+\sigma_3}{2}, \pm\frac{\sigma_1-\sigma_3}{2}\right)$，将该坐标点代入式(6-35)可得到最大剪应力所在截面的方向余弦为：

$$l=\pm\frac{\sqrt{2}}{2},\ m=0,\ n=\pm\frac{\sqrt{2}}{2} \tag{6-39}$$

由此可以确定最大剪应力所在截面的空间位置，见图 6-8（$\alpha=\pm 45^\circ$，$\beta=\pm 90^\circ$，$\gamma=\pm 45^\circ$）中的阴影截面。

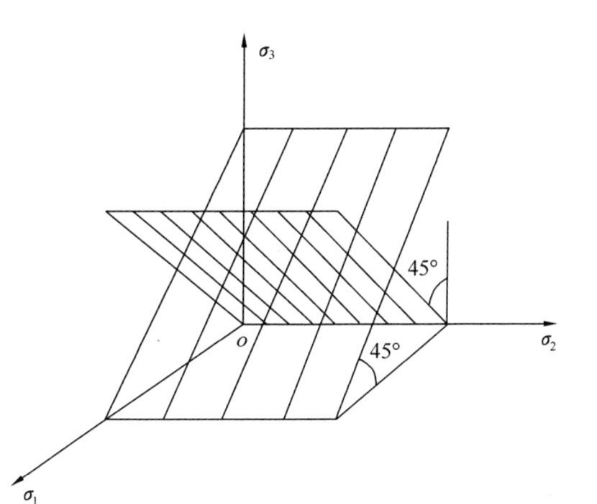

图 6-8　最大剪应力所在截面（阴影截面）

（2）$\sigma_1 \geqslant \sigma_2=\sigma_3$（或 $\sigma_1=\sigma_2 \geqslant \sigma_3$），三个应力圆变为一个圆，如图 6-9 所示，最大剪应力为：

$$\tau_{\max}=\frac{\sigma_1-\sigma_2}{2} \tag{6-40}$$

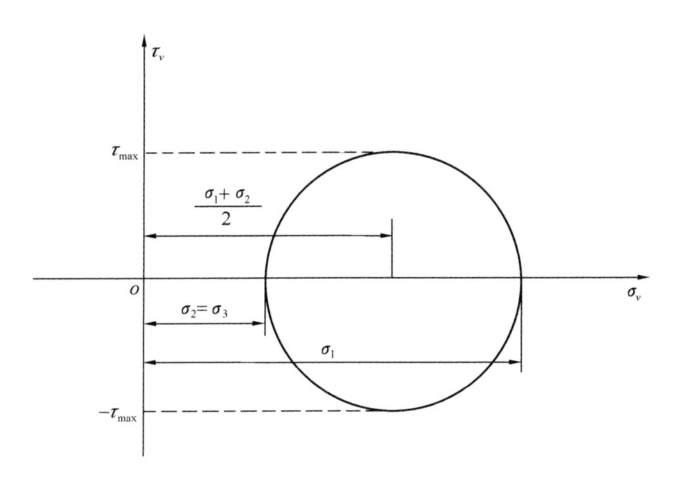

图 6-9

最大剪应力所对应的坐标为 $\left(\frac{\sigma_1+\sigma_2}{2}, \pm\frac{\sigma_1-\sigma_2}{2}\right)$，代入式（6-35）得到最大剪应力所在截面的方向余弦为：

$$l=\pm\frac{\sqrt{2}}{2},\quad m^2+n^2=\frac{1}{2} \tag{6-41}$$

式（6-41）中，m 可以从 0 变到 $\pm\frac{\sqrt{2}}{2}$（相当于 $\beta\in[-45^\circ, 45^\circ]$），$n$ 可以从 0 变到 $\pm\frac{\sqrt{2}}{2}$（相当于 $\gamma\in[-45^\circ, 45^\circ]$），所以最大剪应力所在的截面为如图 6-10 所示与 σ_1 轴呈 45°的圆锥

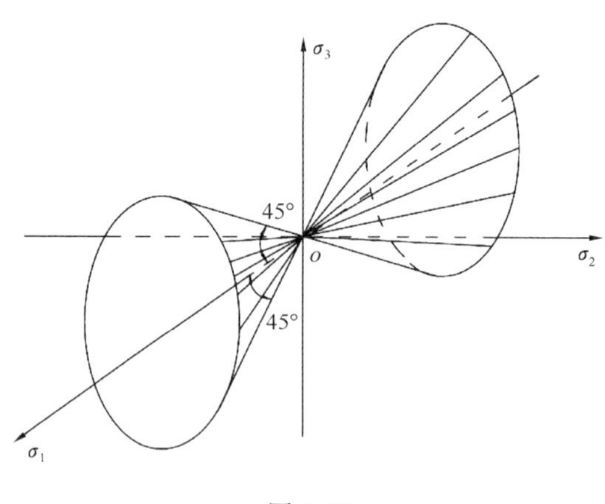

图 6-10

面。其他情形，例如 $\sigma_1 = \sigma_2 \geqslant \sigma_3$ 时，最大剪应力所在的截面为与 σ_3 轴呈 45°的圆锥面。

(3) $\sigma_1 = \sigma_2 = \sigma_3$，三个应力圆变为一个点，为均匀的受拉或受压应力状态，最大剪应力为 $\tau_{\max} = 0$，所有截面上都没有剪应力。

6.4　主拉应力与结构裂缝定性分析

对于混凝土及砌体结构而言，由于混凝土及砌体材料为脆性材料，它们的抗拉强度较低，在外荷载作用下，当结构中的主拉应力（最大拉应力）超过材料的抗拉强度极限时，材料就会开裂，在结构上会出现明显的裂缝，裂缝开裂方向与主拉应力方向垂直。以下就几个常见的结构裂缝展开定性分析。

1. 地震作用下的窗间墙交叉裂缝

图 6-11 显示了房屋窗间墙在地震作用下的破坏裂缝，为什么会出现 X 形裂缝呢？地震表现为地面的往复水平加速度运动，取窗间墙上的一个微体如图 6-12 (a)、(b) 所示，当发生向右的加速地面运动时，由于惯性力的作用，微体上面会出现与地动加速度相反的

图 6-11　窗间墙在地震作用下的交叉 X 形裂缝

（向左）附加剪应力作用，微体下面由于结构体的约束作用，会出现向右的附加剪应力，根据剪应力互等定理，微体左右面会存在一对方向相反的附加剪应力（图 6-12a），若不考虑重力影响，在图示附加（纯）剪应力情况下，主拉应力产生的裂缝呈 45°倾斜，由于重力的影响，斜裂缝会偏离 45°方向。当地动加速度方向向左时，同理就会出现图 6-12（b）所示相反的斜裂缝，随着地震的往复作用，裂缝进一步扩展，最后就产生了如图 6-11 的交叉 X 形斜裂缝。

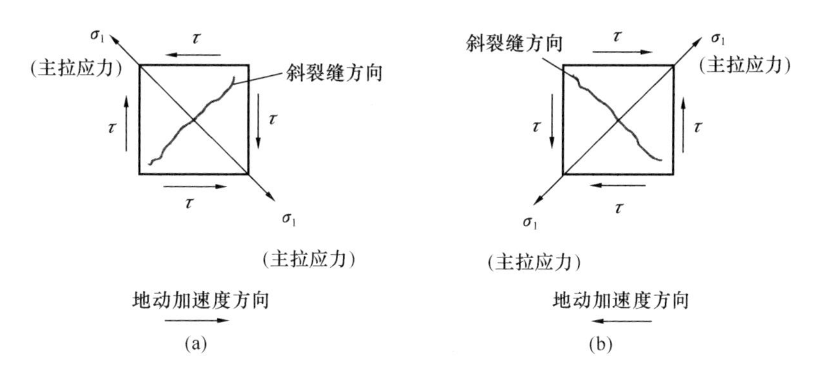

图 6-12　地震动惯性力产生的斜裂缝（未考虑重力影响）

2. 基础沉降引起的墙体斜裂缝

建筑工程中最为常见的是由于基础沉降引起的墙体开裂，通过墙体裂缝倾斜方向，可以反推基础沉降的形态。如图 6-13 所示为房屋墙体呈现的斜裂缝，基础沉降如图所示，为什么会出现一个方向的倾斜裂缝呢？取墙体的一个微体如图 6-14 所示，由于房屋左边沉降大，右边沉降小，使得微体的左面承受向下拽的附加剪应力，由于墙体的约束作用，微体的右面承受向上的附加剪应力，根据剪应力互等定理，微体上下面会存在一对方向相反的附加剪应力（图 6-14），若不考虑重力影响，在微体中产生的附加主拉应力及裂缝方向如图 6-14 所示，裂缝呈 45°倾斜，由于重力的影响，斜裂缝会偏离 45°方向。由于基础沉降从右向左单调增加，因而呈现了如图 6-13 所示的单一倾斜方向的裂缝。

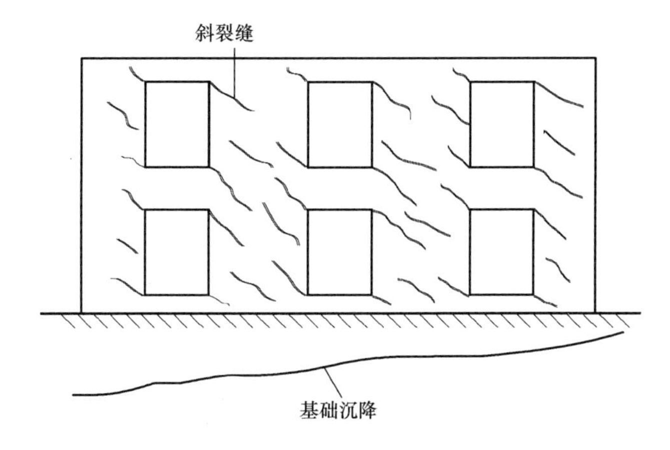

图 6-13　房屋墙体在基础沉降作用下产生的斜裂缝

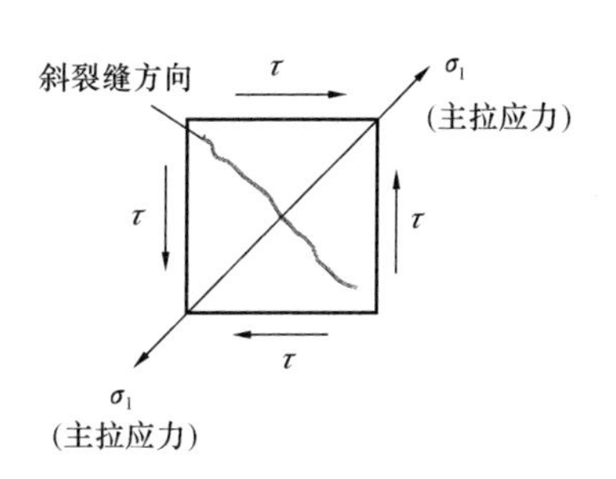

图 6-14　基础沉降产生的斜裂缝（未考虑重力影响）

根据以上相同的主拉应力及裂缝分析方法，同样可以推测得到图 6-15 所示墙体斜裂缝所对应的基础沉降大致形态。在工程实践中，我们可以根据房屋现场的裂缝情况，通过定性的主拉应力分析，初步判断对应的基础沉降形态，当然，对于实际的工程而言，还需进一步的沉降观测数据来佐证其基础沉降形态的判断。

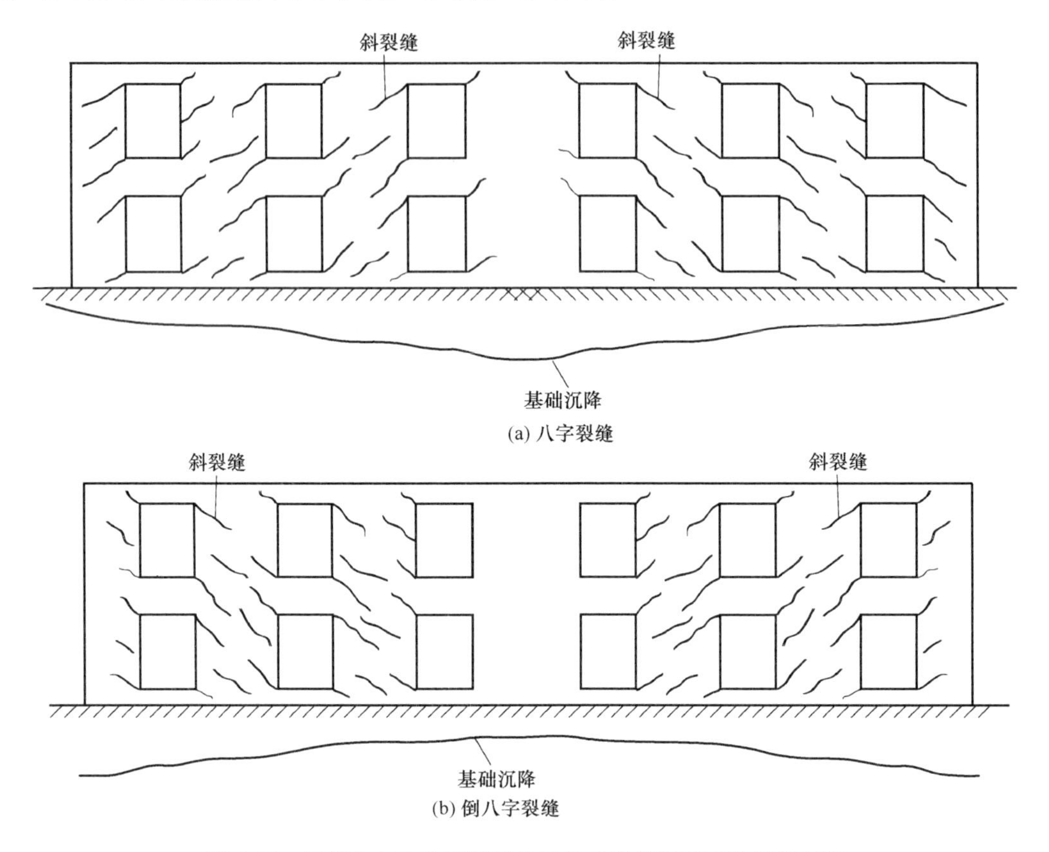

图 6-15　根据主应力分析得到的墙体斜裂缝所对应的基础沉降

6.5　应力张量（矩阵）的分解

应力张量的第一不变量 $I_1=\sigma_x+\sigma_y+\sigma_z$，则正应力的平均值为 $\sigma_m=(\sigma_x+\sigma_y+\sigma_z)/3=I_1/3$ 也是一个（不随坐标变化的）不变量。任何一个应力矩阵（张量）都可作如下的分解：

$$\begin{bmatrix}\sigma_x & \tau_{xy} & \tau_{xz}\\ \tau_{yx} & \sigma_y & \tau_{yz}\\ \tau_{zx} & \tau_{zy} & \sigma_z\end{bmatrix}=\begin{bmatrix}\sigma_m & 0 & 0\\ 0 & \sigma_m & 0\\ 0 & 0 & \sigma_m\end{bmatrix}+\begin{bmatrix}\sigma_x-\sigma_m & \tau_{xy} & \tau_{xz}\\ \tau_{yx} & \sigma_y-\sigma_m & \tau_{yz}\\ \tau_{zx} & \tau_{zy} & \sigma_z-\sigma_m\end{bmatrix}\tag{6-42}$$

式（6-42）右边第一个矩阵称为应力球张量，它表示各个方向受均匀压应力或拉应力的一种应力状态，例如浸入深水中的微小物体，各个方向受到均匀的水压力就是这样一种应力状态，实验表明这种应力状态只改变金属材料的体积，而不改变其形状，并且体应力（$3\sigma_m$）与体应变始终保持线弹性的关系，即使物体进入塑性状态也如此。式（6-42）右边第二个矩阵称为应力偏张量，它可表示为：

$$\begin{bmatrix} S_x & S_{xy} & S_{xz} \\ S_{yx} & S_y & S_{yz} \\ S_{zx} & S_{zy} & S_z \end{bmatrix} = \begin{bmatrix} \sigma_x-\sigma_m & \tau_{xy} & \tau_{xz} \\ \tau_{yx} & \sigma_y-\sigma_m & \tau_{yz} \\ \tau_{zx} & \tau_{zy} & \sigma_z-\sigma_m \end{bmatrix} = \begin{bmatrix} \sigma_x-\sigma_m & 0 & 0 \\ 0 & -(\sigma_x-\sigma_m) & 0 \\ 0 & 0 & 0 \end{bmatrix} +$$

$$\begin{bmatrix} 0 & 0 & 0 \\ 0 & -(\sigma_z-\sigma_m) & 0 \\ 0 & 0 & \sigma_z-\sigma_m \end{bmatrix} + \begin{bmatrix} 0 & \tau_{xy} & 0 \\ \tau_{yx} & 0 & 0 \\ 0 & 0 & 0 \end{bmatrix} + \begin{bmatrix} 0 & 0 & \tau_{xz} \\ 0 & 0 & 0 \\ \tau_{zx} & 0 & 0 \end{bmatrix} + \begin{bmatrix} 0 & 0 & 0 \\ 0 & 0 & \tau_{yz} \\ 0 & \tau_{zy} & 0 \end{bmatrix} \tag{6-43}$$

应力偏张量也是一种应力状态，式（6-43）表明这种应力状态可以分解为五个纯剪应力状态，可见应力偏张量只与剪切应力有关，它反映了一个实际应力状态偏离均匀应力状态的程度，它只改变物体的形状，而不改变物体的体积，物体的塑性变形与应力偏张量直接相关，应力偏张量将用于塑性力学研究。

应力偏张量的第一、二、三不变量为：

$$I'_1 = (\sigma_x-\sigma_m)+(\sigma_y-\sigma_m)+(\sigma_z-\sigma_m)=0 \tag{6-44}$$

$$I'_2 = -[(\sigma_x-\sigma_m)(\sigma_y-\sigma_m)+(\sigma_y-\sigma_m)(\sigma_z-\sigma_m)+(\sigma_z-\sigma_m)(\sigma_x-\sigma_m)]+\tau_{xy}^2+\tau_{xz}^2+\tau_{yz}^2$$

$$=\frac{1}{6}[(\sigma_x-\sigma_y)^2+(\sigma_y-\sigma_z)^2+(\sigma_z-\sigma_x)^2+6(\tau_{xy}^2+\tau_{xz}^2+\tau_{yz}^2)] \tag{6-45}$$

$$\Rightarrow\frac{1}{6}[(\sigma_1-\sigma_2)^2+(\sigma_2-\sigma_3)^2+(\sigma_1-\sigma_3)^2]\text{（转换到主应力坐标下）}$$

$$I'_3 = \begin{vmatrix} \sigma_x-\sigma_m & \tau_{xy} & \tau_{xz} \\ \tau_{yx} & \sigma_y-\sigma_m & \tau_{yz} \\ \tau_{zx} & \tau_{zy} & \sigma_z-\sigma_m \end{vmatrix} \Rightarrow(\sigma_1-\sigma_m)(\sigma_2-\sigma_m)(\sigma_3-\sigma_m)\text{（转换到主应力坐标下）} \tag{6-46}$$

6.6 八面体应力、等效应力

在主应力坐标下（图6-16），取一特殊斜面，其外法线与每个坐标轴具有同样的倾斜度，即：$|l|=|m|=|n|$，由于 $l^2+m^2+n^2=1$，所以 $l=\pm\frac{\sqrt{3}}{3}$，$m=\pm\frac{\sqrt{3}}{3}$，$n=\pm\frac{\sqrt{3}}{3}$，这样的斜面在空间有八个，它们在空间组成一个八面体，如图6-17所示。根据式(6-30)，八面体斜面上应力 $\vec{F}_v$ 的分量为：

$$\left.\begin{aligned} X_v &= \sigma_1 l \\ Y_v &= \sigma_2 m \\ Z_v &= \sigma_3 n \end{aligned}\right\} \tag{6-47}$$

于是八面体斜面上的正应力为：

$$\sigma_{\mathrm{oct}} = \sigma_v = \vec{F}_v \cdot \vec{v} = X_v l + Y_v m + Z_v n = \sigma_1 l^2 + \sigma_2 m^2 + \sigma_3 n^2 = \frac{1}{3}(\sigma_1 + \sigma_2 + \sigma_3) = \sigma_{\mathrm{m}} \tag{6-48}$$

八面体斜面上的剪应力为：

$$\begin{aligned} \tau_{\mathrm{oct}}^2 &= \tau_v^2 = |\vec{F}_v|^2 - \sigma_{\mathrm{oct}}^2 = \sigma_1^2 l^2 + \sigma_2^2 m^2 + \sigma_3^2 n^2 - (\sigma_1 l^2 + \sigma_2 m^2 + \sigma_3 n^2)^2 \\ &= \frac{1}{9}[(\sigma_1 - \sigma_2)^2 + (\sigma_2 - \sigma_3)^2 + (\sigma_1 - \sigma_3)^2] \end{aligned} \tag{6-49}$$

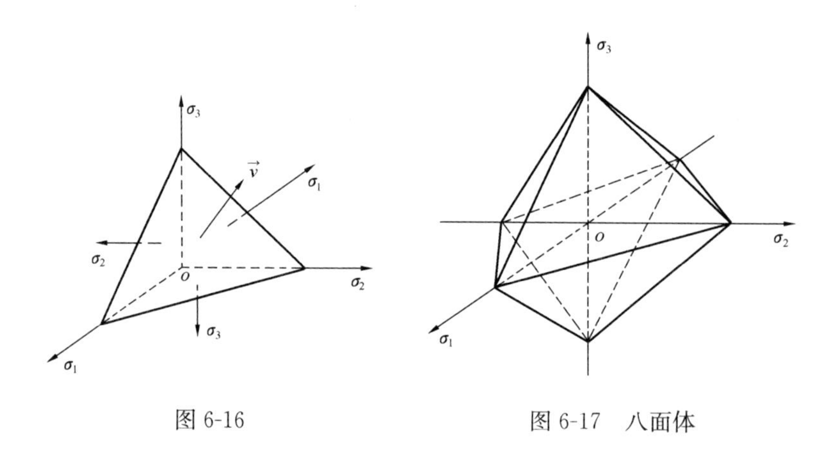

图 6-16　　图 6-17　八面体

注意到式（6-49）与应力偏张量的第二不变量式（6-45）只相差一个系数，于是回到原始坐标下，τ_{oct} 又可表示为：

$$\tau_{\mathrm{oct}} = \frac{1}{3}\sqrt{(\sigma_x - \sigma_y)^2 + (\sigma_y - \sigma_z)^2 + (\sigma_z - \sigma_x)^2 + 6(\tau_{xy}^2 + \tau_{xz}^2 + \tau_{yz}^2)} \tag{6-50}$$

定义等效应力（Equivalent Stress）为：

$$\sigma_{\mathrm{e}} = \frac{3}{\sqrt{2}}\tau_{\mathrm{oct}} = \frac{1}{\sqrt{2}}\sqrt{(\sigma_x - \sigma_y)^2 + (\sigma_y - \sigma_z)^2 + (\sigma_z - \sigma_x)^2 + 6(\tau_{xy}^2 + \tau_{xz}^2 + \tau_{yz}^2)} \tag{6-51}$$

或转换到主应力坐标下：

$$\sigma_{\mathrm{e}} = \frac{1}{\sqrt{2}}\sqrt{(\sigma_1 - \sigma_2)^2 + (\sigma_2 - \sigma_3)^2 + (\sigma_1 - \sigma_3)^2} \tag{6-52}$$

当单向拉伸时，$\sigma_1 \neq 0$，$\sigma_2 = \sigma_3 = 0$，得：$\sigma_{\mathrm{e}} = \sigma_1$，所以从某种意义上讲，等效应力 σ_{e} 相当于将复杂应力转化为一个具有相同“效应”的单向应力。必须说明的是，σ_{e} 只是为了应用方便而引用的一个量，它并不表示作用在某个面上的应力。

6.7　转轴时应变分量的变换

6.7.1　转轴变换位移之间的关系

当坐标系 $oxyz$ 转动了某角度得到了新的坐标系 $ox'y'z'$，如图 6-18 所示，空间中的位移向量 $\vec{U}$ 在老坐标系 $oxyz$ 及新坐标系 $ox'y'z'$ 下的分量可以分别表示为 $(u, v, w)^{\mathrm{T}}$ 与 $(u', v', w')^{\mathrm{T}}$，位移向量 $\vec{U}$ 可分别在两个新老坐标下表示：

$$\vec{U}=u\vec{i}+v\vec{j}+w\vec{k}=u'\vec{i}'+v'\vec{j}'+w'\vec{k}' \tag{6-53}$$

由上式，再利用 6.1 节公式（6-2），有

$$(\vec{i},\vec{j},\vec{k})\begin{pmatrix}u\\v\\w\end{pmatrix}=(\vec{i}',\vec{j}',\vec{k}')\begin{pmatrix}u'\\v'\\w'\end{pmatrix}$$

$$=(\vec{i},\vec{j},\vec{k})\begin{bmatrix}l_1 & l_2 & l_3\\m_1 & m_2 & m_3\\n_1 & n_2 & n_3\end{bmatrix}\begin{pmatrix}u'\\v'\\w'\end{pmatrix} \tag{6-54}$$

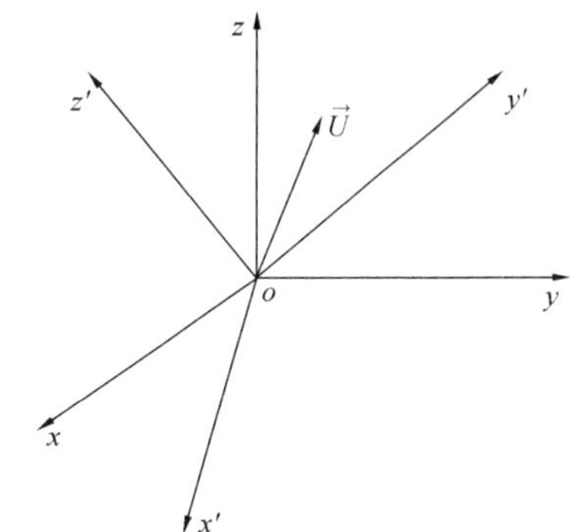

图 6-18

所以坐标变换时位移 (u, v, w) 与 (u', v', w') 之间的关系为：

$$\begin{pmatrix}u\\v\\w\end{pmatrix}=\begin{pmatrix}l_1 & l_2 & l_3\\m_1 & m_2 & m_3\\n_1 & n_2 & n_3\end{pmatrix}\begin{pmatrix}u'\\v'\\w'\end{pmatrix} \tag{6-55}$$

或：

$$\begin{pmatrix}u'\\v'\\w'\end{pmatrix}=\begin{pmatrix}l_1 & m_1 & n_1\\l_2 & m_2 & n_2\\l_3 & m_3 & n_3\end{pmatrix}\begin{pmatrix}u\\v\\w\end{pmatrix} \tag{6-56}$$

6.7.2　转轴变换应变分量之间的关系

利用方向导数公式（见附录 4）及式（6-56），有：

$$\begin{aligned}\varepsilon'_x&=\frac{\partial u'}{\partial x'}=\left(l_1\frac{\partial}{\partial x}+m_1\frac{\partial}{\partial y}+n_1\frac{\partial}{\partial z}\right)u'=\left(l_1\frac{\partial}{\partial x}+m_1\frac{\partial}{\partial y}+n_1\frac{\partial}{\partial z}\right)(ul_1+vm_1+wn_1)\\&=\frac{\partial u}{\partial x}l_1^2+\frac{\partial v}{\partial y}m_1^2+\frac{\partial w}{\partial z}n_1^2+\left(\frac{\partial v}{\partial x}+\frac{\partial u}{\partial y}\right)l_1m_1+\left(\frac{\partial w}{\partial y}+\frac{\partial v}{\partial z}\right)m_1n_1+\left(\frac{\partial u}{\partial z}+\frac{\partial w}{\partial x}\right)n_1l_1\\&=\varepsilon_x l_1^2+\varepsilon_y m_1^2+\varepsilon_z n_1^2+\gamma_{xy}l_1m_1+\gamma_{yz}m_1n_1+\gamma_{zx}n_1l_1\end{aligned} \tag{6-57}$$

$$
\begin{aligned}
\gamma_{x'y'} &= \frac{\partial v'}{\partial x'} + \frac{\partial u'}{\partial y'} = \left(l_1\frac{\partial}{\partial x} + m_1\frac{\partial}{\partial y} + n_1\frac{\partial}{\partial z}\right)(ul_2 + vm_2 + wn_2) \\
&\quad + \left(l_2\frac{\partial}{\partial x} + m_2\frac{\partial}{\partial y} + n_2\frac{\partial}{\partial z}\right)(ul_1 + vm_1 + wn_1) \\
&= 2\left(\frac{\partial u}{\partial x}l_1l_2 + \frac{\partial v}{\partial y}m_1m_2 + \frac{\partial w}{\partial z}n_1n_2\right) + \left(\frac{\partial v}{\partial x} + \frac{\partial u}{\partial y}\right)(l_1m_2 + l_2m_1) \\
&\quad + \left(\frac{\partial w}{\partial y} + \frac{\partial v}{\partial z}\right)(m_1n_2 + m_2n_1) + \left(\frac{\partial u}{\partial z} + \frac{\partial w}{\partial x}\right)(n_1l_2 + n_2l_1) \\
&= 2(\varepsilon_x l_1l_2 + \varepsilon_y m_1m_2 + \varepsilon_z n_1n_2) + \gamma_{xy}(l_1m_2 + l_2m_1) \\
&\quad + \gamma_{yz}(m_1n_2 + m_2n_1) + \gamma_{xz}(n_1l_2 + n_2l_1)
\end{aligned} \tag{6-58}
$$

其他应变分量之间的关系从略。将转轴变换后所有应变分量之间的关系写成矩阵形式，有：

$$
\begin{bmatrix} \varepsilon_x' & \frac{1}{2}\gamma_{x'y'} & \frac{1}{2}\gamma_{x'z'} \\ \frac{1}{2}\gamma_{y'x'} & \varepsilon_{y'} & \frac{1}{2}\gamma_{y'z'} \\ \frac{1}{2}\gamma_{z'x'} & \frac{1}{2}\gamma_{z'y'} & \varepsilon_{z'} \end{bmatrix} = \begin{bmatrix} l_1 & m_1 & n_1 \\ l_2 & m_2 & n_2 \\ l_3 & m_3 & n_3 \end{bmatrix} \begin{bmatrix} \varepsilon_x & \frac{1}{2}\gamma_{xy} & \frac{1}{2}\gamma_{xz} \\ \frac{1}{2}\gamma_{yx} & \varepsilon_y & \frac{1}{2}\gamma_{yz} \\ \frac{1}{2}\gamma_{zx} & \frac{1}{2}\gamma_{zy} & \varepsilon_z \end{bmatrix} \begin{bmatrix} l_1 & l_2 & l_3 \\ m_1 & m_2 & m_3 \\ n_1 & n_2 & n_3 \end{bmatrix} \tag{6-59}
$$

显然式（6-59）与应力分量转轴变换之间的关系式（6-15）具有相同的形式。

6.8　应变分析、应变张量不变量

弹性体内，r 方向上的正应变为 ε_r，r 的指向由方向余弦 $(l, m, n)^{\mathrm{T}}$ 确定。根据方向导数的公式，仿照式（6-57）的推导过程，ε_r 可以写为：

$$
\varepsilon_r = \frac{\partial u_r}{\partial r} = \varepsilon_x l^2 + \varepsilon_y m^2 + \varepsilon_z n^2 + \gamma_{yz}mn + \gamma_{xz}ln + \gamma_{xy}lm \tag{6-60}
$$

式（6-60）应用较为广泛，常用于实验应力分析，下面给出两个应用实例。

【例 6-2】 试证明：弹性常数 E, G, ν 之间的关系式为 $G = \dfrac{E}{2(1+\nu)}$。

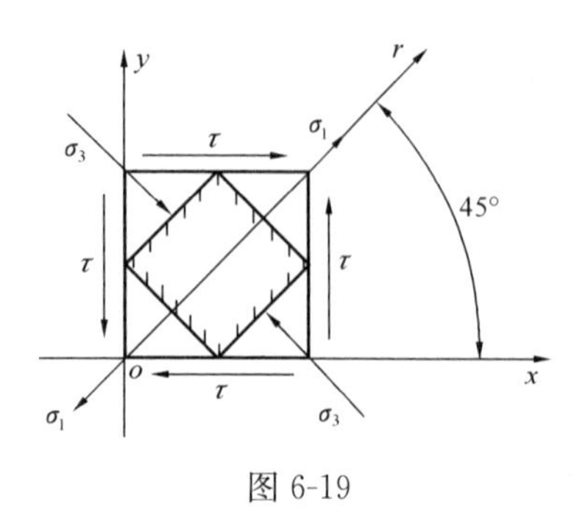

图 6-19

【证】 取如图 6-19 所示的平面正方形微体，设微体处于纯剪应力状态，根据以上应力的坐标变换方法，平面微体的主应力为 $\sigma_1 = \tau$, $\sigma_3 = -\tau$，方向如图 6-19 所示，微体在 σ_1 方向上的主应变为（Hooke 定律）：

$$
\begin{aligned}
\varepsilon_r &= \varepsilon_1 = \frac{1}{E}(\sigma_1 - \nu\sigma_3) \\
&= \frac{1}{E}(\tau + \nu\tau) = \frac{(1+\nu)\tau}{E}
\end{aligned} \tag{a}
$$

微体的应变状态为：$\varepsilon_x=\varepsilon_y=\varepsilon_z=\gamma_{yz}=\gamma_{xz}=0$，$\gamma_{xy}\neq 0$，微体在 r 方向上的方向余弦为 $l=\cos45°$，$m=\cos45°$，$n=\cos90°$，根据式（6-60），r 方向上的主应变 ε_r 为：

$$\varepsilon_r=\frac{\partial u_r}{\partial r}=\varepsilon_x l^2+\varepsilon_y m^2+\varepsilon_z n^2+\gamma_{yz}mn+\gamma_{xz}ln+\gamma_{xy}lm=\frac{1}{2}\gamma_{xy} \tag{b}$$

又根据 Hooke 定律：

$$\gamma_{xy}=\frac{\tau}{G} \tag{c}$$

将式（c）代入式（b），然后与式（a）比较得：

$$G=\frac{E}{2(1+\nu)} \tag{d}$$

【例 6-3】 如图 6-20（a）所示，采用应变片测得平板上一点的三个方向上的正应变为：

$$\varepsilon_{0°}=-130\times10^{-6},\ \varepsilon_{45°}=75\times10^{-6},\ \varepsilon_{90°}=130\times10^{-6}$$

试求主应力与主应力方向。材料的弹性常数为：$E=2.1\times10^{10}\,\mathrm{N/m^2}$，$\nu=0.3$。

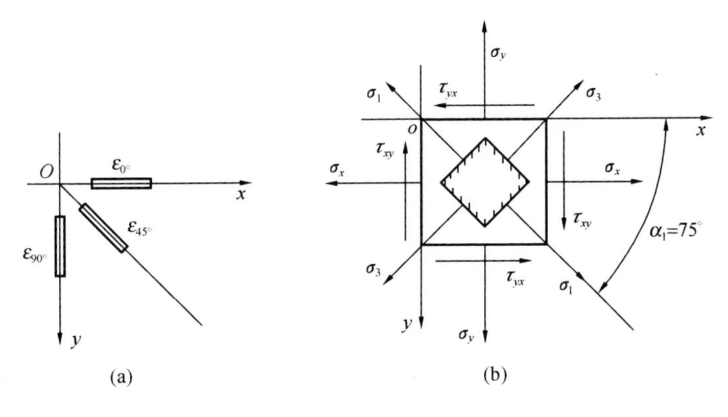

图 6-20

【解】 根据任意方向上的应变公式（6-60），对平面应变状态有：

$$\varepsilon_r=\varepsilon_x l^2+\varepsilon_y m^2+\varepsilon_z n^2+\gamma_{yz}mn+\gamma_{xz}ln+\gamma_{xy}lm=\varepsilon_x l^2+\varepsilon_y m^2+\gamma_{xy}lm$$

由题意条件有：

$$\left.\begin{aligned}\varepsilon_{0°}&=\varepsilon_x l_1^2+\varepsilon_y m_1^2+\gamma_{xy}l_1m_1\\ \varepsilon_{45°}&=\varepsilon_x l_2^2+\varepsilon_y m_2^2+\gamma_{xy}l_2m_2\\ \varepsilon_{90°}&=\varepsilon_x l_3^2+\varepsilon_y m_3^2+\gamma_{xy}l_3m_3\end{aligned}\right\}$$

其中：$\left.\begin{aligned}l_1&=1\\ m_1&=0\end{aligned}\right\}$，$\left.\begin{aligned}l_2&=\frac{\sqrt{2}}{2}\\ m_2&=\frac{\sqrt{2}}{2}\end{aligned}\right\}$，$\left.\begin{aligned}l_3&=0\\ m_3&=1\end{aligned}\right\}$代入上式得：

$$\left.\begin{aligned}&-130\times10^{-6}=\varepsilon_x\\&75\times10^{-6}=\varepsilon_x\left(\frac{\sqrt{2}}{2}\right)^2+\varepsilon_y\left(\frac{\sqrt{2}}{2}\right)^2+\gamma_{xy}\left(\frac{\sqrt{2}}{2}\right)\left(\frac{\sqrt{2}}{2}\right)\\&130\times10^{-6}=\varepsilon_y\end{aligned}\right\}$$

解之：$\varepsilon_x=-130\times10^{-6}$，$\varepsilon_y=130\times10^{-6}$，$\gamma_{xy}=150\times10^{-6}$

根据物理方程求应力分量：

$$\left.\begin{aligned}\sigma_x&=\frac{E}{1-\nu^2}(\varepsilon_x+\nu\varepsilon_y)=-210\times10^4\mathrm{N/m^2}\\\sigma_y&=\frac{E}{1-\nu^2}(\varepsilon_y+\nu\varepsilon_x)=210\times10^4\mathrm{N/m^2}\\\tau_{xy}&=\frac{E}{2(1+\nu)}\gamma_{xy}=121.15\times10^4\mathrm{N/m^2}\end{aligned}\right\}$$

根据特征方程（6-22）有：

$$\begin{bmatrix}\sigma_x-\sigma&\tau_{xy}&0\\\tau_{yx}&\sigma_y-\sigma&0\\0&0&-\sigma\end{bmatrix}\begin{pmatrix}l\\m\\n\end{pmatrix}=\begin{pmatrix}0\\0\\0\end{pmatrix}$$

解特征方程得：$\left.\begin{matrix}\sigma_1\\\sigma_3\end{matrix}\right\}=\dfrac{\sigma_x+\sigma_y}{2}\pm\sqrt{\left(\dfrac{\sigma_x+\sigma_y}{2}\right)^2-(\sigma_x\sigma_y-\tau_{xy}^2)}=\pm242.44\times10^4\mathrm{N/m^2}$

$\sigma_2=0$

主应力方向为：

$$\begin{pmatrix}l_1\\m_1\\n_1\end{pmatrix}=\begin{pmatrix}0.2586\\0.9660\\0\end{pmatrix},\quad\begin{pmatrix}l_2\\m_2\\n_2\end{pmatrix}=\begin{pmatrix}0\\0\\1\end{pmatrix},\quad\begin{pmatrix}l_3\\m_3\\n_3\end{pmatrix}=\begin{pmatrix}-0.9660\\0.2586\\0\end{pmatrix}$$

故 $l_1=\cos\alpha_1=0.2586\Rightarrow\alpha_1=75°$，平面主应力方向如图 6-20（b）所示。需要说明的是，应变公式（6-60）是针对某一点而言的，所以本例计算得到的应变与应力实际上为这一点所在的一个小区域内的平均值。

与应力的坐标变换一样，通过转轴变换，可以找到三个垂直方向，该方向上只有正应变，没有剪应变，可以证明（证明从略）在这些方向上的正应变取极值。设弹性体内 r 方向上正应变 ε_r 取极值，且 r 方向余弦（l，m，n）有约束条件 $l^2+m^2+n^2-1=0$，采用 Lagrange（拉格朗日）乘子法求函数 $\varepsilon_r=\varepsilon_x l^2+\varepsilon_y m^2+\varepsilon_z n^2+\gamma_{yz}mn+\gamma_{xz}ln+\gamma_{xy}lm$ 的极值，这里 l，m，n 可看成自变量，构造下列函数：

$$f=\varepsilon_x l^2+\varepsilon_y m^2+\varepsilon_z n^2+\gamma_{yz}mn+\gamma_{xz}ln+\gamma_{xy}lm-\varepsilon(l^2+m^2+n^2-1)\tag{6-61}$$

这里 ε 为 Lagrange（拉格朗日）乘子，由：

$$\left.\begin{aligned}\frac{\partial f}{\partial l}=0\\ \frac{\partial f}{\partial m}=0\\ \frac{\partial f}{\partial n}=0\end{aligned}\right\}\tag{6-62}$$

得：

$$\begin{bmatrix}\varepsilon_x & \frac{1}{2}\gamma_{xy} & \frac{1}{2}\gamma_{xz}\\ \frac{1}{2}\gamma_{yx} & \varepsilon_y & \frac{1}{2}\gamma_{yz}\\ \frac{1}{2}\gamma_{zx} & \frac{1}{2}\gamma_{zy} & \varepsilon_z\end{bmatrix}\begin{Bmatrix}l\\ m\\ n\end{Bmatrix}=\varepsilon\begin{Bmatrix}l\\ m\\ n\end{Bmatrix}\tag{6-63}$$

式（6-63）为应变特征值问题，与式（6-21）的应力特征值问题完全一样，也是一个标准特征值问题，式（6-63）对应的特征方程为：

$$\varepsilon^3-J_1\varepsilon^2+J_2\varepsilon-J_3=0\tag{6-64}$$

其中：

$$\left.\begin{aligned}J_1&=\varepsilon_x+\varepsilon_y+\varepsilon_z\\ J_2&=\varepsilon_y\varepsilon_z+\varepsilon_x\varepsilon_z+\varepsilon_x\varepsilon_y-\frac{1}{4}(\gamma_{yz}^2+\gamma_{xz}^2+\gamma_{xy}^2)\\ J_3&=\begin{vmatrix}\varepsilon_x & \frac{1}{2}\gamma_{xy} & \frac{1}{2}\gamma_{xz}\\ \frac{1}{2}\gamma_{yx} & \varepsilon_y & \frac{1}{2}\gamma_{yz}\\ \frac{1}{2}\gamma_{zx} & \frac{1}{2}\gamma_{zy} & \varepsilon_z\end{vmatrix}\end{aligned}\right\}\tag{6-65}$$

这里 J_1，J_2，J_3 称为应变张量的第一、二、三不变量，求解特征值问题式（6-63），可得到三个特征值 ε_1，ε_2，ε_3 与对应的三个彼此正交的、单位化的特征向量 $(l_1, m_1, n_1)^{\mathrm{T}}$，$(l_2, m_2, n_2)^{\mathrm{T}}$，$(l_3, m_3, n_3)^{\mathrm{T}}$。根据正交变换的原理，有下式：

$$\begin{bmatrix}l_1 & m_1 & n_1\\ l_2 & m_2 & n_2\\ l_3 & m_3 & n_3\end{bmatrix}\begin{bmatrix}\varepsilon_x & \frac{1}{2}\gamma_{xy} & \frac{1}{2}\gamma_{xz}\\ \frac{1}{2}\gamma_{yx} & \varepsilon_y & \frac{1}{2}\gamma_{yz}\\ \frac{1}{2}\gamma_{zx} & \frac{1}{2}\gamma_{zy} & \varepsilon_z\end{bmatrix}\begin{bmatrix}l_1 & l_2 & l_3\\ m_1 & m_2 & m_3\\ n_1 & n_2 & n_3\end{bmatrix}=\begin{bmatrix}\varepsilon_1 & 0 & 0\\ 0 & \varepsilon_2 & 0\\ 0 & 0 & \varepsilon_3\end{bmatrix}\tag{6-66}$$

所得到的特征值 ε_1，ε_2，ε_3 分别表示三个正应变的极值，称之为主应变，若规定 $\varepsilon_1 \geqslant \varepsilon_2 \geqslant \varepsilon_3$，则最大、最小正应变分别为 ε_1，ε_3。三个特征向量 $(l_1, m_1, n_1)^{\mathrm{T}}$，$(l_2, m_2, n_2)^{\mathrm{T}}$，

$(l_3, m_3, n_3)^{\mathrm{T}}$ 分别表示三个主应变的方向，在三个方向上只有正应变，无剪应变。

6.9 应变张量的分解

同应力张量一样，应变张量也可作如下的分解：

$$\begin{pmatrix} \varepsilon_x & \frac{1}{2}\gamma_{xy} & \frac{1}{2}\gamma_{xz} \\ \frac{1}{2}\gamma_{yx} & \varepsilon_y & \frac{1}{2}\gamma_{yz} \\ \frac{1}{2}\gamma_{zx} & \frac{1}{2}\gamma_{zy} & \varepsilon_z \end{pmatrix} = \begin{pmatrix} \varepsilon_m & 0 & 0 \\ 0 & \varepsilon_m & 0 \\ 0 & 0 & \varepsilon_m \end{pmatrix} + \begin{pmatrix} e_x & e_{xy} & e_{xz} \\ e_{yx} & e_y & e_{yz} \\ e_{zx} & e_{zy} & e_z \end{pmatrix} \tag{6-67}$$

式中 $\varepsilon_m = \frac{1}{3}(\varepsilon_x + \varepsilon_y + \varepsilon_z)$ 为平均正应变，式（6-67）右边第一个矩阵称为应变球张量，它表示各个方向均匀压应变或拉应变的一种应变状态。例如浸入深水中的微小物体，各个方向的均匀压应变就是这样一种应变状态，应变球张量只描述物体体积的改变。式（6-67）右边第二个矩阵称为应变偏张量，它表达为：

$$\begin{pmatrix} e_x & e_{xy} & e_{xz} \\ e_{yx} & e_y & e_{yz} \\ e_{zx} & e_{zy} & e_z \end{pmatrix} = \begin{pmatrix} \varepsilon_x - \varepsilon_m & \frac{1}{2}\gamma_{xy} & \frac{1}{2}\gamma_{xz} \\ \frac{1}{2}\gamma_{yx} & \varepsilon_y - \varepsilon_m & \frac{1}{2}\gamma_{yz} \\ \frac{1}{2}\gamma_{zx} & \frac{1}{2}\gamma_{zy} & \varepsilon_z - \varepsilon_m \end{pmatrix} \tag{6-68}$$

应变偏张量也是一种应变状态，这种应变仅与剪切变形有关，它反映了一个实际应变状态偏离均匀受拉（或受压）应变状态的程度，应变偏张量只描述物体形状的改变，物体的塑性变形可用应变偏张量描述，应变偏张量用于塑性力学研究。

6.10 八面体剪应变、等效应变

与八面体剪应力 τ_{oct} 相对应的有八面体剪应变 γ_{oct}，它可表示为：

$$\begin{aligned} \gamma_{oct} &= \frac{2}{3}\sqrt{(\varepsilon_1 - \varepsilon_2)^2 + (\varepsilon_2 - \varepsilon_3)^2 + (\varepsilon_3 - \varepsilon_1)^2} \\ &= \frac{2}{3}\sqrt{(\varepsilon_x - \varepsilon_y)^2 + (\varepsilon_y - \varepsilon_z)^2 + (\varepsilon_z - \varepsilon_x)^2 + \frac{3}{2}(\gamma_{xy}^2 + \gamma_{yz}^2 + \gamma_{xz}^2)} \end{aligned} \tag{6-69}$$

对应的等效应变（Equivalent Strain）可定义为：

$$\varepsilon_e = \frac{\sqrt{2}}{2(1+\nu)}\sqrt{(\varepsilon_1 - \varepsilon_2)^2 + (\varepsilon_2 - \varepsilon_3)^2 + (\varepsilon_3 - \varepsilon_1)^2}$$

$$=\frac{\sqrt{2}}{2(1+\nu)}\sqrt{(\varepsilon_x-\varepsilon_y)^2+(\varepsilon_y-\varepsilon_z)^2+(\varepsilon_z-\varepsilon_x)^2+\frac{3}{2}(\gamma_{xy}^2+\gamma_{yz}^2+\gamma_{xz}^2)} \quad (6\text{-}70)$$

单向拉伸时：$\varepsilon_1=\varepsilon$，$\varepsilon_2=-\nu\varepsilon$，$\varepsilon_3=-\nu\varepsilon$，代入上式得 $\varepsilon_e=\varepsilon_1=\varepsilon$，所以等效应变相当于将复杂应变转化为一个具有相同“效应”的单向应变。

习　　题

6.1　已知物体内一点的六个应力分量为：

$\sigma_x=500\times10^5\,\text{N/m}^2$，$\sigma_y=0$，$\sigma_z=-300\times10^5\,\text{N/m}^2$，$\tau_{yz}=-750\times10^5\,\text{N/m}^2$，$\tau_{xz}=800\times10^5\,\text{N/m}^2$，$\tau_{xy}=500\times10^5\,\text{N/m}^2$。试求法线方向余弦为 $l=\frac{1}{2}$，$m=\frac{1}{2}$，$n=\frac{1}{\sqrt{2}}$ 的微分面上的总应力 F_v、正应力 σ_v 和剪应力 τ_v。

6.2　一点应力状态主应力 σ_1 作用截面和最大剪应力 $\tau_{\max}$ 作用截面间的夹角为________。

A. $\frac{\pi}{2}$　　B. $\frac{\pi}{4}$　　C. $\frac{\pi}{6}$　　D. π

6.3　八面体单元斜面上的正应力 σ_{oct} 为________。

A. 零　　B. 任意值　　C. 正应力平均值　　D. 极值

6.4　已知某点的应力状态为：

$$\begin{bmatrix} 2 & 0 & 3.5 \\ 0 & 3 & -2 \\ 3.5 & -2 & 1.0 \end{bmatrix}\text{MPa}$$

试将该应力张量分解为球应力张量与偏应力张量之和。说明这样分解的物理意义。

6.5　如图 6-21 所示一个圆环，只承受内压作用，现测得内部 A 点的应变为：$\varepsilon_r=0.002$，$\varepsilon_\theta=0.004$，已知：$E=1.0\times10^{11}\,\text{Pa}$，$\nu=0.3$，求 A 点的应力分量。

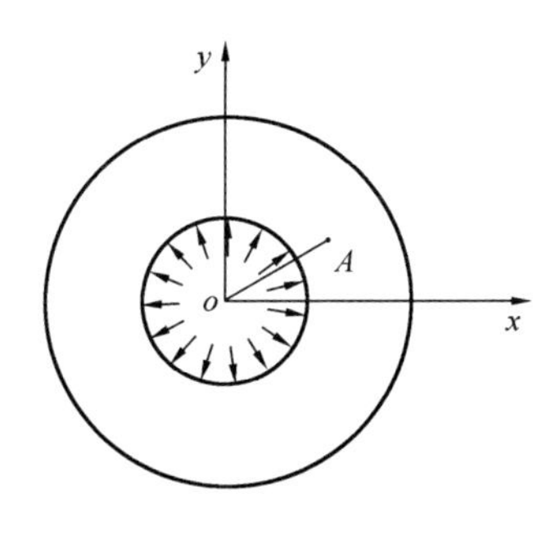

图 6-21

6.6　在与三个应力主轴呈相同角度的斜面上，正应力 σ_N=(　　)。

A. $\sigma_1+\sigma_2+\sigma_3$　　B. $\frac{1}{3}I_1$　　C. I_2　　D. $\frac{1}{9}I_2$

6.7　已知弹性体中某点的应力分量为 σ_x，σ_y，σ_z，τ_{xz}，其余分量为零。试求三个主应力。

6.8　已知受力物体内一点处应力状态为：

$$[\sigma]=\begin{bmatrix}\sigma_x & 0 & 0\\ 0 & 2 & 2\\ 0 & 2 & 2\end{bmatrix}\text{MPa}$$

且已知该点的一个主应力的值为 2MPa。试求：(1) 应力分量 σ_x 的大小；(2) 主应力 σ_1 、σ_2 和 σ_3 。

6.9　物体的一点具有下列应变分量：

$\varepsilon_x=0.001$，$\varepsilon_y=0.0005$，$\varepsilon_z=-0.0001$，$\gamma_{yz}=-0.0003$，$\gamma_{xz}=-0.0001$，$\gamma_{xy}=0.0002$

试求主应变和应变方向。

6.10　一薄板表面贴有一组应变片（图 6-22），应变测量值为：

$\varepsilon_{①}=-0.003$，$\varepsilon_{②}=0.002$，$\varepsilon_{③}=0.001$

$E=20\times10^6\,\text{Pa}$，$\nu=0.28$。求解应变片处的应力矩阵（忽略空气的压力）。

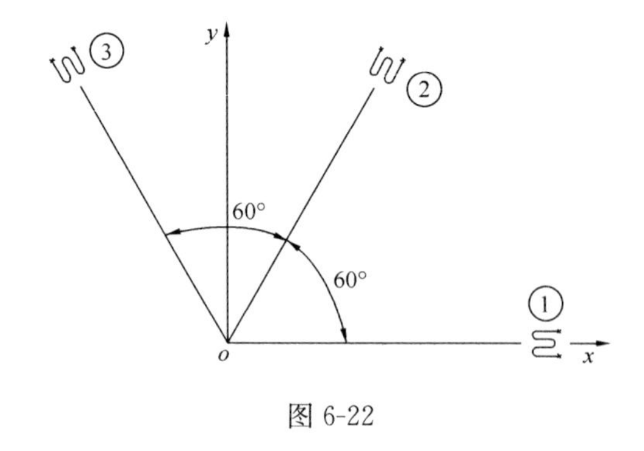

图 6-22

6.11　已知某物体变形后的位移为：

$$\begin{cases}u=u_0+ax+by\\ v=v_0+bx+cy\\ w=0\end{cases}$$

求主应变及方向。

第7章　空间轴对称问题

对于一般的弹性力学空间问题，共有15个待求的基本方程，用解析方法在数学上会遇到很大的困难，很难得到公式解，只有对于比较特殊的问题，才可以得到一些有限的解析解。本章将讨论一类特殊的轴对称问题，基于这类问题的解答，进一步导出一些有工程意义的解答。

7.1　轴对称问题基本方程

在空间问题中，如果弹性体的几何形状，约束以及外荷载都对称于某一轴，则弹性体的应力、应变、位移亦对称于这个轴，这类问题称为轴对称问题。采用柱坐标描述这类问题最为方便，设对称轴为 z 轴，如图7-1所示，则应力、应变、位移仅为 r，z 的函数，与 θ 无关，图7-1中 σ_r，σ_z，σ_θ 分别表示 r，z，θ 方向的正应力，分别称之为径向、轴向与环向正应力，X_r，X_z 为 r，z 方向上的体力，分别称之为径向、轴向体力。由于轴对称性，$\tau_{\theta z}=$

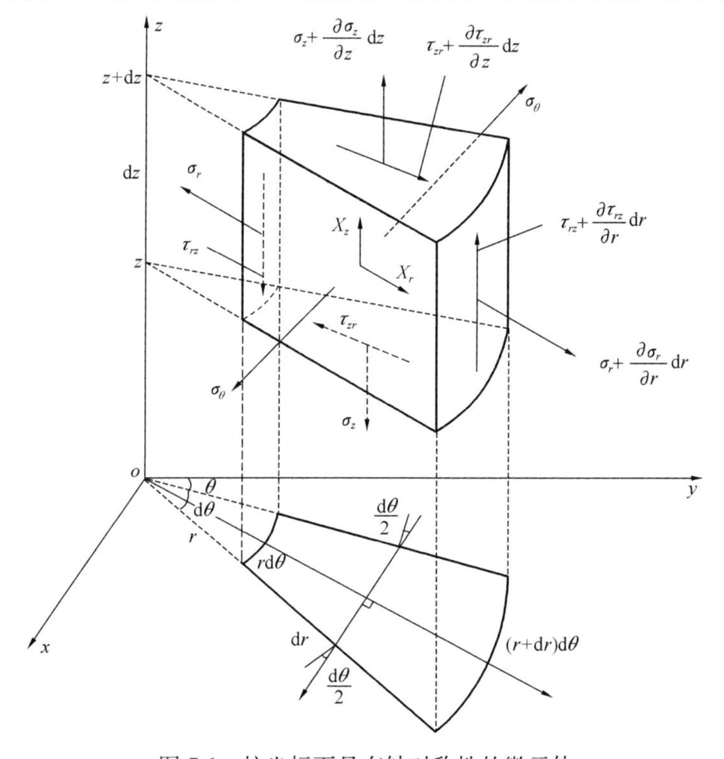

图7-1　柱坐标下具有轴对称性的微元体

$\tau_{z\theta}=0$，$\tau_{r\theta}=\tau_{\theta r}=0$，所以不为零的应力分量为 $\sigma_r,\sigma_z,\sigma_\theta$，$\tau_{zr}(\tau_{rz})$。由于柱坐标系也是一个正交坐标系，在柱坐标下的正应力，剪应力的符号和方向规定与 2.2 节相同。

1. 平衡方程

在柱坐标中，取一个六面扇形微体，微体上所受到的应力与体力如图 7-1 所示，根据图中的微体在 r,z 方向上力的平衡条件，可得：

$$\left.\begin{aligned}\frac{\partial\sigma_r}{\partial r}+\frac{\partial\tau_{zr}}{\partial z}+\frac{\sigma_r-\sigma_\theta}{r}+X_r=0\\ \frac{\partial\sigma_z}{\partial z}+\frac{\partial\tau_{rz}}{\partial r}+\frac{\tau_{rz}}{r}+X_z=0\end{aligned}\right\} \tag{7-1}$$

微体在 θ 方向自动满足平衡方程，根据微体的转动平衡有：$\tau_{zr}=\tau_{rz}$（剪应力互等定理）。

2. 几何方程

ε_r，ε_z，ε_θ 分别表示沿 r，z，θ 方向的正应变，分别称为径向正应变、轴向正应变与环向正应变，用 u_r，w 分别表示 r，z 方向的位移，分别称为径向位移与轴向位移。由于轴对称性，环向位移 $u_\theta=0$。通过类似于极坐标下及直角坐标下的形变分析，可得几何方程为：

$$\left.\begin{aligned}\varepsilon_r&=\frac{\partial u_r}{\partial r}\\ \varepsilon_\theta&=\frac{u_r}{r}\\ \varepsilon_z&=\frac{\partial w}{\partial z}\\ \gamma_{zr}&=\frac{\partial u_r}{\partial z}+\frac{\partial w}{\partial r}\end{aligned}\right\} \tag{7-2}$$

3. 物理方程

由于柱坐标和直角坐标一样，也是正交坐标，所以物理方程可以直接根据 Hooke 定律得到：

$$\left.\begin{aligned}\varepsilon_r&=\frac{1}{E}[\sigma_r-\nu(\sigma_\theta+\sigma_z)]\\ \varepsilon_\theta&=\frac{1}{E}[\sigma_\theta-\nu(\sigma_r+\sigma_z)]\\ \varepsilon_z&=\frac{1}{E}[\sigma_z-\nu(\sigma_r+\sigma_\theta)]\\ \gamma_{zr}&=\frac{2(1+\nu)}{E}\tau_{zr}\end{aligned}\right\} \tag{7-3}$$

将式（7-3）写为用应变分量来表示应力分量的物理方程：

$$
\left.\begin{aligned}
\sigma_r &= \frac{E}{1+\nu}\left[\frac{\nu}{1-2\nu}(\varepsilon_r+\varepsilon_\theta+\varepsilon_z)+\varepsilon_r\right]\\
\sigma_\theta &= \frac{E}{1+\nu}\left[\frac{\nu}{1-2\nu}(\varepsilon_r+\varepsilon_\theta+\varepsilon_z)+\varepsilon_\theta\right]\\
\sigma_z &= \frac{E}{1+\nu}\left[\frac{\nu}{1-2\nu}(\varepsilon_r+\varepsilon_\theta+\varepsilon_z)+\varepsilon_z\right]\\
\tau_{zr} &= \frac{E}{2(1+\nu)}\gamma_{zr}
\end{aligned}\right\} \tag{7-4}
$$

7.2　Love（拉甫）位移函数解轴对称问题

不考虑体力时 $X_r = X_z = 0$，采用位移解法：

将几何方程
$$
\left.\begin{aligned}
\varepsilon_r &= \frac{\partial u_r}{\partial r}\\
\varepsilon_\theta &= \frac{u_r}{r}\\
\varepsilon_z &= \frac{\partial w}{\partial z}\\
\gamma_{zr} &= \frac{\partial u_r}{\partial z}+\frac{\partial w}{\partial r}
\end{aligned}\right\}
$$
代入⇒物理方程
$$
\left.\begin{aligned}
\sigma_r &= \frac{E}{1+\nu}\left[\frac{\nu}{1-2\nu}(\varepsilon_r+\varepsilon_\theta+\varepsilon_z)+\varepsilon_r\right]\\
\sigma_\theta &= \frac{E}{1+\nu}\left[\frac{\nu}{1-2\nu}(\varepsilon_r+\varepsilon_\theta+\varepsilon_z)+\varepsilon_\theta\right]\\
\sigma_z &= \frac{E}{1+\nu}\left[\frac{\nu}{1-2\nu}(\varepsilon_r+\varepsilon_\theta+\varepsilon_z)+\varepsilon_z\right]\\
\tau_{zr} &= \frac{E}{2(1+\nu)}\gamma_{zr}
\end{aligned}\right\}\Rightarrow
$$

$$
\left.\begin{aligned}
\sigma_r &= \frac{E}{1+\nu}\left[\frac{\nu}{1-2\nu}\left(\frac{\partial u_r}{\partial r}+\frac{u_r}{r}+\frac{\partial w}{\partial z}\right)+\frac{\partial u_r}{\partial r}\right]\\
\sigma_\theta &= \frac{E}{1+\nu}\left[\frac{\nu}{1-2\nu}\left(\frac{\partial u_r}{\partial r}+\frac{u_r}{r}+\frac{\partial w}{\partial z}\right)+\frac{u_r}{r}\right]\\
\sigma_z &= \frac{E}{1+\nu}\left[\frac{\nu}{1-2\nu}\left(\frac{\partial u_r}{\partial r}+\frac{u_r}{r}+\frac{\partial w}{\partial z}\right)+\frac{\partial w}{\partial z}\right]\\
\tau_{zr} &= \frac{E}{2(1+\nu)}\left(\frac{\partial u_r}{\partial z}+\frac{\partial w}{\partial r}\right)
\end{aligned}\right\}
$$
代入平衡方程⇒
$$
\left.\begin{aligned}
\frac{\partial \sigma_r}{\partial r}+\frac{\partial \tau_{zr}}{\partial z}+\frac{\sigma_r-\sigma_\theta}{r}=0\\
\frac{\partial \sigma_z}{\partial z}+\frac{\partial \tau_{rz}}{\partial r}+\frac{\tau_{rz}}{r}=0
\end{aligned}\right\}\Rightarrow
$$

$$
\left.\begin{aligned}
\frac{E}{2(1+\nu)}\left[\frac{1}{1-2\nu}\cdot\frac{\partial}{\partial r}\left(\frac{\partial u_r}{\partial r}+\frac{u_r}{r}+\frac{\partial w}{\partial z}\right)+\nabla^2 u_r-\frac{u_r}{r^2}\right]=0\\
\frac{E}{2(1+\nu)}\left[\frac{1}{1-2\nu}\cdot\frac{\partial}{\partial r}\left(\frac{\partial u_r}{\partial r}+\frac{u_r}{r}+\frac{\partial w}{\partial z}\right)+\nabla^2 w\right]=0
\end{aligned}\right\} \tag{7-5}
$$

式中：
$$
\nabla^2=\frac{\partial^2}{\partial r^2}+\frac{1}{r}\frac{\partial}{\partial r}+\frac{\partial^2}{\partial z^2} \tag{7-6}
$$

于是空间轴对称问题归结为求解位移方程式（7-5）。引入 Love 位移函数 $\psi(r,z)$，将位移分量表示为：

$$
\left.\begin{aligned}
u_r &= -\frac{1}{2G}\cdot\frac{\partial^2\psi}{\partial r\,\partial z}\\
w &= \frac{1}{2G}\left[2(1-\nu)\,\nabla^2-\frac{\partial^2}{\partial z^2}\right]\psi
\end{aligned}\right\} \tag{7-7}
$$

将式（7-7）代入式（7-5），其中第一式自动满足，第二式变为：

$$\nabla^2\nabla^2\psi(r,\ z)=0 \tag{7-8}$$

由此，空间轴对称位移解法归结为在给定的边界条件下求解双调和方程（7-8）。在求得 Love 位移函数 $\psi(r,\ z)$ 后，根据式（7-7）可得到位移分量，再由位移分量可以求得相应的应力分量为：

$$\left.\begin{aligned}\sigma_r&=\frac{\partial}{\partial z}\left(\nu\nabla^2-\frac{\partial^2}{\partial r^2}\right)\psi\\\sigma_\theta&=\frac{\partial}{\partial z}\left(\nu\nabla^2-\frac{1}{r}\cdot\frac{\partial}{\partial r}\right)\psi\\\sigma_z&=\frac{\partial}{\partial z}\left[(2-\nu)\nabla^2-\frac{\partial^2}{\partial z^2}\right]\psi\\\tau_{zr}&=\frac{\partial}{\partial r}\left[(1-\nu)\nabla^2-\frac{\partial^2}{\partial z^2}\right]\psi\end{aligned}\right\} \tag{7-9}$$

作为求解时的参考，将能够满足式（7-8）的双调和函数如下列出：

$$\left.\begin{array}{ll}\text{五次幂} & r^2z(3r^2-4z^2),\ z^3(5r^2-2z^2)\\\text{四次幂} & r^2(r^2-4z^2),\ z^2(3r^2-2z^2)\\\text{三次幂} & r^2z,\ z^3,\ z^3\ln r\\\text{二次幂} & z^2\ln r\\\text{一次幂} & R,\ z\ln r,\ z\ln(R+z)\\\text{零次幂} & zR^{-1},\ln(R+z)\\\text{负一次幂} & R^{-1}\\\text{负二次幂} & zR^{-3}\\\text{负三次幂} & (r^2-2z^2)R^{-5}\end{array}\right\} \tag{7-10}$$

其中 $R=\sqrt{r^2+z^2}$，上式中各项的线性组合也满足双调和方程式（7-8）。

7.3　半无限体表面受法向集中力问题（不计体力）

图 7-2 为半无限体，其表面上受法向集中力的作用，取如图的坐标，显然这是关于 z 轴的轴对称问题。根据量纲分析，应力的单位为[力]/[长度]^2，根据式(7-9)，$\psi(r,z)$ 的单位应为[长度]^3 × [力]/[长度]^2 =[力] × [长度]，可取式（7-10）的具有一次方长度单位的双调和函数的线性组合作为 Love 位移函数：

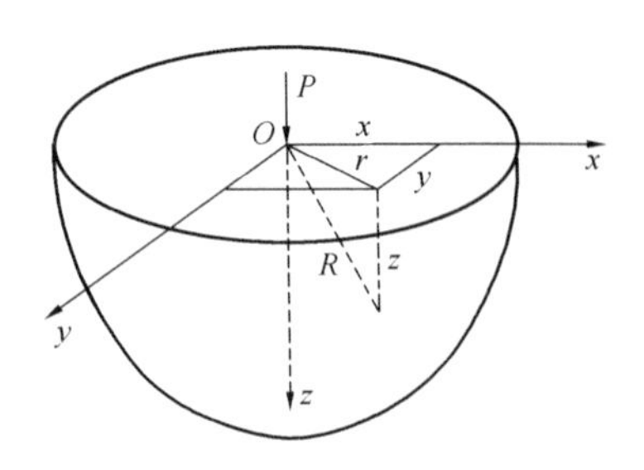

图 7-2　半无限体表面受法向集中力

$$\psi=B_1R+B_2[R-z\ln(R+z)] \tag{7-11}$$

式中 B_1，B_2 为待定常数，显然式（7-11）的函数满足双调和方程式（7-8），代入式（7-7）及式（7-9）分别得位移分量为：

$$\left.\begin{aligned} u_r &= -\frac{1}{2G}\cdot\frac{\partial^2\psi}{\partial r\,\partial z}=\frac{1}{2G}\left[B_1\frac{rz}{R^3}+B_2\frac{r}{R(R+z)}\right] \\ w &= \frac{1}{2G}\left[2(1-\nu)\nabla^2-\frac{\partial^2}{\partial z^2}\right]\psi=\frac{1}{2G}\left\{B_1\left[\frac{z^2}{R^3}+(3-4\nu)\frac{1}{R}\right]+\frac{B_2}{R}\right\} \end{aligned}\right\} \tag{7-12}$$

应力分量为：

$$\left.\begin{aligned} \sigma_r &= \frac{\partial}{\partial z}\left(\nu\nabla^2-\frac{\partial^2}{\partial r^2}\right)\psi=B_1\left[(1-2\nu)\frac{z}{R^3}-\frac{3r^2z}{R^5}\right]+B_2\left[\frac{z}{R^3}-\frac{1}{R(R+z)}\right] \\ \sigma_\theta &= \frac{\partial}{\partial z}\left(\nu\nabla^2-\frac{1}{r}\cdot\frac{\partial}{\partial r}\right)\psi=B_1(1-2\nu)\frac{z}{R^3}+B_2\frac{1}{R(R+z)} \\ \sigma_z &= \frac{\partial}{\partial z}\left[(2-\nu)\nabla^2-\frac{\partial^2}{\partial z^2}\right]\psi=-B_1\left[(1-2\nu)\frac{z}{R^3}+\frac{3z^3}{R^5}\right]-B_2\frac{z}{R^3} \\ \tau_{zr} &= \frac{\partial}{\partial r}\left[(1-\nu)\nabla^2-\frac{\partial^2}{\partial z^2}\right]\psi=-B_1\left[(1-2\nu)\frac{r}{R^3}+\frac{3rz^2}{R^5}\right]-B_2\frac{r}{R^3} \end{aligned}\right\} \tag{7-13}$$

应力边界条件为：

$$\left.\begin{aligned} \sigma_z\big|_{\substack{z=0\\ r\neq 0}} &= 0 \\ \tau_{zr}\big|_{z=0} &= 0 \end{aligned}\right\} \tag{7-14}$$

将式（7-13）应力分量代入边界条件式（7-14），其中边界条件第一式自动满足，第二式为：

$$(1-2\nu)B_1+B_2=0 \tag{7-15}$$

上式一个方程，却有两个未知数，无法求解，必须寻求其他的补充方程。取无限表面以下的任一厚度弹性体，如图 7-3所示的隔离弹性体，其切割截面上的应力如图示，由于剪应力 τ_{zr} 呈放射状，且关于 z 轴对称，在水平面上 τ_{zr} 综合作用自行平衡，根据隔离体在 z 方向上的平衡条件有：

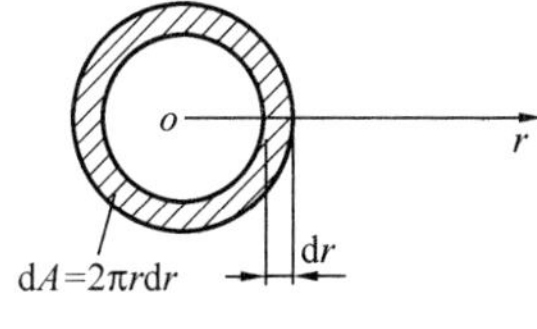

图 7-3

$$\int_0^\infty \sigma_z\cdot 2\pi r\mathrm{d}r+P=0 \tag{7-16}$$

将式（7-13）中的 σ_z 应力表达式代入式（7-16）积分（积分时将 z 视为常数）后，有：

$$P=4\pi B_1(1-\nu)+2\pi B_2 \tag{7-17}$$

联立式（7-15）和式（7-17）解得：

$$B_1 = \frac{P}{2\pi}, \quad B_2 = -(1-2\nu)\frac{P}{2\pi} \tag{7-18}$$

将 B_1，B_2 分别代入式（7-12）和式（7-13），位移分量为：

$$\left.\begin{aligned} u_r &= \frac{(1+\nu)P}{2\pi ER}\left[\frac{rz}{R^2} - \frac{(1-2\nu)r}{R+z}\right] \\ w &= \frac{(1+\nu)P}{2\pi ER}\left[\frac{z^2}{R^2} + 2(1-\nu)\right] \end{aligned}\right\} \tag{7-19}$$

应力分量为：

$$\left.\begin{aligned} \sigma_r &= \frac{P}{2\pi R^2}\left[\frac{(1-2\nu)R}{R+z} - \frac{3r^2 z}{R^3}\right] \\ \sigma_\theta &= \frac{(1-2\nu)P}{2\pi R^2}\left(\frac{z}{R} - \frac{R}{R+z}\right) \\ \sigma_z &= -\frac{3Pz^3}{2\pi R^5} \\ \tau_{zr} &= \tau_{rz} = -\frac{3Prz^2}{2\pi R^5} \end{aligned}\right\} \tag{7-20}$$

注意到以上解答中，在自由表面上（$z=0$）的原点处 $r=0$ 的解答值无限大（或解答存在奇异性），这是因为集中力 P 下的作用面积为零，导致解答出现奇异性，所以以上解答在（$z=0$，$r=0$）处不适用。在实际情况中，集中力总是有作用面积的，只是作用面积很小而已，所以实际在（$z=0$，$r=0$）处的应力并不会趋于无穷大，我们不知道 P 的作用面积到底有多大，只知道合力的大小为 P，根据 Saint Venant 原理，离表面原点稍远处，以上解答可用。

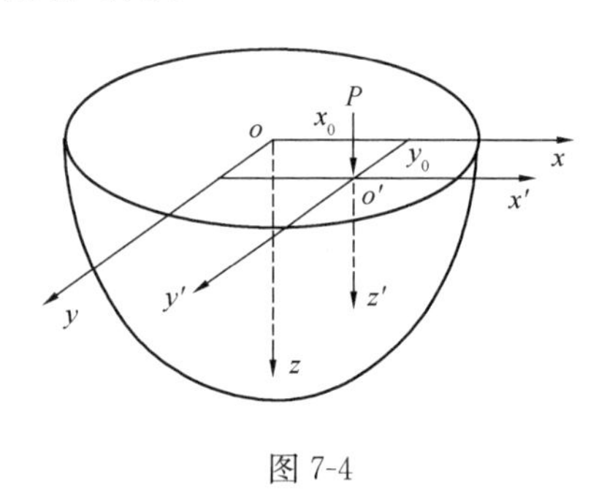

图 7-4

在岩土工程中，竖向附加压应力 σ_z 公式会经常使用。当半无限体表面法向集中力不作用在坐标原点时，如图 7-4 所示，P 作用点的坐标为（x_0，y_0），作坐标移轴变换：

$$\left.\begin{aligned} x' &= x - x_0 \\ y' &= y - y_0 \\ z' &= z \end{aligned}\right\} \tag{7-21}$$

得：

$$r' = \sqrt{(x-x_0)^2 + (y-y_0)^2},\ R' = \sqrt{(x-x_0)^2 + (y-y_0)^2 + z^2},\ z' = z \tag{7-22}$$

在 $o'x'y'z'$ 坐标下，可直接应用公式（7-19）、公式（7-20）得到相应的位移与应力分量，其中我们感兴趣的竖向附加压应力 σ_z 公式为：

$$\sigma_z = -\frac{3P}{2\pi} \cdot \frac{z'^3}{R'^5} = -\frac{3P}{2\pi} \cdot \frac{z^3}{[(x-x_0)^2 + (y-y_0)^2 + z^2]^{\frac{5}{2}}} \tag{7-23}$$

自由表面（$z' = z = 0$）上任一点（x，y）的竖向位移（沉陷）为：

$$w|_{z=z'=0} = \frac{(1-\nu^2)P}{\pi E r'} = \frac{(1-\nu^2)P}{\pi E\sqrt{(x-x_0)^2+(y-y_0)^2}} \tag{7-24}$$

7.4　半无限体表面受法向分布力问题

如图 7-5 所示，在半无限体表面上受法向分布力 $p(x,y)$ 作用，试求弹性体中的竖向附加压应力 σ_z 及自由表面的沉陷。在表面受荷载区域 D 内，任意一点 (x,y) 处取一微小的面积 $\mathrm{d}A=\mathrm{d}x\mathrm{d}y$，则在此面积上所受到的集中力为 $\mathrm{d}P=p(x,y)\mathrm{d}x\mathrm{d}y$，根据公式(7-23)，微元面积上的集中力 $\mathrm{d}P$ 对弹性体内任一点（$\bar{x}$，$\bar{y}$，$\bar{z}$）所产生的竖向附加压应力为：

$$\mathrm{d}\sigma_z(\bar{x},\bar{y},\bar{z}) = -\frac{3}{2\pi}\cdot\frac{\bar{z}^3 p(x,y)\mathrm{d}x\mathrm{d}y}{[(\bar{x}-x)^2+(\bar{y}-y)^2+\bar{z}^2]^{\frac{5}{2}}} \tag{7-25}$$

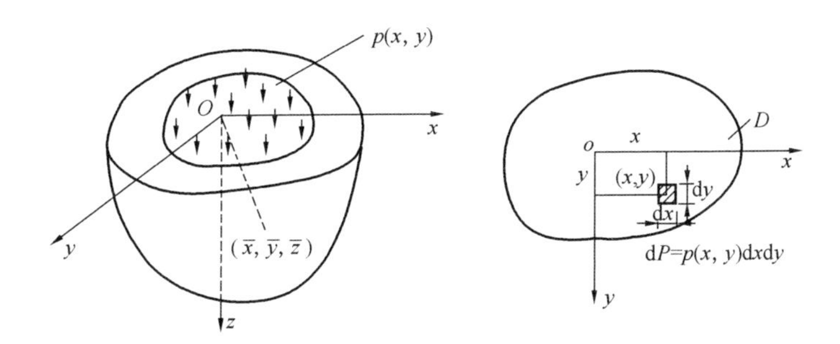

图 7-5　半无限体表面受法向分布力

根据公式（7-24），微元面积上的集中力 $\mathrm{d}P$ 对弹性体自由表面（$\bar{z}=0$）上任意一点（$\bar{x}$，$\bar{y}$，0）所产生的竖向位移（沉陷）为：

$$\mathrm{d}w(\bar{x},\bar{y},0) = \frac{(1-\nu^2)p(x,y)\mathrm{d}x\mathrm{d}y}{\pi E\sqrt{(\bar{x}-x)^2+(\bar{y}-y)^2}} \tag{7-26}$$

于是全部的分布力 $p(x,y)$ 对任一点（$\bar{x}$，$\bar{y}$，$\bar{z}$）所产生的竖向附加压应力为：

$$\sigma_z(\bar{x},\bar{y},\bar{z}) = -\frac{3}{2\pi}\cdot\iint_D\frac{\bar{z}^3 p(x,y)\mathrm{d}x\mathrm{d}y}{[(\bar{x}-x)^2+(\bar{y}-y)^2+\bar{z}^2]^{\frac{5}{2}}} \tag{7-27}$$

分布力 $p(x,y)$ 对自由表面（$\bar{z}=0$）上任意一点（$\bar{x}$，$\bar{y}$，0）所产生的竖向位移（沉陷）为：

$$w(\bar{x},\bar{y},0) = \iint_D\frac{(1-\nu^2)p(x,y)\mathrm{d}x\mathrm{d}y}{\pi E\sqrt{(\bar{x}-x)^2+(\bar{y}-y)^2}} \tag{7-28}$$

对于一般形状的荷载区域 D，由以上式（7-27）与式（7-28）的积分很难得到封闭解析解，但总可以采用数值积分来获得解答。弹性体内其他应力与位移分量可采用以上相同的方法得到。

7.5　基础沉降计算原理

对于实际基础的沉降并不采用式（7-28）来计算，因为地基土并不是一个单纯的弹性体，而是分层的具有不同材料常数的土壤。将实际的地基土按性状的不同分层考虑，假定每一层土为弹性体，如图 7-6 所示，n 层土的压缩模量分别为 $E_{si}(i=1, 2, 3, \cdots, n)$，地基基础底面的反力为 $p(x, y)$，在压力 $p(x, y)$ 的作用下，每一层土会压缩，所有土层压缩量的总和就是基础的沉降，第 i 层土在水平坐标 $(\bar{x}, \bar{y})$ 处的压缩量 $\Delta S_i(\bar{x}, \bar{y})$ 为：

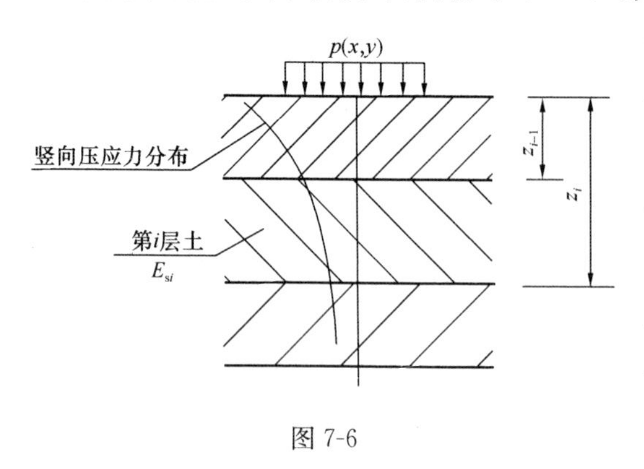

图 7-6

$$\Delta S_i(\bar{x}, \bar{y}) = \bar{\varepsilon}_i \Delta z_i = \frac{\bar{\sigma}_i}{E_{si}}(z_i - z_{i-1}) \tag{7-29}$$

式中 $\bar{\sigma}_i$，$\bar{\varepsilon}_i$，Δz_i 分别为第 i 层土的平均压应力、平均压缩应变与土层厚度，上式中忽略了土体围压的影响。假定土层内的应力分布与材料常数无关，因此土层中竖向压应力分布可按均匀弹性体内的应力公式（7-27）计算，则第 i 层土的平均压应力的大小为：

$$\bar{\sigma}_i = \frac{1}{\Delta z_i}\int_{z_{i-1}}^{z_i} \sigma_z(\bar{x}, \bar{y}, z)\mathrm{d}z = \frac{1}{\Delta z_i}\int_{z_{i-1}}^{z_i}\left[\frac{3}{2\pi}\cdot\iint_D \frac{z^3 p(x, y)\mathrm{d}x\mathrm{d}y}{[(\bar{x}-x)^2+(\bar{y}-y)^2+z^2]^{\frac{5}{2}}}\right]\mathrm{d}z \tag{7-30}$$

于是土体表面上坐标点 $(\bar{x}, \bar{y})$ 处的基础沉降为：

$$S(\bar{x}, \bar{y}) = \psi_s \sum_{i=1}^{n} \Delta S_i(\bar{x}, \bar{y}) = \frac{3\psi_s}{2\pi}\sum_{i=1}^{n}\frac{1}{E_{si}}\int_{z_{i-1}}^{z_i}\left[\iint_D \frac{z^3 p(x, y)\mathrm{d}x\mathrm{d}y}{[(\bar{x}-x)^2+(\bar{y}-y)^2+z^2]^{\frac{5}{2}}}\right]\mathrm{d}z \tag{7-31}$$

需要说明的是：根据式（7-27），自由表面上（$\bar{z}=0$）应力存在无穷大（不存在）的情形，但式（7-30）的第一层（顶层 $z_0 \sim z_1$）积分总是存在的。式（7-31）即为我国现行地基基础设计规范的地基沉降计算公式，即所谓的分层总和法计算公式，其中 ψ_s 为修正系数，为考虑实际土层并不是完全的线弹性体以及其他因素所作出的修正。规范应用式（7-31）进行数值积分后得到相应的计算表格供设计使用。例如图 7-7 所示矩形基础，基础底面的反力为均布荷载 $p(x, y)=q$，基础角点 (a, b) 的沉降为：

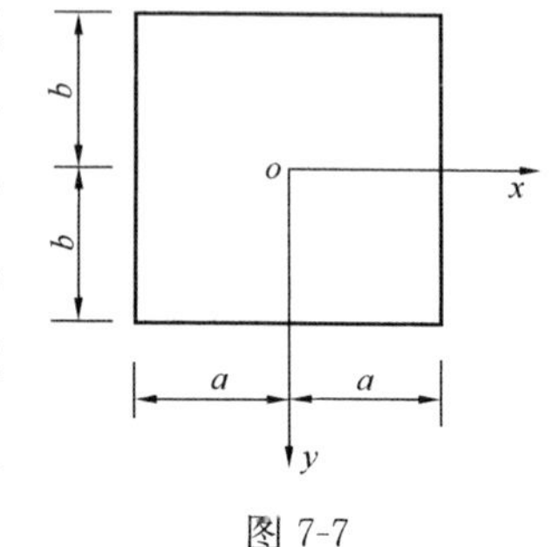

图 7-7

$$S(a, b)=\frac{3\psi_s q}{2\pi}\sum_{i=1}^{n}\frac{1}{E_{si}}\int_{z_{i-1}}^{z_i}\mathrm{d}z\int_{-b}^{b}\mathrm{d}y\int_{-a}^{a}\frac{z^3\mathrm{d}x}{[(a-x)^2+(b-y)^2+z^2]^{\frac{5}{2}}} \tag{7-32}$$

工程中常用的角点法沉降计算正是利用上述公式积分得到的，现有基础设计规范将上述的积分公式进行无量纲处理后，对无量纲的积分进行计算，编成计算表格供设计计算使用。对于任意形状的基础，只要已知基础边界的形状，可通过数值积分得到沉降值（或土层压缩量）。关于相邻荷载对既有基础的沉降影响分析可参见文献［17］。

7.6 弹性接触问题

弹性体之间的接触问题存在于很多工程问题中，例如：机械工程中轴承滚珠与轴承座之间具有接触应力，齿轮传动中轮齿之间产生接触应力，当这些接触应力过大时，会在接触面上产生（疲劳）点蚀破坏，接触应力分析是轴承与齿轮设计的重要内容之一。土木水利工程中，支撑在砌体结构（或桥墩）上的混凝土大梁，在其支撑接触面上存在较大的接触压力（应力），可能导致受压面由于局部承压强度不够而使支撑结构局部开裂，因此通常需要设计梁垫以减小接触压力；对于弧形闸门轴铰的设计，要保证轴与支座的接触应力不应超过局部承压的容许应力；对于预应力构件，预应力锚具与混凝土构件的接触应力不应超过混凝土的局部承压承载力。

以上的接触问题都需要分析弹性体之间接触应力（压力）。本节将以两球体之间的空间轴对称弹性接触问题为例，采用解析方法分析弹性体之间的最大接触应力（压力），在此基础上，进一步讨论任意曲面弹性体的一般接触问题以及两柱体的接触问题。

本节基于经典的 Hertz（赫兹）弹性接触理论，假定材料处于弹性范围，接触表面是理想光滑的，接触面上的摩擦力忽略不计。

7.6.1 半无限体表面受半球分布荷载作用下的位移

设半无限体表面受大小为半球分布的面荷载作用，设坐标如图 7-8 所示，半球半径为 R，半球分布面荷载的最大值为 q_0，则半球内任一点 p（离原点 o 的距离为 r）的荷载可以表示为：

$$q(r)=q_0\frac{\sqrt{R^2-r^2}}{R}=\frac{q_0}{R}z \tag{7-33}$$

其中 $z=\sqrt{R^2-r^2}$ 表示了 p 点处对应的半圆面高度，荷载的合力为：

$$F=\int_0^R q(r)\cdot 2\pi r\mathrm{d}r$$

$$=\int_0^R q_0\frac{\sqrt{R^2-r^2}}{R}\cdot 2\pi r\mathrm{d}r=\frac{2}{3}\pi R^2 q_0 \tag{7-34}$$

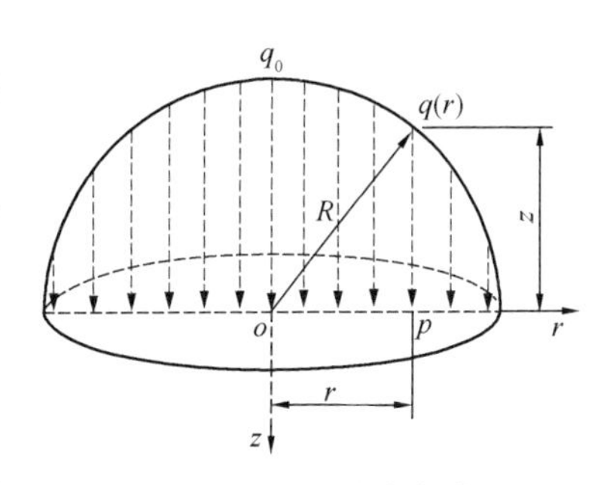

图 7-8 半球分布荷载

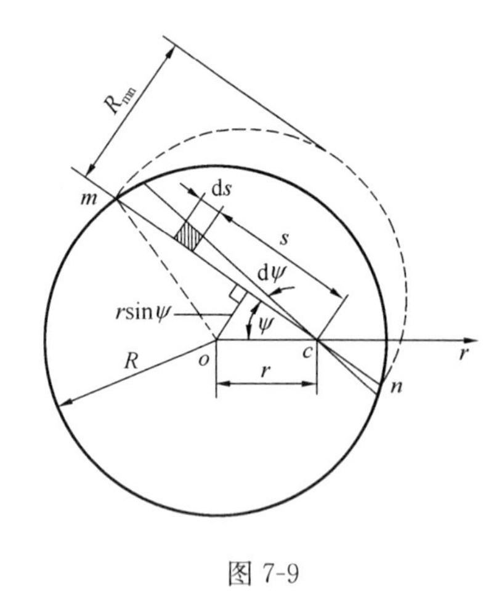

图 7-9

面荷载最大值为：

$$q_0 = \frac{3F}{2\pi R^2} \tag{7-35}$$

当计算沉陷时，式（7-28）给出了一般荷载作用下半无限体表面沉陷的计算公式，但对于半球分布荷载，在直角坐标下，采用式（7-28）计算难以得到解析解，若采用以下特殊的坐标系计算，可获得解析解。

为了计算自由表面（$z=0$）荷载范围内任一点 c 的垂直沉陷 w_c，如图 7-9 所示，过 c 点作割线 mn，让割线绕 c 点顺时针转动一微小角度 $\mathrm{d}\Psi$ 产生另一割线，在割线上考察距离 c 点为 s 的一微小面积（阴影部分），这个微元面积上受到的集中力为：$\mathrm{d}P = qs\mathrm{d}\Psi\,\mathrm{d}s$，其中 q 代表微元面积上的面荷载，于是根据式（7-24），集中力 $\mathrm{d}P$ 在 c 点上引起的沉陷位移为：

$$\mathrm{d}w_c = \frac{(1-\nu^2)\mathrm{d}P}{\pi Es} = \frac{(1-\nu^2)qs\mathrm{d}\Psi\,\mathrm{d}s}{\pi Es} = \frac{(1-\nu^2)q\mathrm{d}\Psi\,\mathrm{d}s}{\pi E} \tag{7-36}$$

注意到式（7-24）中的距离坐标 r' 在这里用坐标 s 代替，利用式（7-33）$q = q_0 z/R$，将式（7-36）在荷载作用的圆内（区域 D）积分，可得整个半球分布荷载在 c 点引起的垂直位移为：

$$w_c = \iint_D \frac{(1-\nu^2)q\mathrm{d}\Psi\,\mathrm{d}s}{\pi E} = \frac{(1-\nu^2)q_0}{\pi ER}\iint_D z\mathrm{d}s\mathrm{d}\Psi = \frac{(1-\nu^2)q_0}{\pi ER}\int_{l_{mn}} z\mathrm{d}s\int_0^{\pi}\mathrm{d}\Psi \tag{7-37}$$

首先对式（7-37）的 $\mathrm{d}s$ 积分，注意到 $\int_{l_{mn}} z\mathrm{d}s$ 为线积分，积分范围为割线 mn 的长度范围，这个积分表示了一个几何图形的面积 A，这个图形正是过割线 mn 的垂直平面与半球面相交的半圆面（如图 7-9 中虚线半圆所示），设这个半圆的半径为 R_{mn}，它等于割线长度 l_{mn} 的一半，割线距离原点 o 的距离为 $r\sin\Psi$，则根据几何关系有：

$$(R_{mn})^2 = R^2 - (r\sin\Psi)^2 \tag{7-38}$$

所以半圆的面积为：

$$A = \int_{l_{mn}} z\mathrm{d}s = \frac{1}{2}\pi R_{mn}^2 = \frac{1}{2}\pi(R^2 - r^2\sin^2\Psi) \tag{7-39}$$

然后再对式（7-37）中的 $\mathrm{d}\Psi$ 积分，于是有：

$$\iint_D z\mathrm{d}s\mathrm{d}\Psi = \int_0^{\pi}\frac{1}{2}\pi(R^2 - r^2\sin^2\Psi)\mathrm{d}\Psi = \frac{\pi^2}{4}(2R^2 - r^2) \tag{7-40}$$

所以圆内任一点 c 的垂直位移（沉陷）为：

$$w_c = \frac{(1-\nu^2)q_0\pi}{4ER}(2R^2 - r^2) \tag{7-41}$$

7.6.2　两球体之间的弹性接触压力

设两个弹性球体在对心集中力 F 作用下发生相互挤压弹性接触，本问题属于空间轴对称问题。设二球的半径分别为 R_1，R_2，材料常数分别为 E_1，ν_1 及 E_2，ν_2。根据 Hertz 假设，两球接触面上的应力分布是以 R 为半径的半球，这一假定得到了实验和数值计算的验证，挤压接触面的半径 R 远小于两球的半径，即：$R \ll R_1, R_2$，如图 7-10 所示，取加载前的两球体公切点 o 为坐标原点，坐标轴 z_1，z_2 分别指向两球心 o_1，o_2，接触面上任意点 c 对应接触前两球体上的 c_1，c_2 两点，c_1，c_2 与 z_1，z_2 轴的距离为 r，与公切面的距离分别为 z_1，z_2。由图 7-10 的几何关系有：

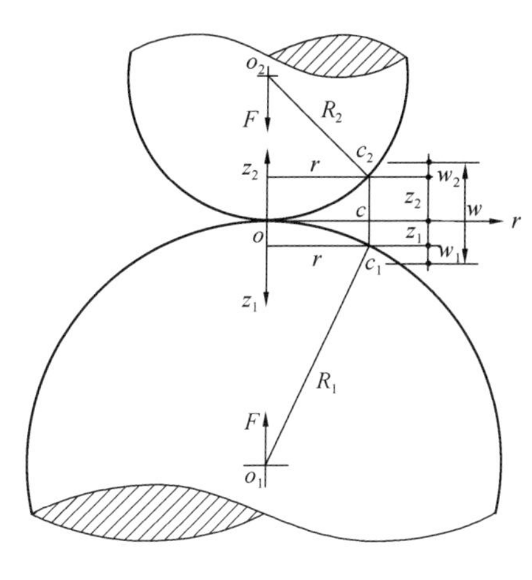

图 7-10

$$(R_1 - z_1)^2 + r^2 = R_1^2, \quad (R_2 - z_2)^2 + r^2 = R_2^2$$

由此可以得到：

$$z_1 = \frac{r^2}{2R_1 - z_1}, \quad z_2 = \frac{r^2}{2R_2 - z_2}$$

由于 $R \ll R_1$，R_2，那么：$z_1 \ll R_1$，$z_2 \ll R_2$，上式可以变为：

$$z_1 = \frac{r^2}{2R_1}, \quad z_2 = \frac{r^2}{2R_2} \tag{7-42}$$

在接触应力作用下，接触点 c_1，c_2 沿 z_1，z_2 轴的弹性位移（沉陷）分别为 w_1，w_2，则由于两个球体的弹性接触变形，加载后两球心发生的相对位移 w 可以表示为：

$$w = w_1 + w_2 + z_1 + z_2 \tag{7-43}$$

将式（7-42）代入式（7-43）得：

$$w_1 + w_2 = w - (z_1 + z_2) = w - \beta r^2 \tag{7-44}$$

式中：$\beta = (R_1 + R_1)/(2R_1R_2)$，因为接触面半径 R 远小于 R_1，R_2，以半径 R 的尺度来看 R_1，R_2，可近似认为 R_1，R_2 无限大，即接触面可近似看成半无限体的自由表面，又根据 Hertz 的假设，接触面压力可以视为半无限体自由表面上承受半球的分布荷载，因为两球体接触压力为作用力与反作用力，作用在两个球体上的分布荷载 q 完全相同，只是方向相反，因此可以利用式（7-37）有：

$$\left.\begin{aligned}
w_1 &= \frac{(1-\nu_1^2)}{\pi E_1}\iint_D q\,\mathrm{d}s\,\mathrm{d}\Psi = k_1\iint_D q\,\mathrm{d}s\,\mathrm{d}\Psi \\
w_2 &= \frac{(1-\nu_2^2)}{\pi E_2}\iint_D q\,\mathrm{d}s\,\mathrm{d}\Psi = k_2\iint_D q\,\mathrm{d}s\,\mathrm{d}\Psi \\
k_1 &= (1-\nu_1^2)/(\pi E_1), \; k_2 = (1-\nu_2^2)/(\pi E_2)
\end{aligned}\right\} \tag{7-45}$$

于是：

$$w_1 + w_2 = (k_1 + k_2)\iint_D q\,\mathrm{d}s\mathrm{d}\Psi \tag{7-46}$$

利用式（7-41）的积分结果可得：

$$w_1 + w_2 = (k_1 + k_2)\frac{q_0\pi^2}{4R}(2R^2 - r^2) \tag{7-47}$$

比较式（7-47）与式（7-44）得：

$$w - \beta r^2 = (k_1 + k_2)\frac{q_0\pi^2}{4R}(2R^2 - r^2) \tag{7-48}$$

上式是关于变量 r 的函数，在接触面上，对于所有的 r 要保持上式成立，比较式（7-48）两边的系数可得：

$$\left.\begin{aligned} w &= (k_1 + k_2)\frac{q_0\pi^2 R}{2} \\ \beta &= (k_1 + k_2)\frac{q_0\pi^2}{4R} \end{aligned}\right\} \tag{7-49}$$

将式（7-35）及 $\beta = (R_1 + R_1)/(2R_1R_2)$ 代入上式，分别求解 R 及 w 得：

$$\left.\begin{aligned} R &= \left[\frac{3\pi F(k_1 + k_2)R_1R_2}{4(R_1 + R_2)}\right]^{\frac{1}{3}} \\ w &= \left[\frac{9\pi^2F^2\ (k_1 + k_2)^2(R_1 + R_2)}{16R_1R_2}\right]^{\frac{1}{3}} \end{aligned}\right\} \tag{7-50}$$

由此可得最大接触压（应）力为：

$$q_0 = \frac{3F}{2\pi R^2} = \frac{3F}{2\pi}\left[\frac{4(R_1 + R_2)}{3\pi F(k_1 + k_2)R_1R_2}\right]^{\frac{2}{3}} \tag{7-51}$$

如果 $E_1 = E_2 = E$，$\nu_1 = \nu_2 = 0.3$，则可得出工程中广泛应用的公式：

$$\left.\begin{aligned} R &= 1.11\left[\frac{FR_1R_2}{E(R_1 + R_2)}\right]^{\frac{1}{3}} \\ w &= 1.23\left[\frac{F^2(R_1 + R_2)}{E^2R_1R_2}\right]^{\frac{1}{3}} \\ q_0 &= 0.388\left[\frac{FE^2\ (R_1 + R_2)^2}{R_1^2R_2^2}\right]^{\frac{1}{3}} \end{aligned}\right\} \tag{7-52}$$

对于球体放在平面上的情形（图 7-11a），只需在以上公式中命 $R_1 \rightarrow \infty$ 得：

$$R = 1.11\left(\frac{FR_2}{E}\right)^{\frac{1}{3}},\quad w = 1.23\left(\frac{F^2}{E^2R_2}\right)^{\frac{1}{3}},\quad q_0 = 0.388\left(\frac{FE^2}{R_2^2}\right)^{\frac{1}{3}} \tag{7-53}$$

对于球体放置在球座内的情形（图 7-11b，这里 $R_1 > R_2$），只需将 R_1 替换为 $-R_1$ 得：

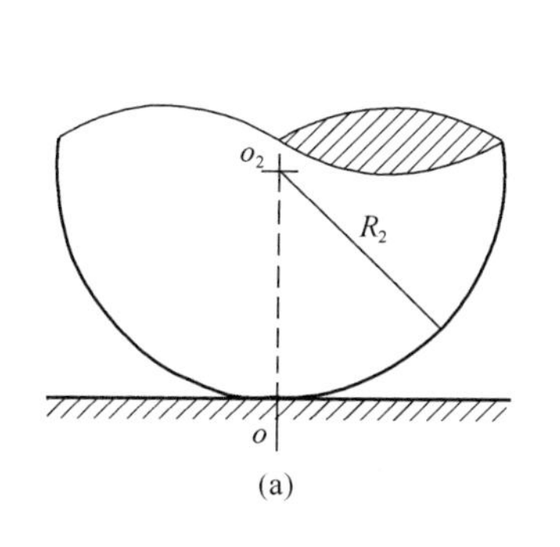

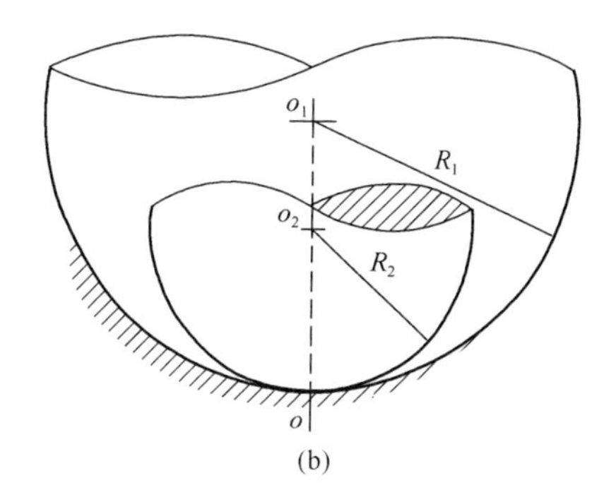

图 7-11

$$R = 1.11\left[\frac{FR_1R_2}{E(R_1-R_2)}\right]^{\frac{1}{3}},\ w = 1.23\left[\frac{F^2(R_1-R_2)}{E^2R_1R_2}\right]^{\frac{1}{3}},\ q_0 = 0.388\left[\frac{FE^2\ (R_2-R_1)^2}{R_1^2R_2^2}\right]^{\frac{1}{3}} \tag{7-54}$$

对于球铰内的接触应力可按上式计算。

7.6.3　一般形状弹性体之间的接触压力

对于一般形状的两弹性体的接触问题不属于空间轴对称问题，但采用与两球体接触分析类似的方法，也可以得到一些有意义的解答。

设两个任意形状弹性体如图 7-12 所示，把坐标原点放在未变形前的接触点 o 处，两个弹性体外轮廓曲面可分别表示为：

$$z_1 = f_1(x,\ y),\ z_2 = f_2(x,\ y) \tag{7-55}$$

以过 o 点的二曲面的公共切面作为 xoy 平面，现把 $f_1(x,\ y)$，$f_2(x,\ y)$ 在原点 o 附近展开为 Taylor 级数，在空间解析几何中，常数及一次项表示平面，而原点 o 附近的 $f_1(x,\ y)$，$f_2(x,\ y)$ 仍表现为曲面，所以 Taylor 级数中的常数及一次项可以去掉，由于我们所研究的接触区域很小，因此 Taylor 级数中仅保留二次项即可，三次及以上的项为高阶小量，可以略去不计。于是在 o 点附近的两个曲面可近似表示为：

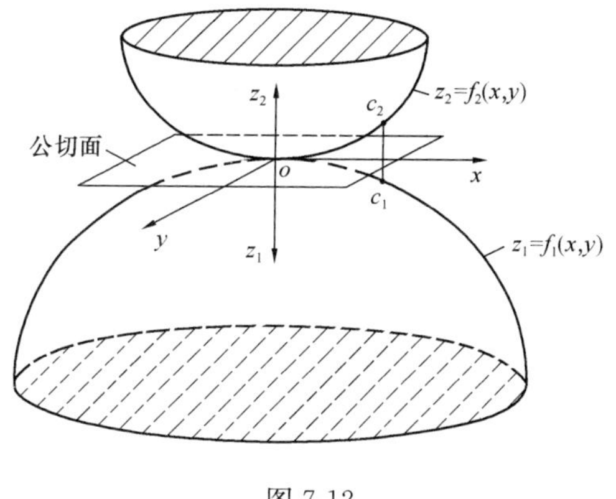

图 7-12

$$\left.\begin{aligned} z_1 &= a_1x^2 + a_2xy + a_3y^2 \\ z_2 &= b_1x^2 + b_2xy + b_3y^2 \end{aligned}\right\} \tag{7-56}$$

以上相当于在 o 点附近，用二次曲面去近似逼近实际的曲面。于是有：

$$z = z_1 + z_2 = c_1x^2 + c_2xy + c_3y^2 \tag{7-57}$$

式中：

$$c_1 = a_1 + b_1,\ c_2 = a_2 + b_2,\ c_3 = a_3 + b_3 \tag{7-58}$$

式（7-57）表示二次曲面方程，该二次型函数可以表示为下列矩阵形式：

$$z = z_1 + z_2 = c_1 x^2 + c_2 xy + c_3 y^2 = \{\alpha\}^{\mathrm{T}}[C]\{\alpha\} \tag{7-59}$$

式中：$\{\alpha\}^{\mathrm{T}} = \{x,\ y\}$，矩阵 $[C] = \begin{bmatrix} c_1 & c_2/2 \\ c_2/2 & c_3 \end{bmatrix}$ 为二次型的系数矩阵，它为实的对称矩阵，根据附录 3 的正交变换方法，可以求得矩阵 $[C]$ 的两个特征值与特征向量分别为：λ_1，$\{\alpha\}_1^{\mathrm{T}} = \{l_1,\ m_1\}$ 及 λ_2，$\{\alpha\}_2^{\mathrm{T}} = \{l_2,\ m_2\}$，通过绕 z 轴的坐标旋转变换：$\begin{Bmatrix} x \\ y \end{Bmatrix} = \begin{bmatrix} l_1 & l_2 \\ m_1 & m_2 \end{bmatrix}\begin{Bmatrix} x' \\ y' \end{Bmatrix}$，可以将 $z = z_1 + z_2 = c_1 x^2 + c_2 xy + c_3 y^2$ 变为下列的标准形式：

$$z = z_1 + z_2 = c_1 x^2 + c_2 xy + c_3 y^2 = \lambda_1 x'^2 + \lambda_2 y'^2 \tag{7-60}$$

由于 $z_1 + z_2 \geqslant 0$，所以 $\lambda_1 \geqslant 0$，$\lambda_2 \geqslant 0$，式（7-60）可以重写为：

$$z = z_1 + z_2 = \frac{x'^2}{\left(\sqrt{\dfrac{1}{\lambda_1}}\right)^2} + \frac{y'^2}{\left(\sqrt{\dfrac{1}{\lambda_2}}\right)^2} \tag{7-61}$$

上式表明：在新坐标系 $ox'y'$ 下所观察到的两弹性体接触点都在同一个椭圆上，由此推论：接触面具有一个椭圆边界。同 7.6.2 节的分析，如图 7-12 所示，在接触应力作用下，设接触点 c_1，c_2 沿 z_1，z_2 轴的弹性位移（沉陷）分别为 w_1，w_2，在椭圆形的接触区域 D 内（图 7-13a），任意一点 $c(\xi,\ \eta)$ 处的一个微小面积 $\mathrm{d}\xi\mathrm{d}\eta$ 内的荷载为 $q_{\mathrm{c}}(\xi,\ \eta)\mathrm{d}\xi\mathrm{d}\eta$［其中 $q_{\mathrm{c}}(\xi,\ \eta)$ 为分布面荷载］，由沉陷位移计算公式（7-28），可得 $q_{\mathrm{c}}(\xi, \eta)$ 对椭圆内任一点 $c'(x',\ y')$ 的沉陷位移和为：

$$w_1 + w_2 = (k_1 + k_2)\iint_D \frac{q_{\mathrm{c}}(\xi,\ \eta)\mathrm{d}\xi\mathrm{d}\eta}{r'} \tag{7-62}$$

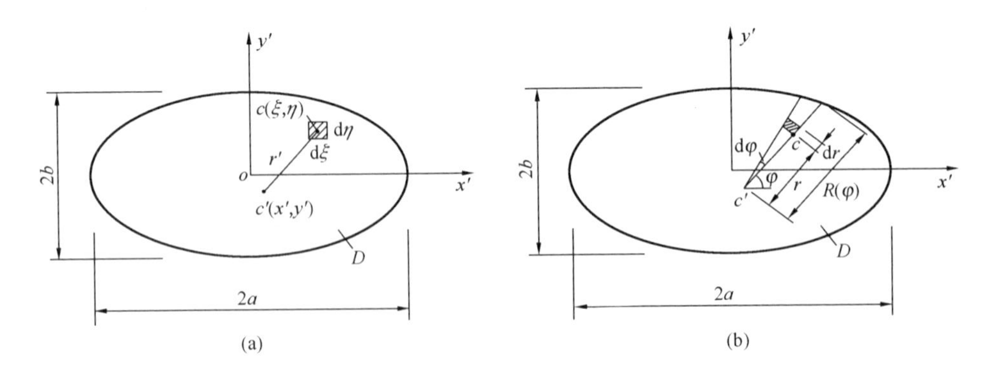

图 7-13

式中：

$$r' = \sqrt{(x' - \xi)^2 + (y' - \eta)^2} \tag{7-63}$$

这里 k_1，k_2 的意义同式（7-45）。Hertz 假定椭圆形接触面上的压力分布为：

$$q_c(\xi, \eta) = q_0\sqrt{1 - \frac{\xi^2}{a^2} - \frac{\eta^2}{b^2}} \quad (\xi, \eta) \in D \tag{7-64}$$

式中：q_0 为最大压应力，a，b 分别为接触椭圆边界半长轴与半短轴的长度，即：$a \geqslant b$，q_0 与 a,b 均为待求未知量。则分布荷载的合力为：

$$F = \iint_D q_c(\xi, \eta)\mathrm{d}\xi\mathrm{d}\eta = \frac{2}{3}\pi ab q_0 \tag{7-65}$$

最大压应力为：

$$q_0 = \frac{3F}{2\pi ab} \tag{7-66}$$

加载后两弹性体发生的相对位移为 w，于是有：

$$w_1 + w_2 = w - (z_1 + z_2) = w - \lambda_1 x'^2 - \lambda_2 y'^2 \tag{7-67}$$

将式（7-62）代入上式有：

$$w - \lambda_1 x'^2 - \lambda_2 y'^2 = (k_1 + k_2)q_0 \iint_D \frac{\sqrt{1 - \frac{\xi^2}{a^2} - \frac{\eta^2}{b^2}}\mathrm{d}\xi\mathrm{d}\eta}{\sqrt{(x' - \xi)^2 + (y' - \eta)^2}} \tag{7-68}$$

上式右边的积分在图 7-13（a）的直角坐标下难以获得解析表达式，若采用图 7-13（b）的坐标则可得到解析表达，在该坐标下有：

$$\xi = x' + r\cos\varphi, \ \eta = y' + r\sin\varphi \tag{7-69}$$

图 7-13（b）中面积元为 $r\mathrm{d}\varphi\mathrm{d}r$，于是式（7-68）右边的积分可以变为：

$$f(x', y') = \iint_D \frac{\sqrt{1 - \frac{\xi^2}{a^2} - \frac{\eta^2}{b^2}}\mathrm{d}\xi\mathrm{d}\eta}{\sqrt{(x' - \xi)^2 + (y' - \eta)^2}} = \int_0^{2\pi}\mathrm{d}\varphi\int_0^{R(\varphi)}\sqrt{1 - \frac{(x' + r\cos\varphi)^2}{a^2} - \frac{(y' + r\sin\varphi)^2}{b^2}}\mathrm{d}r \tag{7-70}$$

上式右边的积分通过复杂的分析过程（见参考文献［8］），最后可得：

$$f(x', y') = I_0 - I_1 x'^2 - I_2 y'^2 \tag{7-71}$$

式中：

$$\left.\begin{aligned} I_0 &= \pi b K(e) \\ I_1 &= \frac{\pi}{be^2}[E(e) - (1 - e^2)K(e)] \\ I_2 &= \frac{\pi(1 - e^2)}{be^2}[K(e) - E(e)] \end{aligned}\right\} \tag{7-72}$$

其中：

$$\left.\begin{aligned}
e &= \sqrt{1-\frac{b^2}{a^2}} \\
K(e) &= \int_0^{\pi/2} \frac{\mathrm{d}\varphi}{\sqrt{1-e^2\sin^2\varphi}} \\
E(e) &= \int_0^{\pi/2} \sqrt{1-e^2\sin^2\varphi}\,\mathrm{d}\varphi
\end{aligned}\right\} \tag{7-73}$$

式中：e 为椭圆偏心率，假定 $a \geqslant b$，$K(e)$，$E(e)$ 为椭圆积分，其数值一般可通过查表或数值计算获得。将式（7-66）、式（7-70）及式（7-71）代入式（7-68），比较两边关于 x'，y' 的系数得：

$$\left.\begin{aligned}
w &= \pi b q_0 (k_1+k_2) K(e) \\
\lambda_1 &= \frac{\pi q_0}{e^2 b}(k_1+k_2)[E(e)-(1-e^2)K(e)] \\
\lambda_2 &= \frac{\pi b q_0}{e^2 a^2}(k_1+k_2)[K(e)-E(e)]
\end{aligned}\right\} \tag{7-74}$$

或：

$$\left.\begin{aligned}
w &= \frac{3F}{2a}(k_1+k_2)K(e) \\
\lambda_1 &= \frac{3F}{2e^2a^3}(k_1+k_2)\left[\frac{E(e)}{1-e^2}-K(e)\right] \\
\lambda_2 &= \frac{3F}{2e^2a^3}(k_1+k_2)[K(e)-E(e)]
\end{aligned}\right\} \tag{7-75}$$

以上三个方程联立可求解 a，e，w 三个未知量，从式（7-75）的后面两式可以得到关于 e 的方程如下：

$$\frac{\dfrac{E(e)}{(1-e^2)}-K(e)}{K(e)-E(e)} = \frac{\lambda_1}{\lambda_2} \tag{7-76}$$

以上方程为关于 e 的超越方程，一般情况可通过数值求解方法得到 e，于是根据式（7-75），具有一般曲面弹性体的接触问题解答为：

$$\left.\begin{aligned}
a &= \left[\frac{3E(e)}{2(1-e^2)} \cdot \frac{(k_1+k_2)}{\lambda_1+\lambda_2}F\right]^{1/3} \\
b &= a\sqrt{1-e^2} \\
w &= \frac{3}{2}\,\frac{(k_1+k_2)K(e)}{a}F \\
q_0 &= \frac{3F}{2\pi ab}
\end{aligned}\right\} \tag{7-77}$$

7.6.4　两圆柱体之间的接触压力

如图 7-14（a）所示，两个光滑的圆柱体，它们的半径分别为 R_1，R_2，材料常数分别为 E_1，ν_1 及 E_2，ν_2，它们的长度均为 $2a$，其轴线相互平行，在外力 F 作用下对中接触，由于弹性变形，它们的接触区域宽度为 $2b$，因为圆柱的长度 $2a$ 远大于 $2b$，即：$2a \gg 2b$，相对于 $2b$，可以认为 $2a$ 为无穷大，接触面的椭圆趋向于一个宽度为 $2b$ 的无限长矩形长条，如图 7-14（b）所示，沿轴线 y 方向的接触应力为均匀分布。假定接触面应力分布在 x 方向呈半椭圆柱状分布（图 7-14b），则接触区分布荷载可以表示为：

$$q(y) = q_0\sqrt{1-\left(\frac{x}{b}\right)^2} \tag{7-78}$$

式中：q_0 为最大接触应力，沿轴线单位长度的接触面上分布荷载表现为线荷载 F'，其大小为：

$$F' = \int_{-b}^{b} q_0\sqrt{1-\left(\frac{x}{b}\right)^2}\mathrm{d}x = \frac{1}{2}q_0\pi b \tag{7-79}$$

最大接触应力为：

$$q_0 = \frac{2F'}{\pi b} \tag{7-80}$$

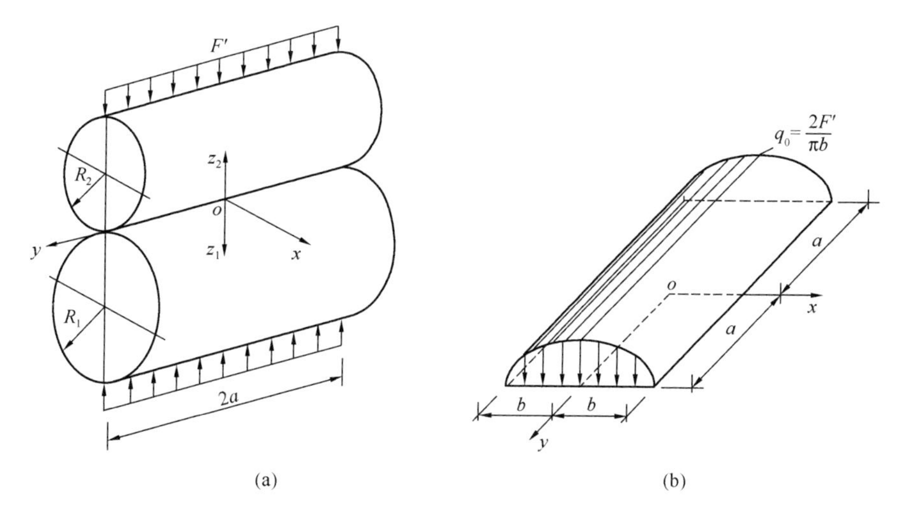

图 7-14　两个长度相等圆柱体的接触面应力

如图 7-15 所示，把坐标原点放在未变形前的接触点 o 处，两个圆柱体外轮廓曲面可分别表示为：

$$z_1 = R_1\left[1-\sqrt{1-\left(\frac{x}{R_1}\right)^2}\right],\quad z_2 = R_2\left[1-\sqrt{1-\left(\frac{x}{R_2}\right)^2}\right] \tag{7-81}$$

于是在 o 点附近的两个曲面可近似展开为：

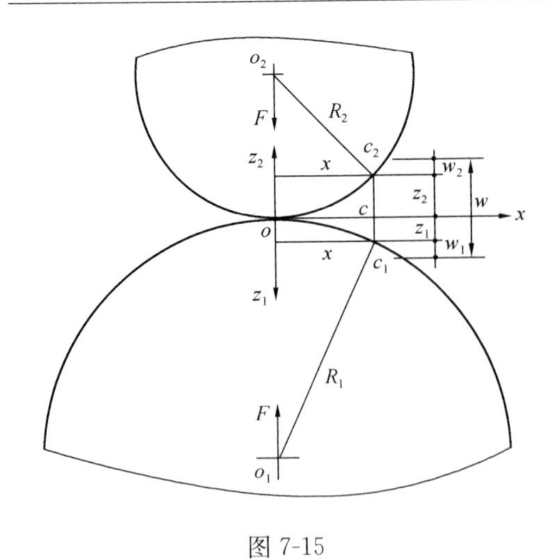

图 7-15

$$z_1=\frac{x^2}{2R_1},\quad z_2=\frac{x^2}{2R_2} \tag{7-82}$$

所以：

$$z_1+z_2=\frac{1}{2}\frac{R_1+R_2}{R_1R_2}x^2 \tag{7-83}$$

对照式（7-60），上式为标准的二次型，不需进行坐标旋转变换，于是有：

$$\lambda_1=\frac{1}{2}\frac{R_1+R_2}{R_1R_2},\quad \lambda_2=0 \tag{7-84}$$

借助式（7-74），将 $q_0=2F'/(\pi b)$ 代入其中，得：

$$\left.\begin{aligned}
&w=2F'(k_1+k_2)K(e)\\
&\lambda_1=\frac{2F'}{e^2b^2}(k_1+k_2)[E(e)-(1-e^2)K(e)]\\
&\lambda_2=\frac{2F'}{e^2a^2}(k_1+k_2)[K(e)-E(e)]
\end{aligned}\right\} \tag{7-85}$$

对于本问题：$a\to\infty$，$b/a\to 0$，$e=\sqrt{1-(b/a)^2}=1$，$E(1)=1$，$K(1)\to\infty$，$\lambda_1=(R_1+R_2)/(2R_1R_2)$，$\lambda_2=0$ 代入式（7-85）的第二式，得：

$$b=\sqrt{\frac{4F'(k_1+k_2)R_1R_2}{R_1+R_2}} \tag{7-86}$$

将上式代入式（7-80）得最大接触应力：

$$q_0=\frac{1}{\pi}\sqrt{\frac{F'(R_1+R_2)}{(k_1+k_2)R_1R_2}} \tag{7-87}$$

注意到按以上的分析方法无法得到 w 的解析表达式，可采用其他方法获得 w 的近似解析表达式，但借助 7.6.3 节的一般解答，可容易地获得本问题的最大接触应力解答式（7-87），这正是工程师最为关注的解答。

对于圆柱体放在平面上的情形（图 7-16a），只需在以上公式中命 $R_1\to\infty$ 得：

$$b=\sqrt{4F'(k_1+k_2)R_2},\quad q_0=\frac{1}{\pi}\sqrt{\frac{F'}{(k_1+k_2)R_2}} \tag{7-88}$$

对于柱体放置在柱形支座内的情形（图 7-16b，这里 $R_1>R_2$），只需将 R_1 替换为 $-R_1$ 得：

$$b=\sqrt{\frac{4F'(k_1+k_2)R_1R_2}{R_1-R_2}},\quad q_0=\frac{1}{\pi}\sqrt{\frac{F'(R_1-R_2)}{(k_1+k_2)R_1R_2}} \tag{7-89}$$

对于平面铰支座内的接触应力可按上式计算。

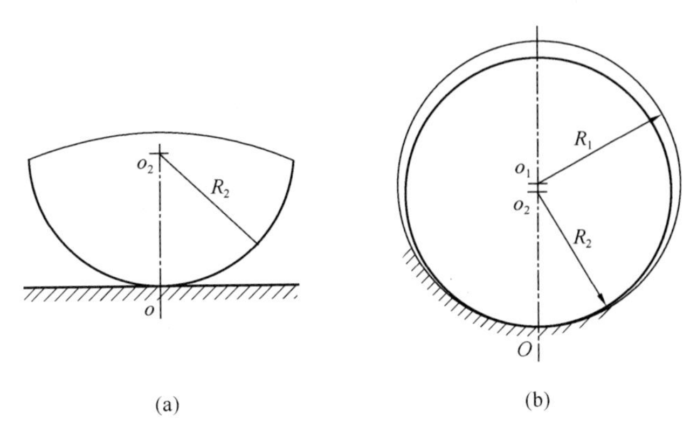

图 7-16

习　　题

7.1　如图 7-1 所示，试根据力的平衡条件，导出轴对称问题的平衡方程。

7.2　设无限大弹性体（空间体），在体内的某一点 o 受集中荷载 P（图 7-17），试用 Love 位移函数 $\psi(r,z)=A\sqrt{r^2+z^2}$（$A$ 为常数），求解附加压应力分量。

7.3　已知半无限体在集中荷载 P 作用下（图 7-18），产生的压应力分布为：

$$\sigma_z=\frac{-3P}{2\pi}\cdot\frac{z^3}{[(x-x_0)^2+(y-y_0)^2+z^2]^{\frac{5}{2}}}$$

图示为圆形基础，基底反力为均布荷载 q，求半无限体内任一点（$\bar{x}$，$\bar{y}$，$\bar{z}$）的压应力 σ_z（写出表达式即可），导出规范计算圆形基础沉降的公式。

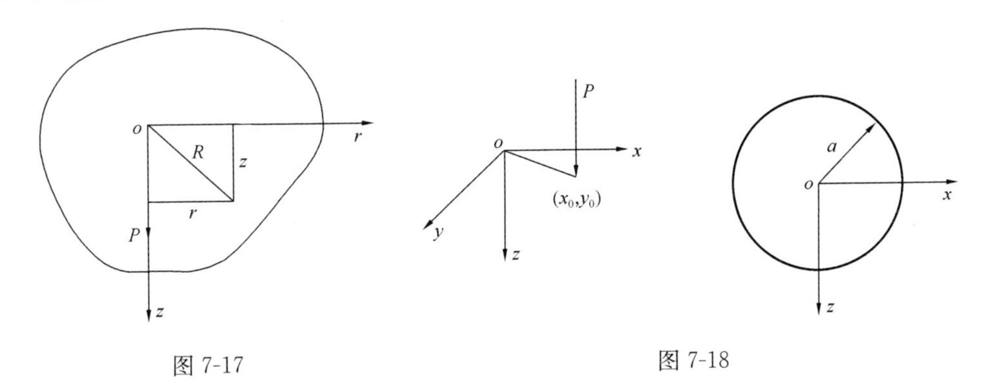

图 7-17　　图 7-18

7.4　图 7-7 所示的矩形基础，基底反力为均布荷载 q，若半无限体为单一的弹性材料，弹性常数为 E，ν，试求矩形中心与四角处的沉降。

7.5* 图 7-19 所示矩形基础下作用有均布荷载 q，根据基础沉降公式（7-31），研究矩形基础对毗邻圆形基础（如烟囱基础）沉降的影响，采用数值积分的方法计算。计算数据为：$q=120.0\text{kPa}$，$a=8.0\text{m}$，$d=10.0\text{m}$，$R=1.5\text{m}$，修正系数 $\psi_s=1.2$。土层的参数如图 7-19 所示（相邻荷载对既有基础的沉降影响分析讨论可进一步参见文献［17］）。

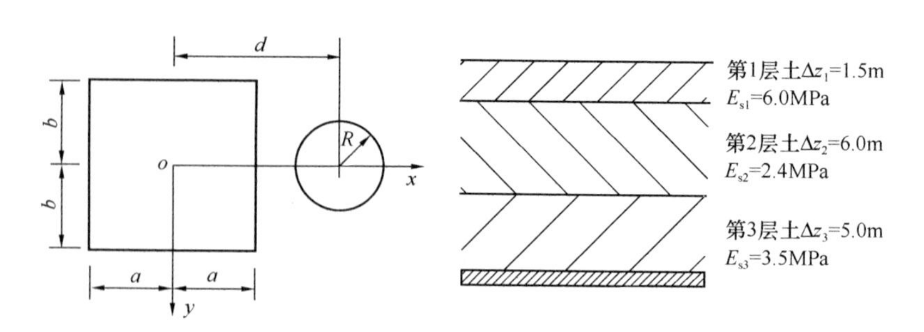

图 7-19

7.6 两个长度均为 20cm 的钢质圆柱体对心互压，传递 100kN 的压力，如接触面上的应力不能超过 1000kN/mm^2，试选择圆柱的直径。

7.7 两个相互垂直接触的圆柱体，半径均为 R，弹性常数也相同，在相互垂直的位置以 F 相压，试求最大接触应力 q_0。

7.8* 研究两个椭球体的接触问题，试给出最大接触应力的解答。

第8章　柱体的扭转

柱体扭转是土木工程中一类常见问题，本章所谓的扭转是指仅在柱体端部受到扭矩的作用，且扭矩向量方向与杆的轴线重合，本章仅讨论自由扭转问题，即允许柱体受扭变形后的横截面可以自由发生轴向变形（翘曲），关于横截面翘曲受到约束的情况（约束扭转问题）不在本章的讨论范围之列。

8.1　扭转问题中的位移与应力

在材料力学中，我们研究过等截面圆柱体的扭转问题（图 8-1a），圆柱体的受扭变形有如下的特点：（1）圆柱体长度为 l，其母线都转过相同的角度 γ（图 8-1a）；（2）每个圆截面都保持为一个平面，且圆的大小、形状保持不变，截面只是在原来的平面内刚性地转动了一个角度，即圆截面在 z 方向（轴向）没有发生变形。

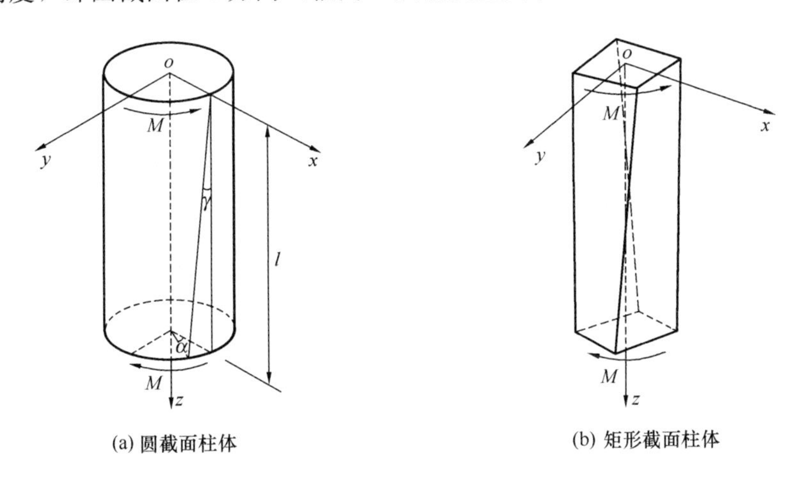

图 8-1　柱体的扭转

根据圆柱体以上的扭转变形特点，在图 8-1(a) 的坐标中，圆柱体内任一点的三个位移分量可表示为：

$$\left.\begin{aligned} u &= -\kappa yz \\ v &= \kappa xz \\ w &= 0 \end{aligned}\right\} \tag{8-1}$$

式中：$\kappa = \alpha / l$（图 8-1a）为圆柱体单位长度上的相对扭转角。

对于一般的非圆截面柱体，如矩形截面柱体（图 8-1b），在扭转时，杆内各横截面除了在自身平面内绕轴线的转动外，还发生了 z 方向（轴向）位移，即发生了垂直于截面的翘曲变形。为了简化问题，可假定：任意截面的柱体在自由扭转变形时，各个横截面上的翘曲程度相同（即 z 方向的位移相同），这就是 Saint Venant 提出的等翘曲假定。借鉴圆柱体的位移公式（8-1），于是任意截面柱体的自由扭转三个位移分量可写为：

$$\left.\begin{aligned} u &= -\kappa yz \\ v &= \kappa xz \\ w &= \kappa \xi(x,y) \end{aligned}\right\} \tag{8-2}$$

式中：$\xi(x,y)$ 为描述横截面翘曲形状的函数。将式（8-2）代入几何方程式（2-32）得：

$$\left.\begin{aligned} &\varepsilon_x = \varepsilon_y = \varepsilon_z = \gamma_{xy} = 0 \\ &\gamma_{zx} = \frac{\partial w}{\partial x} + \frac{\partial u}{\partial z} = \kappa\left(\frac{\partial \xi}{\partial x} - y\right) \\ &\gamma_{zy} = \frac{\partial w}{\partial y} + \frac{\partial v}{\partial z} = \kappa\left(\frac{\partial \xi}{\partial y} + x\right) \end{aligned}\right\} \tag{8-3}$$

再将式（8-3）代入物理方程（2-42）得：

$$\left.\begin{aligned} &\sigma_x = \sigma_y = \sigma_z = \tau_{xy} = 0 \\ &\tau_{zx} = G\kappa\left(\frac{\partial \xi}{\partial x} - y\right) \\ &\tau_{zy} = G\kappa\left(\frac{\partial \xi}{\partial y} + x\right) \end{aligned}\right\} \tag{8-4}$$

以上方程（8-1）～方程（8-4）为位移解法的基本方程，只要求得翘曲函数 $\xi(x,y)$ 及相对扭转角 κ，则可得到问题的所有解答。由于位移法求解复杂，实用上不采用位移法，而是采用应力法（应力函数法）求解扭转问题。

8.2 扭转应力函数

对任一截面形状柱体的扭转（图 8-2），根据式（8-4），除横截面上的剪应力 τ_{zx}，τ_{zy} 不为零外，其他应力分量全为零。若不计体力 $X=Y=Z=0$，则扭转问题的平衡方程为：

$$\left.\begin{aligned} &\frac{\partial \tau_{zx}}{\partial z} = 0 \Rightarrow \tau_{zx} = f_1(x,y) \\ &\frac{\partial \tau_{zy}}{\partial z} = 0 \Rightarrow \tau_{zy} = f_2(x,y) \\ &\frac{\partial \tau_{zx}}{\partial x} + \frac{\partial \tau_{zy}}{\partial y} = 0 \end{aligned}\right\} \tag{8-5}$$

由式（8-5）的第一、二式可知，剪应力 τ_{zx}，τ_{zy} 均为 x，y 的函数，与 z 无关，根据式

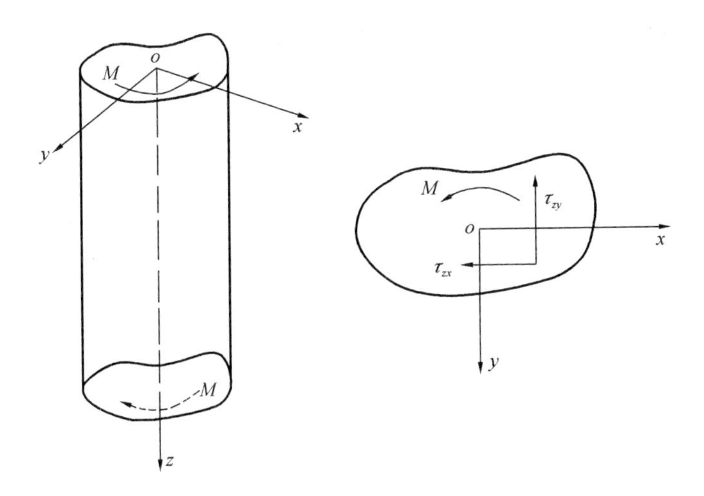

图 8-2 任意截面柱体的扭转

(8-5) 的第三式，仿照 3.6 节，存在函数 $\varphi(x,y)$，有：

$$\left.\begin{aligned}\tau_{zx}&=\frac{\partial\varphi}{\partial y}\\\tau_{zy}&=-\frac{\partial\varphi}{\partial x}\end{aligned}\right\}\tag{8-6}$$

函数 $\varphi(x,y)$ 称为扭转应力函数，式（8-6）将两个剪应力分量与一个应力函数 $\varphi(x,y)$ 联系在一起。下面寻求 $\varphi(x,y)$ 所满足的方程，将各应力分量代入以应力表示的应变协调方程式（2-49），得：

$$\left.\begin{aligned}\nabla^2\tau_{zx}&=0\\\nabla^2\tau_{zy}&=0\end{aligned}\right\}\tag{8-7}$$

将式（8-6）代入式（8-7），得到：

$$\left.\begin{aligned}\frac{\partial}{\partial x}(\nabla^2\varphi)&=0\\\frac{\partial}{\partial y}(\nabla^2\varphi)&=0\end{aligned}\right\}\tag{8-8}$$

由此得：

$$\nabla^2\varphi=C\tag{8-9}$$

上式中：C 为常数，为确定常数 C，可利用式（8-4）、式（8-6）二式，有：

$$\left.\begin{aligned}\tau_{zx}&=G\kappa\left(\frac{\partial\xi}{\partial x}-y\right)=\frac{\partial\varphi}{\partial y}\\\tau_{zy}&=G\kappa\left(\frac{\partial\xi}{\partial y}+x\right)=-\frac{\partial\varphi}{\partial x}\end{aligned}\right\}\tag{8-10}$$

分别将式（8-10）的第一式对 y 求偏导，第二式对 x 求偏导，然后两式相减得：

$$\frac{\partial^2 \varphi}{\partial x^2}+\frac{\partial^2 \varphi}{\partial y^2}=-2G\kappa \tag{8-11}$$

即常数：$C=-2G\kappa$，上式为扭转应力函数所满足的微分方程，这个方程为 Poisson（泊松）方程。

8.3 柱体应力边界条件、扭转问题的应力解法

1. 侧表面边界条件

柱体侧表面 S 上（图 8-3）无面力作用，外法线 $\vec{v}$ 的方向余弦为：$(l,m,0)^{\mathrm{T}}$，代入应力边界条件公式（2-21），得：

$$(\tau_{zx}l+\tau_{zy}m)\mid_S=0 \tag{8-12}$$

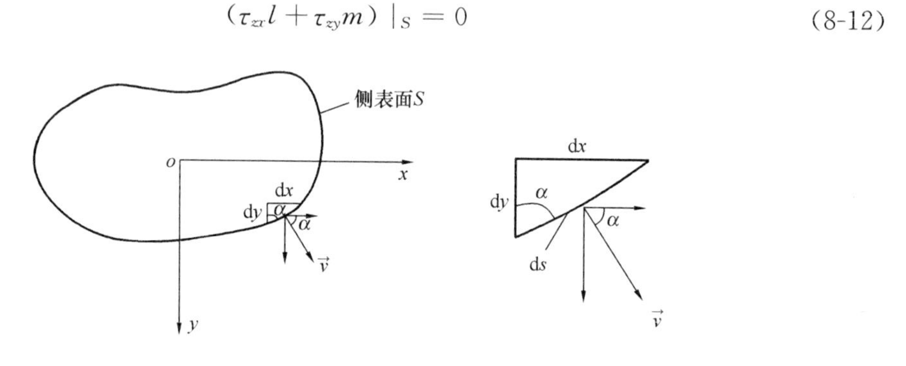

图 8-3 柱体侧表面边界

由图 8-3 可知：$l=\cos\alpha=\dfrac{\mathrm{d}y}{\mathrm{d}s}$，$m=\sin\alpha=-\dfrac{\mathrm{d}x}{\mathrm{d}s}$（按图 8-3 的坐标顺时针方向变化，$\mathrm{d}y>0$，则 $\mathrm{d}x<0$，为了保证 $m=\sin\alpha$ 为正数，故取负号），将式（8-6）代入式（8-12）得：

$$\left(\frac{\partial \varphi}{\partial y}\frac{\mathrm{d}y}{\mathrm{d}s}+\frac{\partial \varphi}{\partial x}\frac{\mathrm{d}x}{\mathrm{d}s}\right)\bigg|_S=\frac{\mathrm{d}\varphi}{\mathrm{d}s}\bigg|_S=0 \tag{8-13}$$

将上式沿边界 S 积分得：

$$\varphi|_S=C \tag{8-14}$$

式中 C 为常数，即扭转应力函数在侧表面上的函数值为常数，从式（8-6）可以看出，常数 C 的大小与剪应力 τ_{zx}，τ_{zy} 无关，C 可以任意选择，对于单连通截面（实心柱体），可以简单地取 $C=0$，于是式（8-14）变为：

$$\varphi|_S=0 \tag{8-15}$$

对于多连通截面（空心柱体），虽然 φ 在每一个边界上都是常数，但各个常数并不相同，只能在其中一个边界上取为零，其他边界上为待定常数。

2. 端表面边界条件

取图 8-2 的上端表面边界（$z=0$），外法线 $\vec{v}$ 的方向余弦为 $(0,0,-1)^{\mathrm{T}}$，代入应力边

界条件公式（2-21），得：

$$\left.\begin{aligned}P_x &= -\tau_{zx}\\P_y &= -\tau_{zy}\\P_z &= 0\end{aligned}\right\}\tag{8-16}$$

上式中 P_x、P_y、P_z 表示端部面力（图 8-4），这里仅有外面力 P_x，P_y，这两个面力合成的结果是端表面上的扭矩 M，对于实际问题，通常并不知道外面力 P_x，P_y 的分布情况，仅知道端部的扭矩为 M，根据 Saint Venant 原理，可采用静力等效的原则得到端表面的应力边界条件为：

$$\left.\begin{aligned}\Sigma F_X = 0: &\iint_D P_x \mathrm{d}x\mathrm{d}y = -\iint_D \tau_{zx}\mathrm{d}x\mathrm{d}y = 0\\\Sigma F_Y = 0: &\iint_D P_y \mathrm{d}x\mathrm{d}y = -\iint_D \tau_{zy}\mathrm{d}x\mathrm{d}y = 0\\\Sigma M_o = 0: &\iint_D P_x y\mathrm{d}x\mathrm{d}y - P_y x\mathrm{d}x\mathrm{d}y = \iint_D(-\tau_{zx}y + \tau_{zy}x)\mathrm{d}x\mathrm{d}y = M\end{aligned}\right\}\tag{8-17}$$

下端表面边界条件同式（8-17），现考察式（8-17）中的第一式，利用 Green 公式（将面积分转换为环路积分，见附录 5）得：

$$\iint_D P_x \mathrm{d}x\mathrm{d}y = -\iint_D \tau_{zx}\mathrm{d}x\mathrm{d}y = -\iint_D \frac{\partial\varphi}{\partial y}\mathrm{d}x\mathrm{d}y = \oint_S \varphi\mathrm{d}x = 0 \tag{8-18}$$

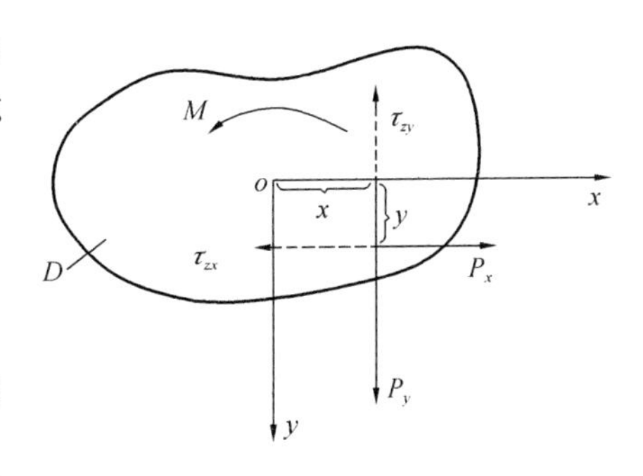

图 8-4 柱体端表面边界

由于有 $\varphi|_S = 0$，所以上面的方程自然满足，同理式（8-17）中的第二个方程也自然满足。最后考察式（8-17）中的第三个方程：

$$\begin{aligned}\iint_D P_x y\mathrm{d}x\mathrm{d}y - P_y x\mathrm{d}x\mathrm{d}y &= \iint_D(-\tau_{zx}y + \tau_{zy}x)\mathrm{d}x\mathrm{d}y\\&= -\iint_D\left(\frac{\partial\varphi}{\partial y}y + \frac{\partial\varphi}{\partial x}x\right)\mathrm{d}x\mathrm{d}y\\&= -\iint_D\left[\frac{\partial}{\partial x}(\varphi x) + \frac{\partial}{\partial y}(\varphi y) - 2\varphi\right]\mathrm{d}x\mathrm{d}y\\&= \iint_D\left[\frac{\partial}{\partial x}(-\varphi x) - \frac{\partial}{\partial y}(\varphi y)\right]\mathrm{d}x\mathrm{d}y + 2\iint_D\varphi\mathrm{d}x\mathrm{d}y\\&= \oint_S(\varphi y\mathrm{d}x - \varphi x\mathrm{d}y) + 2\iint_D\varphi\mathrm{d}x\mathrm{d}y\end{aligned}$$

$$=2\iint_D \varphi \mathrm{d}x\mathrm{d}y = M \tag{8-19}$$

注意到，上面推导中利用了 Green 公式及 $\varphi|_S = 0$，所以端表面边界条件为：

$$2\iint_D \varphi \mathrm{d}x\mathrm{d}y = M \tag{8-20}$$

3. 扭转问题的应力解法

扭转问题的应力解法可归结为求解下列方程：

$$\left.\begin{aligned}
&\frac{\partial^2 \varphi}{\partial x^2} + \frac{\partial^2 \varphi}{\partial y^2} = -2G\kappa \\
&\varphi|_S = 0 \\
&2\iint_D \varphi \mathrm{d}x\mathrm{d}y = M \\
&\tau_{zx} = \frac{\partial \varphi}{\partial y}, \tau_{zy} = -\frac{\partial \varphi}{\partial x}
\end{aligned}\right\} \tag{8-21}$$

只要能求得满足 Poisson（泊松）方程与应力边界条件的扭转应力函数 $\varphi(x,y)$，就可得到扭转问题的应力解答。

8.4 扭转问题的薄膜比拟

薄膜在均匀压力下的挠度与柱体的扭转应力函数，在数学上具有相似性，可以借助薄膜挠度的直观性，来研究柱体的扭转问题，特别是针对复杂截面形状的柱体，使得问题的求解变得直观、清晰。

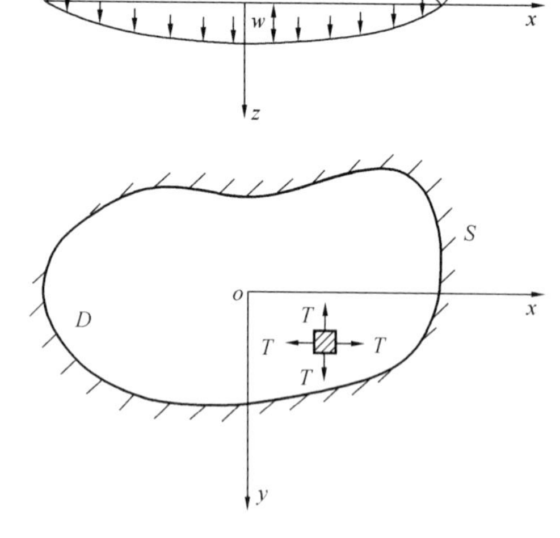

图 8-5　薄膜在均匀压力 q 作用下产生挠度 $w=w(x,y)$

设有一张薄膜与受扭柱体横截面具有相同的大小和形状（图 8-5），薄膜周边 S 固定在支座上，张开的区域为 D，薄膜表面受到微小的均布荷载 q 作用，膜内产生的均匀分布张力为 T，在 z 方向上产生的挠度为 $w=w(x,y)$，根据膜的平衡条件，挠度 w 满足下列的微分方程：

$$\nabla^2 w = -\frac{q}{T} \tag{8-22}$$

显然挠度 w 在周边 S 固定支座上，满足下列边界条件：

$$w|_S = 0 \tag{8-23}$$

现将薄膜与扭转问题的基本方程归纳如下：

$$\left.\begin{aligned}&\text{薄膜问题：}\quad \nabla^2\left(\frac{T}{q}w\right)+1=0,\ \frac{T}{q}w\bigg|_S=0,\ V=\iint_D w\,\mathrm{d}x\mathrm{d}y\\&\text{扭转问题：}\quad \nabla^2\left(\frac{1}{2G\kappa}\varphi\right)+1=0,\ \frac{1}{2G\kappa}\varphi\bigg|_S=0,\ M=2\iint_D \varphi\,\mathrm{d}x\mathrm{d}y\end{aligned}\right\}\tag{8-24}$$

上式中：V 表示变形后的薄膜与 xoy 平面围成的体积。对比两个不同的问题，可以发现，两个问题的基本方程具有相似性。对于薄膜问题，如果能将参数 T/q 调整等于 $1/(2G\kappa)$，则薄膜问题的物理量与扭转问题的物理量有如下一一对应的关系：

$$\left.\begin{aligned}&w\Leftrightarrow\varphi\\&2V\Leftrightarrow M\\&\frac{\partial w}{\partial y}\Leftrightarrow\frac{\partial\varphi}{\partial y}=\tau_{zx}\\&\frac{\partial w}{\partial x}\Leftrightarrow\frac{\partial\varphi}{\partial x}=-\tau_{zy}\end{aligned}\right\}\tag{8-25}$$

即：(1) 薄膜挠度 w 对应扭转应力函数 φ；(2) 薄膜与 xoy 平面围成体积的两倍对应于扭矩 M；(3) 薄膜曲面上的斜率 $\frac{\partial w}{\partial y}$（或 $\frac{\partial w}{\partial x}$）对应剪应力 τ_{zx}（或 $-\tau_{zy}$）。需要说明的是，式 (8-25) 表示两个问题之间量值上的对应关系，它们的物理量纲并不相同。

8.5 椭圆截面柱体的扭转

设有一椭圆形截面柱体，柱体两端作用有大小相等、方向相反的扭矩 M，椭圆的长、短轴分别为 $2a$ 与 $2b$（图 8-6），椭圆截面边界 S 的方程为：

$$\frac{x^2}{a^2}+\frac{y^2}{b^2}=1\tag{8-26}$$

为了满足柱体侧面边界条件 $\varphi|_S=0$，很自然地可假设扭转应力函数为：

$$\varphi=m\left(\frac{x^2}{a^2}+\frac{y^2}{b^2}-1\right)\tag{8-27}$$

式中 m 为待定常数，将式 (8-27) 代入式 (8-21) 中的泊松方程，得：

$$m=-\frac{G\kappa a^2b^2}{a^2+b^2}\tag{8-28}$$

所以：

$$\varphi=-\frac{G\kappa a^2b^2}{a^2+b^2}\left(\frac{x^2}{a^2}+\frac{y^2}{b^2}-1\right)\tag{8-29}$$

式中：相对扭转角 κ 为未知量，为了求得 κ，再将式 (8-29) 代入式 (8-21) 中的端表面边

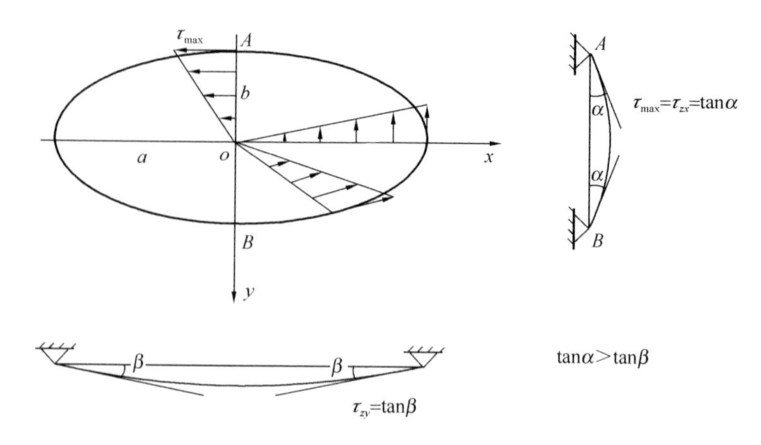

图 8-6　椭圆截面柱体的扭转

界条件得：

$$-\frac{2G\kappa a^2b^2}{a^2+b^2}\iint_D\left(\frac{x^2}{a^2}+\frac{y^2}{b^2}-1\right)\mathrm{d}x\mathrm{d}y=M \tag{8-30}$$

积分得到：

$$\kappa=\frac{M(a^2+b^2)}{\pi Ga^3b^3} \tag{8-31}$$

扭转应力函数最后可写为：

$$\varphi=-\frac{M}{\pi ab}\left(\frac{x^2}{a^2}+\frac{y^2}{b^2}-1\right) \tag{8-32}$$

剪应力分量为：

$$\left.\begin{aligned}\tau_{zx}&=\frac{\partial\varphi}{\partial y}=-\frac{2M}{\pi ab^3}y\\ \tau_{zy}&=-\frac{\partial\varphi}{\partial x}=\frac{2M}{\pi a^3b}x\end{aligned}\right\} \tag{8-33}$$

总的剪应力为：

$$\tau=\sqrt{\tau_{zx}^2+\tau_{zy}^2}=\frac{2M}{\pi ab}\sqrt{\frac{x^2}{a^4}+\frac{y^2}{b^4}} \tag{8-34}$$

椭圆截面上剪应力分布如图 8-6 所示，根据薄膜比拟，最大剪应力发生在薄膜曲面斜率最大的地方，即在图 8-6 中 A 点（或 B 点）的位置上，最大剪应力为：

$$\tau_{max}=\frac{2M}{\pi ab^2} \tag{8-35}$$

8.6 矩形截面柱体的扭转

8.6.1 狭长矩形截面柱体的扭转

设有狭长矩形截面的柱体（图 8-7），其截面长边 a 比短边 b 要大得多，即 $a \gg b$，根据薄膜比拟可知，薄膜在长向上（x 方向上），除了在支座 $x = \pm a/2$ 附近外，其他地方的薄膜曲面近似为一个柱面，即薄膜曲面形状不随 x 而改变，也即：

$$\frac{\partial w}{\partial x} = 0 \Rightarrow \frac{\partial \varphi}{\partial x} = 0 \Rightarrow \varphi(x, y) = \varphi(y) \tag{8-36}$$

将式（8-36）代入扭转控制方程与边界条件式（8-21）中，得：

$$\left.\begin{aligned} &\frac{\mathrm{d}^2 \varphi}{\mathrm{d}y^2} = -2G\kappa \\ &\varphi\big|_{y=\pm\frac{b}{2}} = 0 \\ &2\iint_D \varphi \mathrm{d}x\mathrm{d}y = M \end{aligned}\right\} \tag{8-37}$$

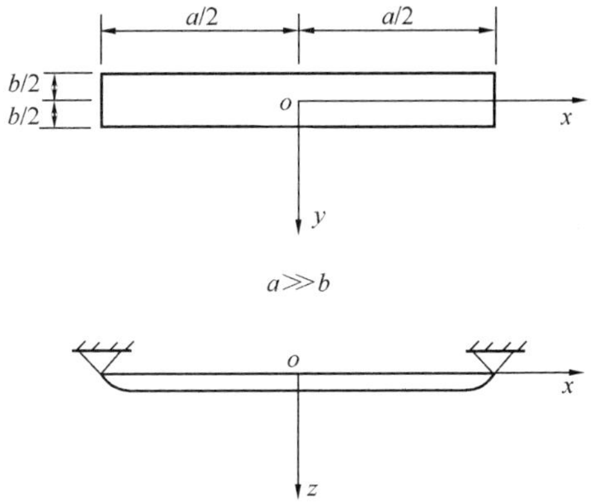

图 8-7 狭长矩形截面柱体

上式为常微分方程，很容易得到其解答为：

$$\left.\begin{aligned} &\varphi = \frac{3M}{ab^3}\left(\frac{b^2}{4} - y^2\right) \\ &\kappa = \frac{3M}{ab^3 G} \end{aligned}\right\} \tag{8-38}$$

所以剪应力分量为：

$$\left.\begin{aligned} &\tau_{zx} = \frac{\partial \varphi}{\partial y} = -\frac{6M}{ab^3}y \\ &\tau_{zy} = -\frac{\partial \varphi}{\partial x} = 0 \end{aligned}\right\} \tag{8-39}$$

必须说明的是：上式解答在边界 $x = \pm a/2$ 的附近是不适用的，即：我们并不知道在边界 $x = \pm a/2$ 附近处精确的剪应力值，但工程上我们只对最大剪应力感兴趣，根据以上解答及薄膜比拟，在 $y = \pm b/2$ 处薄膜的斜率最大，由此可以知道截面上最大剪应力（图 8-8a）的大小以及发生的位置为：

$$\tau_{\max} = \tau_{zx}\big|_{y=\pm\frac{b}{2}} = \pm\frac{3M}{ab^2} \tag{8-40}$$

上式的解答是精确的，截面上剪应力流的分布如图 8-8(b) 所示，根据薄膜比拟可以发现 $x = \pm a/2$ 附近的剪应力值肯定小于上述最大值，所以从工程角度看，$x = \pm a/2$ 附近的剪应力值并不重要。

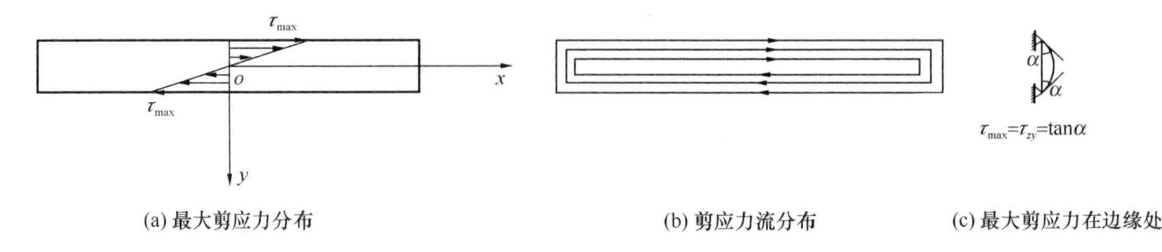

(a) 最大剪应力分布 (b) 剪应力流分布 (c) 最大剪应力在边缘处

图 8-8

8.6.2 任意矩形截面柱体的扭转

任意矩形截面柱体如图 8-9 所示，其扭转控制方程与应力边界条件为：

$$\left.\begin{aligned}&\nabla^2\varphi=-2G\kappa\\&\varphi|_{y=\pm\frac{b}{2}}=0\\&\varphi|_{x=\pm\frac{a}{2}}=0\\&2\iint_D\varphi\mathrm{d}x\mathrm{d}y=M\end{aligned}\right\}\tag{8-41}$$

根据微分方程理论，式（8-41）中的 Poisson（泊松）方程为非齐次方程，它的解可以表示为：

$$\varphi=\varphi_{\mathrm{o}}+\varphi^*\tag{8-42}$$

式中 φ_{o} 为下列齐次方程（Laplace 方程）的通解：

$$\nabla^2\varphi_{\mathrm{o}}=0\tag{8-43}$$

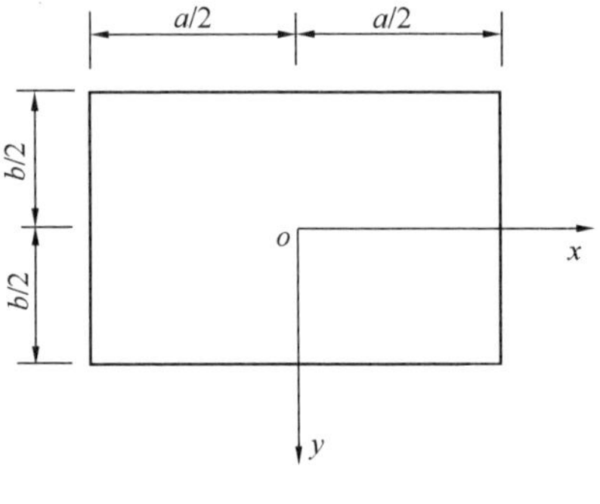

图 8-9 任意矩形截面

φ^* 为 Poisson 方程的一个特解，显然狭长矩形截面柱体扭转的解答式（8-38）可以作为 Poisson 方程的一个特解，φ^* 为：

$$\varphi^*=\frac{3M}{ab^3}\left(\frac{b^2}{4}-y^2\right)=G\kappa\left(\frac{b^2}{4}-y^2\right)\tag{8-44}$$

于是可设：

$$\varphi=\varphi_{\mathrm{o}}+G\kappa\left(\frac{b^2}{4}-y^2\right)\tag{8-45}$$

将上式代入式（8-41）的前三式，得：

$$\left.\begin{aligned}&\nabla^2\varphi_{\mathrm{o}}=0\\&\varphi_{\mathrm{o}}|_{y=\pm\frac{b}{2}}=0\\&\varphi_{\mathrm{o}}|_{x=\pm\frac{a}{2}}=G\kappa\left(y^2-\frac{b^2}{4}\right)\end{aligned}\right\}\tag{8-46}$$

方程（8-46）为 Laplace 方程，由分离变量法（关于 Laplace 方程的分离变量解法可参见"数学物理方程"教科书），可设 $\varphi_0 = X(x) \cdot Y(y)$，代入 $\nabla^2\varphi_0 = 0$ 得：

$$\frac{X''(x)}{X(x)} = -\frac{Y''(y)}{Y(y)} = \lambda^2 \tag{8-47}$$

上式左边为 x 的函数，右边为 y 的函数，要使等式成立，两者只能同时等于一个常数 λ^2，则式（8-47）可以改写为：

$$\left.\begin{aligned} X'' - \lambda^2 X = 0 \\ Y'' + \lambda^2 Y = 0 \end{aligned}\right\} \tag{8-48}$$

上式为常微分方程，分别解之：

$$\left.\begin{aligned} X(x) &= A_1\cosh(\lambda x) + A_2\sinh(\lambda x) \\ Y(y) &= B_1\cos(\lambda y) + B_2\sin(\lambda y) \end{aligned}\right\} \tag{8-49}$$

根据薄膜比拟法，矩形薄膜的挠度 w（或变形曲面）是关于 x、y 轴对称的，应为 x、y 的偶函数，则扭转应力函数 $\varphi = \varphi_0 + \varphi^*$ 亦应为 x、y 的偶函数，那么式（8-49）中：$A_2 = B_2 = 0$，于是：

$$\varphi_0 = C\cosh(\lambda x)\cos(\lambda y) \tag{8-50}$$

这里 C 为常数，将上式代入式（8-46）中的边界条件：$\varphi_0\big|_{y=\pm\frac{b}{2}} = 0$，得：

$$\cos\left(\lambda\frac{b}{2}\right) = 0 \tag{8-51}$$

因而有：

$$\lambda = \frac{(2m-1)\pi}{b} \quad (m = 1,2,3,\cdots) \tag{8-52}$$

叠加所有可能的解，得：

$$\varphi_0 = \sum_{m=1}^{\infty} C_m\cosh\left[\frac{(2m-1)\pi}{b}x\right]\cdot\cos\left[\frac{(2m-1)\pi}{b}y\right] \tag{8-53}$$

上式中 C_m 为待定系数，为了确定待定系数，再利用式（8-46）中的边界条件 $\varphi_0\big|_{x=\pm\frac{a}{2}} = G\kappa\left(y^2 - \frac{b^2}{4}\right)$，得：

$$\sum_{m=1}^{\infty} C_m\cosh\left[\frac{(2m-1)\pi a}{2b}\right]\cdot\cos\left[\frac{(2m-1)\pi}{b}y\right] = G\kappa\left(y^2 - \frac{b^2}{4}\right) \tag{8-54}$$

将上式两边同时乘以 $\cos\left[\frac{(2n-1)\pi}{b}y\right]$，并对 y 积分得：

$$\begin{aligned} &\sum_{m=1}^{\infty} C_m\cosh\left[\frac{(2m-1)\pi a}{2b}\right]\cdot\int_{-b/2}^{b/2}\cos\left[\frac{(2m-1)\pi}{b}y\right]\cdot\cos\left[\frac{(2n-1)\pi}{b}y\right]\mathrm{d}y \\ &= \int_{-b/2}^{b/2} G\kappa\left(y^2 - \frac{b^2}{4}\right)\cdot\cos\left[\frac{(2n-1)\pi}{b}y\right]\mathrm{d}y \end{aligned} \tag{8-55}$$

利用三角函数系的正交性：

$$\int_{-b/2}^{b/2}\cos\left[\frac{(2m-1)\pi}{b}y\right]\cos\left[\frac{(2n-1)\pi}{b}y\right]\mathrm{d}y=\begin{cases}0 & m\neq n\\ \dfrac{b}{2} & m=n\end{cases} \tag{8-56}$$

可以得到：

$$C_n=\frac{(-1)^{n-1}8b^2G\kappa}{\pi^3(2n-1)^3\cosh\left[\dfrac{(2n-1)\pi a}{2b}\right]}\quad(n=1,2,3,\cdots) \tag{8-57}$$

将上式代入式（8-53）及式（8-45）得应力函数为：

$$\begin{aligned}\varphi&=\varphi_0+G\kappa\left(\frac{b^2}{4}-y^2\right)\\&=\frac{8G\kappa b^2}{\pi^3}\sum_{m=1}^{\infty}\frac{(-1)^m}{(2m-1)^3\cosh\left[\dfrac{(2m-1)\pi a}{2b}\right]}\cdot\cosh\left[\frac{(2m-1)\pi}{b}x\right]\cdot\cos\left[\frac{(2m-1)\pi}{b}y\right]\\&\quad+G\kappa\left(\frac{b^2}{4}-y^2\right)\end{aligned} \tag{8-58}$$

将上式代入式（8-41）的端面边界条件：$2\iint_D\varphi\mathrm{d}x\mathrm{d}y=M$，得相对扭转角为：

$$\kappa=\frac{M}{ab^3G\beta} \tag{8-59}$$

式中：

$$\beta=\frac{1}{3}-\frac{64}{\pi^5}\cdot\frac{b}{a}\sum_{m=1}^{\infty}\frac{\tanh\dfrac{(2m-1)\pi a}{2b}}{(2m-1)^5} \tag{8-60}$$

所以剪应力分量为：

$$\left.\begin{aligned}\tau_{zx}&=\frac{\partial\varphi}{\partial y}\\&=\frac{8G\kappa b}{\pi^2}\sum_{m=1}^{\infty}\frac{(-1)^{m+1}}{(2m-1)^2\cosh\left[\dfrac{(2m-1)\pi a}{2b}\right]}\cdot\cosh\left[\frac{(2m-1)\pi}{b}x\right]\cdot\sin\left[\frac{(2m-1)\pi}{b}y\right]-2G\kappa y\\\tau_{zy}&=-\frac{\partial\varphi}{\partial x}\\&=\frac{8G\kappa b}{\pi^2}\sum_{m=1}^{\infty}\frac{(-1)^{m+1}}{(2m-1)^2\cosh\left[\dfrac{(2m-1)\pi a}{2b}\right]}\cdot\sinh\left[\frac{(2m-1)\pi}{b}x\right]\cdot\cos\left[\frac{(2m-1)\pi}{b}y\right]\end{aligned}\right\} \tag{8-61}$$

剪应力分布示意如图 8-10 所示，根据薄膜比拟法，最大剪应力应发生在矩形长边的中点，大小为：

$$\tau_{\max} = \tau_{zx}\Big|_{x=0,y=-\frac{b}{2}} = Gb\kappa\left[1 - \frac{8}{\pi^2}\sum_{m=1}^{\infty}\frac{1}{(2m-1)^2\cosh\frac{(2m-1)\pi a}{2b}}\right] \tag{8-62}$$

不难验证，当截面长宽比 $a/b \to \infty$ 时，即为狭长的矩形时，以式（8-62）的解答退化为狭长矩形截面的解答式（8-39）。

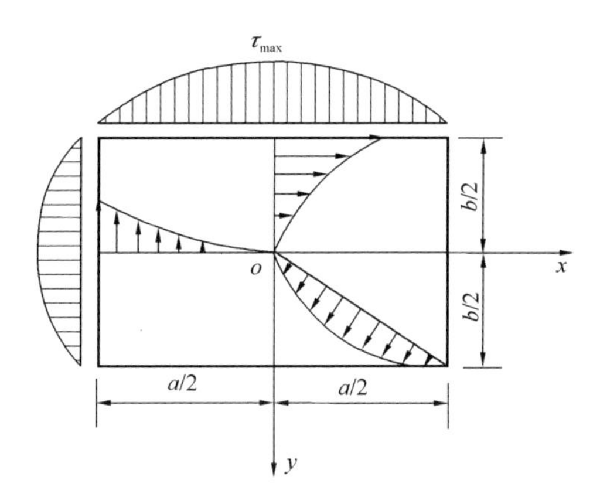

图 8-10 矩形截面剪应力分布示意图

8.7 薄壁杆的扭转

8.7.1 开口薄壁截面杆的扭转

工程上使用的开口薄壁截面杆，如角形、槽形及工字形等薄壁截面杆（图 8-11），它们的截面一般由等宽度的狭长矩形组成。这些狭长矩形可以是直的，也可以是曲的，从薄膜比拟可以观察到，如果一个曲的狭长矩形与一个直的狭长矩形具有相同的长度和宽度，承受相同的压力 q，薄膜中的张力 T 也相同，则两个薄膜曲面的斜率，以及薄膜曲面与坐标平面围成的体积将没有多大的差别。由此可以推断，一个曲的狭长矩形截面可以近似地用一个具有相同长度与宽度的直狭长矩形截面来代替，这样不致引起太大的误差。

对于任一开口薄壁截面杆（图 8-12），其中第 i 个狭长矩形截面的长、宽分别为 a_i、b_i，它所承受的扭矩为 M_i，利用狭长矩形截面柱体的解答式（8-40），该截面上最大剪应力 τ_i 及单位长度的相对扭转角 κ 分别为：

$$\tau_i = \frac{3M_i}{a_i b_i^2} \tag{8-63}$$

$$\kappa = \frac{3M_i}{a_i b_i^3 G} \tag{8-64}$$

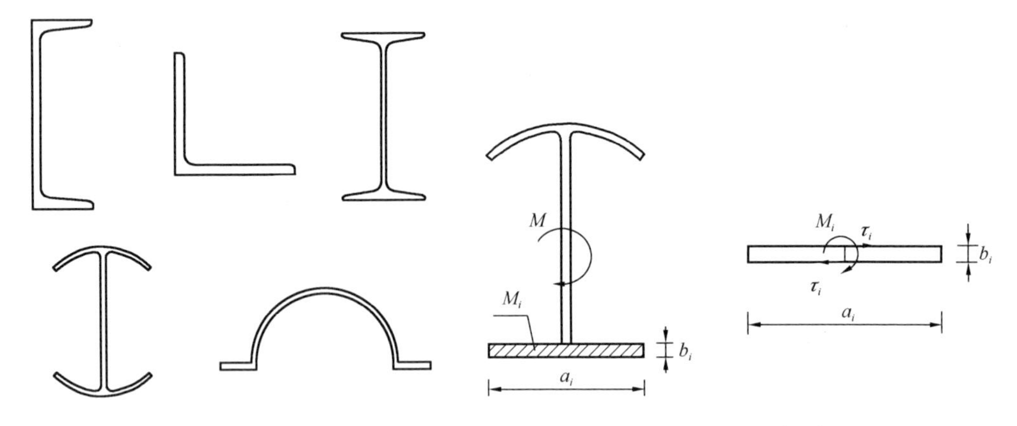

图 8-11 常见开口薄壁截面杆件　　　　图 8-12 开口受扭截面

或

$$M_i = \frac{a_i b_i^3 \kappa G}{3} \tag{8-65}$$

上式中的扭转角 κ 在每一个狭长截面上都相同，也就是说每一个狭长截面具有相同的转角。对于整个开口截面，总的扭矩 M 等于各个狭长截面上的扭矩之和：

$$M = \sum M_i \tag{8-66}$$

将式（8-65）代入式（8-66）得：

$$\kappa = \frac{3M}{G \sum a_i b_i^3} \tag{8-67}$$

再将上式结果代入式（8-65）及式（8-63），有：

$$\tau_i = \frac{3M b_i}{\sum a_i b_i^3} \tag{8-68}$$

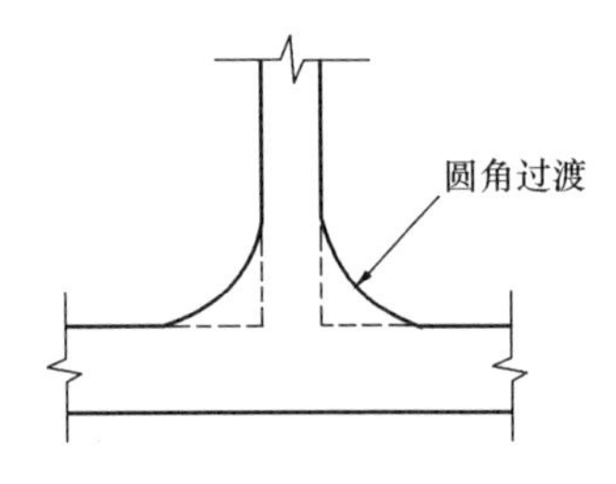

图 8-13 狭长矩形的连接处采用圆角过渡以减小应力集中

对于狭长矩形长边中点的剪应力 τ_i，公式（8-68）能给出相当精确的数值，但在两个狭长矩形的连接处会产生应力集中，连接处的剪应力会远大于剪应力 τ_i，关于应力集中的讨论可参见其他专著。工程上为了避免在连接处产生过大的局部应力，可在连接处采用圆角过渡（图 8-13）以减小局部应力集中。

8.7.2 闭口薄壁截面杆的扭转

设有如图 8-14 的闭口薄壁截面杆，受到的扭矩为 M，由于杆的壁厚很小，可近似地认为壁厚上的剪应力均匀分布，剪应力流呈封闭环状分布。采用薄膜比拟法可求得扭转问题的近似解，假想在闭口薄壁截面外边界 S_1 上张一块薄膜，固定外边界 S_1，则外边界 S_1 上可以保证边界条件 $w|_{S_1} = 0$（对应 $\varphi|_{S_1} = 0$），为了保证在内边界 S_2 上薄膜的挠度等于常数，可假想用粘在薄膜上的无重刚性平板把截面的孔洞部分盖起来（图 8-14），则这样可

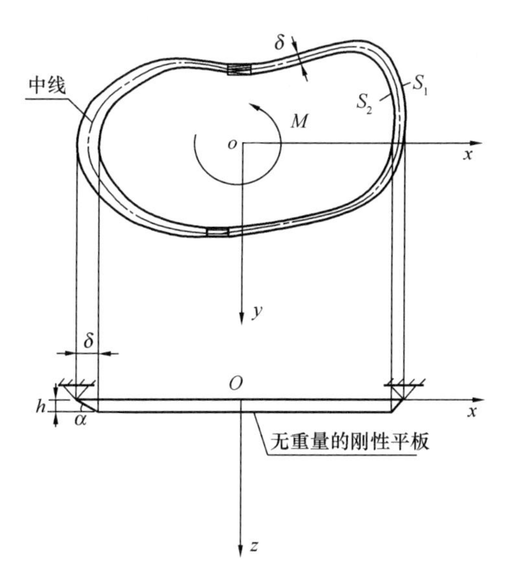

图 8-14 闭口薄壁截面杆的扭转

以保证 S_2 上的边界条件 $w|_{S_2}$ = 常数（或 $\varphi|_{S_2}$ = 常数）。由于杆的壁厚很小，所以沿壁厚度方向薄膜的斜率可视为常量，也即壁厚上的剪应力均匀分布，剪应力大小应等于薄膜的斜率，即：

$$\tau = \tan\alpha = \frac{h}{\delta} \tag{8-69}$$

式中：h 为假想平板的刚性位移，δ 为壁厚，又由：

$$M = 2\iint \varphi \mathrm{d}x\mathrm{d}y = 2\iint w\mathrm{d}x\mathrm{d}y = 2Ah \tag{8-70}$$

得：

$$h = \frac{M}{2A} \tag{8-71}$$

上式中，A 为薄壁截面中线围成的面积。将式（8-71）代入式（8-69）得：

$$\tau = \frac{M}{2A\delta} \tag{8-72}$$

由此可见，剪应力与杆壁的厚度成反比，最大剪应力发生在杆壁最薄处。应当注意的是，如果闭口截面有凹角，如常见的箱形截面，在凹角处会发生应力集中现象，凹角处的剪应力会远大于式（8-72）的剪应力 τ，关于应力集中的讨论可参见其他专著。工程上为了避免在凹角处产生过大的局部应力，可在凹角处采用圆弧过渡以减小局部应力集中。

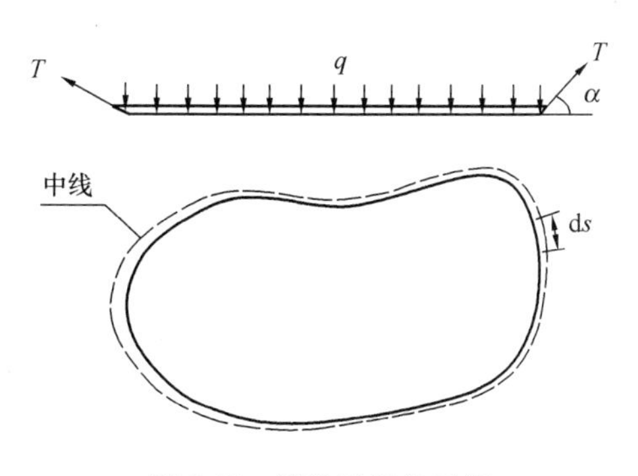

图 8-15 刚性平板的平衡

为了计算单位长度上的扭转角 κ，可考虑刚性平板的平衡。用中线平面切割下平板（图 8-15），平板周边受到薄膜张力 T 的作用，平板上面受到均布荷载 q 的作用，由平衡方程得：

$$qA = \oint T\mathrm{d}s \cdot \sin\alpha \tag{8-73}$$

因为：

$$\sin\alpha \approx \alpha \approx \tan\alpha = \frac{h}{\delta} \tag{8-74}$$

将式（8-74）代入式（8-73），并根据薄膜比拟得：

$$2G\kappa = \frac{q}{T} = \frac{1}{A}\oint \frac{h}{\delta}\mathrm{d}s \tag{8-75}$$

再将式（8-71）代入上式，得单位长度上的扭转角 κ 为：

$$\kappa = \frac{M}{4GA^2}\oint \frac{\mathrm{d}s}{\delta} \tag{8-76}$$

若杆壁是等厚度的，则：

$$\kappa = \frac{MS}{4GA^2\delta} \tag{8-77}$$

式中：S 为中线的周长。

8.7.3　开口与闭口薄壁截面杆抗扭能力的比较

如图 8-16 所示等厚度闭口与开口薄壁截面，两个截面尺寸相同，受到相同的扭矩 M 作用，根据式（8-72）、式（8-68），可得到闭口与开口截面中的剪应力分别为：

$$\left.\begin{aligned} \tau_1 &= \frac{M}{2A\delta} = \frac{M}{2ab\delta} \\ \tau_2 &= \frac{3Mb_i}{\sum a_i b_i^3} = \frac{3M}{2(a+b)\delta^2} \end{aligned}\right\} \tag{8-78}$$

开口与闭口截面中的剪应力比值为：

$$\frac{\tau_2}{\tau_1} = \frac{3ab}{(a+b)\delta} \tag{8-79}$$

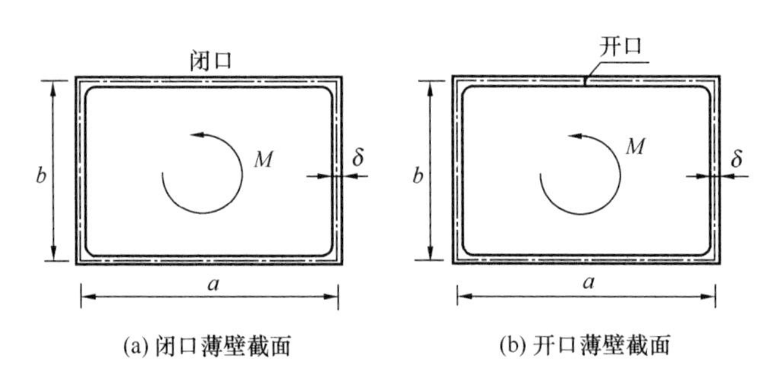

图 8-16　闭口与开口薄壁截面

以某箱梁为例，采用混凝土材料，截面尺寸为 $a=4.5\mathrm{m}$，$b=2.0\mathrm{m}$，$\delta=0.4\mathrm{m}$，正常情况下，箱梁作为闭口薄壁截面，具有很好的抗扭能力，若混凝土箱梁由于收缩或其他原因，在箱梁壁上产生纵向裂缝，则图 8-16(a) 闭口箱梁变为图 8-16(b) 的开口箱梁，开口与闭口截面中的剪应力比值为：$\tau_2/\tau_1=10.4$，应力为原闭口薄壁截面的 10.4 倍，结构的抗扭能力大大降低。

若采用钢板材料，截面尺寸假设为 $a=4.5\mathrm{m}$，$b=2.0\mathrm{m}$，$\delta=0.02\mathrm{m}$，则开口与闭口截

面中的剪应力比值变为：$\tau_2/\tau_1=207$，实际工程中，若箱梁的拼接钢板之间有不良焊接（如虚焊），则箱梁中的扭转剪应力会大幅度地增加，其刚度也大幅下降，结构的安全性大打折扣。

习　题

8.1 为什么圆形直杆内任一点的三个位移分量可表示为：

$$\left.\begin{aligned} u &= -\kappa yz \\ v &= \kappa xz \\ w &= 0 \end{aligned}\right\}$$

8.2 根据薄膜比拟法，受扭正方形截面对应薄膜曲面中心点的斜率为零，因而正方形截面中心点的剪应力取(　　)。

A. 最小值　　B. 极值　　C. 零值　　D. 最大值

8.3 试用应力解法求解等边三角形横截面柱形杆的扭转问题，扭矩为 M，求应力分量、最大剪应力和单位长度的扭转角，横截面的尺寸和坐标选取如图 8-17 所示。

8.4 如图 8-18 所示，半径为 a 的圆截面直杆，有半径为 b 的圆弧槽。取坐标轴如图所示，则圆截面边界的方程为 $x^2+y^2-2ax=0$，圆弧槽的方程为 $x^2+y^2-b^2=0$ 。试证明扭转应力函数：

$$\varphi=-G\kappa\frac{(x^2+y^2-b^2)(x^2+y^2-2ax)}{2(x^2+y^2)}$$

能满足 Poisson（泊松）方程及边界条件式（8-15）。试求最大剪应力和截面上 B 点的剪应力。

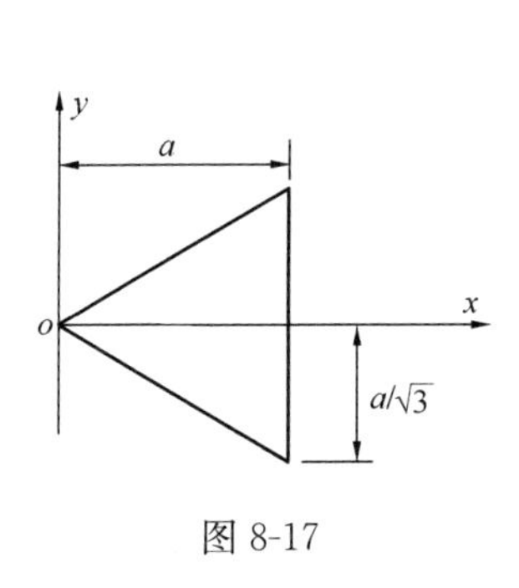

图 8-17

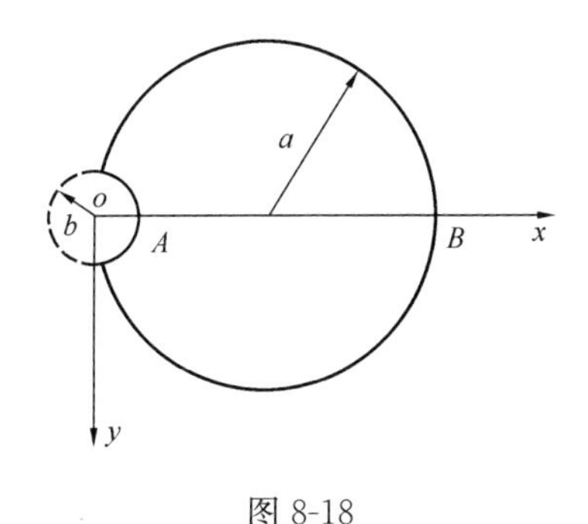

图 8-18

8.5 设有闭口薄壁杆，杆壁具有均匀厚度 δ，杆壁中线的长度为 s，而中线所包围的面积为 A 。另有一开口薄壁杆，由上述薄壁杆沿纵向切开而成。设两杆受有相同的扭矩，求两杆最大剪应力之比，并求两杆的扭转角之比。

8.6 如图 8-19 表示两个薄壁杆的横截面，所受扭矩为 M，如不考虑应力集中，分别计算两个薄壁杆剪应力。如果两杆出现如图的裂缝（变为开口截面），再计算两个薄壁杆剪应力，比较裂缝出现前后剪应力的变化。

8.7 试证明 8.5 节中椭圆截面柱体扭转的翘曲位移（轴向位移）为：$w(x,y)=\kappa\dfrac{b^2-a^2}{b^2+a^2}xy$，并且为双曲面函数。

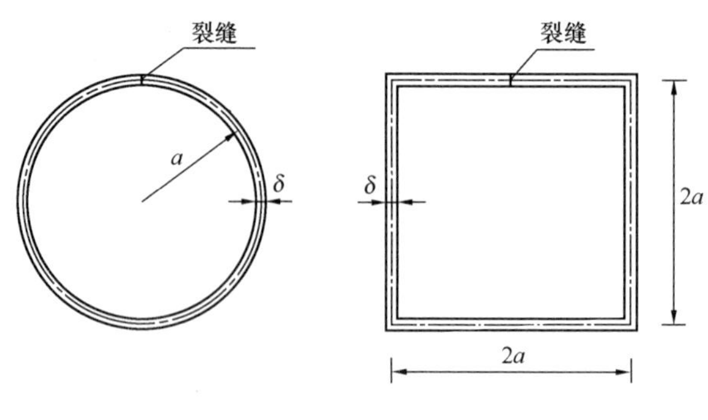

图 8-19

8.8* 对于混凝土薄壁箱梁结构，通常只对竖向荷载产生的剪应力进行抗剪设计［如：作截面的抗剪验算、配置抗剪垂直钢筋（箍筋）等］，但对于扭转产生的剪应力一般不予考虑，这是为什么？什么时候需要考虑扭转产生的剪应力？试举例说明。

第 9 章　薄板小挠度弯曲

薄板是土木工程中常用的一种构件，例如房屋结构中大量采用的混凝土楼盖结构，设计中须分析板内的弯矩分布，为板的配筋设计提供依据，根据薄板形状以及受力的特点，它在弯曲变形时，属于空间问题，要获得其精确解是很困难的，因此，在分析薄板弯曲问题时，除了弹性力学的基本假设以外，需引用一些附加假设，使问题得到简化，在这些计算假设的基础上建立一套完整的薄板弯曲理论，可以用来计算工程中的薄板问题，计算精度满足工程要求。本章就对这种薄板弯曲的小挠度理论作一介绍。

9.1　基本概念及计算假定

9.1.1　基本概念

如图 9-1 所示的板，板厚度为 h，板的最小宽度为 b，平分板厚的平面称为中面，坐标平面 xoy 与中面重合，对于不同厚度的板，作如下的分类：

（1）$h<\frac{1}{80}b$ 时，板非常薄，称之为薄膜，板只能在其平面内承受张力，因板的抗弯刚度很小，不能承受弯矩；

（2）$\frac{b}{80}\leqslant h\leqslant\frac{b}{5}$ 时，称之为薄板，板可在其平面内承受张力和压力，因板具有一定的抗弯刚度，可承受弯矩作用，结构工程中绝大多数的板都属于薄板；

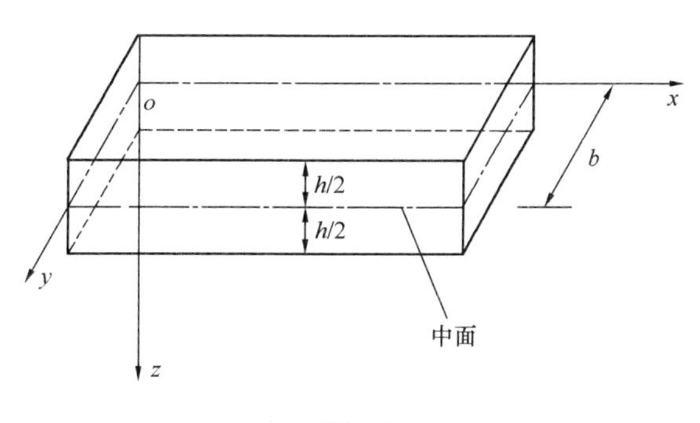

图 9-1

（3）$h>\frac{1}{5}b$ 时，称之为厚板，如基础工程中的桩筏（满堂红承台）就属于厚板，此类问题不在本章的讨论范围内。

作用在薄板上的力总可以分解为两个：（1）作用在板平面内的力，这一问题可归结为平面应力问题，可根据第 3～5 章的方法进行求解；（2）垂直于板面的力，这类力会使板产生垂直于板面（z 轴方向）的位移，属于板的弯曲问题，正是本章要讨论的问题。

当薄板弯曲时，中面所形成的曲面，称为薄板的弹性曲面，而中面内各点在横向的

（即垂直于中面方向的）位移 w，称为挠度。

根据板挠度的大小，可分下列两类问题：

（1）挠度 $w \leqslant \frac{1}{5}h$ 时，符合小变形假设，为小挠度问题，结构工程中常见的板弯曲问题绝大多数为小挠度问题；

（2）挠度 $w > \frac{1}{5}h$ 时，不符合小变形假设，为大挠度问题，属于非线性力学的范畴，这一问题已超出了本书的研究范围。

9.1.2 计算假定［Kirchhoff-Love（克霍夫-拉甫）假定］

（1）变形前垂直于板中面的直线段（法线）在变形后仍保持为直线，并垂直于变形后的中面，且其长度保持不变，称为直法线假定，如图 9-2 所示，法线变形包括向下的位移 w 及刚性转动 φ，这与材料力学中细长梁弯曲的平截面假定相似，但与材料力学不同的是，板的中法线包含了绕两个轴（x，y 轴）的刚性转动。根据此假设，有 $\varepsilon_z=0$ 及 $\gamma_{zx}=\gamma_{zy}=0$（设板内的水平剪应力 τ_{zx}，τ_{zy} 引起的形变不计，但剪应力本身并不为零，它们是维持平衡所必需的）。与 σ_x，σ_y，τ_{xy} 相比，σ_z 小得多，在计算变形时可忽略不计，因而薄板内主要应力所满足的物理方程可以近似写为：

$$\left.\begin{aligned}
\varepsilon_x &= \frac{1}{E}[\sigma_x-\nu(\sigma_y+\sigma_z)]\approx\frac{1}{E}[\sigma_x-\nu\sigma_y]\\
\varepsilon_y &= \frac{1}{E}[\sigma_y-\nu(\sigma_x+\sigma_z)]\approx\frac{1}{E}[\sigma_y-\nu\sigma_x]\\
\gamma_{xy} &= \frac{2(1+\nu)}{E}\tau_{xy}
\end{aligned}\right\} \tag{9-1}$$

或

$$\left.\begin{aligned}
\sigma_x &= \frac{E}{1-\nu^2}(\varepsilon_x+\nu\varepsilon_y)\\
\sigma_y &= \frac{E}{1-\nu^2}(\varepsilon_y+\nu\varepsilon_x)\\
\tau_{xy} &= \frac{E}{2(1+\nu)}\gamma_{xy}
\end{aligned}\right\} \tag{9-2}$$

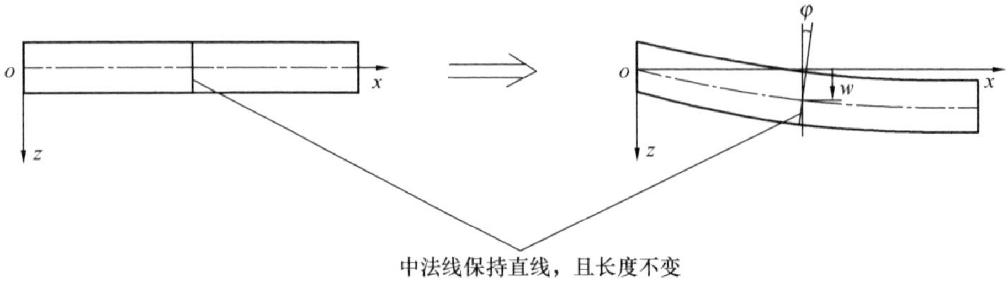

图 9-2

（2）薄板中面在其平面内的位移为零，即：

$$\left.\begin{aligned} u|_{z=0} &= 0 \\ v|_{z=0} &= 0 \end{aligned}\right\} \tag{9-3}$$

上式表明法线的中点无水平位移，即板的挠度 $w = w(x, y)$ 与 z 无关。

9.2　基本关系式与弹性曲面微分方程

如图 9-3 所示的矩形板，板上受面荷载 $q(x, y)$ 的作用，设体力 $X=Y=Z=0$，实际应用时，体力可化为外荷载。

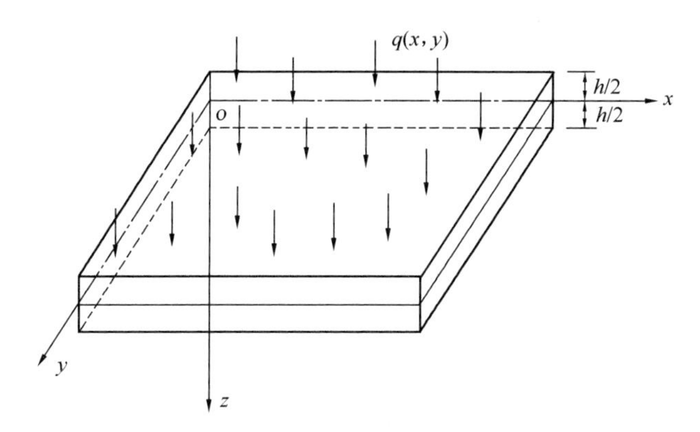

图 9-3

由计算假定(1)：$\gamma_{zx} = 0 \Rightarrow \dfrac{\partial u}{\partial z} + \dfrac{\partial w}{\partial x} = 0 \Rightarrow \dfrac{\partial u}{\partial z} = -\dfrac{\partial w}{\partial x} \Rightarrow u = -\dfrac{\partial w}{\partial x} \cdot z + f_1(x, y)$，又由计算假定(2)：$u|_{z=0} = 0 \Rightarrow f_1(x, y) = 0$。于是有：

$$u = -\frac{\partial w}{\partial x} \cdot z \tag{9-4}$$

同理由 $\gamma_{zy} = 0$，有：

$$v = -\frac{\partial w}{\partial y} \cdot z \tag{9-5}$$

所以：

$$\left.\begin{aligned} \varepsilon_x &= \frac{\partial u}{\partial x} = \frac{\partial}{\partial x}\left(-\frac{\partial w}{\partial x} z\right) = -\frac{\partial^2 w}{\partial x^2} z \\ \varepsilon_y &= \frac{\partial v}{\partial y} = -\frac{\partial^2 w}{\partial y^2} z \\ \gamma_{xy} &= \frac{\partial u}{\partial y} + \frac{\partial v}{\partial x} = -2\frac{\partial^2 w}{\partial x \partial y} z \end{aligned}\right\} \tag{9-6}$$

将式（9-6）代入物理方程式（9-2）：

$$\left.\begin{aligned}\sigma_x &= \frac{E}{1-\nu^2}(\varepsilon_x+\nu\varepsilon_y) = -\frac{Ez}{1-\nu^2}\left(\frac{\partial^2 w}{\partial x^2}+\nu\frac{\partial^2 w}{\partial y^2}\right)\\ \sigma_y &= \frac{E}{1-\nu^2}(\varepsilon_y+\nu\varepsilon_x) = -\frac{Ez}{1-\nu^2}\left(\frac{\partial^2 w}{\partial y^2}+\nu\frac{\partial^2 w}{\partial x^2}\right)\\ \tau_{xy} &= \frac{E}{2(1+\nu)}\gamma_{xy} = -\frac{Ez}{1+\nu}\frac{\partial^2 w}{\partial x\,\partial y}\end{aligned}\right\} \tag{9-7}$$

将式（9-7）代入第一个平衡方程式（2-16）得：

$$-\frac{Ez}{1-\nu^2}\left(\frac{\partial^3 w}{\partial x^3}+\nu\frac{\partial^3 w}{\partial x\,\partial y^2}\right)-\frac{Ez}{1+\nu}\frac{\partial^3 w}{\partial x\,\partial y^2}+\frac{\partial\tau_{xz}}{\partial z}=0 \tag{9-8}$$

即：

$$\frac{\partial\tau_{xz}}{\partial z}=\frac{Ez}{(1-\nu^2)}\cdot\frac{\partial}{\partial x}(\nabla^2 w) \tag{9-9}$$

积分上式并利用边界条件 $\tau_{zx}\big|_{z=\pm\frac{h}{2}}=\tau_{xz}\big|_{z=\pm\frac{h}{2}}=0$，得：

$$\tau_{xz}=\frac{E}{2(1-\nu^2)}\cdot\left(z^2-\frac{h^2}{4}\right)\cdot\frac{\partial}{\partial x}(\nabla^2 w) \tag{9-10}$$

同理，将式（9-7）代入第二个平衡方程式（2-17）得：

$$\tau_{yz}=\frac{E}{2(1-\nu^2)}\cdot\left(z^2-\frac{h^2}{4}\right)\cdot\frac{\partial}{\partial y}(\nabla^2 w) \tag{9-11}$$

需要说明的是，这里 $\tau_{xz}\neq0,\tau_{yz}\neq0$，它们是维持平衡所必需的，但它们引起的形变 γ_{zx}，γ_{zy} 与其他形变相比很小，可以略去不计［计算假定(1)］。

将式（9-10）、式（9-11）二式代入第三个平衡方程式（2-18）得：

$$\frac{\partial\sigma_z}{\partial z}=-\frac{\partial\tau_{xz}}{\partial x}-\frac{\partial\tau_{yz}}{\partial y}=\frac{E}{2(1-\nu^2)}\cdot\left(\frac{h^2}{4}-z^2\right)\cdot\nabla^4 w \tag{9-12}$$

对式（9-12）积分，并利用边界条件 $\sigma_z\big|_{z=\frac{h}{2}}=0$（板下表面荷载为 0），得：

$$\sigma_z=-\frac{Eh^3}{6(1-\nu^2)}\left(\frac{1}{2}-\frac{z}{h}\right)^2\left(1+\frac{z}{h}\right)\cdot\nabla^4 w \tag{9-13}$$

最后，由边界条件：$\sigma_z\big|_{z=-\frac{h}{2}}=-q$，得：

$$\nabla^4 w=\frac{q}{D} \tag{9-14}$$

式中：

$$D=\frac{Eh^3}{12(1-\nu^2)} \tag{9-15}$$

式（9-14）即为薄板受到荷载时的弹性曲面微分方程，式（9-15）中的 D 称为薄板的弯曲刚度，它的单位是［力］［长度］。根据方程式（9-14）及板边的支撑边界条件，就可得到挠度 w 的函数，回代前面式（9-4）～式（9-13）就可求得位移、应力与应变函数。

9.3　薄板横截面上内力与挠度的关系

由上节得到的应力解答在工程设计使用中并不方便，工程上习惯采用分布内力（即单位长度上的内力，以下简称为内力）来进行结构配筋计算，在设计上更为方便。板内力包括弯矩、剪力与扭矩，本节将给出板横截面上的内力与挠度的关系。

任取一边长为 dx、dy 的薄板微元体，如图 9-4 所示的平行六面体，作用在中面上的分布内力分别为 M_x、M_y、M_{xy}、M_{yx}、Q_x、Q_y。板截面上（图中阴影部分）分别作用有应力 σ_x，σ_y，τ_{xy}，τ_{yx}，τ_{xz}，τ_{yz}，规定图 9-4 中的应力方向为正向，以下将各个应力分量向所在截面的中面进行合成简化。

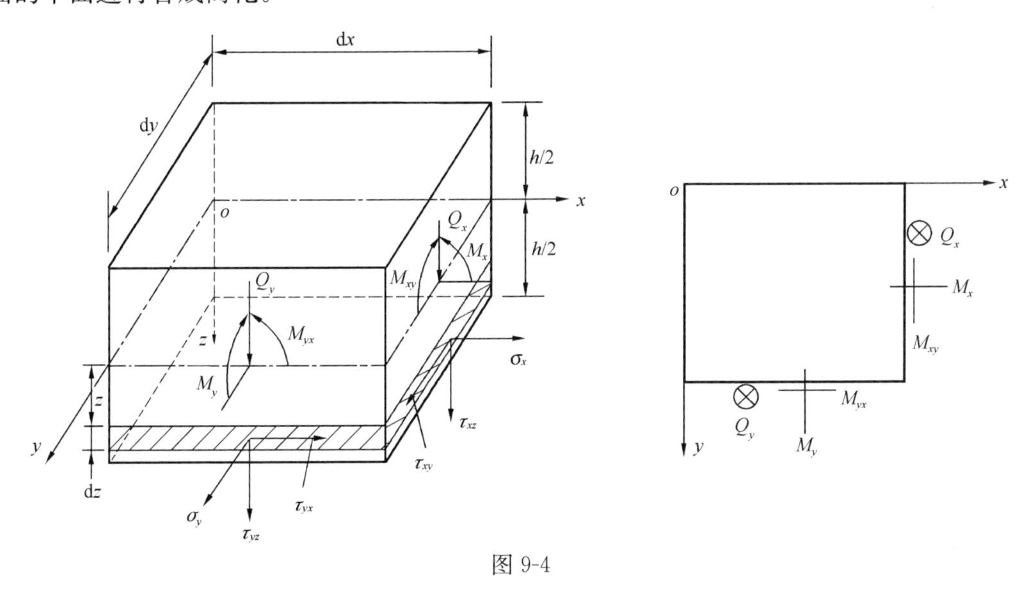

图 9-4

从式（9-7）可以看出，σ_x，σ_y，τ_{xy} 为坐标 z 的一次函数，是关于 z 的奇函数，对于 σ_x 而言，在宽度 dy 的截面上，σ_x 的作用效应仅有弯矩，轴力为零，弯矩为：

$$M_x \times \mathrm{d}y = \int_{-\frac{h}{2}}^{\frac{h}{2}} \sigma_x z \, \mathrm{d}z \times \mathrm{d}y \tag{9-16}$$

所以：

$$M_x = \int_{-\frac{h}{2}}^{\frac{h}{2}} \sigma_x z \, \mathrm{d}z \tag{9-17}$$

同理对于 σ_y 而言，有：

$$M_y = \int_{-\frac{h}{2}}^{\frac{h}{2}} \sigma_y z \, \mathrm{d}z \tag{9-18}$$

对于 τ_{xy}、τ_{yx} 而言，它们在各自的截面上产生扭矩，中面上单位板宽内的扭矩为：

$$M_{xy}=M_{yx}=\int_{-\frac{h}{2}}^{\frac{h}{2}}\tau_{xy}z\,\mathrm{d}z \tag{9-19}$$

从式（9-10）与式（9-11）可以看出，τ_{xz}，τ_{yz} 为坐标 z 的二次函数，其作用效应为剪力，单位板宽内的剪力分别为：

$$Q_x=\int_{-\frac{h}{2}}^{\frac{h}{2}}\tau_{xz}\,\mathrm{d}z \tag{9-20}$$

$$Q_y=\int_{-\frac{h}{2}}^{\frac{h}{2}}\tau_{yz}\,\mathrm{d}z \tag{9-21}$$

将 σ_x，σ_y，τ_{xy}，τ_{xz}，τ_{yz} 的位移表达式（9-7）、式（9-10）、式（9-11）代入式（9-17）～式（9-21）各式有：

$$\left.\begin{aligned}
M_x&=-D\left(\frac{\partial^2 w}{\partial x^2}+\nu\frac{\partial^2 w}{\partial y^2}\right)\\
M_y&=-D\left(\frac{\partial^2 w}{\partial y^2}+\nu\frac{\partial^2 w}{\partial x^2}\right)\\
M_{xy}=M_{yx}&=-D(1-\nu)\frac{\partial^2 w}{\partial x\,\partial y}\\
Q_x&=-D\frac{\partial}{\partial x}\nabla^2 w\\
Q_y&=-D\frac{\partial}{\partial y}\nabla^2 w
\end{aligned}\right\} \tag{9-22}$$

薄板内力的作用方向由对应的应力合成后的方向来确定，图 9-4 中的应力方向均设为正向，因而图中薄板内力均为正向，其中最重要的内力为弯矩，板底受拉时为正弯矩，板底受压时为负弯矩。

9.4　薄板横截面上的内力平衡方程

取如图 9-5 所示边长为 dx 和 dy，厚度为 h 的矩形微元板单元，其四个边上的内力如图所示，上面作用有横向分布荷载 q。

对于图 9-5 所示的空间一般力系共有 6 个平衡方程，其中三个方程 $\sum F_x=0$，$\sum F_y=0$，$\sum M_z=0$ 自动满足，其余还有三个平衡方程，由 $\sum F_z=0$ 得：

$$\frac{\partial Q_x}{\partial x}+\frac{\partial Q_y}{\partial y}+q=0 \tag{9-23}$$

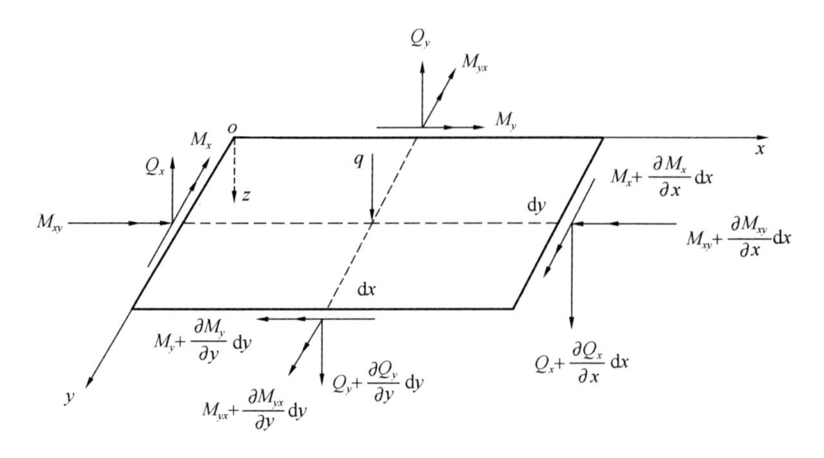

图 9-5

又由 $\sum M_x=0, \sum M_y=0$ 得：

$$\left.\begin{aligned}Q_x&=\frac{\partial M_x}{\partial x}+\frac{\partial M_{yx}}{\partial y}\\Q_y&=\frac{\partial M_{xy}}{\partial x}+\frac{\partial M_y}{\partial y}\end{aligned}\right\}\tag{9-24}$$

将式（9-24）代入式（9-23）得：

$$\frac{\partial^2 M_x}{\partial x^2}+2\frac{\partial^2 M_{xy}}{\partial x\,\partial y}+\frac{\partial^2 M_y}{\partial y^2}+q=0\tag{9-25}$$

式（9-25）即为弯矩与扭矩所满足的平衡微分方程式。将式（9-22）中 M_x、M_{xy}、M_y 位移表达式代入式（9-25）得：

$$\nabla^4 w=\frac{q}{D}\tag{9-26}$$

上式与式（9-14）弹性曲面微分方程完全相同。

9.5 矩形薄板的边界条件

薄板横截面上有三个内力，在边界上由内力表示的边界条件应有三个，分别为弯矩、扭矩与横向剪力边界条件，但根据微分方程理论，求解薄板的弯曲微分方程 $\nabla^4 w=q/D$ 时，只需两个内力的边界条件即可，而现在有三个，可见三个内力边界条件并非完全独立，有必要对边界条件进行合并处理。

9.5.1 扭矩的等效剪力

考察图 9-6 所示的薄板，在 AB，BC 边界上分别受有分布扭矩 M_{yx}、M_{xy} 的作用，现以 AB 边上的扭矩为例，将截面上的扭矩等效为剪力。

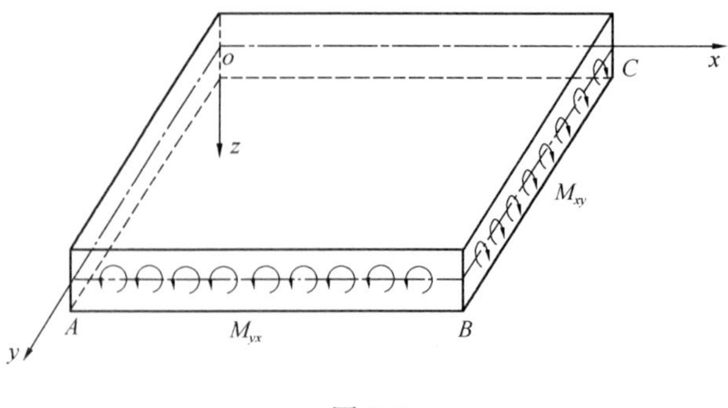

图 9-6

如图 9-7 所示，取 AB 边任意两个相邻的微段，这两个微段上所受到扭矩力的大小分别为 $M_{yx}\mathrm{d}x$，$(M_{yx}+\frac{\partial M_{yx}}{\partial x}\mathrm{d}x)\mathrm{d}x$（图 9-7a，注意到 M_{yx} 为单位长度上的扭矩），根据理论力学，平面内的一个扭矩力可以等效为一对力偶，如图 9-7(b) 所示，两个微段公共边上方向相反的集中剪力 M_{yx} 相互抵消，只剩下集中剪力 $\frac{\partial M_{yx}}{\partial x}\mathrm{d}x$（图 9-7c），此集中剪力除以

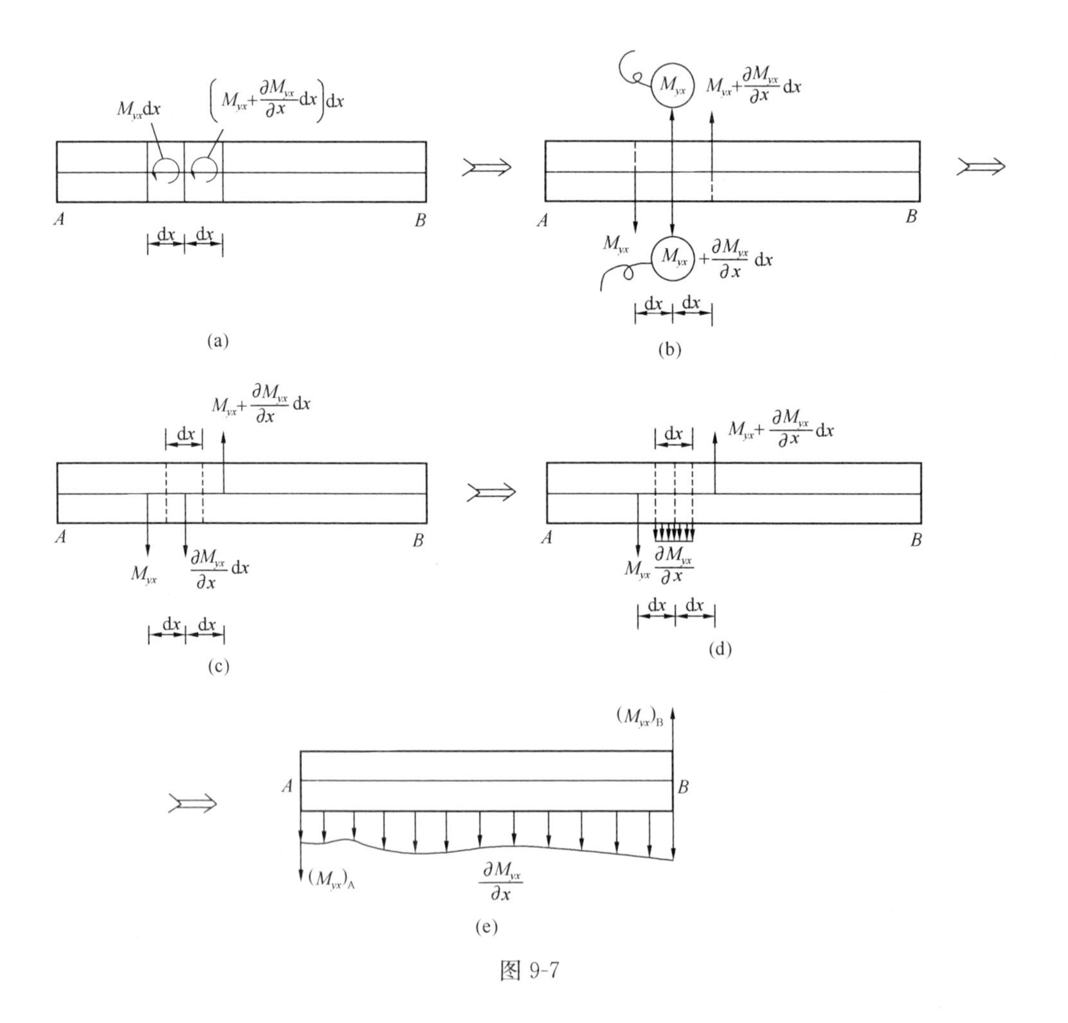

图 9-7

微段长度 dx 就化为分布剪力 $\frac{\partial M_{yx}}{\partial x}$（图 9-7d）。将上述分析方法用于 AB 边的所有相邻微段上，就可得到图 9-7（e）的结果。所以板内的扭矩可以等效为分布剪力及两个端点的集中剪力，于是 AB 边上总的分布剪力为：

$$V_y = Q_y + \frac{\partial M_{yx}}{\partial x} \tag{9-27}$$

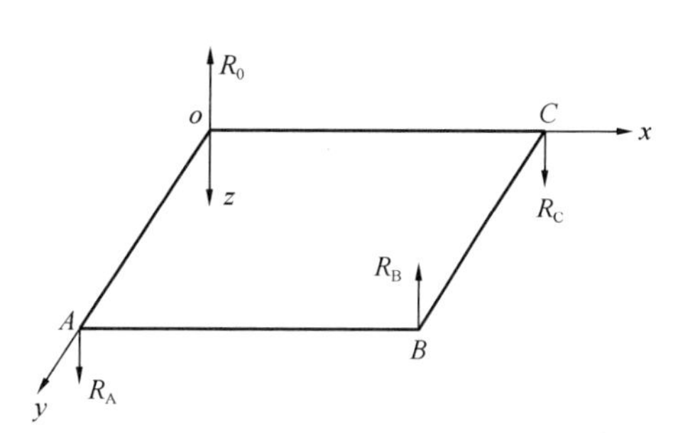

图 9-8

同理，BC 边上总的分布剪力为：

$$V_x = Q_x + \frac{\partial M_{xy}}{\partial y} \tag{9-28}$$

V_x，V_y 的符号规定同 Q_x，Q_y。角点集中力如图 9-8所示，图中指向为正，其中角点 B 处的集中力为：

$$R_B = (M_{yx})_B + (M_{xy})_B = 2(M_{xy})_B \tag{9-29}$$

将总的剪力和集中力用挠度 w 表示为：

$$\left.\begin{aligned} V_x &= Q_x + \frac{\partial M_{xy}}{\partial y} = -D\left[\frac{\partial^3 w}{\partial x^3} + (2-\nu)\frac{\partial^3 w}{\partial x\,\partial y^2}\right] \\ V_y &= Q_y + \frac{\partial M_{yx}}{\partial x} = -D\left[\frac{\partial^3 w}{\partial y^3} + (2-\nu)\frac{\partial^3 w}{\partial x^2\,\partial y}\right] \\ R_B &= (M_{yx})_B + (M_{xy})_B = -2D(1-\nu)\left(\frac{\partial^2 w}{\partial x\,\partial y}\right)_B \end{aligned}\right\} \tag{9-30}$$

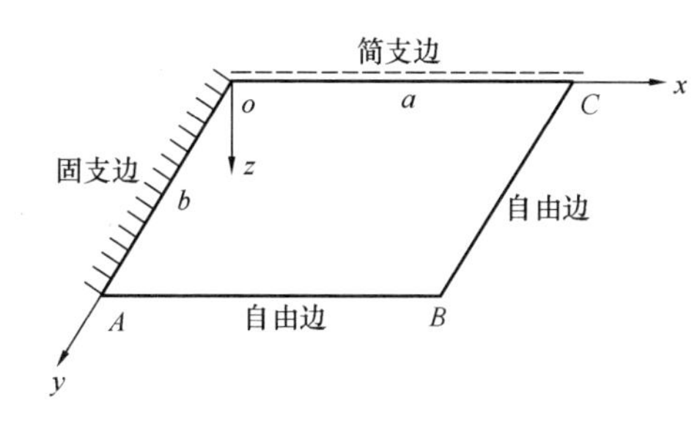

图 9-9

9.5.2 边界条件

以图 9-9 所示的矩形薄板为例，说明简支边界、固支边界、自由边界以及角点边界条件的写法。图中简支边采用虚线表示，固支边采用斜线表示，自由边采用单线条表示。

简支边界 oC（$y=0$）：挠度和弯矩为零，即：

$$\left.\begin{aligned} & w|_{y=0} = 0 \\ & M_y|_{y=0} = -D\left(\frac{\partial^2 w}{\partial y^2} + \nu\frac{\partial^2 w}{\partial x^2}\right)\bigg|_{y=0} = 0 \end{aligned}\right\} \tag{9-31}$$

上式与梁的铰支边界条件相似，因为 $w|_{y=0} = 0$（在边界上挠度为常数），所以 $\left.\frac{\partial w}{\partial x}\right|_{y=0} = \left.\frac{\partial^2 w}{\partial x^2}\right|_{y=0} = 0$，于是简支边界又可进一步写为：

$$\left.\begin{aligned} w\big|_{y=0}&=0\\ \frac{\partial^2 w}{\partial y^2}\bigg|_{y=0}&=0 \end{aligned}\right\} \tag{9-32}$$

固支边界 oA（$x=0$）：挠度和转角为零（与固支梁端的边界条件相似），即：

$$\left.\begin{aligned} w\big|_{x=0}&=0\\ \frac{\partial w}{\partial x}\bigg|_{x=0}&=0 \end{aligned}\right\} \tag{9-33}$$

自由边界 AB（$y=b$）与 BC（$x=a$）：弯矩与总剪力为零，即：

$$\left.\begin{aligned} M_y\big|_{y=b}&=-D\left[\frac{\partial^2 w}{\partial y^2}+\nu\frac{\partial^2 w}{\partial x^2}\right]\bigg|_{y=b}=0\\ V_y\big|_{y=b}&=-D\left[\frac{\partial^3 w}{\partial y^3}+(2-\nu)\frac{\partial^3 w}{\partial x^2\,\partial y}\right]\bigg|_{y=b}=0 \end{aligned}\right\} \tag{9-34}$$

与

$$\left.\begin{aligned} M_x\big|_{x=a}&=-D\left[\frac{\partial^2 w}{\partial x^2}+\nu\frac{\partial^2 w}{\partial y^2}\right]\bigg|_{x=a}=0\\ V_x\big|_{x=a}&=-D\left[\frac{\partial^3 w}{\partial x^3}+(2-\nu)\frac{\partial^3 w}{\partial x\,\partial y^2}\right]\bigg|_{x=a}=0 \end{aligned}\right\} \tag{9-35}$$

角点 $B(x=a,\ y=b)$ 边界条件：集中力为零，即

$$R_{\mathrm{B}}=2\,(M_{xy})_{\mathrm{B}}=-2D(1-\nu)\frac{\partial^2 w}{\partial x\,\partial y}\bigg|_{\substack{x=a\\y=b}}=0 \tag{9-36}$$

9.6　单向板的柱面弯曲

若矩形板一个方向的长度比另一个方向的长度要大得多，可假定长边趋于无穷，如图 9-10所示，则板上的荷载向长边传递（或由长边承受），这样的板在工程上称为单向板。设板上荷载沿 y 方向没有变化，荷载仅为 x 的函数，板受荷载变形后成为柱形曲面，柱面

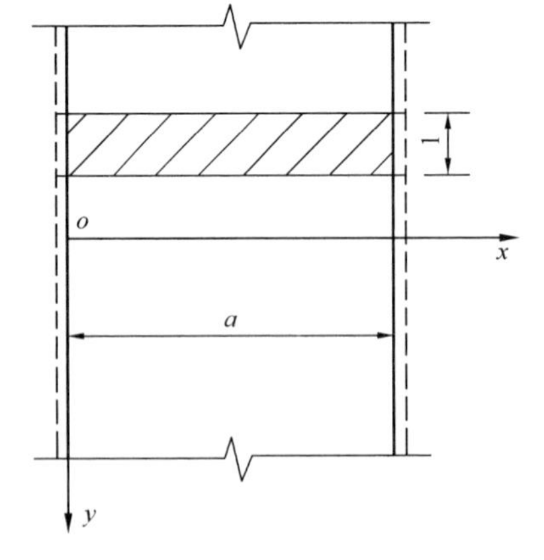

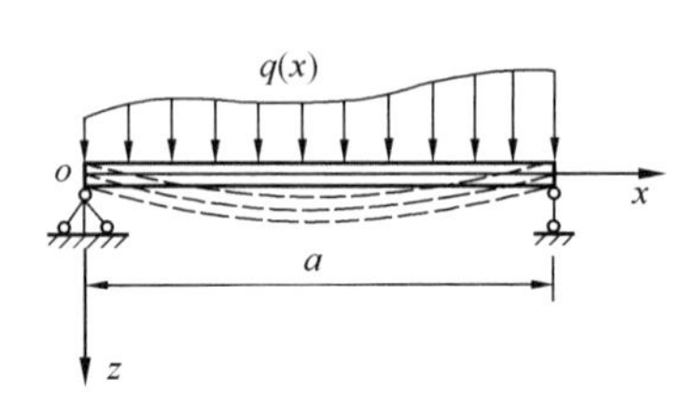

图 9-10

的母线与 y 轴平行，板的挠度 w 不随 y 变化，所以板的挠度可表示为：

$$w = w(x) \tag{9-37}$$

则薄板弹性曲面微分方程变为：

$$\frac{\mathrm{d}^4 w(x)}{\mathrm{d}x^4} = \frac{q(x)}{D} \tag{9-38}$$

这里 $D = \dfrac{Eh^3}{12(1-\nu^2)}$ 为板的抗弯刚度，于是板内的各个内力分量为：

$$\left.\begin{aligned} M_x &= -D\frac{\mathrm{d}^2 w}{\mathrm{d}x^2} \\ M_y &= -\nu D\frac{\mathrm{d}^2 w}{\mathrm{d}x^2} = \nu M_x \\ M_{xy} &= M_{yx} = 0 \\ Q_x &= -D\frac{\mathrm{d}^3 w}{\mathrm{d}x^3} = \frac{\mathrm{d}M_x}{\mathrm{d}x} \\ Q_y &= 0 \end{aligned}\right\} \tag{9-39}$$

工程上采用简化方法，沿 y 方向任取一单位宽度的板条进行分析，将其等效为梁的弯曲问题进行分析，板条梁的平衡微分方程为：

$$\frac{\mathrm{d}^4 \bar{w}(x)}{\mathrm{d}x^4} = \frac{q(x)}{EI} \tag{9-40}$$

式中：$\bar{w}(x)$，$EI = \dfrac{Eh^3}{12}$ 分别为单位宽度板条的挠度与抗弯刚度，则内力表达式为：

$$\left.\begin{aligned} M_x &= -EI\frac{\mathrm{d}^2 \bar{w}}{\mathrm{d}x^2} \\ M_y &= 0 \\ M_{xy} &= M_{yx} = 0 \\ Q_x &= \frac{\mathrm{d}M_x}{\mathrm{d}x} = -EI\frac{\mathrm{d}^3 \bar{w}}{\mathrm{d}x^3} \\ Q_y &= 0 \end{aligned}\right\} \tag{9-41}$$

比较方程（9-38）与方程（9-40）可以发现，在给定相同荷载及边界条件的情况下，板的挠度 w 与等效板条梁的挠度 $\bar{w}$ 有如下的对应关系：

$$w(x) \Leftrightarrow (1-\nu^2)\bar{w}(x) \tag{9-42}$$

板的内力与等效板条梁的内力也有如式（9-42）相同的关系。对于混凝土板 $\nu = \dfrac{1}{6}$，则：$1-\nu^2 \approx 0.972$，可见等效板条梁的位移、内力与实际板的位移、内力非常相近，两者的相对误差在 3%以内。等效板条梁的计算精度完全满足工程要求。对于钢板 $\nu = 0.25$，

$1-\nu^2 \approx 0.94$，两者的相对误差约 6%，计算精度在工程上也是可以接受的。

必须指出的是等效板条梁模型所计算的是板短跨方向的弯矩 M_x，而无法得到单向板在长跨方向上的弯矩 M_y，工程上按等效梁理论计算时，容易误认为板的长跨方向没有弯矩作用，事实上，板的长跨方向仍有弯矩作用，根据式（9-39），其大小为 $M_y=\nu M_x$，在结构设计中应注意这一问题。

9.7　简支边矩形薄板的 Navier（纳维叶）解法

图 9-11 所示为四边简支矩形薄板，边长分别为 a 和 b，受任意分布的横向荷载 $q(x,y)$ 作用。此问题的边界条件为：

$$\left.\begin{aligned} w|_{x=0}=0,\ \left.\frac{\partial^2 w}{\partial x^2}\right|_{x=0}=0,\ w|_{x=a}=0,\ \left.\frac{\partial^2 w}{\partial x^2}\right|_{x=a}=0 \\ w|_{y=0}=0,\ \left.\frac{\partial^2 w}{\partial y^2}\right|_{y=0}=0,\ w|_{y=b}=0,\ \left.\frac{\partial^2 w}{\partial y^2}\right|_{y=b}=0 \end{aligned}\right\} \tag{9-43}$$

设挠度函数为：

$$w=\sum_{m=1}^{\infty}\sum_{n=1}^{\infty}A_{mn}\cdot\sin\frac{m\pi x}{a}\cdot\sin\frac{n\pi y}{b} \tag{9-44}$$

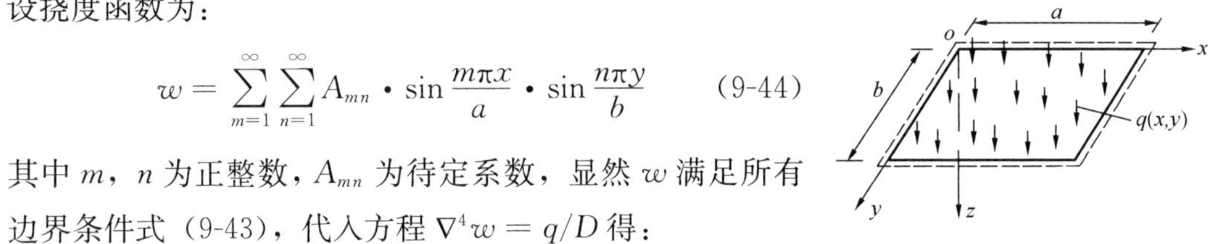

图 9-11

其中 m，n 为正整数，A_{mn} 为待定系数，显然 w 满足所有边界条件式（9-43），代入方程 $\nabla^4 w=q/D$ 得：

$$\pi^4 D\sum_{m=1}^{\infty}\sum_{n=1}^{\infty}\left(\frac{m^2}{a^2}+\frac{n^2}{b^2}\right)^2 A_{mn}\sin\frac{m\pi x}{a}\sin\frac{n\pi y}{b}=q(x,y) \tag{9-45}$$

将式（9-45）两边乘以 $\sin\frac{i\pi x}{a}\sin\frac{j\pi y}{b}$，分别对 x，y 积分，并利用下列三角函数系的正交性：

$$\begin{aligned} &\int_0^a \sin\frac{i\pi x}{a}\sin\frac{m\pi x}{a}\mathrm{d}x=\begin{cases}0 & (m\neq i)\\ \frac{a}{2} & (m=i)\end{cases} \\ &\int_0^b \sin\frac{j\pi y}{b}\sin\frac{n\pi y}{b}\mathrm{d}x=\begin{cases}0 & (n\neq j)\\ \frac{b}{2} & (n=j)\end{cases} \end{aligned} \tag{9-46}$$

得：

$$A_{mn}=\frac{4\int_0^a\int_0^b q(x,y)\cdot\sin\frac{m\pi x}{a}\sin\frac{n\pi y}{b}\mathrm{d}x\mathrm{d}y}{\pi^4 abD\left(\frac{m^2}{a^2}+\frac{n^2}{b^2}\right)^2} \tag{9-47}$$

所以

$$w=\sum_{m=1}^{\infty}\sum_{n=1}^{\infty}\frac{4\int_0^a\int_0^b q(x,y)\cdot\sin\frac{m\pi x}{a}\sin\frac{n\pi y}{b}\mathrm{d}x\mathrm{d}y}{\pi^4 abD\left(\frac{m^2}{a^2}+\frac{n^2}{b^2}\right)^2}\cdot\sin\frac{m\pi x}{a}\cdot\sin\frac{n\pi y}{b} \tag{9-48}$$

$$\left.\begin{aligned}M_x&=-D\left(\frac{\partial^2 w}{\partial x^2}+\nu\frac{\partial^2 w}{\partial y^2}\right)=\sum_{m=1}^{\infty}\sum_{n=1}^{\infty}A_{mn}\left[\left(\frac{m\pi}{a}\right)^2+\nu\left(\frac{n\pi}{b}\right)^2\right]\sin\frac{m\pi x}{a}\sin\frac{n\pi y}{b}\\M_y&=-D\left(\frac{\partial^2 w}{\partial y^2}+\nu\frac{\partial^2 w}{\partial x^2}\right)=\sum_{m=1}^{\infty}\sum_{n=1}^{\infty}A_{mn}\left[\left(\frac{n\pi}{b}\right)^2+\nu\left(\frac{m\pi}{a}\right)^2\right]\sin\frac{m\pi x}{a}\sin\frac{n\pi y}{b}\end{aligned}\right\} \tag{9-49}$$

当 $q=q_0$（常数），为均布荷载时：

$$A_{mn}=\frac{16q_0}{\pi^6 Dmn\left(\frac{m^2}{a^2}+\frac{n^2}{b^2}\right)^2}\quad(m,n=1,3,5,\cdots) \tag{9-50}$$

M_x，M_y 的最大值发生在板中央 $x=\frac{a}{2},y=\frac{b}{2}$ 处：

$$\left.\begin{aligned}M_{x,\max}&=M_x\big|_{x=a/2,y=b/2}=\frac{16q_0}{\pi^6}\sum_{m=1,3,5,\cdots}^{\infty}\sum_{n=1,3,5,\cdots}^{\infty}\frac{(-1)^{\frac{(m+n)}{2}-1}}{mn\left(\frac{m^2}{a^2}+\frac{n^2}{b^2}\right)^2}\left[\left(\frac{m\pi}{a}\right)^2+\nu\left(\frac{n\pi}{b}\right)^2\right]\\M_{y,\max}&=M_y\big|_{x=a/2,y=b/2}=\frac{16q_0}{\pi^6}\sum_{m=1,3,5,\cdots}^{\infty}\sum_{n=1,3,5,\cdots}^{\infty}\frac{(-1)^{\frac{(m+n)}{2}-1}}{mn\left(\frac{m^2}{a^2}+\frac{n^2}{b^2}\right)^2}\left[\left(\frac{n\pi}{b}\right)^2+\nu\left(\frac{m\pi}{a}\right)^2\right]\end{aligned}\right\} \tag{9-51}$$

对于四边简支受均布荷载的混凝土板，可根据上述的最大弯矩（每米内的弯矩）进行配筋计算。Navier 方法求解简单，但计算量较大，级数收敛较慢，且只能用于四边简支的矩形板。

9.8　受集中荷载的简支矩形薄板

当简支矩形板上作用有集中力 P 时，作用点位置坐标为（x_0，y_0），如图 9-12 所示，利用上面均布荷载的解答，设 P 作用在微元区域 ΔS 上，其面积（$\Delta x\cdot\Delta y$）上的分布荷载为 $q=P/(\Delta x\cdot\Delta y)$，于是横向荷载 q（x，y）可以表达为：

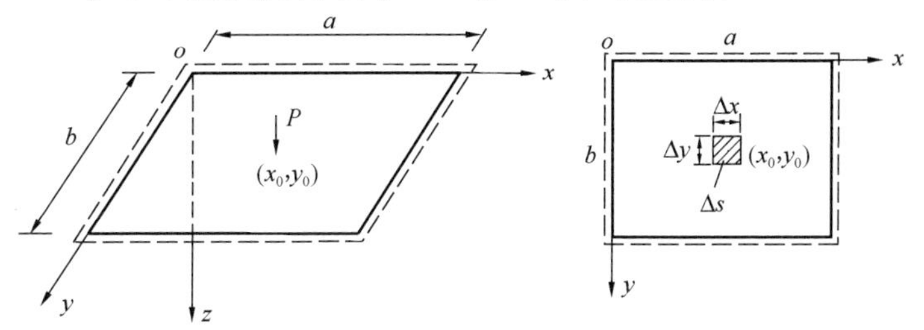

图 9-12　薄板上承受集中荷载 P 作用

$$
q(x,y)=\begin{cases}P/(\Delta x\cdot\Delta y) & (x,y)\in\Delta S\\ 0 & (x,y)\notin\Delta S\end{cases} \tag{9-52}
$$

根据式（9-47），并利用二重积分中值定理（见附录 6）有：

$$
\begin{aligned}
A_{mn}&=\lim_{\substack{\Delta x\to0\\ \Delta y\to0}}\frac{4}{\pi^4abD\left(\frac{m^2}{a^2}+\frac{n^2}{b^2}\right)^2}\iint_{\Delta S}\frac{P}{\Delta x\cdot\Delta y}\sin\frac{m\pi x}{a}\sin\frac{n\pi y}{b}\mathrm{d}x\mathrm{d}y\\
&=\lim_{\substack{\Delta x\to0\\ \Delta y\to0}}\frac{4}{\pi^4abD\left(\frac{m^2}{a^2}+\frac{n^2}{b^2}\right)^2}\cdot\left(\frac{P}{\Delta x\cdot\Delta y}\cdot\sin\frac{m\pi\xi}{a}\cdot\sin\frac{n\pi\zeta}{b}\right)\Delta x\cdot\Delta y\\
&=\frac{4P}{\pi^4abD\left(\frac{m^2}{a^2}+\frac{n^2}{b^2}\right)^2}\cdot\sin\frac{m\pi x_0}{a}\cdot\sin\frac{n\pi y_0}{b}
\end{aligned} \tag{9-53}
$$

上式中 (ξ,ζ) 为 ΔS 内的某一点坐标，当 Δx，Δy 趋向于无限小时，$(\xi,\ \zeta)\to(x_0,\ y_0)$，将式（9-53）代入式（9-49），得板内弯矩为：

$$
\left.\begin{aligned}
M_x&=\sum_{m=1}^{\infty}\sum_{n=1}^{\infty}\frac{4P}{\pi^2ab\left(\frac{m^2}{a^2}+\frac{n^2}{b^2}\right)^2}\cdot\sin\frac{m\pi x_0}{a}\cdot\sin\frac{n\pi y_0}{b}\left[\left(\frac{m}{a}\right)^2+\nu\left(\frac{n}{b}\right)^2\right]\sin\frac{m\pi x}{a}\sin\frac{n\pi y}{b}\\
M_y&=\sum_{m=1}^{\infty}\sum_{n=1}^{\infty}\frac{4P}{\pi^2ab\left(\frac{m^2}{a^2}+\frac{n^2}{b^2}\right)^2}\cdot\sin\frac{m\pi x_0}{a}\cdot\sin\frac{n\pi y_0}{b}\left[\left(\frac{n}{b}\right)^2+\nu\left(\frac{m}{a}\right)^2\right]\sin\frac{m\pi x}{a}\sin\frac{n\pi y}{b}
\end{aligned}\right\} \tag{9-54}
$$

在实际工程中，当四边简支的混凝土板上局部作用有集中荷载时，如固定的设备荷载等，可采用式（9-54）估计板内作用的弯矩。

9.9 受线荷载的简支矩形薄板

当简支矩形薄板板上作用有线荷载 q 时（图 9-13），线荷载 q 作用在微段 $\mathrm{d}\zeta$ 上的集中荷载为 $q\mathrm{d}\zeta$，根据式（9-54），将荷载作用点的坐标 (x_0,y_0) 替换为 (ζ,y_0)，集中力 P 替换为 $q\mathrm{d}\zeta$，则集中荷载 $q\mathrm{d}\zeta$ 产生的弯矩为：

$$
\left.\begin{aligned}
\mathrm{d}M_x&=\sum_{m=1}^{\infty}\sum_{n=1}^{\infty}\frac{4q\mathrm{d}\zeta}{\pi^2ab\left(\frac{m^2}{a^2}+\frac{n^2}{b^2}\right)^2}\cdot\sin\frac{m\pi\zeta}{a}\cdot\sin\frac{n\pi y_0}{b}\left[\left(\frac{m}{a}\right)^2+\nu\left(\frac{n}{b}\right)^2\right]\sin\frac{m\pi x}{a}\sin\frac{n\pi y}{b}\\
\mathrm{d}M_y&=\sum_{m=1}^{\infty}\sum_{n=1}^{\infty}\frac{4q\mathrm{d}\zeta}{\pi^2ab\left(\frac{m^2}{a^2}+\frac{n^2}{b^2}\right)^2}\cdot\sin\frac{m\pi\zeta}{a}\cdot\sin\frac{n\pi y_0}{b}\left[\left(\frac{n}{b}\right)^2+\nu\left(\frac{m}{a}\right)^2\right]\sin\frac{m\pi x}{a}\sin\frac{n\pi y}{b}
\end{aligned}\right\} \tag{9-55}
$$

于是整个线荷载 q 在任意一点 (x,y) 所产生的弯矩，通过积分上式可得：

$$\left.\begin{aligned}M_x&=\sum_{m=1}^{\infty}\sum_{n=1}^{\infty}\frac{4q}{\pi^2ab\left(\frac{m^2}{a^2}+\frac{n^2}{b^2}\right)^2}\cdot\sin\frac{n\pi y_0}{b}\left[\left(\frac{m}{a}\right)^2+\nu\left(\frac{n}{b}\right)^2\right]\sin\frac{m\pi x}{a}\sin\frac{n\pi y}{b}\cdot\int_0^a\sin\frac{m\pi\zeta}{a}\mathrm{d}\zeta\\M_y&=\sum_{m=1}^{\infty}\sum_{n=1}^{\infty}\frac{4q}{\pi^2ab\left(\frac{m^2}{a^2}+\frac{n^2}{b^2}\right)^2}\cdot\sin\frac{n\pi y_0}{b}\left[\left(\frac{n}{b}\right)^2+\nu\left(\frac{m}{a}\right)^2\right]\sin\frac{m\pi x}{a}\sin\frac{n\pi y}{b}\cdot\int_0^a\sin\frac{m\pi\zeta}{a}\mathrm{d}\zeta\end{aligned}\right\}\tag{9-56}$$

即有：

$$\left.\begin{aligned}M_x&=\sum_{m=1,3,5,\cdots}^{\infty}\sum_{n=1}^{\infty}\frac{8q}{\pi^3bm\left(\frac{m^2}{a^2}+\frac{n^2}{b^2}\right)^2}\cdot\sin\frac{n\pi y_0}{b}\left[\left(\frac{m}{a}\right)^2+\nu\left(\frac{n}{b}\right)^2\right]\sin\frac{m\pi x}{a}\sin\frac{n\pi y}{b}\\M_y&=\sum_{m=1,3,5,\cdots}^{\infty}\sum_{n=1}^{\infty}\frac{8q}{\pi^3bm\left(\frac{m^2}{a^2}+\frac{n^2}{b^2}\right)^2}\cdot\sin\frac{n\pi y_0}{b}\left[\left(\frac{n}{b}\right)^2+\nu\left(\frac{m}{a}\right)^2\right]\sin\frac{m\pi x}{a}\sin\frac{n\pi y}{b}\end{aligned}\right\}\tag{9-57}$$

实际工程中，如板上砌墙、板上作用有线性队列荷载等情形，都可以归结为板上作用有线荷载 q 的情况。在设计计算中往往重视主受力方向的弯矩 M_x，而容易忽视次方向上的弯矩 M_y，而在线荷载作用的情形下，弯矩 M_y 一般与主受力方向的弯矩 M_x 具有相同的量级，甚至还会大于 M_x，这一点在设计计算中要引起注意。

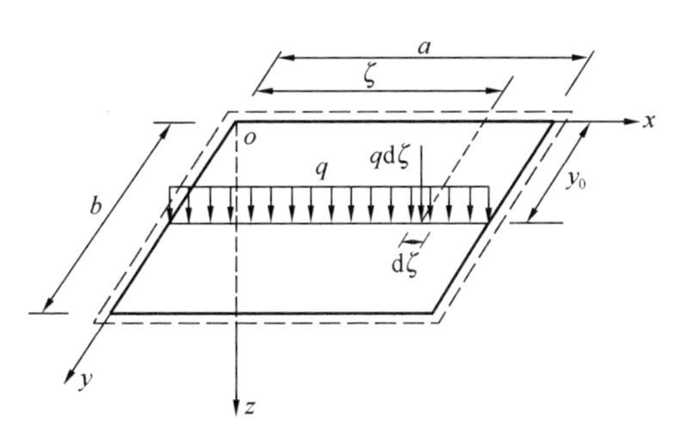

图 9-13 薄板上承受线荷载作用

对于图 9-14 受线荷载的单向板，实际工程计算时很容易将这个板按单跨（板）梁来计算主方向上的弯矩 M_x，从而忽视了次方向上的弯矩 M_y，而事实上，M_y 的量值通常还会大于 M_x，关于混凝土板次方向上的弯矩及配筋计算可参见文献[18]。某铁路（列车可近似看成线荷载）涵洞顶板，由于设计中忽视了次方向上的弯矩 M_y，使得铁路线下方的涵洞板底部出现了 x 方向的水平裂缝（图 9-15）。

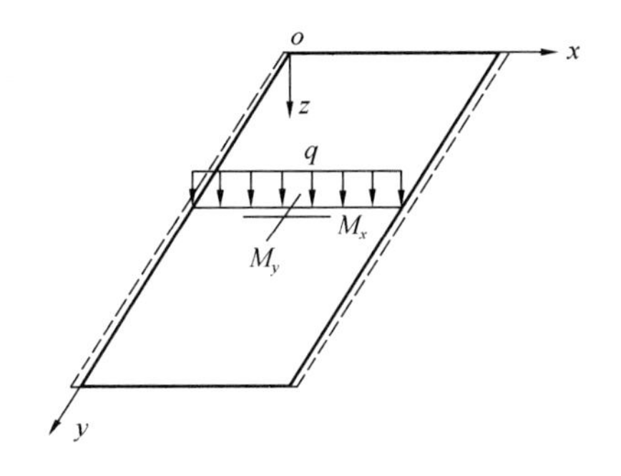

图 9-14 受线荷载的单向板

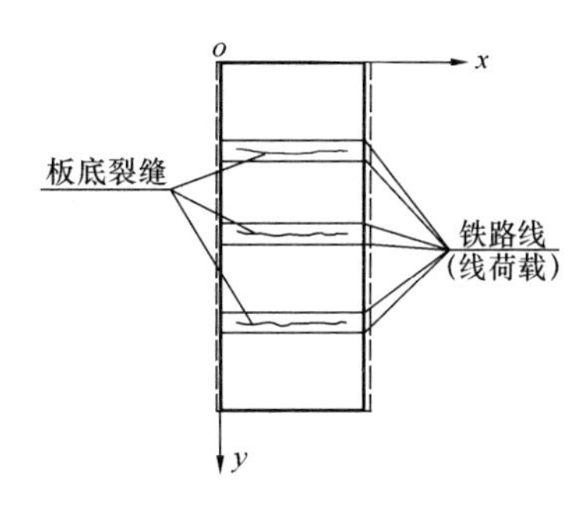

图 9-15 弯矩 M_y 作用下的板底裂缝

9.10　Levy（里维）解法

图 9-16 所示的矩形板，两对边简支，其他两对边可为任意的支承形式（自由边、简支或固支），板上受任意分布的横向荷载 $q(x, y)$ 作用。两对边简支边界条件为：

$$\left.\begin{aligned} w|_{x=0}=0,\ \frac{\partial^2 w}{\partial x^2}|_{x=0}=0 \\ w|_{x=a}=0,\ \frac{\partial^2 w}{\partial x^2}|_{x=a}=0 \end{aligned}\right\} \tag{9-58}$$

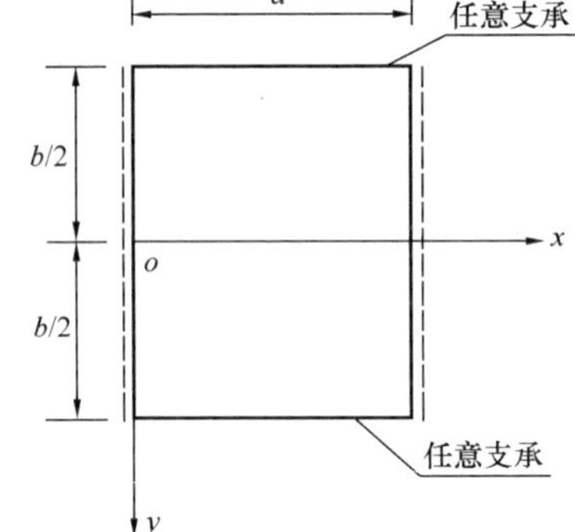

图 9-16　对边简支的矩形板

根据两对边简支边界条件，可设解为：

$$w=\sum_{m=1}^{\infty} Y_m(y)\cdot \sin\frac{m\pi x}{a} \tag{9-59}$$

显然上式满足边界条件式（9-58），将上式代入方程 $\nabla^4 w=q(x,y)/D$ 得：

$$\sum_{m=1}^{\infty}\left[\frac{d^4 Y_m(y)}{dy^4}-2\left(\frac{m\pi}{a}\right)^2\cdot\frac{d^2 Y_m(y)}{dy^2}+\left(\frac{m\pi}{a}\right)^4 Y_m(y)\right]\sin\frac{m\pi x}{a}=\frac{q(x,y)}{D} \tag{9-60}$$

将 $\frac{q(x,y)}{D}$ 展开为关于 x 的傅里叶级数：

$$\frac{q(x,y)}{D}=\sum_{m=1}^{\infty}\left[\frac{2}{a}\int_0^a \frac{q(x,y)}{D}\sin\frac{m\pi x}{a}dx\right]\cdot\sin\frac{m\pi x}{a} \tag{9-61}$$

将式（9-61）代入式（9-60），比较两边级数的系数得：

$$\frac{d^4 Y_m(y)}{dy^4}-2\left(\frac{m\pi}{a}\right)^2\cdot\frac{d^2 Y_m(y)}{dy^2}+\left(\frac{m\pi}{a}\right)^4 Y_m(y)=\frac{2}{a}\int_0^a\frac{q(x,y)}{D}\cdot\sin\frac{m\pi x}{a}dx \tag{9-62}$$

上面式（9-62）为非齐次常微分方程，其一般解可表示为齐次方程的通解 $\overline{Y}_m(y)$ 与一个特解 $Y_m^*(y)$ 的和：

$$Y_m(y)=\overline{Y}_m(y)+Y_m^*(y) \tag{9-63}$$

齐次方程的通解为：

$$\overline{Y}_m(y)=A_m\cosh\frac{m\pi y}{a}+B_m\frac{m\pi y}{a}\sinh\frac{m\pi y}{a}+C_m\sinh\frac{m\pi y}{a}+D_m\frac{m\pi y}{a}\cosh\frac{m\pi y}{a} \tag{9-64}$$

所以挠度解可以写为：

$$\begin{aligned} w=\sum_{m=1}^{\infty}\Big[&A_m\cosh\frac{m\pi y}{a}+B_m\frac{m\pi y}{a}\sinh\frac{m\pi y}{a}+C_m\sinh\frac{m\pi y}{a} \\ &+D_m\frac{m\pi y}{a}\cosh\frac{m\pi y}{a}+Y_m^*(y)\Big]\cdot\sin\frac{m\pi x}{a} \end{aligned} \tag{9-65}$$

式（9-65）中的待定系数 A_m，B_m，C_m，D_m 可由另外两个边 $y=\pm b/2$ 的边界条件决定，特解 $Y_m^*(y)$ 可由荷载 $q(x,y)$ 的具体形式确定。

【例 9-1】 应用 Levy 解法求解受均布荷载 $q(x,y)=q_0$ 作用的四边简支薄板的最大弯矩。

【解】 根据微分方程式（9-62），方程的右边项为：

$$\frac{2}{a}\int_0^a \frac{q(x,y)}{D}\sin\frac{m\pi x}{a}\mathrm{d}x=\frac{2q_0}{\pi Dm}(1-\cos m\pi)=\begin{cases}0 & (m=2,4,6,\cdots)\\ \dfrac{4q_0}{\pi Dm} & (m=1,3,5,\cdots)\end{cases} \tag{9-66}$$

可设特解：$Y_m^*(y)=A$（常数解），代入方程（9-62）可得：

$$Y_m^*(y)=\begin{cases}\dfrac{4a^4q_0}{\pi^5Dm^5} & (m=1,3,5,\cdots)\\ 0 & (m=2,4,6,\cdots)\end{cases} \tag{9-67}$$

本问题挠度解答关于 x 轴对称，所以 $Y_m(y)$ 应为偶函数，则式（9-64）中的奇函数待定系数 $C_m=D_m=0$，由边界条件：

$$\left.\begin{aligned}&w\big|_{y=\frac{b}{2}}=0\\ &\frac{\partial^2 w}{\partial y^2}\Big|_{y=\frac{b}{2}}=0\end{aligned}\right\} \tag{9-68}$$

可求得：

$$\left.\begin{aligned}A_m&=-\frac{2(2+\alpha_m\tanh\alpha_m)q_0a^4}{\pi^5Dm^5\cosh\alpha_m}\\ B_m&=\frac{2q_0a^4}{\pi^5Dm^5\cosh\alpha_m}\end{aligned}\right\}(m=1,3,5,\cdots) \tag{9-69}$$

及

$$\left.\begin{aligned}A_m&=0\\ B_m&=0\end{aligned}\right\}(m=2,4,6,\cdots) \tag{9-70}$$

式中：

$$\alpha_m=\frac{m\pi b}{2a} \tag{9-71}$$

注意到，由于已利用了对称性，所以上面只用到了一边（ $y=b/2$ ）的边界条件。最后的解答为：

$$w=\frac{4q_0a^4}{\pi^5D}\sum_{m=1,3,5,\cdots}^{\infty}\frac{1}{m^5}\left(1-\frac{2+\alpha_m\tanh\alpha_m}{2\cosh\alpha_m}\cdot\cosh\frac{2\alpha_m y}{b}+\frac{\alpha_m}{2\cosh\alpha_m}\cdot\frac{2y}{b}\cdot\sinh\frac{2\alpha_m y}{b}\right)\cdot\sin\frac{m\pi x}{a} \tag{9-72}$$

板中最大弯矩为：

$$\left.\begin{aligned}M_{x,\max}&=M_x\big|_{x=a/2,y=0}=\alpha q_0a^2\\M_{y,\max}&=M_y\big|_{x=a/2,y=0}=\alpha_1q_0a^2\end{aligned}\right\}\tag{9-73}$$

式中：

$$\left.\begin{aligned}\alpha&=\frac{1}{8}-\frac{2}{\pi^3}\sum_{m=1,3,5,\cdots}^{\infty}\frac{(-1)^{\frac{m-1}{2}}}{m^3}\cdot\frac{(1-\nu)\alpha_m\tanh\alpha_m+2}{\cosh\alpha_m}\\\alpha_1&=\frac{\nu}{8}+\frac{2}{\pi^2}\sum_{m=1,3,5,\cdots}^{\infty}\frac{(-1)^{\frac{m-1}{2}}}{m^3}\cdot\frac{(1-\nu)\alpha_m\tanh\alpha_m-2\nu}{\cosh\alpha_m}\end{aligned}\right\}\tag{9-74}$$

实际工程中，根据不同的板尺寸 a,b 可制成表格使用。计算结果表明，当 b/a 增大时，板中最大弯矩很快趋近于单向板（$b/a=\infty$）的计算值，当 $b/a=3$ 时，两者相差约 6.5%，所以当 $b/a\geqslant3$ 时，可近似地按单向板条计算，计算精度满足工程要求。

【例 9-2】 现有长宽分别为 a 和 b，四边简支的矩形板，在 $y=\pm b/2$ 的边界上受分布弯矩 $M_y=f(x)$ 的作用（图 9-17），求板的挠度表达式。

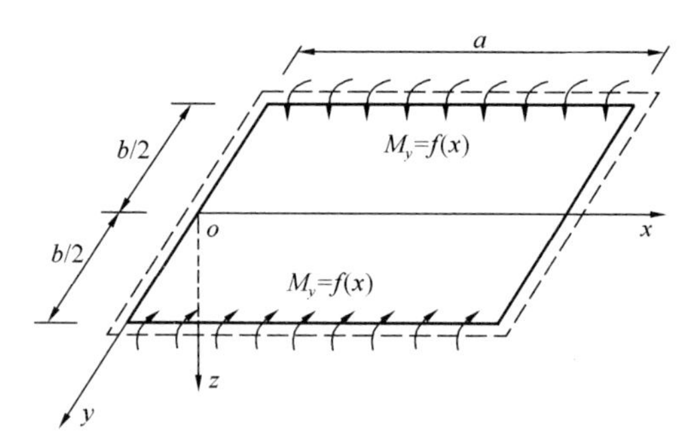

图 9-17

【解】 因为板面无荷载作用 $q(x,y)=0$，所以基本方程为：

$$\frac{\partial^4w}{\partial x^4}+2\frac{\partial^4w}{\partial x^2\partial y^2}+\frac{\partial^4w}{\partial y^4}=0\tag{9-75}$$

边界条件为：

$$\left.\begin{aligned}&w\big|_{x=0,a}=0\\&\frac{\partial^2w}{\partial x^2}\bigg|_{x=0,a}=0\\&w\big|_{y=\pm\frac{b}{2}}=0\\&M_y\big|_{y=\pm\frac{b}{2}}=-D\frac{\partial^2w}{\partial y^2}\bigg|_{y=\pm\frac{b}{2}}=f(x)\end{aligned}\right\}\tag{9-76}$$

采用 Levy 方法，本问题的解答可由式（9-65）确定，由于 $q(x,y)=0$，根据方程（9-62）可得到一个特解为：

$$Y_m^*(y)=0\tag{9-77}$$

又根据对称性，w 为 y 的偶函数，则式（9-64）中的系数 $C_m=D_m=0$，所以：

$$w=\sum_{m=1}^{\infty}\left[A_m\cosh\frac{m\pi y}{a}+B_m\frac{m\pi y}{a}\cdot\sinh\frac{m\pi y}{a}\right]\cdot\sin\frac{m\pi x}{a}\tag{9-78}$$

由边界条件 $w\big|_{y=\frac{b}{2}}=0$，$M_y\big|_{y=\frac{b}{2}}=-D\dfrac{\partial^2w}{\partial y^2}\bigg|_{y=\frac{b}{2}}=f(x)$（因为对称性已利用，只用一个

边界的边界条件即可）得：

$$\left.\begin{aligned} A_m &= \frac{a\alpha_m \tanh\alpha_m}{Dm^2\pi^2\cosh\alpha_m}\int_0^a f(x)\cdot\sin\frac{m\pi x}{a}\mathrm{d}x \\ B_m &= -\frac{a}{Dm^2\pi^2\cosh\alpha_m}\int_0^a f(x)\cdot\sin\frac{m\pi x}{a}\mathrm{d}x \end{aligned}\right\} \tag{9-79}$$

其中 α_m 由式（9-71）确定，所以：

$$w = \sum_{m=1}^{\infty}\frac{a}{Dm^2\pi^2\cosh\alpha_m}\int_0^a f(x)\cdot\sin\frac{m\pi x}{a}\mathrm{d}x\left[\alpha_m\tanh\alpha_m\cdot\cosh\frac{m\pi y}{a}-\frac{m\pi y}{a}\cdot\sinh\frac{m\pi y}{a}\right]\cdot \sin\frac{m\pi x}{a} \tag{9-80}$$

9.11　薄板弯曲的叠加法

图 9-18(a) 为两对边简支而另外两对边固支的矩形薄板，边长分别为 a 和 b，受均匀分布荷载 q_0 作用，求挠度 w。取如图所示的坐标，采用求解超静定结构的方法，首先放松两个对称固支边的转动约束，代之以相应的约束反力：弯矩 $M_y = f(x)$，薄板成为四边简支的受力体系，如图 9-18(b) 所示，这一问题可分解为图 9-18(c) 受均布荷载 q_0 与图 9-18(d) 两对边受分布弯矩 $M_y = f(x)$ 的两个情形，根据叠加原理，将两个情形的解答叠加起来就是原问题的解。

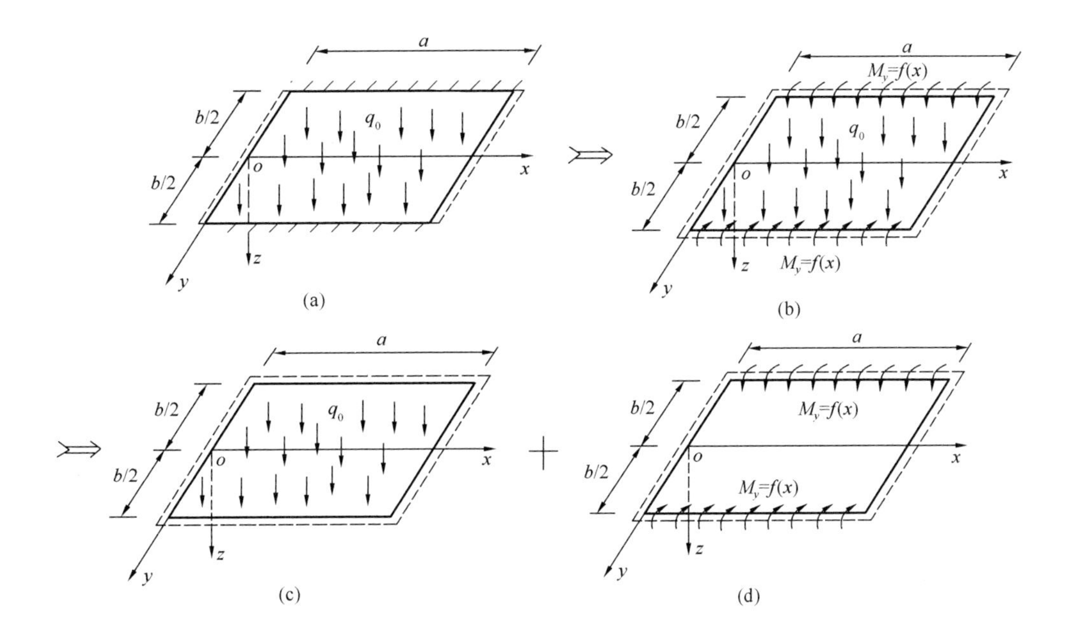

图 9-18

根据例 9-1 与例 9-2，已知图 9-18(c)、(d) 的挠度解答分别为：

$$\left.\begin{aligned}w_1 &= \frac{4q_0a^4}{\pi^5D}\sum_{m=1,3,5,\cdots}^{\infty}\frac{1}{m^5}\left(1-\frac{2+\alpha_m\tanh\alpha_m}{2\cosh\alpha_m}\cdot\cosh\frac{2\alpha_m y}{b}+\frac{\alpha_m}{2\cosh\alpha_m}\cdot\frac{2y}{b}\sinh\frac{2\alpha_m y}{b}\right)\cdot\sin\frac{m\pi x}{a}\\ w_2 &= \sum_{m=1}^{\infty}B_m\left(\frac{m\pi y}{a}\cdot\sinh\frac{m\pi y}{a}-\alpha_m\tanh\alpha_m\cosh\frac{m\pi y}{a}\right)\cdot\sin\frac{m\pi x}{a}\end{aligned}\right\}$$

(9-81)

根据式（9-79），其中 B_m 为未知数，与反力 $M_y=f(x)$ ［$f(x)$ 为未知函数］的关系为：

$$B_m=-\frac{a}{Dm^2\pi^2\cosh\alpha_m}\int_0^a f(x)\cdot\sin\frac{m\pi x}{a}\mathrm{d}x \tag{9-82}$$

若将 $f(x)$ 展开为 $\sin\frac{m\pi x}{a}$（$m=1，2，3，\cdots$）的无穷级数：

$$f(x)=\sum_{m=1}^{\infty}A_m\sin\frac{m\pi x}{a}=M_y \tag{9-83}$$

再代到式（9-82）中就可得到系数 A_m，从而 $f(x)$ 的表达式为：

$$f(x)=-2D\sum_{m=1}^{\infty}B_m\left(\frac{m\pi}{a}\right)^2\cosh\alpha_m\cdot\sin\frac{m\pi x}{a}=M_y \tag{9-84}$$

由两个固支边的转动约束条件有：

$$\frac{\partial w}{\partial y}\Big|_{y=\pm\frac{b}{2}}=\frac{\partial}{\partial y}(w_1+w_2)\Big|_{y=\pm\frac{b}{2}}=0 \tag{9-85}$$

上式只需用其中一个边界条件即可（因为对称性已利用），将式（9-81）代入式（9-85），可解得：

$$B_m=-\frac{2q_0a^4}{D(m\pi)^5\cosh\alpha_m}\cdot\frac{\alpha_m-\tanh\alpha_m\cdot(1+\alpha_m\tanh\alpha_m)}{\alpha_m-\tanh\alpha_m\cdot(\alpha_m\tanh\alpha_m-1)}\quad(m=1，3，5，\cdots) \tag{9-86}$$

由此可得到约束弯矩 M_y 为：

$$M_y=f(x)=\frac{4q_0a^2}{\pi^3}\sum_{m=1,3,5,\cdots}^{\infty}\frac{1}{m^3}\cdot\frac{\alpha_m-\tanh\alpha_m\cdot(1+\alpha_m\tanh\alpha_m)}{\alpha_m-\tanh\alpha_m\cdot(\alpha_m\tanh\alpha_m-1)}\cdot\sin\frac{m\pi x}{a} \tag{9-87}$$

于是，原问题的挠度解答为：

$$\begin{aligned}w=w_1+w_2=\frac{4q_0a^4}{\pi^5D}\sum_{m=1,3,5,\cdots}^{\infty}\frac{1}{m^5}\Bigg[1-&\frac{(\alpha_m\cosh\alpha_m+\sinh\alpha_m)\cdot\cosh\frac{m\pi y}{a}}{\cosh\alpha_m\cdot(\alpha_m\cosh\alpha_m+\sinh\alpha_m)-\alpha_m\sinh^2\alpha_m}+\\ &\frac{\sinh\alpha_m}{\cosh\alpha_m\cdot(\alpha_m\cosh\alpha_m+\sinh\alpha_m)-\alpha_m\sinh^2\alpha_m}\cdot\frac{m\pi y}{a}\cdot\sinh\frac{m\pi y}{a}\Bigg]\sin\frac{m\pi x}{a}\end{aligned} \tag{9-88}$$

有了挠度解答，就可进一步得到弯矩 M_x，M_y 的解答，此处从略。

9.12　工程中薄板的计算原理

9.12.1　单个矩形薄板的计算

薄板弯矩与位移计算中一般都包括了泊松比 ν，对于不同的材料，泊松比 ν 的取值不同，实际工程计算手册不可能对所有 ν 都列出相应的计算值，工程设计手册中只给出 $\nu=0$ 时的计算结果，其他 $\nu\neq 0$ 的情形，可采取下述的方式得到，以下为工程设计手册中薄板的计算方法（原理）。

薄板的弹性曲面微分方程可以写成：

$$\nabla^4(Dw)=q \tag{9-89}$$

对于固支及简支的边界条件，不外乎有如下的形式：

$$\left.\begin{aligned} Dw|_{x=x_1}=0,\ \frac{\partial}{\partial x}Dw|_{x=x_1}=0,\ \frac{\partial^2}{\partial x^2}Dw|_{x=x_1}=0 \\ Dw|_{y=y_1}=0,\ \frac{\partial}{\partial y}Dw|_{y=y_1}=0,\ \frac{\partial^2}{\partial y^2}Dw|_{y=y_1}=0 \end{aligned}\right\} \tag{9-90}$$

如果把微分方程式（9-89）与边界条件式（9-90）中的变量 Dw 看成未知函数，则得到的解答 Dw 不包括泊松比 ν，即解答 Dw 与泊松比 ν 无关，$\frac{\partial^2}{\partial x^2}Dw$ 及 $\frac{\partial^2}{\partial y^2}Dw$ 也与泊松比 ν 无关。既然无关，计算中可取 $\nu=0$。

当 $\nu=0$ 时，弯矩 M_x，M_y 为：

$$\left.\begin{aligned} M_x=-\frac{\partial^2}{\partial x^2}Dw-\nu\cdot\frac{\partial^2}{\partial y^2}Dw=-\frac{\partial^2}{\partial x^2}Dw \\ M_y=-\frac{\partial^2}{\partial y^2}Dw-\nu\cdot\frac{\partial^2}{\partial x^2}Dw=-\frac{\partial^2}{\partial y^2}Dw \end{aligned}\right\} \tag{9-91}$$

对于实际的薄板 $\nu\neq 0$，例如混凝土板 $\nu=1/6$，根据式（9-91），实际的跨中弯矩 M'_x，M'_y 为：

$$\left.\begin{aligned} M'_x=\left(-\frac{\partial^2}{\partial x^2}Dw\right)+\nu\cdot\left(-\frac{\partial^2}{\partial y^2}Dw\right)=M_x+\nu\cdot M_y=M_x+\frac{1}{6}M_y \\ M'_y=\left(-\frac{\partial^2}{\partial y^2}Dw\right)+\nu\cdot\left(-\frac{\partial^2}{\partial x^2}Dw\right)=M_y+\nu\cdot M_x=M_y+\frac{1}{6}M_x \end{aligned}\right\} \tag{9-92}$$

在固支边界上，由于 $w|_{x=x_1}=0$，$w|_{y=y_1}=0$（挠度等于常数），所以 $\left.\left(-\frac{\partial^2}{\partial y^2}Dw\right)\right|_{x=x_1}=0$，$\left.\left(-\frac{\partial^2}{\partial x^2}Dw\right)\right|_{y=y_1}=0$，于是，实际的固支边界弯矩 M_x^0，M_y^0 为：

$$\left.\begin{aligned}M_x^0\big|_{x=x_1} &= \left(-\frac{\partial^2}{\partial x^2}Dw\right)\bigg|_{x=x_1} + \nu\cdot\left(-\frac{\partial^2}{\partial y^2}Dw\right)\bigg|_{x=x_1} = \left(-\frac{\partial^2}{\partial x^2}Dw\right)\bigg|_{x=x_1} = M_x\big|_{x=x_1}\\ M_y^0\big|_{y=y_1} &= \left(-\frac{\partial^2}{\partial y^2}Dw\right)\bigg|_{y=y_1} + \nu\cdot\left(-\frac{\partial^2}{\partial x^2}Dw\right)\bigg|_{y=y_1} = \left(-\frac{\partial^2}{\partial y^2}Dw\right)\bigg|_{y=y_1} = M_y\big|_{y=y_1}\end{aligned}\right\} \tag{9-93}$$

当$\nu=0$时：$D=\frac{Eh^3}{12}$，根据式（9-89）与式（9-90）计算得到Dw，板的实际弯曲刚度$D'=\frac{Eh^3}{12(1-\nu^2)}$，由于$D'w'=Dw$，所以实际的挠度$w'$为：

$$w'=\frac{Dw}{D'} \tag{9-94}$$

根据以上分析，对于在简支与固支边界条件下承受均布荷载的各种矩形薄板，很多工程结构设计手册给出关于挠度和弯矩的计算表格可供工程设计之用，对于实际工程材料，其常数ν各不相同，设计手册是按材料泊松比$\nu=0$得到的挠度Dw和弯矩M_x, M_y，对于$\nu\neq 0$的情形，设计手册给出的实际跨中弯矩M'_x, M'_y与挠度w'按下式计算：

$$\left.\begin{aligned}M'_x &= M_x+\nu M_y\\ M'_y &= M_y+\nu M_x\end{aligned}\right\} \tag{9-95}$$

$$w'=\frac{Dw}{D'} \tag{9-96}$$

式中：$D'=\frac{Eh^3}{12(1-\nu^2)}$，$\nu$为实际材料的泊松比。对于混凝土而言，取$\nu=1/6$。

实际的固支边界弯矩M_x^0, M_y^0可直接得到：

$$\left.\begin{aligned}M_x^0 &= M_x\\ M_y^0 &= M_y\end{aligned}\right\} \tag{9-97}$$

必须说明的是，对于具有自由边的矩形板，式（9-95）～式（9-97）是不成立的，因为自由边的边界条件中包含有泊松比ν，在应用工程设计手册计算矩形板的挠度与弯矩时，应注意图表的适用范围。

9.12.2　连续矩形薄板的近似计算

结构工程中常常会遇到双向连续矩形薄板，例如房屋结构中的现浇钢筋混凝土楼盖多为连续的矩形薄板（图 9-19），这类结构需要计算板跨中与支座的弯矩，供配筋设计使用，应用本章的理论来精确地分析连续矩形薄板的内力将是一个极为复杂的工作，采用手算不便于实现，而采用大型有限元程序分析会大大增加工程设计的成本，实用上可将连续的矩形薄板简化为单个的矩

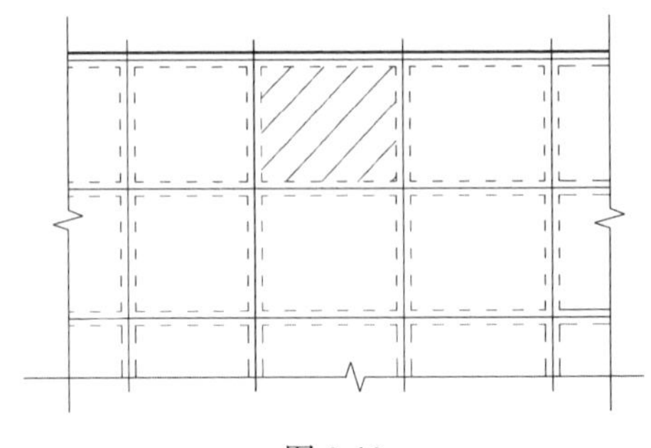

图 9-19

形板计算，然后再对板内的弯矩作适当的调整后，再用于配筋设计。以下用图 9-19 中的混凝土楼板简化计算作一说明。

设图 9-19 中的连续矩形薄板表面受均布荷载作用（包括自重），实际工程计算中只需取几个典型的矩形板计算即可，以图中阴影板为例，将这个板取出来（图 9-20）作为一个单块板来计算，该板一边支承在边梁上，由于梁的抗扭刚度较小，对板的扭转约束可忽略不计，这一边可以近似地处理为简支边界；该板的其他三边均与相邻的板整体相连，毗邻的板对这三个边有较强的弯曲约束，这三个边可以近似地简化为固支边界。于是阴影板近似的计算简图如图 9-20 所示，

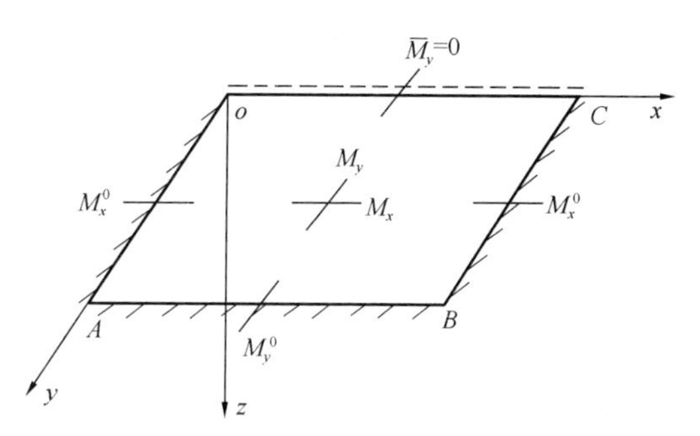

图 9-20

根据工程设计手册的计算图表，可容易地算得板的支座与跨中弯矩（如图 9-20 所示），由于计算简图的近似性，图中板的计算弯矩与实际情况有一定的差距，例如：oC 边上，边梁对板有较小的扭转约束，实际的支座弯矩 $\overline{M}_y \neq 0$，因此设计中需要在 oC 边上布置（构造）抗弯（负）钢筋；实际的板在 oA、AB 与 BC 边上可以有很小的转动，简图中的三个固支边界夸大了这些边上的弯曲约束作用，因此图中的固支端（负）弯矩 M_x^0，M_y^0 比实际的要大，按 M_x^0，M_y^0 进行配筋计算是偏于安全的；对于 x 方向的跨中弯矩 M_x，由于两端的固支边分担了过多的弯矩，所以图中 M_x 比实际弯矩要小，配筋设计时应将 M_x 适当地扩大（例如：可将 M_x 乘以 1.2～1.3 的系数），以保证安全；对于 y 方向的跨中弯矩 M_y，由于板的一端固支边夸大了弯曲约束作用，而另一端简支边人为地减小了弯曲约束作用，因此很难判断图中的 M_y 比实际的弯矩大还是小，为安全计，可将 M_y 作适当地扩大。

习　　题

9.1　写出图 9-21 所示薄板的边界条件。

9.2　矩形薄板 oA 边和 oC 边为简支边，AB 边和 BC 边为自由边，在点 B 处受向下的横向集中力 P 作用（图 9-22）。证明 $w=mxy$ 可作为问题的解答，并求出常数 m、内力和反力。

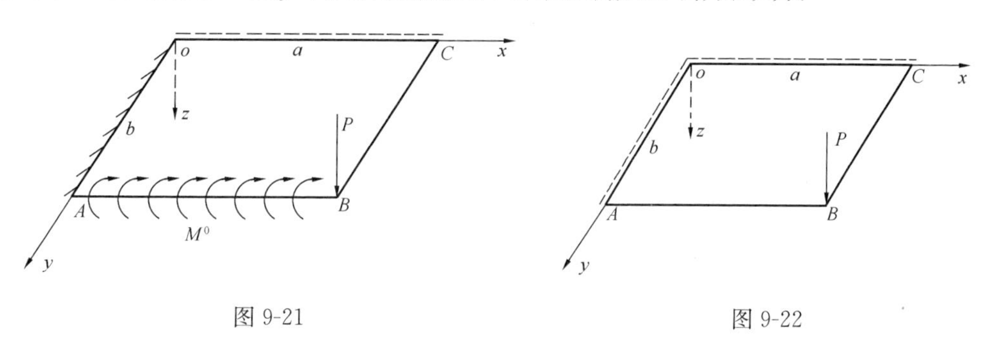

图 9-21　　　　图 9-22

9.3　如图 9-23 所示的矩形薄板 $oABC$，oA 边与 BC 边为简支边，oC 边与 AB 边为自由边。板不受

横向荷载，但在两个简支边上受大小相等而方向相反的均布弯矩 M。试证明，为了将薄板弯成柱面，即 $w=f(x)$，必须在自由边上施加以均布弯矩 νM。并求出挠度、弯矩和反力。

9.4 图 9-24 为四边简支的矩形薄板，边长为 a 和 b，受有面荷载：

$$q(x,y)=q_0\sin\frac{\pi x}{a}\sin\frac{\pi y}{b}$$

试证明：$w=m\sin\frac{\pi x}{a}\sin\frac{\pi y}{b}$ 能满足一切边界条件。并求出挠度、弯矩。

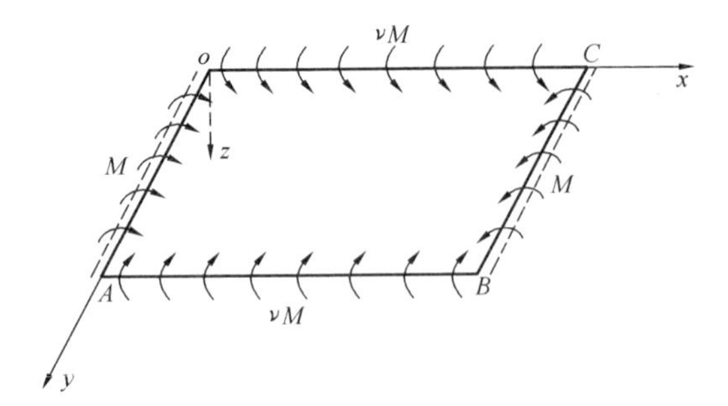

图 9-23

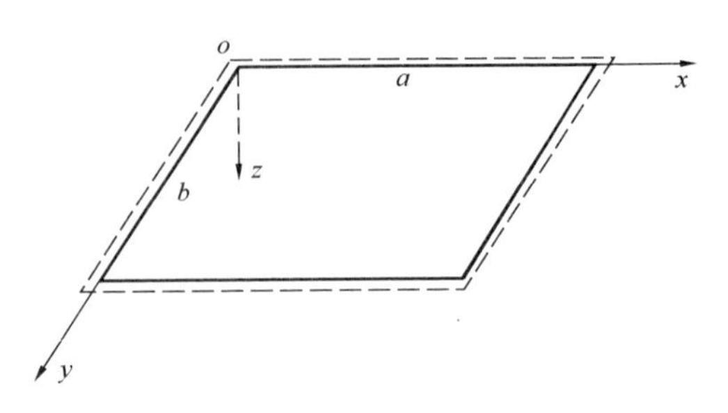

图 9-24

9.5 图 9-25 所示四边简支的矩形薄板受静水压力作用，荷载分布规律为：

$$q(x,y)=\frac{q_0}{a}x$$

试求板的挠度。

9.6* 研究单向简支板在线荷载作用下（图 9-26，$y_0=b/2$）的板内弯矩，给出对称轴上的 M_x，M_y 分布曲线。M_y 与 M_x 比较是否可以忽略不计？

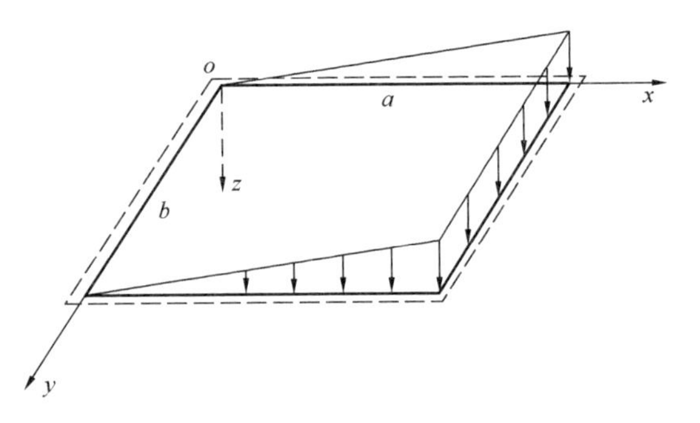

图 9-25

9.7* 研究简支板在弧线（曲线）荷载作用下的板内弯矩，给出 M_x、M_y 的一般计算公式。

9.8* 试用内力影响面的方法研究图 9-27 二队列移动荷载作用下（如二列移动的列车），单向板的最不利跨中弯矩 M_x，M_y 以及对应的荷载作用位置。

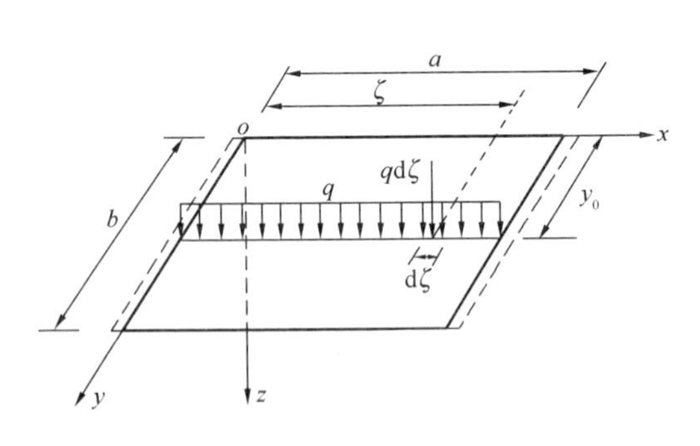

图 9-26

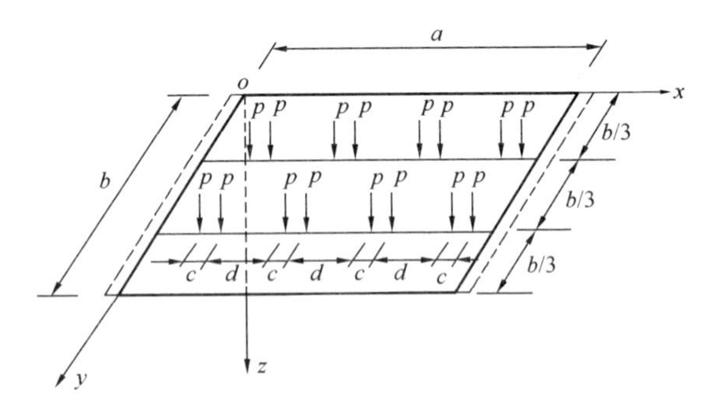

图 9-27

第 10 章　薄板的弯曲振动

实际土木工程中常常涉及板的弯曲振动问题，例如：布置在楼板上的动力机械（发电机等）会产生机械振动，当机械振动的频率与楼板的自振频率接近时，楼板会发生共振，危及楼板结构安全或导致人员不适，因此在楼板结构设计时，楼板的自振频率应避开外激励频率，为此必须首先要计算楼板的自振频率，设计中且应考虑板的动力荷载效应。本章将在前一章薄板静力分析的基础上，建立矩形薄板弯曲振动的微分方程，讨论薄板的自由振动（自振频率与振型的求解）与强迫振动。

10.1　薄板弯曲振动微分方程

关于薄板的所有假设同第 9 章，有所不同的是，本章振动问题中板的位移（挠度）w 为板中面的动位移，它与时间 t 有关，所以挠度 w 应写为 $w(x,y,t)$，板表面受到的外面荷载 q 也与时间有关，因此 q 应写为 $q(x,y,t)$，同时由于板的运动，板还受到惯性力的作用，在图 10-1 所示矩形板中，任取一个微体分析，这里设微体加速度为 $\ddot{w}(x,y,t)=\dfrac{\partial^2 w(x,y,t)}{\partial t^2}$（这里 w 上标二点表示对时间求二次偏导数）沿 z 坐标的方向为正，与静力分析相比较，这个微体还受到惯性力 $\rho\ddot{w}(x,y,t)h\mathrm{d}x\mathrm{d}y$ 的作用，惯性力的方向与微体加速度相反（图 10-1）。根据 9.4 节薄板横截面上的内力平衡方程 $D\,\nabla^4 w=q$，将其重写为：$D\,\nabla^4 w\mathrm{d}x\mathrm{d}y=q\mathrm{d}x\mathrm{d}y$，这个方程表示板在微体表面积 $\mathrm{d}x\mathrm{d}y$ 上所受外力 $q\mathrm{d}x\mathrm{d}y$ 与微体周边四个截面上的弹性剪力（之和）$D\,\nabla^4 w\mathrm{d}x\mathrm{d}y$ 保持平衡，当考虑微体的瞬间动力平衡方程时，只需在方程 $D\,\nabla^4 w\mathrm{d}x\mathrm{d}y=q\mathrm{d}x\mathrm{d}y$ 的基础上再加上惯性力 $\rho\ddot{w}(x,y,t)h\mathrm{d}x\mathrm{d}y$ 的影响即可（图 10-1），根据达朗贝尔原理，微体的瞬间动力平衡方程可以写为：$D\,\nabla^4 w\mathrm{d}x\mathrm{d}y=q\mathrm{d}x\mathrm{d}y-\rho\ddot{w}(x,y,t)h\mathrm{d}x\mathrm{d}y$，简化这个方程就可得到薄板的振动微分方程为：

$$D\,\nabla^4 w(x,y,t)+\rho h\frac{\partial^2 w(x,y,t)}{\partial t^2}=q(x,y,t) \tag{10-1}$$

需要说明的是，方程（10-1）没有考虑板的转动惯量、水平剪切和挤压效应，对于工程中常见的薄板振动，通常只考虑其一阶振动模态的影响，因此方程（10-1）具有较好的计算精度，可满足一般工程计算要求。当需要计及这些因素影响时，方程（10-1）需要进行修改。

求解微分方程（10-1）需要已知板的边界条件与初始条件，板的动力边界条件与静力

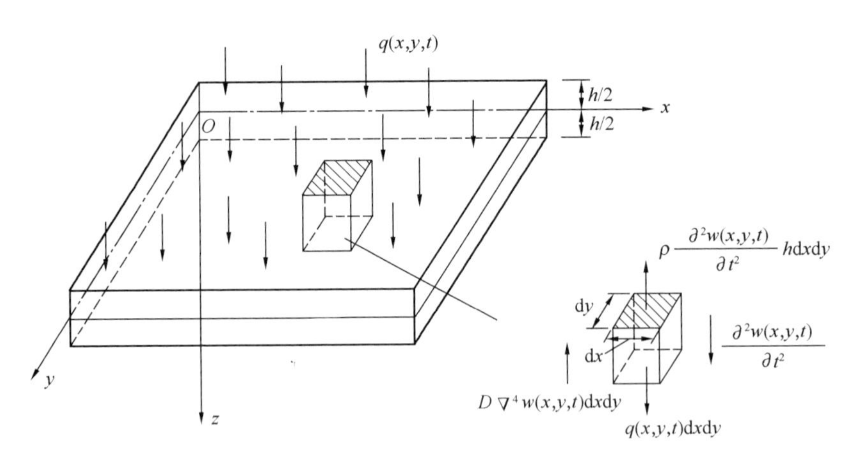

图 10-1

问题相同，板的静力边界条件在 9.5 节中已有论述，这里不再赘述。板的初始条件为：

$$\left.\begin{aligned} w(x,y,t)\big|_{t=0} &= w_1(x,y) \\ \left.\frac{\partial w(x,y,t)}{\partial t}\right|_{t=0} &= w_2(x,y) \end{aligned}\right\} \tag{10-2}$$

即，已知板的初始位移与速度。

需要说明的是：板在静力（如自重）作用下会发生初始变形，以上所讨论的动位移 w 的原点均假定在初始的平衡位置上，板在其静力平衡位置上作往复振动。以上的动荷载均不计及静力荷载（如自重），所得到的响应（如：位移、弯矩、应力等）均为动力响应，当需要计算结构对于静力与动力荷载的全响应时，可将静力与动力响应分别计算，然后叠加两个响应即为结构的全响应。

10.2　矩形薄板的自由振动

板在自由振动时，外部动力荷载为零，即：$q(x,y,t)=0$，于是板的自由振动方程为：

$$D\,\nabla^4 w(x,y,t) + \rho h\,\frac{\partial^2 w(x,y,t)}{\partial t^2} = 0 \tag{10-3}$$

采用分离变量法求解，将空间坐标与时间坐标分离，可设：

$$w(x,y,t) = Y(x,y)\cdot T(t) \tag{10-4}$$

将上式代入方程（10-3），得：

$$\frac{D}{\rho h Y(x,y)}\left[\frac{\partial^4 Y(x,y)}{\partial x^4} + 2\,\frac{\partial^4 Y(x,y)}{\partial x^2\,\partial y^2} + \frac{\partial^4 Y(x,y)}{\partial y^4}\right] = -\frac{1}{T(t)}\,\frac{\mathrm{d}^2 T(t)}{\mathrm{d}t^2} \tag{10-5}$$

上式左边为 x，y 的函数，右边为时间 t 的函数，要使二者相等，只有二者同时等于一个常数，令这个常数为 ω^2，得：

$$\frac{\mathrm{d}^2 T(t)}{\mathrm{d}t^2}+\omega^2 T(t)=0 \tag{10-6}$$

及

$$\frac{\partial^4 Y(x,y)}{\partial x^4}+2\frac{\partial^4 Y(x,y)}{\partial x^2\partial y^2}+\frac{\partial^4 Y(x,y)}{\partial y^4}-\frac{\rho h\omega^2}{D}Y(x,y)=0 \tag{10-7}$$

方程（10-6）的解为：

$$T(t)=A\sin(\omega t+\alpha) \tag{10-8}$$

上式表明，结构在无动力荷载下的自由振动为一个正弦（谐波）振动，其中 ω 为薄板自由振动的固有频率，α 为初始相位角，A 为振动的幅值。方程（10-7）称为特征方程，其解答需要边界条件（定解条件）来确定，满足特征方程的函数 $Y(x,y)$ 称为薄板的振型函数，以下讨论两种边界条件下薄板的自由振动解。

【例 10-1】 图 10-2 所示为四边简支矩形薄板，边长分别为 a 和 b，试求该板的自振频率与振型函数，以及自由振动解答。

【解】 根据板的边界条件，此薄板的振型函数可假设为：

$$Y(x,y)=\sin\frac{m\pi x}{a}\cdot\sin\frac{n\pi y}{b} \tag{10-9}$$

上式中 m，n 为整数，显然式（10-9）满足四边简支的边界条件，将上式代入式（10-7），得：

$$\left[\pi^4\left(\frac{m^2}{a^2}+\frac{n^2}{b^2}\right)^2-\frac{\rho h\omega^2}{D}\right]\sin\frac{m\pi x}{a}\cdot\sin\frac{n\pi y}{b}=0 \tag{10-10}$$

要使上式对于所有的 x，y 均能满足，则必须有：

$$\pi^4\left(\frac{m^2}{a^2}+\frac{n^2}{b^2}\right)^2-\frac{\rho h\omega^2}{D}=0 \tag{10-11}$$

式（10-11）为频率方程，由此可以得到四边简支薄板的自振固有频率为：

$$\omega=\pi^2\left(\frac{m^2}{a^2}+\frac{n^2}{b^2}\right)\sqrt{\frac{D}{\rho h}} \tag{10-12}$$

当 m、n 取不同的整数时，对应的自振频率与振型函数分别为：

$$\omega_{mn}=\pi^2\left(\frac{m^2}{a^2}+\frac{n^2}{b^2}\right)\sqrt{\frac{D}{\rho h}} \tag{10-13}$$

$$Y_{mn}(x,y)=\sin\frac{m\pi x}{a}\cdot\sin\frac{n\pi y}{b} \tag{10-14}$$

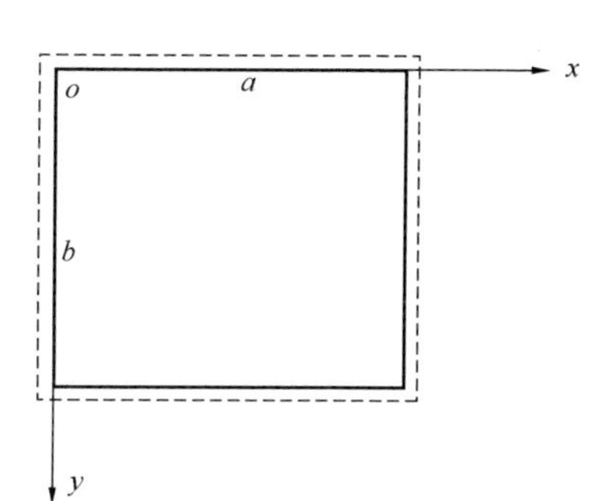

图 10-2　四边简支矩形薄板

图 10-3 给出了四边简支薄板当 m、$n=1$、2 时，对应振型图的大致形状，图中虚线表示节线，节线上的位移始终为零，“+”表示挠度向上，“−”表示挠度向下。图 10-4 为板的前 4 阶振型空间图。

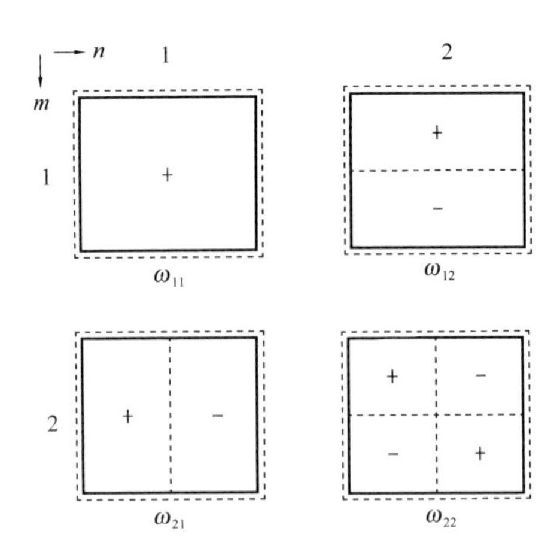

图 10-3　四边简支薄板自振频率对应的振型示意图

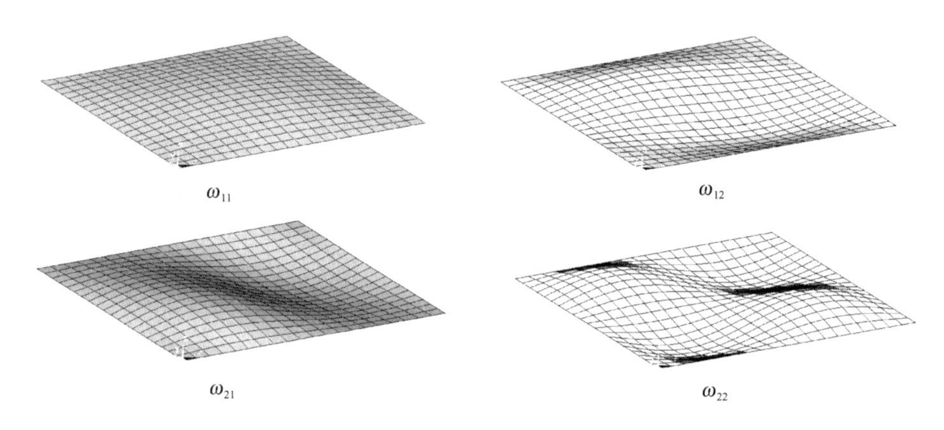

图 10-4　四边简支薄板前四阶自振频率对应的空间振型图

板的初始条件为方程（10-2），自由振动时位移响应可按振型函数 $Y_{mn}(x,y)$ 展开得：

$$w(x,y,t)=\sum_{m=1}^{\infty}\sum_{n=1}^{\infty}(A_{mn}\cos\omega_{mn}t+B_{mn}\sin\omega_{mn}t)\cdot\sin\frac{m\pi x}{a}\cdot\sin\frac{n\pi y}{b} \tag{10-15}$$

式中：A_{mn}，B_{mn} 为待定系数，可由初始条件确定，将上式代入初始条件式（10-2）中得：

$$\left.\begin{aligned}&\sum_{m=1}^{\infty}\sum_{n=1}^{\infty}A_{mn}\cdot\sin\frac{m\pi x}{a}\cdot\sin\frac{n\pi y}{b}=w_1(x,y)\\&\sum_{m=1}^{\infty}\sum_{n=1}^{\infty}\omega_{mn}B_{mn}\cdot\sin\frac{m\pi x}{a}\cdot\sin\frac{n\pi y}{b}=w_2(x,y)\end{aligned}\right\} \tag{10-16}$$

将上式两边同乘以 $\sin\frac{i\pi x}{a}\sin\frac{j\pi y}{b}$，分别对 x，y 积分，并利用式（9-46）三角函数系的正交性得：

$$\left.\begin{aligned} A_{mn} &= \frac{4}{ab}\int_0^a\int_0^b w_1(x,y)\cdot\sin\frac{m\pi x}{a}\sin\frac{n\pi y}{b}\mathrm{d}x\mathrm{d}y \\ B_{mn} &= \frac{4}{ab\omega_{mn}}\int_0^a\int_0^b w_2(x,y)\cdot\sin\frac{m\pi x}{a}\sin\frac{n\pi y}{b}\mathrm{d}x\mathrm{d}y \end{aligned}\right\} \tag{10-17}$$

将式（10-17）代入式（10-15）即得薄板自由振动的完整解答。

【例 10-2】 图 10-5 所示为二对边简支，二对边固支的矩形薄板，试求该板的自振频率与振型函数，以及自由振动解答。

【解】 采用 Levy（里维）解法，设此薄板的振型函数为：

$$Y(x,y) = Z_m(y)\cdot\sin\frac{m\pi x}{a} \tag{10-18}$$

显然，它满足 $x=0,a$ 简支边上的边界条件。将式（10-18）代入式（10-7），得：

$$\frac{\mathrm{d}^4 Z_m(y)}{\mathrm{d}y^4} - 2\left(\frac{m\pi}{a}\right)^2\cdot\frac{\mathrm{d}^2 Z_m(y)}{\mathrm{d}y^2} + \left[\left(\frac{m\pi}{a}\right)^4 - \frac{\rho h}{D}\omega^2\right]Z_m(y) = 0 \tag{10-19}$$

函数 $Z_m(y)$ 应满足 $y=0,b$ 固支边的边界条件，即有：

$$\left.\begin{aligned} Z_m(y)\big|_{y=0} = 0,\quad Z_m(y)\big|_{y=b} = 0 \\ \frac{\mathrm{d}Z_m(y)}{\mathrm{d}y}\bigg|_{y=0} = 0,\quad \frac{\mathrm{d}Z_m(y)}{\mathrm{d}y}\bigg|_{y=b} = 0 \end{aligned}\right\} \tag{10-20}$$

方程（10-19）的解答形式取决于 $\left[\left(\frac{m\pi}{a}\right)^4 - \frac{\rho h}{D}\omega^2\right]$ 的正负号。根据结构动力学的研究，一个截面为 $1\times h$（宽度为 1，厚度为 h）的简支（板）梁，跨度为 a，它的自振频率为 $\omega_b^2 = \left(\frac{m\pi}{a}\right)^4\frac{D}{\rho h}$，若考察图 10-5 中部沿 x 方向截取的一条单位宽度的板条，那么图 10-5 矩形板比这个板条要受到更多的约束，自振频率会更高，所以可以推断，图 10-5 矩形板的自振频率 $\omega^2 > \omega_b^2 = \left(\frac{m\pi}{a}\right)^4\frac{D}{\rho h}$，由此我们可以判断 $\left[\left(\frac{m\pi}{a}\right)^4 - \frac{\rho h}{D}\omega^2\right]$ 为负数，于是方程（10-19）的通解可以写为：

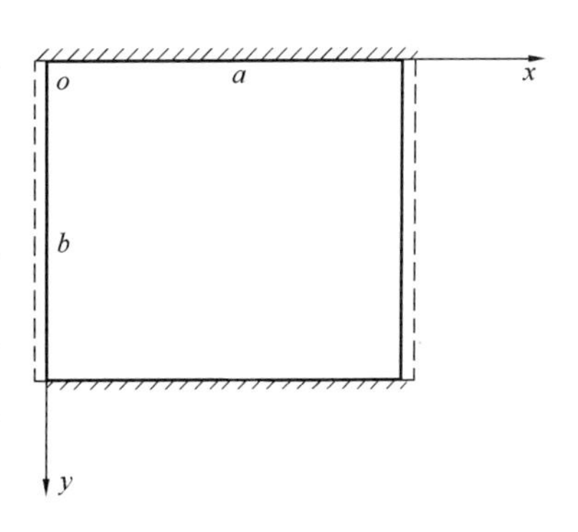

图 10-5　二对边简支，二对边固支的矩形薄板

$$Z_m(y) = A_m\cosh\left(\alpha_m\frac{y}{b}\right) + B_m\sinh\left(\alpha_m\frac{y}{b}\right) + C_m\cos\left(\beta_m\frac{y}{b}\right) + D_m\sin\left(\beta_m\frac{y}{b}\right) \tag{10-21}$$

式中：

$$\left.\begin{aligned}\alpha_m &= \frac{b}{a}m\pi\sqrt{\kappa+1}\\ \beta_m &= \frac{b}{a}m\pi\sqrt{\kappa-1}\\ \kappa &= \omega/\left(\frac{m^2\pi^2}{a^2}\sqrt{\frac{D}{\rho h}}\right)\end{aligned}\right\} \tag{10-22}$$

A_m,B_m,C_m,D_m 为待定系数。将通解式（10-21）代入边界条件式（10-20），得：

$$\left.\begin{aligned}&A_m+C_m=0\\ &A_m\cosh(\alpha_m)+B_m\sinh(\alpha_m)+C_m\cos(\beta_m)+D_m\sin(\beta_m)=0\\ &B_m\frac{\alpha_m}{b}+D_m\frac{\beta_m}{b}=0\\ &A_m\frac{\alpha_m}{b}\sinh(\alpha_m)+B_m\frac{\alpha_m}{b}\cosh(\alpha_m)-C_m\frac{\beta_m}{b}\sin(\beta_m)+D_m\frac{\beta_m}{b}\cos(\beta_m)=0\end{aligned}\right\} \tag{10-23}$$

方程（10-23）有非零解的必要条件为其系数行列式为零，展开后得：

$$2\alpha_m\beta_m[\cosh(\alpha_m)\cos(\beta_m)-1]+(\beta_m^2-\alpha_m^2)\sinh(\alpha_m)\sin(\beta_m)=0 \tag{10-24}$$

上式即为板振动的频率方程，它是一个关于未知数 ω 的超越方程，这个方程只能采用数值方法进行搜根求解。对于第 m 阶频率值 ω_m（$m=1$，2，3，…）代入（不定）方程（10-23）得到系数 A_m，B_m，C_m，D_m 的相对解，再代入方程（10-21）即可得到对应的函数 $Z_m(y)$，再将 $Z_m(y)$ 代入式（10-18）即可得到板的第 m 阶振型函数 $Y_m(x,y)=Z_m(y)\cdot\sin\frac{m\pi x}{a}$。自由振动时位移响应的求解方法同本节例 10-1。

10.3 矩形薄板的强迫振动

矩形薄板强迫振动的微分方程由式（10-1）表示，强迫振动的求解方法通常有两个：（1）振型（函数）叠加法，将挠度动力响应按振型函数展开进行求解；（2）对微分方程（10-1）进行直接积分求解。当采用有限元法计算时，直接积分会经常用到。这里采用第一种方法。首先对板结构进行模态分析（自由振动分析），得到板的全部自振频率与振型函数为：ω_m、$Y_m(x,y)$（$m=1$，2，3，…），将挠度动力响应表达为：

$$w(x,y,t)=\sum_{m=1}^{\infty}Y_m(x,y)T_m(t) \tag{10-25}$$

式中：$T_m(t)$ 为广义坐标。将上式代入式（10-1），得：

$$\sum_{m=1}^{\infty}[D\nabla^4Y_m(x,y)T_m(t)+\rho hY_m(x,y)\ddot{T}_m(t)]=q(x,y,t) \tag{10-26}$$

由于自振频率与振型函数 ω_m、$Y_m(x,y)$ 来自特征方程（10-7），它们自然满足这个方程，即有：

$$D\nabla^4 Y_m(x,y)=\rho h\omega_m^2 Y_m(x,y) \tag{10-27}$$

将式（10-27）代入式（10-26），得：

$$\sum_{m=1}^{\infty}\rho h[\ddot{T}_m(t)+\omega_m^2 T_m(t)]Y_m(x,y)=q(x,y,t) \tag{10-28}$$

将方程（10-28）两边同时乘以 $Y_n(x,y)$，再对板面矩形区域 D 积分得：

$$\sum_{m=1}^{\infty}[\ddot{T}_m(t)+\omega_m^2 T_m(t)]\iint_D \rho hY_m(x,y)Y_n(x,y)\mathrm{d}x\mathrm{d}y=\iint_D q(x,y,t)Y_n(x,y)\mathrm{d}x\mathrm{d}y \tag{10-29}$$

利用振型的正交关系（证明比较复杂，此处从略，可参阅其他结构振动文献）：

$$\iint_D \rho hY_m(x,y)Y_n(x,y)\mathrm{d}x\mathrm{d}y=0\ (m\neq n) \tag{10-30}$$

于是，方程（10-29）解除耦合后得：

$$\ddot{T}_n(t)+\omega_n^2 T_n(t)=\frac{P_n(t)}{M_n} \tag{10-31}$$

式中：

$$\left.\begin{aligned} M_n&=\iint_D \rho hY_n^2(x,y)\mathrm{d}x\mathrm{d}y\\ P_n(t)&=\iint_D q(x,y,t)Y_n(x,y)\mathrm{d}x\mathrm{d}y \end{aligned}\right\} \tag{10-32}$$

由 Duhamel 积分，可以得到方程（10-31）在零初始条件下的解为：

$$T_n(t)=\frac{1}{M_n\omega_n}\int_0^t P_n(\tau)\sin\omega_n(t-\tau)\mathrm{d}\tau \tag{10-33}$$

将上式代入式（10-25），得挠度动力响应表达式为：

$$w(x,y,t)=\sum_{n=1}^{\infty}\left[\frac{1}{M_n\omega_n}\int_0^t P_n(\tau)\sin\omega_n(t-\tau)\mathrm{d}\tau\right]Y_n(x,y) \tag{10-34}$$

当需要考虑初始条件的影响时，只需将前面的自由振动解答与上式解答叠加即可。

【例 10-3】 图 10-2 所示的四边简支矩形薄板上承受均布周期性荷载 $q(x,y,t)=q_0\sin\omega t$ 作用，q_0 为常数，求板的动力挠度响应。

【解】 已知板的振型函数为 $Y_{mn}(x,y)=\sin\dfrac{m\pi x}{a}\cdot\sin\dfrac{n\pi y}{b}$，设板的动挠度响应为：

$$w(x,y,t)=\sum_{m=1}^{\infty}\sum_{n=1}^{\infty}T_{mn}(t)\cdot\sin\frac{m\pi x}{a}\cdot\sin\frac{n\pi y}{b} \tag{10-35}$$

将上代入式（10-1）并利用式（10-27），得：

$$\sum_{m=1}^{\infty}\sum_{n=1}^{\infty}\rho h[\ddot{T}_{mn}(t)+\omega_{mn}^{2}T_{mn}(t)]\cdot\sin\frac{m\pi x}{a}\cdot\sin\frac{n\pi y}{b}=q_{0}\sin\omega t \tag{10-36}$$

上式中 ω_{mn}^2 由式（10-13）确定，将上式两边同乘以 $\sin\frac{i\pi x}{a}\sin\frac{j\pi y}{b}$，分别对 x，y 积分，并利用式（9-46）三角函数系的正交性，得：

$$\ddot{T}_{mn}(t)+\omega_{mn}^{2}T_{mn}(t)=\begin{cases}\dfrac{16q_{0}}{\rho h\pi mn}\sin\omega t & (m,n=1,3,5,\cdots)\\ 0 & (m,n=2,4,6,\cdots)\end{cases} \tag{10-37}$$

所以：

$$T_{mn}(t)=\begin{cases}\dfrac{16q_{0}}{\rho h\pi mn\omega_{mn}}\displaystyle\int_{0}^{t}\sin\omega\tau\cdot\sin\omega_{mn}(t-\tau)\mathrm{d}\tau & (m,n=1,3,5,\cdots)\\ 0 & (m,n=2,4,6,\cdots)\end{cases} \tag{10-38}$$

于是动挠度响应为：

$$w(x,y,t)=\sum_{m=1,3,5,\cdots}^{\infty}\sum_{n=1,3,5,\cdots}^{\infty}\left[\frac{16q_{0}}{\rho h\pi mn\omega_{mn}}\int_{0}^{t}\sin\omega\tau\cdot\sin\omega_{mn}(t-\tau)\mathrm{d}\tau\right]\cdot\sin\frac{m\pi x}{a}\cdot\sin\frac{n\pi y}{b} \tag{10-39}$$

考虑共振情形，当 $\omega=\omega_{mn}$ 时，上式积分后的表达式为：

$$w(x,y,t)=\sum_{m=1,3,5,\cdots}^{\infty}\sum_{n=1,3,5,\cdots}^{\infty}\frac{8q_{0}}{\rho h\pi mn\omega_{mn}}\left(\frac{1}{\omega_{mn}}\sin\omega_{mn}t-t\cos\omega_{mn}t\right)\cdot\sin\frac{m\pi x}{a}\cdot\sin\frac{n\pi y}{b} \tag{10-40}$$

由式（10-40）可以看出，其中振动幅值中出现了时间 t 的因子，这一项随时间无限线性增大，出现共振效应，工程设计应避免这种现象。

当板上作用有集中周期力 $P=P_0\sin\omega t$ 时，作用点位置坐标为 (x_0,y_0)（图 10-6），可利用上面均布周期荷载的解答。$P=P_0\sin\omega t$ 作用在区域 ΔS 上的分布荷载为：

$$q(x,y,t)=\begin{cases}P_{0}\sin\omega t/(\Delta x\cdot\Delta y) & (x,y)\in\Delta S\\ 0 & (x,y)\notin\Delta S\end{cases} \tag{10-41}$$

代入式（10-36）得：

$$\sum_{m=1}^{\infty}\sum_{n=1}^{\infty}\rho h[\ddot{T}_{mn}(t)+\omega_{mn}^{2}T_{mn}(t)]\cdot\sin\frac{m\pi x}{a}\cdot\sin\frac{n\pi y}{b}=\begin{cases}P_{0}\sin\omega t/(\Delta x\cdot\Delta y) & (x,y)\in\Delta S\\ 0 & (x,y)\notin\Delta S\end{cases} \tag{10-42}$$

将上式两边同乘以 $\sin\frac{i\pi x}{a}\sin\frac{j\pi y}{b}$，分别对 x，y 积分，利用三角函数系的正交性以及积分中值定理，得：

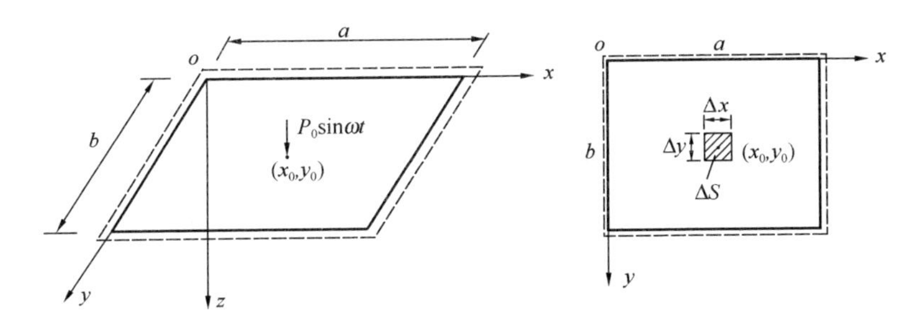

图 10-6　矩形板受集中周期性荷载作用

$$\ddot{T}_{mn}(t)+\omega_{mn}^{2}T_{mn}(t)=\frac{4P_0}{\rho hab}\sin\frac{m\pi x_0}{a}\sin\frac{n\pi y_0}{b}\sin\omega t \tag{10-43}$$

于是集中周期荷载下的动挠度响应为：

$$w(x,y,t)=\sum_{m=1}^{\infty}\sum_{n=1}^{\infty}\left[\frac{4P_0}{\rho hab\omega_{mn}}\sin\frac{m\pi x_0}{a}\sin\frac{n\pi y_0}{b}\int_0^t\sin\omega\tau\cdot\sin\omega_{mn}(t-\tau)\mathrm{d}\tau\right]\cdot\sin\frac{m\pi x}{a}\cdot\sin\frac{n\pi y}{b} \tag{10-44}$$

当楼板上某一小的区域布置有动力（振动）机械时，上述的解答有助于了解动力机械对楼板的影响。

习　题

10.1　四边简支的矩形薄板，边长为 a 和 b，设板的初始速度为零，板的初位移为：$w(x,y,t)\big|_{t=0}=a_0\sin\frac{\pi x}{a}\sin\frac{\pi y}{b}$，求解该薄板自由振动的解答。

10.2　图 10-5 中的矩形板，$a=b$，试推导固有频率方程，求出最低固有频率。

10.3　假定例 10-3 中，激励频率 ω 不与板的固有频率重合，试求薄板的稳态振动响应。

第11章 温 度 应 力

前面几章讨论了弹性体在外荷载或边界位移（基础沉降）作用下引起的应力及变形，本章将讨论弹性体由于温度的改变而引起的应力与变形。当弹性体的温度改变时，它的每一部分都将由于温度的升高或降低而趋于膨胀或收缩，但是，弹性体所受到的外在约束，以及弹性体自身各个部分之间的相互约束，使得弹性体的膨胀或收缩并不能自由地发生，于是就产生了应力，这种由于温度改变所产生的应力称之为温度应力。温度应力是混凝土结构产生裂缝的重要原因之一，温度裂缝对结构造成严重的危害，对结构的安全性与耐久性产生重要影响。

为了确定弹性体内的温度应力，需进行两方面的分析：(1) 按照热传导理论，根据弹性体的热学性质、内部热源、初始条件和边界条件，计算弹性体内各点在各瞬时的温度，即确定温度场，前后两个时刻的温度场之差就是弹性体的温度改变；(2) 按照“热弹性力学”，根据弹性体的温度改变来求出体内各点的温度应力，即确定应力场。

关于温度场的计算，在传热学中已有详细讨论，本章仅介绍传热学的基本方程及初始边界条件。本章将主要讨论温度应力的计算，暂不考虑荷载或边界位移对应力的影响，对于实际既有荷载作用、边界位移作用以及温度改变作用的弹性力学问题，可分别单独计算单个作用因素下的应力结果，然后应用叠加原理，将单个作用因素下的应力结果叠加起来，即可得到实际问题的解答。

11.1 温度场和热传导方程

1. 温度场

一般情况下，在热传导的过程中，弹性体内各点的温度随位置和时间而变化，因而温度 T 是位置坐标和时间 t 的函数：

$$T = T(x,y,z,t) \tag{11-1}$$

在任一瞬时，所有各点的温度值的总体称为温度场。

一个温度场，如果它的温度随时间而变化，如式 (11-1) 所示，就称为不稳定温度场；如果温度不随时间而变化，即有：$\partial T/\partial t = 0$，就称为稳定温度场。在稳定温度场中，温度只是位置坐标的函数，即：

$$T = T(x,y,z) \tag{11-2}$$

如果稳定温度场只随着两个位置坐标而变化，即为平面稳定温度场：

$$T = T(x, y) \tag{11-3}$$

平面稳定温度场的等温线可以表示为：

$$T(x, y) = C \tag{11-4}$$

式中：C 为常数，平面稳定温度场的等温线如图 11-1 所示。

2. 温度梯度

沿着等温面（或等温线，见图 11-1），温度不变；但沿着其他方向，温度都有变化，沿着等温面（或等温线）的法线方向，温度的变化率最大，这个最大的变化率可由温度梯度来表示：

$$\nabla T = \frac{\partial T}{\partial x}\vec{i} + \frac{\partial T}{\partial y}\vec{j} + \frac{\partial T}{\partial z}\vec{k} \tag{11-5}$$

或：

$$\nabla T = \frac{\partial T}{\partial x}\vec{i} + \frac{\partial T}{\partial y}\vec{j} \text{（平面温度场）} \tag{11-6}$$

温度梯度为向量场，方向总是指向温度增加的一方（图 11-1）。

3. 热传导定律

在弹性体内部，热量从弹性体的一个部位传到另一个部位，热量的传导服从下列热传导定律：

$$\vec{q} = -\lambda \nabla T \tag{11-7}$$

式中：$\vec{q}$ 为热流密度，表示单位时间内通过单位等温面面积的热量，它的单位是［热量］［长度］$^{-2}$［时间］$^{-1}$，λ 为热传导系数，与弹性体的材料有关。式(11-7) 表明热流密度与温度梯度成正比，方程中的负号表示热量流动的方向与温度梯度相反，即热量总是从高温向低温方向流动。

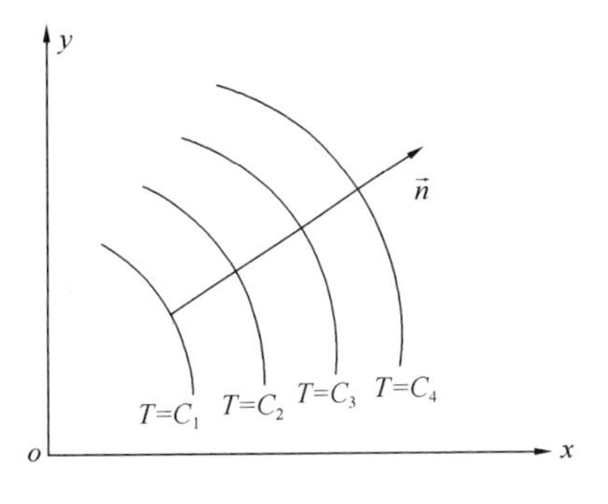

图 11-1 平面稳定温度场的等温线

4. 牛顿冷却定律

弹性体与其周边介质的热交换符合下列牛顿冷却定律：

$$q_n|_s = \beta(T_s - T_a) \tag{11-8}$$

式中：T_s 为弹性体表面温度，T_a 为弹性体周边介质温度；$q_n|_s$ 为弹性体外法向表面流出的热流密度（这里假定 $T_s > T_a$）；β 为热交换系数。

将热传导定律式（11-7）用于弹性体表面，有：$q_n|_s = -\lambda \left.\frac{\partial T}{\partial n}\right|_s$，所以牛顿冷却定律又可表示为：

$$-\lambda \frac{\partial T}{\partial n}\bigg|_s = \beta(T_s - T_a) \tag{11-9}$$

5. 热传导微分方程

热传导微分方程的建立，是基于如下的热学基本原理：在任意一段时间内，物体的任一微体由于温度升高所积蓄的热量，等于传入该微体的热量加上微体内部热源所供给的热量。

取直角坐标系并取微小六面体 $\mathrm{d}x\mathrm{d}y\mathrm{d}z$，如图 11-2 所示。假定该六面体的温度在 $\mathrm{d}t$ 时间内由 T 升高到 $T+\frac{\partial T}{\partial t}\mathrm{d}t$ 。由于温度升高了 $\frac{\partial T}{\partial t}\mathrm{d}t$，它所积蓄的热量是 $c\rho\mathrm{d}x\mathrm{d}y\mathrm{d}z\frac{\partial T}{\partial t}\mathrm{d}t$，其中 ρ 是物体的密度，c 是比热系数（也就是单位质量的物体温度升高 1℃时所需要的热量）。

如图 11-2 所示，在同一时间 $\mathrm{d}t$ 内，在 x 方向，由六面体左面流入的热量 $q_x\mathrm{d}y\mathrm{d}z\mathrm{d}t$，由右面流出的热量 $\left(q_x+\frac{\partial q_x}{\partial x}\mathrm{d}x\right)\mathrm{d}y\mathrm{d}z\mathrm{d}t$，因此，流入的净热量为 $-\frac{\partial q_x}{\partial x}\mathrm{d}x\mathrm{d}y\mathrm{d}z\mathrm{d}t$，并由热传导定律式（11-7）（仅考虑 x 方向的分量方程），其等于 $\lambda\frac{\partial^2 T}{\partial x^2}\mathrm{d}x\mathrm{d}y\mathrm{d}z\mathrm{d}t$ 。同样，在 y 与 z 两个方向上，由上下两面及前后两面流入的净热量分别为 $\lambda\frac{\partial^2 T}{\partial y^2}\mathrm{d}x\mathrm{d}y\mathrm{d}z\mathrm{d}t$ 及 $\lambda\frac{\partial^2 T}{\partial z^2}\mathrm{d}x\mathrm{d}y\mathrm{d}z\mathrm{d}t$。这样，流入六面体的净热量总共是 $\lambda\left(\frac{\partial^2 T}{\partial x^2}+\frac{\partial^2 T}{\partial y^2}+\frac{\partial^2 T}{\partial z^2}\right)\mathrm{d}x\mathrm{d}y\mathrm{d}z\mathrm{d}t$，或简写为 $\lambda\nabla^2 T\mathrm{d}x\mathrm{d}y\mathrm{d}z\mathrm{d}t$ 。

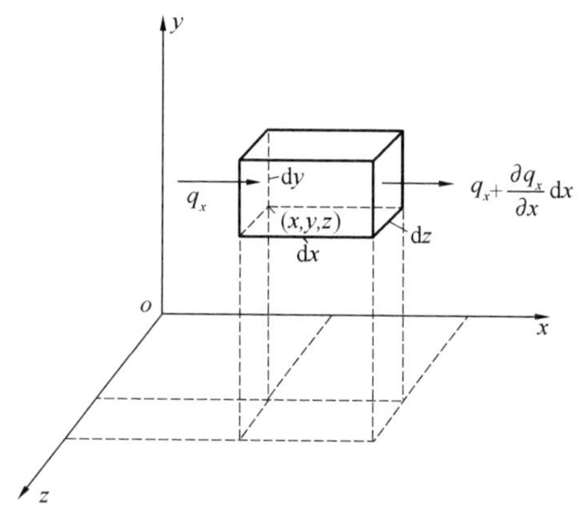

图 11-2

设该六面微体的内部有热源，其强度为 W（在单位时间、单位体积内供给的热量），则该热源在时间 $\mathrm{d}t$ 内给该六面微体所供给的热量为 $W\mathrm{d}x\mathrm{d}y\mathrm{d}z\mathrm{d}t$，在这里，供热的热源作为正的热源，例如金属通电时发热、混凝土硬化时发热、水分结冰时发热，等等；吸热的热源作为负的热源，例如水分蒸发时吸热，冰粒溶解时吸热，等等。

于是，根据热量守恒原理有：

$$c\rho\mathrm{d}x\mathrm{d}y\mathrm{d}z\frac{\partial T}{\partial t}\mathrm{d}t = \lambda\nabla^2 T\mathrm{d}x\mathrm{d}y\mathrm{d}z\mathrm{d}t + W\mathrm{d}x\mathrm{d}y\mathrm{d}z\mathrm{d}t \tag{11-10}$$

方程两边除以 $c\rho\mathrm{d}x\mathrm{d}y\mathrm{d}z\mathrm{d}t$，移项后，即得热传导微分方程：

$$\frac{\partial T}{\partial t} - \frac{\lambda}{c\rho}\nabla^2 T = \frac{W}{c\rho} \tag{11-11}$$

对于稳定温度场，有：

$$\nabla^2 T + \frac{W}{\lambda} = 0 \tag{11-12}$$

当无热源时：$W(x,y,z)=0$，则有：

$$\nabla^2 T = 0 \tag{11-13}$$

即稳定的无热源温度场满足 Laplace（拉普拉斯）方程。

11.2 温度场的定解条件

为了能够求解热传导微分方程，必须已知物体在初始时的温度分布，即初始条件；同时还必须已知初始以后弹性体表面与周围介质之间进行热交换的规律，即边界条件。初始条件和边界条件合称为定解条件。

（1）初始条件

$$T(x,y,z,t)\big|_{t=0} = T_0(x,y,z) \tag{11-14}$$

（2）边界条件

第一类边界条件：已知弹性体表面 S 上任意一点的瞬时温度，即

$$T(x,y,z,t)\big|_S = T_S(t) \tag{11-15}$$

式中：$T_S(t)$ 为弹性体表面的温度，在最简单的情况下：$T_S(t)=$ 常数。

第二类边界条件：已知弹性体表面 S 上任意一点的法向热流密度，即

$$q_n(x,y,z,t)\big|_S = q_S(x,y,z,t) \tag{11-16}$$

式中：$q_S(x,y,z,t)$ 为已知函数，将式（11-7）用于弹性体表面，上式也可写为：

$$-\lambda \frac{\partial T(x,y,z,t)}{\partial n}\bigg|_S = q_S(x,y,z,t) \tag{11-17}$$

当为绝热边界时，无热量流过表面 S，此时 $q_S(x,y,z,t)=0$，所以绝热边界条件为：

$$-\lambda \frac{\partial T(x,y,z,t)}{\partial n}\bigg|_S = 0 \tag{11-18}$$

第三类边界条件：已知弹性体周边介质的温度为 T_a，弹性体与其周边介质的热交换符合牛顿冷却定律：

$$q_n(x,y,z,t)\big|_S = -\lambda \frac{\partial T(x,y,z,t)}{\partial n}\bigg|_S = \beta[T(x,y,z,t)\big|_S - T_a] \tag{11-19}$$

上式可以改写为：

$$\left[\lambda \frac{\partial T(x,y,z,t)}{\partial n} + \beta T(x,y,z,t)\right]\bigg|_S = \beta T_a \tag{11-20}$$

11.3　热弹性力学方程

现在讨论温度应力计算的第二部分，即根据弹性体内的已知温度改变来决定弹性体内的温度应力。以下仅考虑温度改变作用下的热弹性力学基本方程。

1. 平衡方程

平衡方程仅从静力学的观点出发，研究弹性体内任一微体的平衡，平衡方程的推导过程并不反映微体上应力产生的原因（应力可能源自于外荷载，边界位移的改变和温度改变等），与弹性体温度的改变无关。与 2.4 节的推导相同，不考虑体力作用下，平衡方程为：

$$\begin{bmatrix}\sigma_x & \tau_{xy} & \tau_{xz}\\ \tau_{yx} & \sigma_y & \tau_{yz}\\ \tau_{zx} & \tau_{zy} & \sigma_z\end{bmatrix}\begin{Bmatrix}\dfrac{\partial}{\partial x}\\ \dfrac{\partial}{\partial y}\\ \dfrac{\partial}{\partial z}\end{Bmatrix}=\begin{Bmatrix}0\\0\\0\end{Bmatrix}\tag{11-21}$$

2. 几何方程

几何方程纯粹从几何的角度出发，研究弹性体内位移与应变之间的关系，并不考虑引起位移与应变的原因，与弹性体温度的改变无关，与 2.5 节的推导相同，几何方程为：

$$\left.\begin{aligned}\varepsilon_x=\frac{\partial u}{\partial x},\gamma_{yz}=\frac{\partial w}{\partial y}+\frac{\partial v}{\partial z}\\ \varepsilon_y=\frac{\partial v}{\partial y},\gamma_{xz}=\frac{\partial w}{\partial x}+\frac{\partial u}{\partial z}\\ \varepsilon_z=\frac{\partial w}{\partial z},\gamma_{xy}=\frac{\partial u}{\partial y}+\frac{\partial v}{\partial x}\end{aligned}\right\}\tag{11-22}$$

3. 物理方程

设弹性体内各点的温变为 T_v，为了与温度值 T 区分，这里将温变用符号 T_v（Temperature Variation）表示，即后一瞬时的温度减去前一瞬时的温度，规定升温为正，降温为负。由于温变 T_v，如果不受约束，弹性体内各点的微小长度，将发生正应变 αT_v，其中 α 是弹性体的热膨胀系数，它的单位是 [温度]$^{-1}$。在各向同性体中，系数 α 为常数，不随方向而变，所以这种正应变在所有各个方向都相同，根据第 6 章的应变分析可知，均匀的正应变将不产生剪应变，所以弹性体内各点由于温度产生的应变分量为：

$$\varepsilon_x=\varepsilon_y=\varepsilon_z=\alpha T_v\,,\ \gamma_{yz}=\gamma_{zx}=\gamma_{xy}=0\tag{11-23}$$

但是，由于弹性体所受的外在约束以及体内各部分之间的相互约束，上述的应变并不能自由发生，于是就产生了应力，即所谓的温度应力，这个温度应力又将由于物体的弹性而引起附加的应变，叠加式（11-23）所示的应变，总的应变分量是：

$$\left.\begin{aligned}
\varepsilon_x &= \frac{1}{E}[\sigma_x - \nu(\sigma_y + \sigma_z)] + \alpha T_v \\
\varepsilon_y &= \frac{1}{E}[\sigma_y - \nu(\sigma_z + \sigma_x)] + \alpha T_v \\
\varepsilon_z &= \frac{1}{E}[\sigma_z - \nu(\sigma_x + \sigma_y)] + \alpha T_v \\
\gamma_{yz} &= \frac{2(1+\nu)}{E}\tau_{yz} \\
\gamma_{zx} &= \frac{2(1+\nu)}{E}\tau_{zx} \\
\gamma_{xy} &= \frac{2(1+\nu)}{E}\tau_{xy}
\end{aligned}\right\} \tag{11-24}$$

4. 边界条件

在应力边界 S_σ 上，不考虑外荷载情况下，应力边界条件为：

$$\begin{bmatrix} \sigma_x & \tau_{xy} & \tau_{xz} \\ \tau_{yx} & \sigma_y & \tau_{yz} \\ \tau_{zx} & \tau_{zy} & \sigma_z \end{bmatrix}_{S_\sigma} \begin{Bmatrix} l \\ m \\ n \end{Bmatrix} = \begin{Bmatrix} 0 \\ 0 \\ 0 \end{Bmatrix} \tag{11-25}$$

在位移边界 S_u 上，有已知的位移 $(\bar{u},\bar{v},\bar{w})^{\mathrm{T}}$ 时，位移边界条件为：

$$\begin{Bmatrix} u \\ v \\ w \end{Bmatrix}_{S_u} = \begin{Bmatrix} \bar{u} \\ \bar{v} \\ \bar{w} \end{Bmatrix} \tag{11-26}$$

11.4 温度应力的等效荷载法

以平面问题为例说明温度应力的等效荷载法。假定在如图 11-3（a）所示坐标系中的等厚度薄板，没有体力和面力的作用，但是有温变 T_v 的作用，而这个温变 T_v 只是 x 和 y 的函数，不随 z 而变化，且有 $\sigma_z = 0$，$\tau_{yz} = 0$，$\tau_{zx} = 0$。这个问题为温度平面应力问题。温度平面应力问题的物理方程为：

$$\left.\begin{aligned}
\varepsilon_x &= \frac{1}{E}(\sigma_x - \nu\sigma_y) + \alpha T_v \\
\varepsilon_y &= \frac{1}{E}(\sigma_y - \nu\sigma_x) + \alpha T_v \\
\gamma_{xy} &= \frac{\tau_{xy}}{G}
\end{aligned}\right\} \tag{11-27}$$

或：

$$\left.\begin{aligned}
\sigma_x &= \frac{E}{1-\nu^2}(\varepsilon_x + \nu\varepsilon_y) - \frac{E\alpha T_v}{1-\nu} \\
\sigma_y &= \frac{E}{1-\nu^2}(\varepsilon_y + \nu\varepsilon_x) - \frac{E\alpha T_v}{1-\nu} \\
\tau_{xy} &= \frac{E}{2(1+\nu)}\gamma_{xy}
\end{aligned}\right\} \tag{11-28}$$

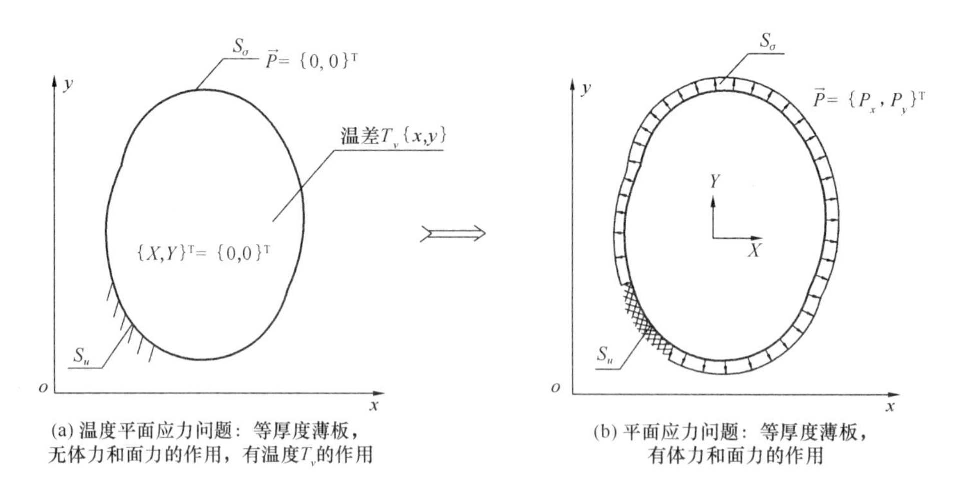

(a) 温度平面应力问题：等厚度薄板，无体力和面力的作用，有温度T_v的作用

(b) 平面应力问题：等厚度薄板，有体力和面力的作用

图 11-3

将几何方程式（11-22）代入式（11-28），得到以位移表示的应力分量为：

$$\left.\begin{aligned}\sigma_x&=\frac{E}{1-\nu^2}(\varepsilon_x+\nu\varepsilon_y)-\frac{E\alpha T_v}{1-\nu}=\frac{E}{1-\nu^2}\left(\frac{\partial u}{\partial x}+\nu\frac{\partial v}{\partial y}\right)-\frac{E\alpha T_v}{1-\nu}\\\sigma_y&=\frac{E}{1-\nu^2}(\varepsilon_y+\nu\varepsilon_x)-\frac{E\alpha T_v}{1-\nu}=\frac{E}{1-\nu^2}\left(\frac{\partial v}{\partial y}+\nu\frac{\partial u}{\partial x}\right)-\frac{E\alpha T_v}{1-\nu}\\\tau_{xy}&=\frac{E}{2(1+\nu)}\gamma_{xy}=\frac{E}{2(1+\nu)}\left(\frac{\partial v}{\partial x}+\frac{\partial u}{\partial y}\right)\end{aligned}\right\}\tag{11-29}$$

再将上式代入平衡方程式（11-21）得：

$$\left.\begin{aligned}\frac{\partial^2 u}{\partial x^2}+\frac{1-\nu}{2}\frac{\partial^2 u}{\partial y^2}+\frac{1+\nu}{2}\frac{\partial^2 v}{\partial x\partial y}-\alpha(1+\nu)\frac{\partial T_v}{\partial x}=0\\\frac{\partial^2 v}{\partial y^2}+\frac{1-\nu}{2}\frac{\partial^2 v}{\partial x^2}+\frac{1+\nu}{2}\frac{\partial^2 u}{\partial x\partial y}-\alpha(1+\nu)\frac{\partial T_v}{\partial y}=0\end{aligned}\right\}\tag{11-30}$$

按位移解法，其边界条件为：

（1）应力边界条件：由 $\begin{bmatrix}\sigma_x & \tau_{xy}\\ \tau_{yx} & \sigma_y\end{bmatrix}_{S_\sigma}\begin{pmatrix}l\\ m\end{pmatrix}=\begin{pmatrix}0\\ 0\end{pmatrix}$ 得：

$$S_\sigma:\left.\begin{aligned}l\left(\frac{\partial u}{\partial x}+\nu\frac{\partial v}{\partial y}\right)+m\frac{1-\nu}{2}\left(\frac{\partial v}{\partial x}+\frac{\partial u}{\partial y}\right)=l(1+\nu)\alpha T_v\\ m\left(\frac{\partial v}{\partial y}+\nu\frac{\partial u}{\partial x}\right)+l\frac{1-\nu}{2}\left(\frac{\partial v}{\partial x}+\frac{\partial u}{\partial y}\right)=m(1+\nu)\alpha T_v\end{aligned}\right\}\tag{11-31}$$

（2）位移边界条件：

$$S_u:\begin{pmatrix}u\\ v\end{pmatrix}=\begin{pmatrix}\bar{u}\\ \bar{v}\end{pmatrix}\tag{11-32}$$

将方程（11-30）、方程（11-31）分别与平面应力问题中的方程（3-9）、方程（3-10）对照，可以发现图 11-3（a）的温度平面应力问题可以等效为图 11-3（b）的平面应力问题，等效后的体力为：

$$X = -\frac{E\alpha}{1-\nu}\frac{\partial T_v}{\partial x}, \quad Y = -\frac{E\alpha}{1-\nu}\frac{\partial T_v}{\partial y} \tag{11-33}$$

等效后的面力分量为：

$$P_x = \frac{E\alpha T_v}{1-\nu}l, \quad P_y = \frac{E\alpha T_v}{1-\nu}m \tag{11-34}$$

或写为法向面力：

$$P = \frac{E\alpha T_v}{1-\nu} \tag{11-35}$$

根据位移方程式（11-30）及位移表示的边界条件式（11-31）、式（11-32），可以知道，弹性体内由于温变而引起的位移，等同于仅考虑受等效体力（式 11-33）与等效法向面力（式 11-35 ）作用下的位移 (u,v)，即：图 11-3（a）与图 11-3（b）具有相同的位移解答。根据式（11-29）可以看出：应力由两部分组成，一部分由位移 (u,v) 的表达式组成，另一部分由温变的表达式组成，根据位移 (u,v) 得到的应力为 $(\sigma'_x,\sigma'_y,\tau'_{xy})$（可由图 11-3b 的解答得到），因而总的应力分量应按下式计算：

$$\left.\begin{aligned} \sigma_x &= \sigma'_x - \frac{E\alpha T_v}{1-\nu} \\ \sigma_y &= \sigma'_y - \frac{E\alpha T_v}{1-\nu} \\ \tau_{xy} &= \tau'_{xy} \end{aligned}\right\} \tag{11-36}$$

式中：

$$\left.\begin{aligned} \sigma'_x &= \frac{E}{1-\nu^2}\left(\frac{\partial u}{\partial x} + \nu\frac{\partial v}{\partial y}\right) \\ \sigma'_y &= \frac{E}{1-\nu^2}\left(\frac{\partial v}{\partial y} + \nu\frac{\partial u}{\partial x}\right) \\ \tau'_{xy} &= \frac{E}{2(1+\nu)}\left(\frac{\partial v}{\partial x} + \frac{\partial u}{\partial y}\right) \end{aligned}\right\} \tag{11-37}$$

这样温度应力问题就变为荷载问题来求解，这种方法称之为等效荷载法。

如果从无限长的柱形体（图 3-2）中任取一个等厚度薄片进行研究，没有体力和面力的作用，只有温变 T_v 的作用，而这个温变 T_v 也只是 x 和 y 的函数，不随 z 而变化，同平面应变问题，有 $\varepsilon_z = 0$，$\tau_{yz} = 0$，$\tau_{zx} = 0$，根据物理方程（11-27）得出温度平面应变问题的物理方程为：

$$\left.\begin{aligned} \varepsilon_x &= \frac{1-\nu^2}{E}\left(\sigma_x - \frac{\nu}{1-\nu}\sigma_y\right) + (1+\nu)\alpha T_v \\ \varepsilon_y &= \frac{1-\nu^2}{E}\left(\sigma_y - \frac{\nu}{1-\nu}\sigma_x\right) + (1+\nu)\alpha T_v \\ \gamma_{xy} &= \frac{2(1+\nu)}{E}\tau_{xy} \end{aligned}\right\} \tag{11-38}$$

将物理方程式（11-38）与式（11-27）对比，可以发现：上面针对温度平面应力问题推导出来的那些方程和结论，将 E 变换为 $\frac{E}{1-\nu^2}$，ν 变换为 $\frac{\nu}{1-\nu}$，α 变换为 $(1+\nu)\alpha$ 以后，就适用于温度平面应变问题。这是因为，在推导过程中所用到的方程，除了物理方程以外，都不包含 E、ν、α 这三个物理量常数。

但是必须指出：在温度应力的平面应变问题中，除了应力分量 σ_x、σ_y、τ_{xy} 以外，还有一个不为零的应力分量 σ_z，在式（11-24）的第三式中，命 $\varepsilon_z=0$，就得到这个应力分量：

$$\sigma_z=\nu(\sigma_x+\sigma_y)-E\alpha T_v \tag{11-39}$$

【例 11-1】设图 11-4（a）所示的矩形薄板中发生温变 $T_v=T_0\left(1-\frac{y}{b}\right)$，试采用等效荷载法求温度应力。

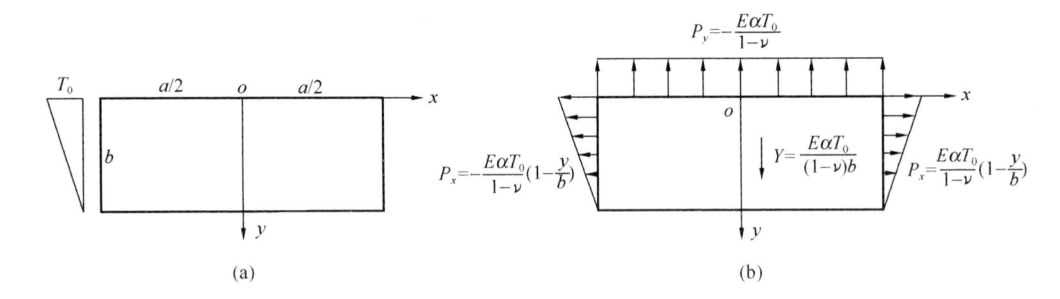

图 11-4

【解】根据矩形薄板中发生的温变 T_v，得等效的体力与面力为：

$$X=-\frac{E\alpha}{1-\nu}\frac{\partial T_v}{\partial x}=0,\quad Y=-\frac{E\alpha}{1-\nu}\frac{\partial T_v}{\partial y}=\frac{E\alpha T_0}{(1-\nu)b}$$

$$P_x=\frac{E\alpha T_v}{1-\nu}l=\frac{E\alpha T_0}{1-\nu}(1-\frac{y}{b})l\text{，}P_y=\frac{E\alpha T_v}{1-\nu}m=\frac{E\alpha T_0}{1-\nu}(1-\frac{y}{b})m$$

体力与面力图形如图 11-4（b）所示，问题转化为图 11-4（b）的平面应力问题，根据图中的应力边界条件，可设应力函数为：

$$\varphi=Ay^2+By^3+Cx^2$$

于是应力分量为：

$$\sigma'_x=\frac{\partial^2\varphi}{\partial y^2}-Xx=2A+6By$$

$$\sigma'_y=\frac{\partial^2\varphi}{\partial x^2}-Yy=2C-\frac{E\alpha T_0}{(1-\nu)b}y$$

$$\tau'_{xy}=-\frac{\partial^2\varphi}{\partial x\,\partial y}=0$$

根据应力边界条件：

$$\sigma'_x\big|_{x=\pm\frac{a}{2}}=\frac{E\alpha T_0}{1-\nu}\left(1-\frac{y}{b}\right)$$
$$\sigma'_y\big|_{y=0}=\frac{E\alpha T_0}{1-\nu}$$

解得：$A=\dfrac{E\alpha T_0}{2(1-\nu)},B=-\dfrac{E\alpha T_0}{6(1-\nu)b},C=\dfrac{E\alpha T_0}{2(1-\nu)}$，其他边界条件自动满足。

所以：

$$\sigma'_x=\frac{E\alpha T_0}{1-\nu}\left(1-\frac{y}{b}\right)$$
$$\sigma'_y=\frac{E\alpha T_0}{1-\nu}\left(1-\frac{y}{b}\right)$$
$$\tau'_{xy}=0$$

最后根据式（11-36），温度应力为：

$$\sigma_x=\sigma'_x-\frac{E\alpha T_v}{1-\nu}=\frac{E\alpha T_0}{1-\nu}\left(1-\frac{y}{b}\right)-\frac{E\alpha T_v}{1-\nu}=0$$
$$\sigma_y=\sigma'_y-\frac{E\alpha T_v}{1-\nu}=\frac{E\alpha T_0}{1-\nu}\left(1-\frac{y}{b}\right)-\frac{E\alpha T_v}{1-\nu}=0$$
$$\tau_{xy}=\tau'_{xy}=0$$

由此可知，温变 $T_v=T_0(1-\dfrac{y}{b})$ 在图 11-4（a）矩形薄板中不产生温度应力。

11.5 热弹性位移函数解法

在平面应力的情况下，按位移求解温度应力问题时，须使位移分量 u 和 v 满足微分方程（11-30），并在边界上满足位移和应力边界条件。方程（11-30）为非齐次线性微分方程组，根据微分方程理论，非齐次微分方程的解可分解为两部分的叠加：（1）一个特解；（2）齐次方程的通解，即不考虑温变作用时（$T_v=0$）的通解。两个叠加起来的解应满足位移和应力边界条件。

为了求得方程（11-30）的位移特解，引用一个函数 $\psi(x,y)$，将位移特解取为：

$$u'=\frac{\partial\psi}{\partial x},\ v'=\frac{\partial\psi}{\partial y} \tag{11-40}$$

函数 ψ 称为位移势函数。将 u' 及 v' 分别代入式（11-30），简化以后，得到：

$$\left.\begin{aligned}\frac{\partial}{\partial x}\nabla^2\psi=(1+\nu)\alpha\frac{\partial T_v}{\partial x}\\ \frac{\partial}{\partial y}\nabla^2\psi=(1+\nu)\alpha\frac{\partial T_v}{\partial y}\end{aligned}\right\} \tag{11-41}$$

注意 ν 和 α 都是常量，显然，如果能找得到一个函数 ψ 满足下列微分方程：

$$\nabla^2\psi=(1+\nu)\alpha T_v \tag{11-42}$$

则式（11-41）自然可以满足，因而微分方程（11-30）也能满足，于是表达式（11-40）就可以作为一组特解。将位移表达式（11-40）以及由式（11-42）得到的方程 $\alpha T_v = \frac{1}{1+\nu}\nabla^2\psi$ 代入公式（11-29），可得对应于位移特解的应力分量为：

$$\left.\begin{aligned}\sigma'_x &= -\frac{E}{1+\nu}\frac{\partial^2\psi}{\partial y^2}\\ \sigma'_y &= -\frac{E}{1+\nu}\frac{\partial^2\psi}{\partial x^2}\\ \tau'_{xy} &= \frac{E}{1+\nu}\frac{\partial^2\psi}{\partial x\partial y}\end{aligned}\right\} \tag{11-43}$$

对应于方程（11-30）的齐次方程的通解 u'' 及 v''，须满足下列齐次微分方程：

$$\begin{aligned}\frac{\partial^2 u''}{\partial x^2}+\frac{1-\nu}{2}\frac{\partial^2 u''}{\partial y^2}+\frac{1+\nu}{2}\frac{\partial^2 v''}{\partial x\partial y}=0\\ \frac{\partial^2 v''}{\partial y^2}+\frac{1-\nu}{2}\frac{\partial^2 v''}{\partial x^2}+\frac{1+\nu}{2}\frac{\partial^2 u''}{\partial x\partial y}=0\end{aligned} \tag{11-44}$$

相应于位移通解 u'' 及 v'' 的应力分量可由公式（11-29）得到（注意这时不计变温，因而有 $T_v = 0$）：

$$\left.\begin{aligned}\sigma''_x &= \frac{E}{1-\nu^2}\left(\frac{\partial u''}{\partial x}+\nu\frac{\partial v''}{\partial y}\right)\\ \sigma''_y &= \frac{E}{1-\nu^2}\left(\frac{\partial v''}{\partial y}+\nu\frac{\partial u''}{\partial x}\right)\\ \tau''_{xy} &= \frac{E}{2(1+\nu)}\left(\frac{\partial v''}{\partial x}+\frac{\partial u''}{\partial y}\right)\end{aligned}\right\} \tag{11-45}$$

这样，总的位移分量是：

$$u = u' + u'',\ v = v' + v'' \tag{11-46}$$

它们须满足位移边界条件；总的应力分量是：

$$\sigma_x = \sigma'_x + \sigma''_x,\quad \sigma_y = \sigma'_y + \sigma''_y,\ \tau_{xy} = \tau'_{xy} + \tau''_{xy} \tag{11-47}$$

它们须满足应力边界条件。

在温度平面应变的情况下，需要按照前一节中所述，将以上各方程中的 E 替换为 $\frac{E}{1-\nu^2}$，ν 替换为 $\frac{\nu}{1-\nu}$，并将 α 替换为 $(1+\nu)\alpha$。其他解题过程与温度平面应力问题完全相同。

以上求解纯粹从微分方程理论来加以考虑。从力学上理解，选择的位移势函数ψ的特解可以满足微分方程（11-30），但解答一般不会满足应力边界条件及位移边界条件，即应力边界上出现了面力（实际不存在面力），位移边界上出现了与已知位移不相符的位移。为了还原实际情况，可在应力边界加一个与之相反的附加面力；在位移边界上加一个附加位移使之与已知位移协调一致，求出在已知附加面力与位移作用下的解答，再叠加上前面的特解（位移势函数解），即得问题的完整解答。以下用一个例题说明。

【例 11-2】 设图 11-5 所示的矩形薄板中发生温变 $T_v = -T_0 \dfrac{y^3}{b^3}$，试采用位移函数法求温度应力（假定 a 远大于 b）。

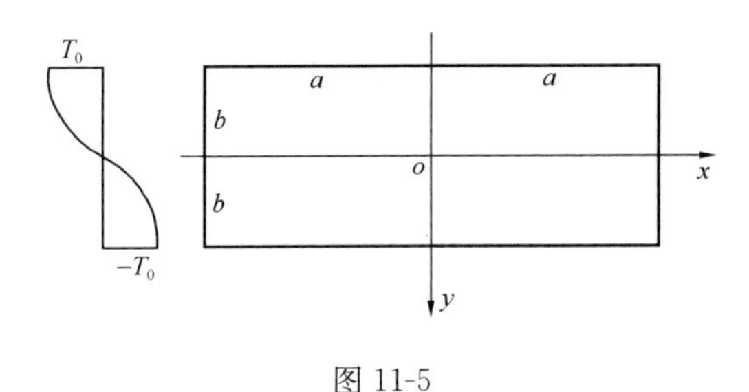

图 11-5

【解】（1）求满足方程 $\nabla^2\psi = (1+\nu)\alpha T_v = -T_0(1+\nu)\alpha \dfrac{y^3}{b^3}$ 的一个特解：

可设：$\psi = Ay^5$，得：$A = -\dfrac{(1+\nu)\alpha T_0}{20b^3}$，所以：$\psi = -\dfrac{(1+\nu)\alpha T_0 y^5}{20b^3}$，于是特解对应的应力分量为：

$$\sigma'_x = -\frac{E}{1+\nu}\frac{\partial^2\psi}{\partial y^2} = \alpha E T_0\left(\frac{y}{b}\right)^3, \quad \sigma'_y = 0, \quad \tau'_{xy} = 0$$

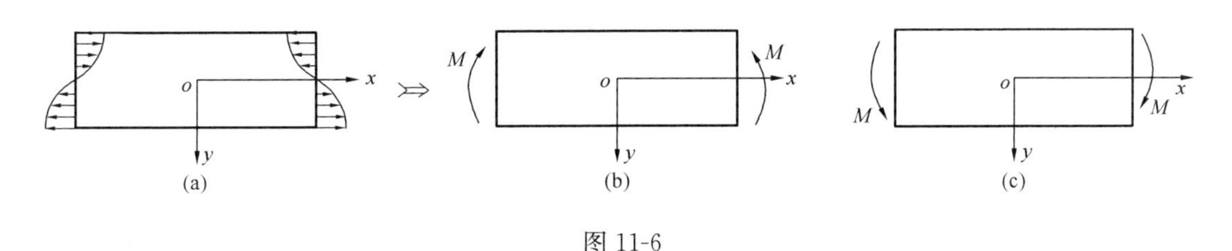

图 11-6

（2）求不考虑温变作用的解答：

以上方程特解对应的应力分量在 $x=\pm a$ 端面上产生了面力（图 11-6a），这个面力可以等效为端面上的弯矩 $M = \int_{-b}^{b} \sigma'_x \big|_{x=a} y\,\mathrm{d}y = \dfrac{2}{5}\alpha E T_0 b^2$（图 11-6b），实际上在 $x=\pm a$ 端面上并没有外弯矩存在，为了还原实际情况，可在两个端面上施加与 M 相反的弯矩（图 11-6c），然后再求解图 11-6（c）的平面应力问题。为了求解这个问题，可设应力函数为：$\varphi = By^3$，显然满足方程 $\nabla^4\varphi = 0$，所以：

$$\sigma''_x = \frac{\partial^2\varphi}{\partial y^2} = 6By, \quad \sigma''_y = 0, \quad \tau''_{xy} = 0$$

根据 $x=\pm a$ 端面的边界条件：

$$\int_{-b}^{b} \sigma''_x \big|_{x=a} y\,\mathrm{d}y = -M = -\frac{2}{5}\alpha E T_0 b^2$$

由此可以解得：$B=-\dfrac{\alpha ET_0}{10b}$，所以：

$$\sigma''_x=\frac{\partial^2\varphi}{\partial y^2}=-\frac{3\alpha ET_0}{5b}y,\quad \sigma''_y=0,\quad \tau''_{xy}=0$$

（3）求温度应力：

叠加以上（1）（2）的应力分量得温度应力为：

$$\sigma_x=\sigma'_x+\sigma''_x=\alpha ET_0\left[\left(\frac{y}{b}\right)^3-\frac{3}{5}\left(\frac{y}{b}\right)\right],\quad \sigma_y=\sigma'_y+\sigma''_y=0,\quad \tau_{xy}=\tau'_{xy}+\tau''_{xy}=0$$

注意：此解答在梁两端是不适用的，因为在解答图 11-6（c）的问题时，利用了静力等效原则，根据 Saint Venant 原理，在离梁端稍远处，结果是可用的。

11.6 热应力函数

在无体力的情况下，根据平面问题的平衡方程，可引入热应力函数 φ，应力分量 σ_x，σ_y，τ_{xy} 可由应力函数 φ 来表示：

$$\sigma_x=\frac{\partial^2\varphi}{\partial y^2},\ \sigma_y=\frac{\partial^2\varphi}{\partial x^2},\ \tau_{xy}=-\frac{\partial^2\varphi}{\partial x\,\partial y} \tag{11-48}$$

将温度平面应力问题的物理方程式（11-27）代入应变协调方程 $\dfrac{\partial^2\varepsilon_x}{\partial y^2}+\dfrac{\partial^2\varepsilon_y}{\partial x^2}=\dfrac{\partial^2\gamma_{xy}}{\partial x\,\partial y}$，并利用平衡方程，可得：

$$\nabla^2(\sigma_x+\sigma_y)=-\alpha E\,\nabla^2 T_v \tag{11-49}$$

将式（11-48）代入式（11-49），得到热应力函数所满足的方程为：

$$\nabla^4\varphi=-\alpha E\,\nabla^2 T_v \tag{11-50}$$

对于温度平面应变问题，上式作常数替换 $E\to\dfrac{E}{1-\nu^2}$，$\alpha\to(1+\nu)\alpha$ 后，得：

$$\nabla^4\varphi=-\frac{\alpha E}{1-\nu}\nabla^2 T_v \tag{11-51}$$

式（11-48）应力分量所满足的应力边界条件为：

$$\begin{pmatrix}\sigma_x & \tau_{xy}\\ \tau_{yx} & \sigma_y\end{pmatrix}_{S_\sigma}\begin{pmatrix}l\\ m\end{pmatrix}=\begin{pmatrix}0\\ 0\end{pmatrix} \tag{11-52}$$

这样，求解温度应力的问题便归结为寻求满足方程式（11-50）（或式 11-51）的热应力函数 φ，已知 φ 便可根据式（11-48）得到应力分量表达式，进一步根据应力边界条件式（11-52）求出表达式中的待定常数，从而求出弹性体中的应力场。

【例 11-3】 设图 11-4（a）中所示的矩形薄板中发生温变 $T_v=T_0+T_1\dfrac{x}{a}+T_2\dfrac{y}{b}$，其

中 T_0, T_1, T_2 均为常数，试采用热应力函数法求温度应力。

【解】 因为 $\nabla^2 T_v = 0$，所以热应力函数 φ 满足下列双调和方程：

$$\nabla^4 \varphi = 0$$

根据 4.1 节所述的逆解法可知：取 $\varphi = a + bx + cy$（a，b，c 均为常数），φ 满足上述双调和方程，并在所有应力边界上满足边界条件式（11-52）。所以温度应力为：

$$\sigma_x = \frac{\partial^2 \varphi}{\partial y^2} = 0, \quad \sigma_y = \frac{\partial^2 \varphi}{\partial x^2} = 0, \quad \tau_{xy} = -\frac{\partial^2 \varphi}{\partial x \partial y} = 0$$

即四边自由的矩形薄板中，发生线性温变时，板中并不产生温度应力。

11.7 温度应力（裂缝）分析实例

11.7.1 简支梁在温变作用下的温度应力

如图 11-7（a）所示，简支梁的宽度为 b，高度为 $2h$，跨度为 l，产生的温变为 $T_v = T_v(y)$（设为升温），求温度应力。设想将梁两端固结，如图 11-7（b）所示，由于升温 $T_v = T_v(y)$，固支端梁纵向纤维内产生的压缩热应力为：

$$\sigma_x^0 = -\alpha E T_v(y) \tag{11-53}$$

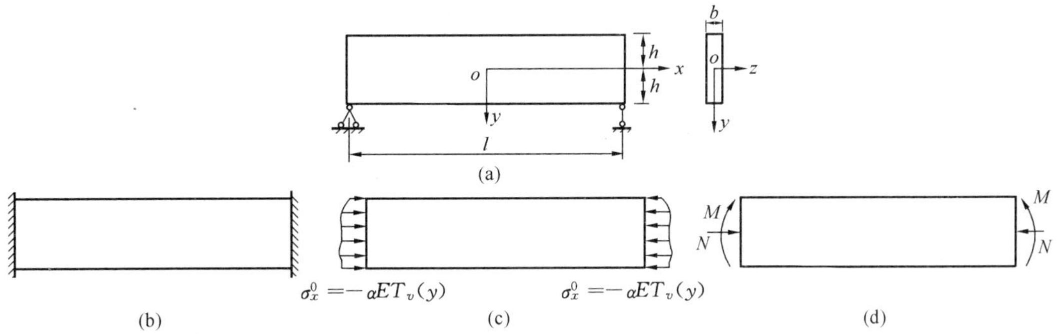

$\sigma_x^0 = -\alpha E T_v(y)$ $\sigma_x^0 = -\alpha E T_v(y)$

(a) (b) (c) (d)

图 11-7

于是梁的两个端面产生如图 11-7(c) 所示的压应力，这个压应力可以等效为端面的轴压力 N 与弯矩 M（图 11-7d）：

$$\begin{aligned} N &= \int_{-h}^{h} \sigma_x^0 b \,\mathrm{d}y = -\alpha E b \int_{-h}^{h} T_v(y) \,\mathrm{d}y \\ M &= \int_{-h}^{h} \sigma_x^0 y b \,\mathrm{d}y = -\alpha E b \int_{-h}^{h} T_v(y) y \,\mathrm{d}y \end{aligned} \tag{11-54}$$

实际简支梁的两个端面为自由面，并无轴压力 N 与弯矩 M 作用，为了与实际一致，抵消压力 N 与弯矩 M，可在图 11-7（d）两个端面上施加与 N、M 相反的外力 $-N$、$-M$，而外力 $-N$、$-M$ 在梁纵向纤维内产生的应力分别为：

$$\begin{aligned}\sigma'_x &= \frac{-N}{2bh} = \frac{\alpha E}{2h}\int_{-h}^{h} T_v(y)\mathrm{d}y \\ \sigma''_x &= \frac{-M}{I_z}y = \frac{3\alpha E y}{2h^3}\int_{-h}^{h} T_v(y)y\mathrm{d}y\end{aligned} \tag{11-55}$$

所以，由于温变 $T_v = T_v(y)$，简支梁内产生的温度应力为：

$$\sigma_x = \sigma_x^0 + \sigma'_x + \sigma''_x = -\alpha E T_v(y) + \frac{\alpha E}{2h}\int_{-h}^{h} T_v(y)\mathrm{d}y + \frac{3\alpha E y}{2h^3}\int_{-h}^{h} T_v(y)y\mathrm{d}y \tag{11-56}$$

实际工程中的屋面简支梁（或屋面板）受到温差作用时，可采用上述模型进行温度应力分析。例如：温变为 $T_v(y) = T_0\left(1-\dfrac{y^2}{h^2}\right)$ 时，根据式（11-56）得到梁中的温度应力为：

$$\sigma_x = \alpha E T_0 \frac{y^2}{h^2} - \frac{1}{3}\alpha E T_0 \tag{11-57}$$

需要说明的是，根据 Saint Venant 原理，式（11-57）的解答在梁端部附近的区域是不适用的，因为上面采用了静力等效原则，只有当简支梁为细长梁时，解答才有意义。

11.7.2 混凝土基础梁不产生温度裂缝的最大长度

本节内容参考了文献［13］。如图 11-8 所示混凝土基础梁，搁置在地基上，设梁长为 L，截面为 $b\times h$，梁由于温度的下降发生收缩，由于地基表面的阻力作用，阻力与收缩方向相反，使得梁内产生拉应力，从而可能使梁截面发生开裂，由于梁的高度 h 比梁长要小得多，梁内的拉应力可近似认为在高度 h 方向上均匀分布。设地基表面的（阻碍）剪应力与位移成正比：

$$\tau = -C_x u \tag{11-58}$$

上式中：C_x 为地基水平阻力系数，其取值可参见文献[13]，u 为梁的位移，负号表示剪应力总是与梁的位移方向相反。

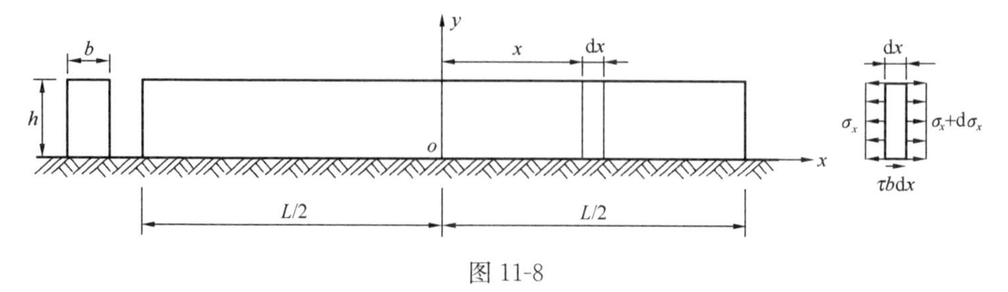

图 11-8

任取梁的一微段进行分析（图 11-8），梁内的拉应力按均匀分布考虑，根据微段在 x 方向的平衡，可列出下列方程：

$$(\sigma_x + \mathrm{d}\sigma_x) \times bh - \sigma_x \times bh + \tau b \mathrm{d}x = 0 \tag{11-59}$$

注意到上式中，剪应力的方向与梁的收缩方向相反，整理上式得：

$$\frac{\mathrm{d}\sigma_x}{\mathrm{d}x} + \frac{\tau}{h} = 0 \tag{11-60}$$

设梁相对地基的温变为 T_v（这里 T_v 为负值，表现为降温，且与坐标 x 无关），则梁在 x 方向的应变可以表示为：

$$\varepsilon_x = \frac{\mathrm{d}u}{\mathrm{d}x} = \frac{\sigma_x}{E} + \alpha T_v \tag{11-61}$$

将式（11-58）代入式（11-60），再利用式（11-61），消去 σ_x 得到关于 u 的方程：

$$\frac{\mathrm{d}^2 u}{\mathrm{d}x^2} - \beta^2 u = 0 \tag{11-62}$$

式中：

$$\beta = \sqrt{\frac{C_x}{Eh}} \tag{11-63}$$

解方程式（11-62）：

$$u = A\cosh\beta x + B\sinh\beta x \tag{11-64}$$

根据梁变形的对称性有：$u|_{x=0} = 0$，由此可知：$A = 0$，所以：

$$u = B\sinh\beta x \tag{11-65}$$

代入式（11-61）得：

$$\sigma_x = E\frac{\mathrm{d}u}{\mathrm{d}x} - \alpha E T_v = BE\beta\cosh\beta x - \alpha E T_v \tag{11-66}$$

根据梁端的应力边界条件：$\sigma_x|_{x=\pm\frac{L}{2}} = 0$，得：$B = \dfrac{\alpha T_v}{\beta\cosh\dfrac{\beta L}{2}}$，所以：

$$\left.\begin{aligned} u &= \frac{\alpha T_v}{\beta\cosh\dfrac{\beta L}{2}}\sinh\beta x \\ \sigma_x &= -\alpha E T_v\left(1 - \frac{\cosh\beta x}{\cosh\dfrac{\beta L}{2}}\right) \end{aligned}\right\} \tag{11-67}$$

最大拉应力发生在梁中间 $x = 0$ 处：

$$\sigma_{x\max} = \sigma_x|_{x=0} = -\alpha E T_v\left(1 - \frac{1}{\cosh\dfrac{\beta L}{2}}\right) \tag{11-68}$$

设混凝土抗拉强度极限值为 f_{tk}，梁不开裂的条件为：

$$\sigma_{x\max}=-\alpha ET_{v}\left(1-\frac{1}{\cosh\frac{\beta L}{2}}\right)\leqslant f_{\text{tk}} \tag{11-69}$$

讨论：(1) 当 $T_{v}<-\frac{f_{\text{tk}}}{\alpha E}$ 时，温度降幅较大，若要求不产生裂缝，应满足条件式（11-69），由式（11-69）可以解得：

$$L\leqslant 2\sqrt{\frac{Eh}{C_{x}}}\operatorname{arccosh}\frac{\alpha ET_{v}}{f_{\text{tk}}+\alpha ET_{v}} \tag{11-70}$$

所以不产生温度裂缝的最大长度为：

$$L_{\max}=2\sqrt{\frac{Eh}{C_{x}}}\operatorname{arccosh}\frac{\alpha ET_{v}}{f_{\text{tk}}+\alpha ET_{v}} \tag{11-71}$$

上式也即基础梁不设（温度）伸缩缝的最大长度，或伸缩缝最大间距。式（11-71）也可用于估计混凝土路面、基础板等结构的伸缩缝最大间距。

(2) 当 $T_{v}\geqslant-\frac{f_{\text{tk}}}{\alpha E}$ 时，温度降幅较小，此时对于任意梁长 L，均满足梁的不开裂条件式（11-69），这表明理论上可不需设置伸缩缝。

11.7.3 混凝土板温度收缩的裂缝分析

如图 11-9 有一个四边固支的混凝土平板（可假设为弹性板），当板内温度均匀降低 T_{v}（T_{v} = 常数）时，求板内由于温度改变所产生的应力。板的弹性模量为 E，线膨胀系数为 α，泊松比为 ν。

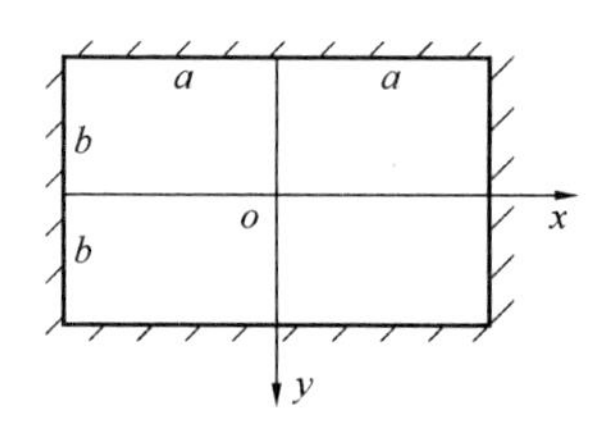

图 11-9 四边固支平板受温度均匀降低 T_{v} 的作用

平板内任一点的应变包括两部分：(1) 由于温度降低 T_{v} 产生的收缩应变 $-\alpha T_{v}$；(2) 周边约束拉应力产生的伸长应变。由于平板四周均被固定，板内任一点的总应变为零，所以有：

$$\left.\begin{aligned}\varepsilon_{x}&=-\alpha T_{v}+\frac{1}{E}(\sigma_{x}-\nu\sigma_{y})=0\\ \varepsilon_{y}&=-\alpha T_{v}+\frac{1}{E}(\sigma_{y}-\nu\sigma_{x})=0\end{aligned}\right\} \tag{11-72}$$

解式（11-72）得：

$$\sigma_{x}=\sigma_{y}=\frac{1}{1-\nu}\alpha ET_{v} \tag{11-73}$$

由式（11-73）可知，四边固支的平板，当板内温度均匀降低 T_{v} 时，平板内产生了均匀的拉应力。如果这是一块无筋混凝土板，由于板内存在均匀的拉应力，当拉应力达到混凝土抗拉强度时，板内任意方向都会产生裂缝，会出现随机的裂缝（龟裂）。实际工程中，板底通常配有双向的通长受力钢筋，且四个固支边配有短的负钢筋（板面钢筋），在板跨中的上表面通常没有钢筋，因而最有可能在板的上表面及角部无负钢筋的区域出现如图11-10的裂缝。由于温度降低或混凝土凝固收缩，工程实践中常常会看到如图 11-10 的裂缝。

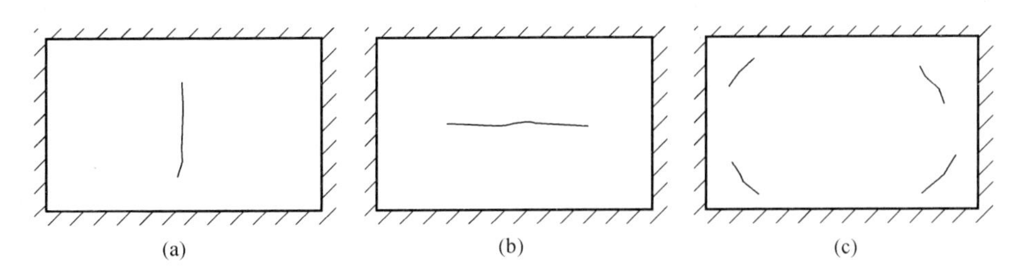

图 11-10 四边固支钢筋混凝土板可能出现的（板面）裂缝位置

温度的降低会使弹性体（结构物）产生收缩，由于约束作用从而导致弹性体内产生拉应力，对于混凝土及岩石等脆性材料而言，由于其抗拉强度较低，较小的拉应力就可使其发生开裂破坏。我国古人在建造都江堰水利工程时，在开垦渠道的过程中，采用器械难以凿开坚硬的岩石，于是采用木材火烧岩体表面，然后泼上冷水迅速降温，使岩体表层收缩，产生拉应力而开裂，这种施工方法正是应用了温度应力的作用原理，从而使工程周期大大缩短。

习 题

11.1 如图 11-11 所示，一两端固支的等截面杆，长度为 L，当杆内发生均匀温变 T_v(常数) 时，求杆内因温变产生的温度应力，杆的弹性模量为 E，线膨胀系数为 α。

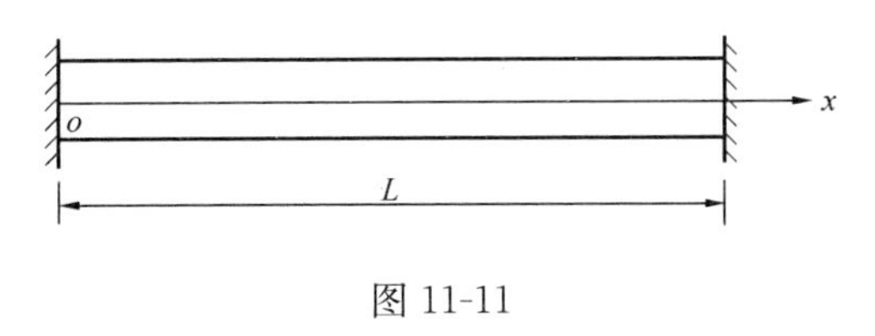

图 11-11

11.2 如图 11-12 所示，钢棒 A 和铝套筒 B 一端与墙 G 固接，另一端与刚性板 C 连接，C 的另一面连着一弹性系数为 k 的弹簧，弹簧的另一端与墙 E 相连。初始弹簧自由，温度为 60℃，当钢棒 A 和铝套筒 B 各点温度都均匀升为 100℃时，求钢棒和铝套筒中的应力 σ_x 。坐标轴 x 沿着钢棒的中心线，钢棒和铝套筒的直径如图示，钢与铝的弹性模量与线膨胀系数分别为：

$$E_{\mathrm{S}} = 30.0\mathrm{MPa}, \quad \alpha_{\mathrm{S}} = 6.5 \times 10^{-6}/℃, \quad E_{\mathrm{A}} = 15.0\mathrm{MPa}, \quad \alpha_{\mathrm{A}} = 12.0 \times 10^{-6}/℃$$

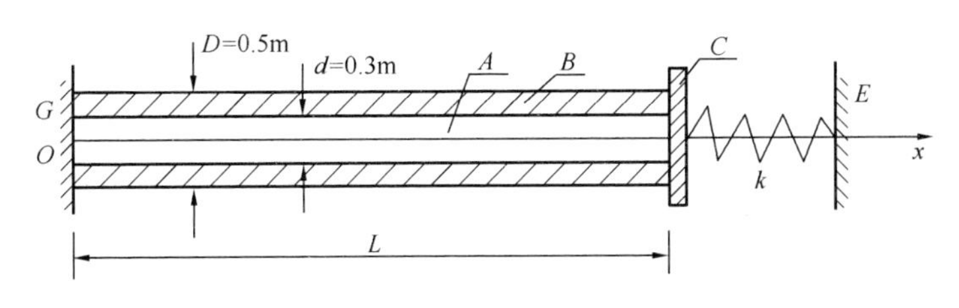

图 11-12

11.3　求习题 11.2 温度线性变化时的应力，从左到右，G 点 60℃，C 点 100℃。

11.4　设图 11-5 所示的矩形薄板中发生温变 $T_v = T_0 \cos \frac{\pi y}{2b}$，试求温度应力（假定 a 远大于 b）。

11.5*　根据式（11-71）研究混凝土路面（或基础板结构）伸缩缝最大间距以及伸缩缝的最小缝宽。

11.6*　试列举土木工程中的温度裂缝实例。

第 12 章　变分法（能量原理）

在前面的章节中，通过求解给定边界条件的基本（微分）方程，从而得到弹性力学问题的解答，对于一般实际工程问题，即使是看上去比较简单的问题，要求得问题的精确解答也是极为困难的，因此工程上有必要寻求近似解答，本章所要讨论的变分法（或能量原理）就是一种卓有成效的近似解法，它是工程上应用广泛的有限元法理论基础。变分法的基本思想是，不直接求解基本微分方程（因为数学求解的巨大困难），而是将方程的定解问题转化为求泛函的极值问题，最后将问题归结为易于求解的线性方程组，从而获得问题的近似解答。建议在学习本章前，先学习本书的附录 7。

12.1　弹性体的应变能

12.1.1　简单应力状态下的应变能

图 12-1（a）所示的微元体受单向拉伸，受拉面积为 S，单向伸长量为 δ，拉力为 F，由于拉力的大小与伸长量成正比，且假定拉伸过程中没有能量损失，则拉力做功为 $\Delta U = \frac{1}{2}F \cdot \delta$，根据功能原理，外力功全部转换为弹性体的应变能，即应变能为 $\Delta U = \frac{1}{2}F \cdot \delta$，

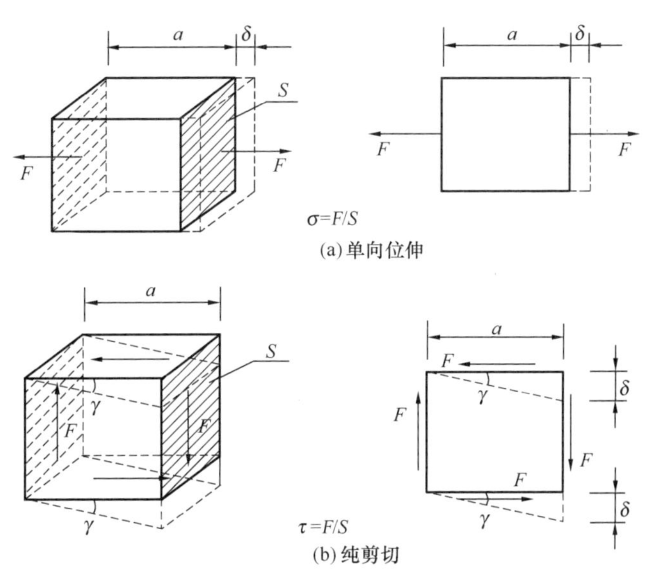

图 12-1　简单应力状态下的应变能

弹性体的体积为 $\Delta V = S \cdot a$，于是单向拉伸下，单位体积内的弹性应变能（应变能密度）为：

$$A = \frac{\Delta U}{\Delta V} = \frac{\frac{1}{2}F\delta}{Sa} = \frac{1}{2} \cdot \frac{F}{S} \cdot \frac{\delta}{a} = \frac{1}{2}\sigma\varepsilon \tag{12-1}$$

图 12-1（b）的微体受纯剪切作用，剪力为 F，受剪面积为 S，剪切产生的位移为 δ，剪切角为 γ，其弹性应变能密度为：

$$A = \frac{\Delta U}{\Delta V} = \frac{\frac{1}{2}F\delta}{Sa} = \frac{1}{2} \cdot \frac{F}{S} \cdot \frac{\delta}{a} = \frac{1}{2}\tau\gamma \tag{12-2}$$

将弹性体单位体积内的弹性应变能 A 定义为应变能密度函数，简称为比能。式（12-1）、式（12-2）表示了微体内的平均比能，若微体体积趋向无限小时，它们表示某一点的比能。

12.1.2 复杂应力状态下的应变能

复杂应力状态可以分解为几个简单应力状态的叠加（组合），根据第 2 章的广义 Hooke 定律，三个正应力分量与三个正应变分量之间存在耦合关系，因此应用公式（12-1）计算应变能密度时，需要做一些前处理，弹性体的应变能与加载的次序无关，可假定三个正应变分量按一定的比例增加到最后的量值，设它们之间的比例关系为 $\varepsilon_y = k_1\varepsilon_x$ 及 $\varepsilon_z = k_2\varepsilon_x$，其中 k_1，k_2 为比例常数，则利用第 2 章物理方程（2-41），最终的正应力分量与其正应变分量的关系可以写为：

$$\left.\begin{aligned} \sigma_x &= \widetilde{k}_1\varepsilon_x \\ \sigma_y &= \widetilde{k}_2\varepsilon_y \\ \sigma_z &= \widetilde{k}_3\varepsilon_z \end{aligned}\right\} \tag{12-3}$$

其中：$\widetilde{k}_1$，$\widetilde{k}_2$，$\widetilde{k}_3$ 为常数，它们可分别由 k_1，k_2 表示：

$$\left.\begin{aligned} \widetilde{k}_1 &= \lambda(1 + k_1 + k_2) + 2\mu \\ \widetilde{k}_2 &= \lambda(1 + 1/k_1 + k_2/k_1) + 2\mu \\ \widetilde{k}_3 &= \lambda(1 + 1/k_2 + k_1/k_2) + 2\mu \end{aligned}\right\} \tag{12-4}$$

这里，λ，μ 为 Lame（拉梅）常数（见第 2 章式 2-44 和式 2-45），于是同时作用的三个正应力分量可分解为三个单独作用的正应力分量，且它们分别与其对应正应变成正比例关系，这时可采用式（12-1）单独计算单个正应力在对应的应变下所做的功，注意到剪应变分量（或剪应力分量）之间不存在耦合关系，可直接应用式（12-2）计算其剪切应变能密度，于是叠加各个简单应力状态下的应变比能，某一点的应变比能函数（在一般复杂应力状态下）可以写为：

$$A=\frac{1}{2}(\sigma_x\varepsilon_x+\sigma_y\varepsilon_y+\sigma_z\varepsilon_z+\tau_{xy}\gamma_{xy}+\tau_{xz}\gamma_{xz}+\tau_{yz}\gamma_{yz}) \tag{12-5}$$

注意到上式中的应力与应变分量为加载后的最终值。所以一个具有体积 V 的弹性体的应变能为：

$$U=\iiint_V A\cdot \mathrm{d}V=\frac{1}{2}\iiint_V(\sigma_x\varepsilon_x+\sigma_y\varepsilon_y+\sigma_z\varepsilon_z+\tau_{xy}\gamma_{xy}+\tau_{xz}\gamma_{xz}+\tau_{yz}\gamma_{yz})\mathrm{d}x\mathrm{d}y\mathrm{d}z \tag{12-6}$$

应变比能函数 A 还可以有其他的表达式，若利用广义 Hooke 定律式（2-41），将式（12-5）中的应变用应力来表示，则式（12-5）可变为：

$$A=\frac{1}{2E}[(\sigma_x^2+\sigma_y{}^2+\sigma_z^2)-2\nu(\sigma_x\sigma_y+\sigma_x\sigma_z+\sigma_y\sigma_z)+2(1+\nu)(\tau_{xy}^2+\tau_{xz}^2+\tau_{yz}^2)] \tag{12-7}$$

若利用广义 Hooke 定理的另一形式（式 2-42），将式（12-5）中的应力用应变来表示，则式（12-5）又可写为：

$$A=\frac{E}{2(1+\nu)}\left[\frac{\nu}{1-2\nu}(\varepsilon_x+\varepsilon_y+\varepsilon_z)^2+(\varepsilon_x^2+\varepsilon_y^2+\varepsilon_z^2)+\frac{1}{2}(\gamma_{xy}^2+\gamma_{xz}^2+\gamma_{yz}^2)\right] \tag{12-8}$$

将式（12-7）对应力分量求导得：

$$\left.\begin{aligned}&\frac{\partial A}{\partial\sigma_x}=\frac{1}{E}[\sigma_x-\nu(\sigma_y+\sigma_z)]=\varepsilon_x\\&\frac{\partial A}{\partial\sigma_y}=\varepsilon_y,\frac{\partial A}{\partial\sigma_z}=\varepsilon_z\\&\frac{\partial A}{\partial\tau_{xy}}=\gamma_{xy},\frac{\partial A}{\partial\tau_{xz}}=\gamma_{xz},\frac{\partial A}{\partial\tau_{yz}}=\gamma_{yz}\end{aligned}\right\} \tag{12-9}$$

式（12-9）表明：弹性体的比能对任一应力分量的偏导数等于对应的应变分量。将式（12-8）对应变分量求导有：

$$\left.\begin{aligned}&\frac{\partial A}{\partial\varepsilon_x}=\frac{E}{1+\nu}\left[\frac{\nu}{1-2\nu}(\varepsilon_x+\varepsilon_y+\varepsilon_z)+\varepsilon_x\right]=\sigma_x\\&\frac{\partial A}{\partial\varepsilon_y}=\sigma_y,\frac{\partial A}{\partial\varepsilon_z}=\sigma_z\\&\frac{\partial A}{\partial\gamma_{xy}}=\tau_{xy},\frac{\partial A}{\partial\gamma_{xz}}=\tau_{xz},\frac{\partial A}{\partial\gamma_{yz}}=\tau_{yz}\end{aligned}\right\} \tag{12-10}$$

式（12-10）表明：弹性体的比能对任一应变分量的偏导数等于对应的应力分量。

12.2　位移变分方程、最小势能原理

设有如图 12-2 所示的任一弹性体，包含的区域为 V，区域 V 由 S_σ（应力边界）及 S_u

（位移边界）所包围，在边界 S_σ 上受到面力 $\vec{P}=\{P_x,P_y,P_z\}^{\mathrm{T}}$ 的作用，在边界 S_u 上有已知的位移 $\{\bar{u},\bar{v},\bar{w}\}^{\mathrm{T}}$，在区域 V 内所受的体力为 $\{X,Y,Z\}^{\mathrm{T}}$，设处于平衡状态的弹性体产生的真实位移为 $\{u,v,w\}^{\mathrm{T}}$，现假定在真实位移的基础上产生一组虚位移 $\{\delta u,\delta v,\delta w\}^{\mathrm{T}}$，即位移的变分，虚位移必须是位移边界条件所允许的可能位移，例如图 12-3 中边界 S_u 上，只可能有切向虚位移，而不可能有法向虚位移，因为法向位移被约束了。

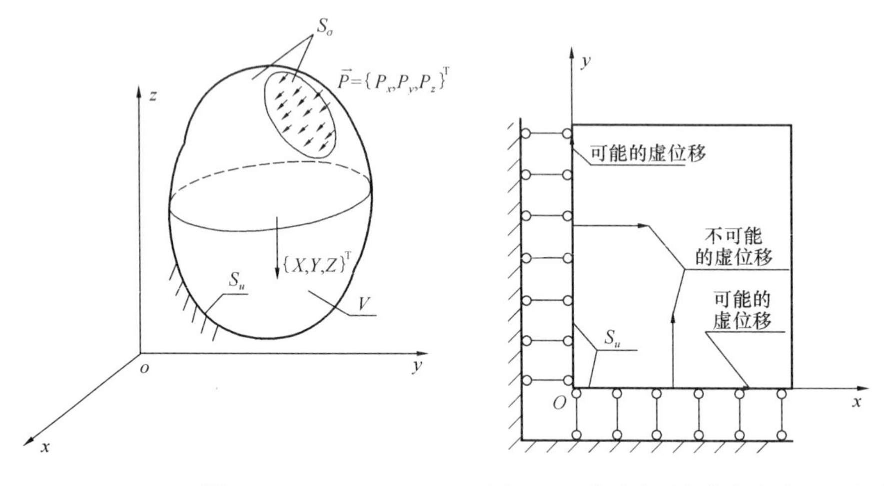

图 12-2　　　　图 12-3　位移边界条件所允许的虚位移

体力 $\{X,Y,Z\}^{\mathrm{T}}$ 与外部面力 $\vec{P}=\{P_x,P_y,P_z\}^{\mathrm{T}}$ 在虚位移上所做的虚功为：

$$
\begin{aligned}
\delta\Lambda &= \iiint_V (X\mathrm{d}x\mathrm{d}y\mathrm{d}z\cdot\delta u+Y\mathrm{d}x\mathrm{d}y\mathrm{d}z\cdot\delta v+Z\mathrm{d}x\mathrm{d}y\mathrm{d}z\cdot\delta w)\\
&\quad+\iint_{S_\sigma}(P_x\mathrm{d}S\cdot\delta u+P_y\mathrm{d}S\cdot\delta v+P_z\mathrm{d}S\cdot\delta w)\\
&=\iiint_V (X\delta u+Y\delta v+Z\delta w)\mathrm{d}V+\iint_{S_\sigma}(P_x\delta u+P_y\delta v+P_z\delta w)\mathrm{d}S
\end{aligned}
\tag{12-11}
$$

注意到上述的虚功过程中，体力及外部面力都保持不变。由于虚位移而产生的虚变形能为：

$$
\delta U=\delta\Big(\iiint_V A\cdot\mathrm{d}V\Big)\tag{12-12}
$$

根据功能原理，不考虑其他的能量损耗时，外力虚功全部转换为虚变形能（另一种说法是：外力虚功与内力虚功相等，内力虚功等同于虚变形能），外力虚功与虚变形能两者在量值上相等：

$$
\delta\Big(\iiint_V A\cdot\mathrm{d}V\Big)=\iiint_V (X\delta u+Y\delta v+Z\delta w)\mathrm{d}V+\iint_{S_\sigma}(P_x\delta u+P_y\delta v+P_z\delta w)\mathrm{d}S\tag{12-13}
$$

上式即为位移变分方程，或虚功方程。由于在虚位移过程中，外力保持不变，因此方程（12-13）中的变分符号 δ 可以提出，重写为：

$$\delta\left[\iiint_V A \cdot \mathrm{d}V - \iiint_V (Xu + Yv + Zw)\mathrm{d}V - \iint_{S_\sigma} (P_x u + P_y v + P_z w)\mathrm{d}S\right] = 0 \tag{12-14}$$

或：

$$\delta \Pi = 0 \tag{12-15}$$

式中：

$$\Pi = \iiint_V A \cdot \mathrm{d}V - \iiint_V (Xu + Yv + Zw)\mathrm{d}V - \iint_{S_\sigma} (P_x u + P_y v + P_z w)\mathrm{d}S \tag{12-16}$$

式（12-16）中的第一项 $\iiint_V A \cdot \mathrm{d}V$ 为应变能，第二、三项的和 $-\iiint_V (Xu + Yv + Zw)\mathrm{d}V - \iint_{S_\sigma} (P_x u + P_y v + P_z w)\mathrm{d}S$ 表示外力势能（外力势能对应于无应力状态 $u = v = w = 0$ 时为零），Π 表示了弹性体的总势能，又称为能量泛函，这里之所以称为泛函，是因为函数中的变量 u,v,w 为坐标的函数，能量泛函即为函数的函数（附录 7）。根据变分原理（附录 7），方程式（12-16）表明，在给定的应力与位移边界条件下，弹性体中的真实位移函数 (u,v,w)，使弹性体总势能 Π 变分为零，表示弹性体系的总势能在 (u,v,w) 处取极值，然而在如图 12-4 所示的三种平衡（稳定平衡，随遇平衡，不稳定平衡）状态图中，都可能取得极值（极大值或极小值），但对于稳定的平衡状态而言，从平衡状态产生虚位移时，总势能的增量总是正的（随遇平衡时，总势能的增量为零；不稳定平衡时，总势能的增量为负值），在稳定平衡状态下的总势能最小，即真实的位移使弹性体的总势能取最小值，这就是最小势能原理。

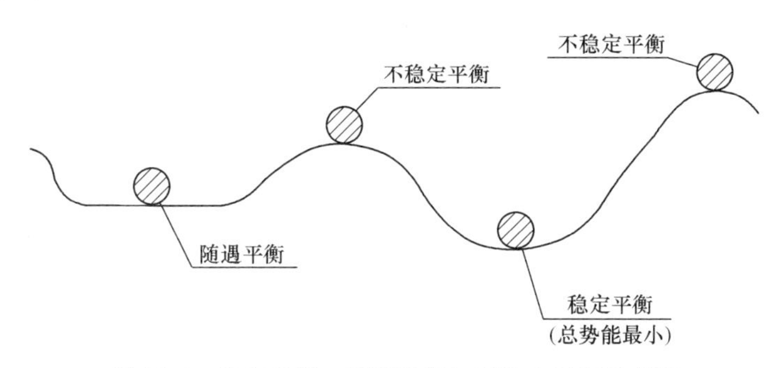

图 12-4　稳定平衡、随遇平衡与不稳定平衡示意图

12.3　最小势能原理与平衡方程、应力边界条件的等价性

通过最小势能原理式（12-15），可以得到平衡方程与应力边界条件。将式（12-15）展开得：

$$\delta\Pi = \iiint_V \delta A \cdot \mathrm{d}V - \iiint_V (X\delta u + Y\delta v + Z\delta w)\mathrm{d}V - \iint_{S_\sigma} (P_x\delta u + P_y\delta v + P_z\delta w)\mathrm{d}S = 0 \tag{12-17}$$

考察上式中的第一项：

$$
\begin{aligned}
\iiint_V \delta A \cdot \mathrm{d}V &= \iiint_V \delta A(\varepsilon_x,\varepsilon_y,\varepsilon_z,\gamma_{xy},\gamma_{xz},\gamma_{yz}) \cdot \mathrm{d}V \\
&= \iiint_V \left(\frac{\partial A}{\partial \varepsilon_x}\delta\varepsilon_x + \frac{\partial A}{\partial \varepsilon_y}\delta\varepsilon_y + \frac{\partial A}{\partial \varepsilon_z}\delta\varepsilon_z + \frac{\partial A}{\partial \gamma_{xy}}\delta\gamma_{xy} + \frac{\partial A}{\partial \gamma_{xz}}\delta\gamma_{xz} + \frac{\partial A}{\partial \gamma_{yz}}\delta\gamma_{yz} \right) \cdot \mathrm{d}V \\
&= \iiint_V (\sigma_x\delta\varepsilon_x + \sigma_y\delta\varepsilon_y + \sigma_z\delta\varepsilon_z + \tau_{xy}\delta\gamma_{xy} + \tau_{xz}\delta\gamma_{xz} + \tau_{yz}\delta\gamma_{yz}) \cdot \mathrm{d}V
\end{aligned} \tag{12-18}
$$

注意到变分运算规则与求微分的规则相同，且上面推导中应用了式（12-10）。为了叙述问题简洁起见，对于式（12-18），仅考察积分式中的第一项：

$$
\begin{aligned}
\iiint_V \sigma_x\delta\varepsilon_x \cdot \mathrm{d}V &= \iiint_V \sigma_x\delta\left(\frac{\partial u}{\partial x}\right) \cdot \mathrm{d}V = \iiint_V \sigma_x \frac{\partial}{\partial x}(\delta u) \cdot \mathrm{d}V \\
&= \iiint_V \frac{\partial}{\partial x}(\sigma_x\delta u)\mathrm{d}V - \iiint_V \frac{\partial \sigma_x}{\partial x}\delta u \cdot \mathrm{d}V \\
&= \oiint_S \sigma_x\delta u \cdot \cos\alpha \mathrm{d}S - \iiint_V \frac{\partial \sigma_x}{\partial x}\delta u \cdot \mathrm{d}V \\
&= \oiint_S \sigma_x\delta u \cdot l\mathrm{d}S - \iiint_V \frac{\partial \sigma_x}{\partial x}\delta u \cdot \mathrm{d}V
\end{aligned} \tag{12-19}
$$

注意到：以上推导过程中已用到了弹性变形体的几何方程，且上式的体积分转换为面积分时，用到了 Gauss 公式（见附录 8）。式（12-18）中的其余积分项可按上述相同的方法进行处理，将式（12-19）及其余积分项处理后的结果回代式（12-18）得到：

$$
\begin{aligned}
\iiint_V \delta A \cdot \mathrm{d}V = &\oiint_S [(\sigma_x l + \tau_{xy}m + \tau_{xz}n)\delta u + (\tau_{yx}l + \sigma_y m + \tau_{yz}n)\delta v \\
&+ (\tau_{zx}l + \tau_{zy}m + \sigma_z n)\delta w] \cdot \mathrm{d}S \\
&- \iiint_V \left[\left(\frac{\partial \sigma_x}{\partial x} + \frac{\partial \tau_{xy}}{\partial y} + \frac{\partial \tau_{xz}}{\partial z}\right)\delta u + \left(\frac{\partial \tau_{yx}}{\partial x} + \frac{\partial \sigma_y}{\partial y} + \frac{\partial \tau_{yz}}{\partial z}\right)\delta v \right. \\
&\left. + \left(\frac{\partial \tau_{zx}}{\partial x} + \frac{\partial \tau_{zy}}{\partial y} + \frac{\partial \sigma_z}{\partial z}\right)\delta w \right] \cdot \mathrm{d}V
\end{aligned} \tag{12-20}
$$

将式（12-20）代入式（12-17），最小势能原理可以表述为：

$$
\begin{aligned}
\delta\Pi = &\oiint_S [(\sigma_x l + \tau_{xy}m + \tau_{xz}n)\delta u + (\tau_{yx}l + \sigma_y m + \tau_{yz}n)\delta v + (\tau_{zx}l + \tau_{zy}m + \sigma_z n)\delta w] \cdot \mathrm{d}S \\
&- \iint_{S_\sigma} (P_x\delta u + P_y\delta v + P_z\delta w) \cdot \mathrm{d}S \\
&- \iiint_V \left[\left(\frac{\partial \sigma_x}{\partial x} + \frac{\partial \tau_{xy}}{\partial y} + \frac{\partial \tau_{xz}}{\partial z} + X\right)\delta u + \left(\frac{\partial \tau_{yx}}{\partial x} + \frac{\partial \sigma_y}{\partial y} + \frac{\partial \tau_{yz}}{\partial z} + Y\right)\delta v \right. \\
&\left. + \left(\frac{\partial \tau_{zx}}{\partial x} + \frac{\partial \tau_{zy}}{\partial y} + \frac{\partial \sigma_z}{\partial z} + Z\right)\delta w \right]\mathrm{d}V = 0
\end{aligned} \tag{12-21}
$$

弹性体的封闭边界 S 包括应力边界 S_σ 及位移边界 S_u ，在位移边界 S_u 上，由于位移已知，位移的变分为零（$\delta u=\delta v=\delta w=0$），所以对上式的面积分有：$\oint\!\!\oint_S[\,^*\,]\cdot dS=\iint_{S_\sigma}[\,^*\,]\cdot dS+\iint_{S_u}[\,^*\,]\cdot dS=\iint_{S_\sigma}[\,^*\,]\cdot dS$ ，即：

$$
\begin{aligned}
&\oint\!\!\oint_S[(\sigma_x l+\tau_{xy}m+\tau_{xz}n)\delta u+(\tau_{yx}l+\sigma_y m+\tau_{yz}n)\delta v+(\tau_{zx}l+\tau_{zy}m+\sigma_z n)\delta w]\cdot dS\\
&=\iint_{S_\sigma}[(\sigma_x l+\tau_{xy}m+\tau_{xz}n)\delta u+(\tau_{yx}l+\sigma_y m+\tau_{yz}n)\delta v+(\tau_{zx}l+\tau_{zy}m+\sigma_z n)\delta w]\cdot dS
\end{aligned}
\tag{12-22}
$$

将式（12-22）代入式（12-21）最后得：

$$
\begin{aligned}
\delta\Pi=&\iint_{S_\sigma}[(\sigma_x l+\tau_{xy}m+\tau_{xz}n-P_x)\delta u+(\tau_{yx}l+\sigma_y m+\tau_{yz}n-P_y)\delta v\\
&+(\tau_{zx}l+\tau_{zy}m+\sigma_z n-P_z)\delta w]\cdot dS\\
&-\iiint_V\Big[(\frac{\partial\sigma_x}{\partial x}+\frac{\partial\tau_{xy}}{\partial y}+\frac{\partial\tau_{xz}}{\partial z}+X)\delta u+(\frac{\partial\tau_{yx}}{\partial x}+\frac{\partial\sigma_y}{\partial y}+\frac{\partial\tau_{yz}}{\partial z}+Y)\delta v\\
&+(\frac{\partial\tau_{zx}}{\partial x}+\frac{\partial\tau_{zy}}{\partial y}+\frac{\partial\sigma_z}{\partial z}+Z)\delta w\Big]\cdot dV=0
\end{aligned}
\tag{12-23}
$$

由于位移变分 $\delta u,\delta v,\delta w$ 的任意性，要使式（12-23）等于零，必须有：

$$
\left.\begin{aligned}
\frac{\partial\sigma_x}{\partial x}+\frac{\partial\tau_{xy}}{\partial y}+\frac{\partial\tau_{xz}}{\partial z}+X=0\\
\frac{\partial\tau_{yx}}{\partial x}+\frac{\partial\sigma_y}{\partial y}+\frac{\partial\tau_{yz}}{\partial z}+Y=0\\
\frac{\partial\tau_{zx}}{\partial x}+\frac{\partial\tau_{zy}}{\partial y}+\frac{\partial\sigma_z}{\partial z}+Z=0
\end{aligned}\right\}
\tag{12-24}
$$

及

$$
\left.\begin{aligned}
\sigma_x l+\tau_{xy}m+\tau_{xz}n-P_x=0\\
\tau_{yx}l+\sigma_y m+\tau_{yz}n-P_y=0\\
\tau_{zx}l+\tau_{zy}m+\sigma_z n-P_z=0
\end{aligned}\right\}
\tag{12-25}
$$

式（12-24）、式（12-25）分别为弹性体的平衡方程与应力边界条件。

由以上推导可知，弹性体只要满足最小势能原理式（12-15），就自动满足平衡方程与应力边界条件，反之，若弹性体满足平衡方程式（12-24）与应力边界条件式（12-25），则自然满足最小势能原理式（12-15）。即最小势能原理与平衡方程、应力边界条件具有等价性。有了这样一个等价性，对于弹性力学问题可以有两类解法，一种直接求解平衡微分方程、物理方程及几何方程并使解答满足应力边界条件与位移边界条件，本书前面几章就是采用的这种解法；另一种解法是将弹性力学问题归结为求能量泛函 Π（弹性体的总势能）的最小值问题。采用这种变分解法可满足平衡微分方程与应力边界条件，同时也隐含满足物理方程与几何方程，但一般并不满足位移边界条件，这种变分解法也称为能量法，正是本章所要讨论的近似解法。

【例 12-1】 如图 12-5 所示等截面单跨梁，跨度为 L，一端固支，另一端简支，梁上受分布荷载 $q(x)$ 作用，试采用最小势能原理推导梁挠度 $w=w(x)$ 所满足的控制微分方程与静力边界条件。

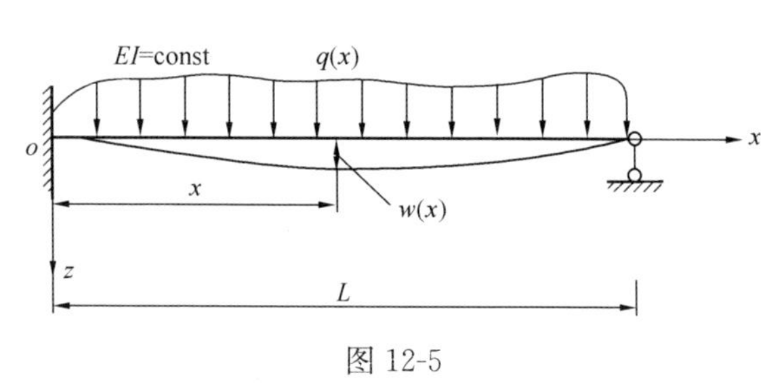

图 12-5

【解】 梁的总势能（根据材料力学变形能公式）为：$\Pi=\dfrac{1}{2}\displaystyle\int_0^L EI\left(\frac{\mathrm{d}^2w}{\mathrm{d}x^2}\right)^2\mathrm{d}x-\int_0^L wq(x)\mathrm{d}x$

由最小势能原理：$\delta\Pi=0$［注意泛函 Π 中可变函数为 $w=w(x)$］得：

$$
\begin{aligned}
\delta\Pi &= \frac{1}{2}\int_0^L EI\cdot 2\left(\frac{\mathrm{d}^2w}{\mathrm{d}x^2}\right)\cdot\delta\left(\frac{\mathrm{d}^2w}{\mathrm{d}x^2}\right)\mathrm{d}x-\int_0^L q(x)\delta w\,\mathrm{d}x\\
&= EI\int_0^L \frac{\mathrm{d}^2w}{\mathrm{d}x^2}\cdot\frac{\mathrm{d}}{\mathrm{d}x}\left[\delta\left(\frac{\mathrm{d}w}{\mathrm{d}x}\right)\right]\mathrm{d}x-\int_0^L q(x)\delta w\,\mathrm{d}x\\
&= EI\int_0^L \frac{\mathrm{d}^2w}{\mathrm{d}x^2}\cdot\mathrm{d}\left[\delta\left(\frac{\mathrm{d}w}{\mathrm{d}x}\right)\right]-\int_0^L q(x)\delta w\,\mathrm{d}x\\
&= EI\frac{\mathrm{d}^2w}{\mathrm{d}x^2}\delta\left(\frac{\mathrm{d}w}{\mathrm{d}x}\right)\Bigg|_0^L-EI\int_0^L\delta\left(\frac{\mathrm{d}w}{\mathrm{d}x}\right)\cdot\frac{\mathrm{d}^3w}{\mathrm{d}x^3}\cdot\mathrm{d}x-\int_0^L q(x)\delta w\,\mathrm{d}x\\
&= EI\frac{\mathrm{d}^2w}{\mathrm{d}x^2}\delta\left(\frac{\mathrm{d}w}{\mathrm{d}x}\right)\Bigg|_0^L-EI\int_0^L\frac{\mathrm{d}^3w}{\mathrm{d}x^3}\cdot\mathrm{d}(\delta w)-\int_0^L q(x)\delta w\,\mathrm{d}x\\
&= EI\frac{\mathrm{d}^2w}{\mathrm{d}x^2}\delta\left(\frac{\mathrm{d}w}{\mathrm{d}x}\right)\Bigg|_0^L-EI\frac{\mathrm{d}^3w}{\mathrm{d}x^3}\delta w\Bigg|_0^L+\int_0^L\left[EI\frac{\mathrm{d}^4w}{\mathrm{d}x^4}-q(x)\right]\cdot\delta w\cdot\mathrm{d}x\\
&= EI\frac{\mathrm{d}^2w}{\mathrm{d}x^2}\delta\left(\frac{\mathrm{d}w}{\mathrm{d}x}\right)\Bigg|_{x=L}-EI\frac{\mathrm{d}^2w}{\mathrm{d}x^2}\delta\left(\frac{\mathrm{d}w}{\mathrm{d}x}\right)\Bigg|_{x=0}-EI\frac{\mathrm{d}^3w}{\mathrm{d}x^3}\delta w\Bigg|_{x=L}+EI\frac{\mathrm{d}^3w}{\mathrm{d}x^3}\delta w\Bigg|_{x=0}\\
&\quad+\int_0^L\left[EI\frac{\mathrm{d}^4w}{\mathrm{d}x^4}-q(x)\right]\cdot\delta w\cdot\mathrm{d}x\\
&=0
\end{aligned}
$$

由于梁的边界 $x=0$ 处为固支端，位移与转角均为零，所以 $\delta w\big|_{x=0}=\delta\left(\dfrac{\mathrm{d}w}{\mathrm{d}x}\right)\Bigg|_{x=0}=0$，边界 $x=L$ 处为铰接，位移为零，故 $\delta w\big|_{x=L}=0$，但 $x=L$ 处转角可以变化，故 $\delta\left(\dfrac{\mathrm{d}w}{\mathrm{d}x}\right)\Bigg|_{x=L}\neq 0$，所以上式变为：

$$
\delta\Pi=EI\frac{\mathrm{d}^2w}{\mathrm{d}x^2}\delta\left(\frac{\mathrm{d}w}{\mathrm{d}x}\right)\Bigg|_{x=L}+\int_0^L\left[EI\frac{\mathrm{d}^4w}{\mathrm{d}x^4}-q(x)\right]\cdot\delta w\cdot\mathrm{d}x=0
$$

在［0,L］范围内，由于变分的任意性，要使上式等于零，必须有：

$$\left.\begin{aligned} & EI\frac{\mathrm{d}^4 w}{\mathrm{d}x^4}-q(x)=0 \\ & EI\frac{\mathrm{d}^2 w}{\mathrm{d}x^2}\bigg|_{x=L}=M|_{x=L}=0 \end{aligned}\right\}$$

以上为梁的控制微分方程与静力边界条件（铰接支座处的弯矩为零），这正是我们所熟知的材料力学梁弯曲所满足的方程。

12.4　关于弹性力学变分原理的一般讨论

以上最小势能原理是以位移分量为变量，构建式（12-16）的能量泛函，由这个能量泛函的一阶变分式（12-15）可以导得平衡方程与应力边界条件，在推导过程中应用了几何方程及物理方程（隐含满足几何方程及物理方程），即能量泛函的变分式可满足基本方程（平衡方程、几何方程与物理方程）及应力边界条件，但式（12-15）与位移边界条件无关联，即式（12-15）一般情况并不能满足位移边界条件，所以最小势能原理并不是一个能包罗所有基本方程与边界条件的完美变分原理。当采用最小势能原理做近似计算时，需要将所设的解事先满足位移边界条件，只有这样才能满足弹性力学的所有的基本方程与边界条件，这样得到的解答才是真实可靠的。

在弹性力学的变分原理中，还有一个所谓的最小余能原理，最小余能原理是以应力分量为变量，构建一个以应力分量为变量的能量泛函表达式，由这个能量泛函的一阶变分可以导得以应力表示的应变协调方程（几何方程）与位移边界条件，在推导过程中应用了物理方程，即最小余能原理可满足几何方程、物理方程及位移边界条件，但最小余能原理与平衡方程和应力边界条件无直接关联，即从最小余能原理出发，一般情况并不能得到平衡方程与应力边界条件（或：最小余能原理一般情况不能满足平衡方程与应力边界条件），因此最小余能原理也不是一个完美的变分原理，当采用最小余能原理做近似计算时，需要将所设的解事先满足平衡方程与应力边界条件，这样才能满足弹性力学的所有的基本方程与边界条件，这样的解答才是真实可靠的。

弹性力学还有一个所谓的广义变分原理（胡海昌一鹫津久一郎广义变分原理），广义变分原理是以位移、应变及应力分量共15个变量为独立自变量，构建一个具有15个变量的能量泛函表达式，由这个能量泛函的一阶变分可以导得弹性力学的全部方程（基本方程与全部边界条件），因此广义变分原理是一个完美的变分原理。当采用广义变分原理做近似计算时，不需要将所设的解事先满足某个基本方程和应力边界条件。

关于弹性力学的最小余能原理与广义变分原理可参见文献［2］。对于弹性力学的工程近似计算，可以采用的变分原理有：（1）最小势能原理；（2）最小余能原理；（3）广义变分原理。广义变分原理虽然理论上很完美，但它涉及的变量较多，计算太繁复，使用并不方便。最小势能原理与最小余能原理尽管理论上不完美，但它们涉及的变量较少，计算简便，便于工程应用。其中最小余能原理涉及的变量为应力分量，当得到应力分量的近似解答后，可应用物理方程得到应变分量，但由应变分量求解位移分量时，还需要进行积分运算，使用上并不方便；而最小势能原理涉及的变量为位移分量，当得到位移分量的近似解答后，可方便地应用几何方程得到应变分量，再应用物理方程得到应力分量，应用起来更为方便，因此最小势能原理在土木工程计算中得到了广泛的应用。

12.5 基于最小势能原理的近似解法

12.5.1 Rayleigh-Ritz （瑞利-里茨） 法

根据以上的能量解法，为了求得位移函数的近似解，Rayleigh-Ritz 法将位移解设为：

$$\left.\begin{aligned} u &= u_0 + \sum_{i=1}^{n} A_i u_i(x,y,z) \\ v &= v_0 + \sum_{i=1}^{n} B_i v_i(x,y,z) \\ w &= w_0 + \sum_{i=1}^{n} C_i w_i(x,y,z) \end{aligned}\right\} \tag{12-26}$$

式中：u_0、v_0、w_0 为在位移边界 S_u 上的已知位移，$A_i,B_i,C_i(i=1,2,3,\cdots,n)$ 为待定系数，$u_i(x,y,z),v_i(x,y,z),w_i(x,y,z)(i=1,2,3,\cdots,n)$ 为已知函数。以上所设的位移分量在位移边界 S_u 上，需要满足已知的位移边界条件（否则就不可能是问题的真实近似解）：

$$u|_{S_u} = u_0, v|_{S_u} = v_0, w|_{S_u} = w_0 \tag{12-27}$$

因而在 S_u 上要求：

$$\left.\begin{aligned} u_i(x,y,z)|_{S_u} &= 0 \\ v_i(x,y,z)|_{S_u} &= 0 \\ w_i(x,y,z)|_{S_u} &= 0 \end{aligned}\right\} \quad (i=1,2,3,\cdots,n) \tag{12-28}$$

但式（12-26）的位移分量并不要求同时精确满足平衡方程与应力边界条件，那么平衡方程与应力边界条件如何得到满足呢？Rayleigh-Ritz 法是让位移分量去强制满足最小势能原理 $\delta\Pi = 0$，因为最小势能原理与应力边界条件和平衡方程等价，同时最小势能原理也隐含满足了几何方程与物理方程，因此理论上可以保证所设的位移分量能最大限度地逼近位移真实解（最优近似解）。

将式（12-26）代入总势能函数，积分后的结果为：

$$\begin{aligned}\Pi &= \iiint_V A \cdot \mathrm{d}V - \iiint_V (Xu + Yv + Zw)\mathrm{d}V - \iint_{S_\sigma}(P_x u + P_y v + P_z w)\mathrm{d}S \\ &= \Pi(A_1, A_2, \cdots, A_n, B_1, B_2, \cdots, B_n, C_1, C_2, \cdots, C_n)\end{aligned} \tag{12-29}$$

总势能函数Π变为待定系数的函数，由最小势能原理来确定待定系数的最优近似解：

$$\begin{aligned}&\delta\Pi(A_1, A_2\cdots, A_n, B_1, B_2\cdots, B_n, C_1, C_2\cdots, C_n) \\ &\quad = \frac{\partial \Pi}{\partial A_1}\delta A_1 + \cdots + \frac{\partial \Pi}{\partial A_n}\delta A_n + \frac{\partial \Pi}{\partial B_1}\delta B_1 + \cdots + \frac{\partial \Pi}{\partial B_n}\delta B_n + \frac{\partial \Pi}{\partial C_1}\delta C_1 \\ &\quad + \cdots + \frac{\partial \Pi}{\partial C_n}\delta C_n = 0\end{aligned} \tag{12-30}$$

由于待定系数变分的任意性，所以有：

$$\left.\begin{aligned}\frac{\partial \Pi}{\partial A_i} = 0 \\ \frac{\partial \Pi}{\partial B_i} = 0 \\ \frac{\partial \Pi}{\partial C_i} = 0\end{aligned}\right\} \quad (i = 1, 2, 3, \cdots, n) \tag{12-31}$$

式（12-31）为一组线性代数方程，解之即可得到待定系数 $A_i, B_i, C_i (i = 1, 2, 3, \cdots, n)$，回代式（12-26）即得位移解。Rayleigh-Ritz 法将复杂难求的平衡微分方程（偏微分方程）转化为容易求解的一组线性代数方程，使问题得到了大大简化，当然，所得到的一般为近似解。

【例 12-2】 如图 12-6 所示宽度为 a，高度为 b 的薄板，不考虑体力作用，其位移边界（约束）与应力边界条件如图示。求薄板内的位移解。

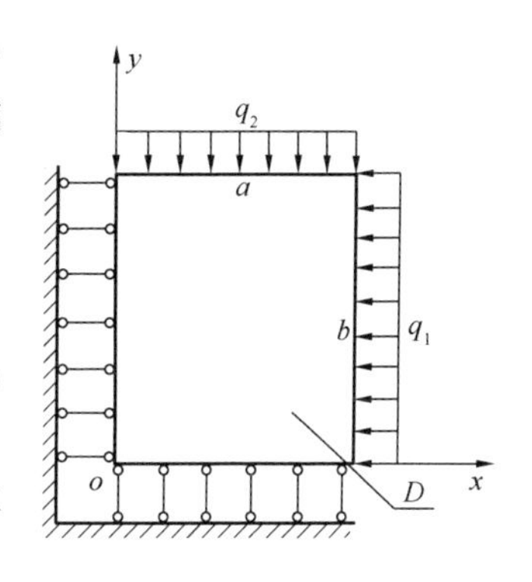

图 12-6　平面应力问题

【解】 设本问题可能的位移分量为：

$$\left.\begin{aligned}u &= x(A_1 + A_2 x + A_3 y + \cdots) \\ v &= y(B_1 + B_2 x + B_3 y + \cdots)\end{aligned}\right\} \tag{a}$$

式中 $A_i, B_i (i = 1, 2, 3, \cdots)$ 为待定系数。显然式（a）满足本问题（图 12-6）的位移边界条件：

$$\left.\begin{aligned}u\big|_{x=0} = 0 \\ v\big|_{y=0} = 0\end{aligned}\right\} \tag{b}$$

为了说明问题，简单起见，式（a）位移分量仅取一项，则：

$$\left.\begin{aligned}u = A_1 x \\ v = B_1 y\end{aligned}\right\} \tag{c}$$

于是总势能为：

$$\Pi = \iiint_V A \cdot \mathrm{d}V - \iiint_V (Xu + Yv + Zw)\mathrm{d}V - \iint_{\Gamma_1} (P_x u + P_y v + P_z w)\mathrm{d}S$$
$$= \iint_D A \cdot \mathrm{d}x\mathrm{d}y - \int_l (P_x u + P_y v)\mathrm{d}l \tag{d}$$

为求解问题，方便起见，首先按平面应变问题考虑，这时 $\varepsilon_z = \gamma_{zx} = \gamma_{zy} = 0$，于是（平面）比能函数 A 按平面应变问题，可以表示为：

$$A = \frac{E}{2(1+\nu)}\left[\frac{\nu}{1-2\nu}(\varepsilon_x + \varepsilon_y + \varepsilon_z)^2 + (\varepsilon_x^2 + \varepsilon_y^2 + \varepsilon_z^2) + \frac{1}{2}(\gamma_{xy}^2 + \gamma_{xz}^2 + \gamma_{yz}^2)\right]$$
$$= \frac{E}{2(1+\nu)}\left[\frac{\nu}{1-2\nu}(\varepsilon_x + \varepsilon_y)^2 + (\varepsilon_x^2 + \varepsilon_y^2) + \frac{1}{2}\gamma_{xy}^2\right]$$
$$= \frac{E}{2(1+\nu)}\left[\frac{\nu}{1-2\nu}\left(\frac{\partial u}{\partial x} + \frac{\partial v}{\partial y}\right)^2 + \left(\frac{\partial u}{\partial x}\right)^2 + \left(\frac{\partial v}{\partial y}\right)^2 + \frac{1}{2}\left(\frac{\partial v}{\partial x} + \frac{\partial u}{\partial y}\right)^2\right]$$
$$= \frac{E}{2(1+\nu)}\left[\frac{\nu}{1-2\nu}(A_1 + B_1)^2 + A_1^2 + B_1^2\right] \tag{e}$$

由于本问题实际为平面应力问题，应按 3.2 节所述，将上述参数 E 替换为 $\frac{E(1+2\nu)}{(1+\nu)^2}$，$\nu$ 替换为 $\frac{\nu}{1+\nu}$，则平面应变问题的解答就变为相应的平面应力问题的解答，即有：

$$A = \frac{E}{2(1-\nu^2)}[A_1^2 + B_1^2 + 2\nu A_1 B_1] \tag{f}$$

所以：

$$\Pi = \Pi(A_1, B_1) = \iint_D A \cdot \mathrm{d}x\mathrm{d}y - \int_l (P_x u + P_y v)\mathrm{d}l$$
$$= \iint_D \frac{E}{2(1-\nu^2)}[A_1^2 + B_1^2 + 2\nu A_1 B_1] \cdot \mathrm{d}x\mathrm{d}y$$
$$- \left[\int_0^b (-q_1)(A_1 a)\mathrm{d}y + \int_0^a (-q_2)(B_1 b)\mathrm{d}x\right]$$
$$= \frac{Eab}{2(1-\nu^2)}[A_1^2 + B_1^2 + 2\nu A_1 B_1] + q_1 A_1 ab + q_2 B_1 ab \tag{g}$$

应用最小势能原理：

$$\delta\Pi(A_1, B_1) = \frac{\partial \Pi}{\partial A_1}\delta A_1 + \frac{\partial \Pi}{\partial B_1}\delta B_1 = 0 \tag{h}$$

因为待定系数的变分 δA_1、δB_1 具有任意性，所以只能有：

$$\left.\begin{aligned} \frac{\partial \Pi}{\partial A_1} = 0 \\ \frac{\partial \Pi}{\partial B_1} = 0 \end{aligned}\right\} \tag{i}$$

将式（g）代入式（i），得到下列线性代数方程组：

$$\left.\begin{aligned}\frac{Eab}{1-\nu^2}(A_1+\nu B_1)&=-q_1ab\\\frac{Eab}{1-\nu^2}(B_1+\nu A_1)&=-q_2ab\end{aligned}\right\}\tag{j}$$

解之：

$$\left.\begin{aligned}A_1&=-\frac{q_1-\nu q_2}{E}\\B_1&=-\frac{q_2-\nu q_1}{E}\end{aligned}\right\}\tag{k}$$

将上式代入式（c），得位移解答为：

$$\left.\begin{aligned}u&=-\frac{q_1-\nu q_2}{E}x\\v&=-\frac{q_2-\nu q_1}{E}y\end{aligned}\right\}\tag{l}$$

若在式（a）中除了 A_1，B_1 外，再增加一些其他的待定系数，如 A_2，B_2 等，进行相同的计算，增加的系数都等于零，位移解答仍为式（l）所示。可以证明位移分量式（l）精确满足（位移表示的）平衡方程与应力边界条件，所以位移分量式（l）为本问题的精确解答。当然，本例只是一个很特殊的情况，一般情况下，所得到的解答并不能精确满足平衡方程与应力边界条件，只能为近似解答。

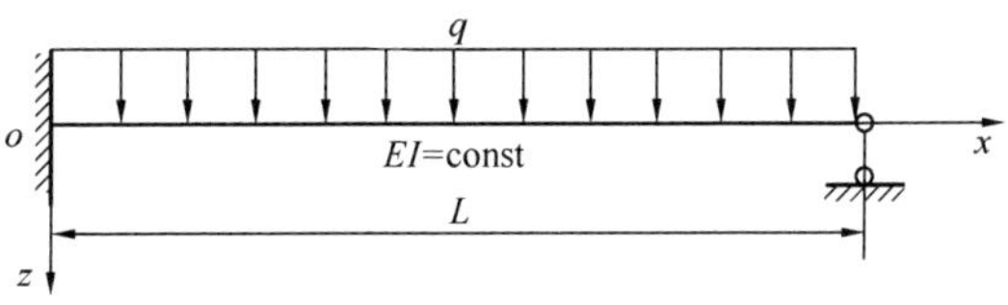

图 12-7

【例 12-3】 如图 12-7 所示，一端固支，一端简支的梁受均布荷载作用，试用 Rayleigh-Ritz 法求解梁的位移（挠度）w，挠度函数取为：$w=A_1\cdot x^2+A_2\cdot x^3+A_3\cdot x^4$。

【解】 所设的挠度函数应满足下列位移边界条件：

$$w|_{x=0}=0,\quad w'|_{x=0}=0,\quad w|_{x=L}=0\tag{a}$$

显然，上式中 $x=0$ 处的位移边界条件自动满足，$x=L$ 处的位移边界条件应强制满足：

$$w|_{x=L}=A_1\cdot L^2+A_2\cdot L^3+A_3\cdot L^4=0$$

即：

$$A_1=-A_2\cdot L-A_3\cdot L^2\tag{b}$$

挠度函数变为：

$$w=-(A_2\cdot L+A_3\cdot L^2)\cdot x^2+A_2\cdot x^3+A_3\cdot x^4\tag{c}$$

于是：

$$\Pi = \frac{1}{2}\int_0^L EI(w'')^2 \mathrm{d}x - \int_0^L wq\mathrm{d}x$$

$$= 2EIL^3 \cdot A_2^2 + 8EIL^4 \cdot A_2A_3 + 8.4EIL^5 \cdot A_3^2 + 0.083qL^4 \cdot A_2 + 0.133qL^5 \cdot A_3 \tag{d}$$

由：

$$\left.\begin{aligned}\frac{\partial\Pi}{\partial A_2} &= 4EIL^3A_2 + 8EIL^4A_3 + 0.083qL^4 = 0\\ \frac{\partial\Pi}{\partial A_3} &= 8EIL^4A_2 + 16.8EIL^5A_3 + 0.133qL^5 = 0\end{aligned}\right\} \tag{e}$$

解之：$A_2 = -0.104\dfrac{qL}{EI}$，$A_3 = 0.0417\dfrac{q}{EI}$，将结果代入式（b）：$A_1 = -A_2 \cdot L - A_3 \cdot L^2 = 0.0635\dfrac{qL^2}{EI}$，所以挠度的近似解答为：

$$w = 0.0635\frac{qL^2}{EI}x^2 - 0.104\frac{qL}{EI}x^3 + 0.0417\frac{q}{EI}x^4 \tag{f}$$

12.5.2 Galerkin（伽辽金）法

如果选择式（12-26）那样的位移函数，不仅满足位移边界条件，同时也满足应力边界条件，位移的变分为：

$$\left.\begin{aligned}\delta u &= \sum_{i=1}^{n} u_i(x,y,z)\delta A_i = \sum_{i=1}^{n} u_i\delta A_i\\ \delta v &= \sum_{i=1}^{n} v_i(x,y,z)\delta B_i = \sum_{i=1}^{n} v_i\delta B_i\\ \delta w &= \sum_{i=1}^{n} w_i(x,y,z)\delta C_i = \sum_{i=1}^{n} w_i\delta C_i\end{aligned}\right\} \tag{12-32}$$

于是，以应力边界条件与平衡方程形式所表现的最小势能原理式（12-23）可以重写为：

$$\begin{aligned}\delta\Pi = &\iint_{S_\sigma}[(\sigma_x l + \tau_{xy}m + \tau_{xz}n - P_x)\delta u + (\tau_{yx}l + \sigma_y m + \tau_{yz}n - P_y)\delta v\\ &+ (\tau_{zx}l + \tau_{zy}m + \sigma_z n - P_z)\delta w]\cdot \mathrm{dS}\\ &- \iiint_V\left[\left(\frac{\partial\sigma_x}{\partial x} + \frac{\partial\tau_{xy}}{\partial y} + \frac{\partial\tau_{xz}}{\partial z} + X\right)\delta u + \left(\frac{\partial\tau_{yx}}{\partial x} + \frac{\partial\sigma_y}{\partial y} + \frac{\partial\tau_{yz}}{\partial z} + Y\right)\delta v\right.\\ &\left. + \left(\frac{\partial\tau_{zx}}{\partial x} + \frac{\partial\tau_{zy}}{\partial y} + \frac{\partial\sigma_z}{\partial z} + Z\right)\delta w\right]\cdot \mathrm{d}V\\ = &- \iiint_V\left[\left(\frac{\partial\sigma_x}{\partial x} + \frac{\partial\tau_{xy}}{\partial y} + \frac{\partial\tau_{xz}}{\partial z} + X\right)\delta u + \left(\frac{\partial\tau_{yx}}{\partial x} + \frac{\partial\sigma_y}{\partial y} + \frac{\partial\tau_{yz}}{\partial z} + Y\right)\delta v\right.\\ &\left. + \left(\frac{\partial\tau_{zx}}{\partial x} + \frac{\partial\tau_{zy}}{\partial y} + \frac{\partial\sigma_z}{\partial z} + Z\right)\delta w\right]\cdot \mathrm{d}V\end{aligned}$$

$$=-\iiint_V\left[\left(\frac{\partial\sigma_x}{\partial x}+\frac{\partial\tau_{xy}}{\partial y}+\frac{\partial\tau_{xz}}{\partial z}+X\right)\sum_{i=1}^{n}u_i\delta A_i+\left(\frac{\partial\tau_{yx}}{\partial x}+\frac{\partial\sigma_y}{\partial y}+\frac{\partial\tau_{yz}}{\partial z}+Y\right)\sum_{i=1}^{n}v_i\delta B_i\right.$$

$$\left.+\left(\frac{\partial\tau_{zx}}{\partial x}+\frac{\partial\tau_{zy}}{\partial y}+\frac{\partial\sigma_z}{\partial z}+Z\right)\sum_{i=1}^{n}w_i\delta C_i\right]\cdot \mathrm{d}V$$

$$=-\sum_{i=1}^{n}\left[\iiint_V\left(\frac{\partial\sigma_x}{\partial x}+\frac{\partial\tau_{xy}}{\partial y}+\frac{\partial\tau_{xz}}{\partial z}+X\right)u_i\mathrm{d}V\right]\delta A_i-\sum_{i=1}^{n}\left[\iiint_V\left(\frac{\partial\tau_{yx}}{\partial x}+\frac{\partial\sigma_y}{\partial y}+\frac{\partial\tau_{yz}}{\partial z}+Y\right)v_i\mathrm{d}V\right]\delta B_i$$

$$-\sum_{i=1}^{n}\left[\iiint_V\left(\frac{\partial\tau_{zx}}{\partial x}+\frac{\partial\tau_{zy}}{\partial y}+\frac{\partial\sigma_z}{\partial z}+Z\right)w_i\mathrm{d}V\right]\delta C_i=0 \tag{12-33}$$

注意到以上式（12-33）的推导中，用到了应力边界条件。由于 $\delta A_i,\delta B_i,\delta C_i(i=1,2,3,\cdots,n)$ 的任意性，它们的系数应分别等于零，于是有：

$$\left.\begin{aligned}
&\iiint_V\left(\frac{\partial\sigma_x}{\partial x}+\frac{\partial\tau_{xy}}{\partial y}+\frac{\partial\tau_{xz}}{\partial z}+X\right)u_i\mathrm{d}V=0\\
&\iiint_V\left(\frac{\partial\tau_{yx}}{\partial x}+\frac{\partial\sigma_y}{\partial y}+\frac{\partial\tau_{yz}}{\partial z}+Y\right)v_i\mathrm{d}V=0\\
&\iiint_V\left(\frac{\partial\tau_{zx}}{\partial x}+\frac{\partial\tau_{zy}}{\partial y}+\frac{\partial\sigma_z}{\partial z}+Z\right)w_i\mathrm{d}V=0
\end{aligned}\right\}(i=1,2,3,\cdots,n) \tag{12-34}$$

方程（12-34）中，各应力分量可采用式（12-26）的位移分量来计算，它们为待定系数 $A_i,B_i,C_i(i=1,2,3,\cdots,n)$ 的线性函数，因而，方程（12-34）为待定系数的线性方程组，解之即可得到待定系数，回代式（12-26）即得问题的位移解。这种解法称为Galerkin 法。

Galerkin 法的优点是不必计算弹性体的总势能，而直接求解控制方程（平衡方程），仅要求控制（平衡）方程与一个加权函数的乘积在区域 V 内积分等于零，这里函数 $u_i,v_i,w_i(i=1,2,3,\cdots,n)$ 称为试函数，从式（12-34）可以看出，这里的加权函数也为 $u_i,v_i,w_i(i=1,2,3,\cdots,n)$。对于一些更为广泛的数学、物理及工程问题，若仅已知其控制（微分）方程，但找不到相应的能量泛函 Π，则无法应用最小势能原理，这时可采用 Galerkin 法直接对控制（微分）方程求近似解，因而 Galerkin 法具有更宽的适用范围，由于其近似解一般并不能精确满足控制（微分）方程，会出现误差（或残数），因而，Galerkin 法又称为加权残数法。

【例 12-4】试用 Galerkin 法求解例 12-3。

【解】由例 12-3 得到的满足所有位移边界条件的挠度函数（式 c）为：

$$w=-(A_2\cdot L+A_3\cdot L^2)\cdot x^2+A_2\cdot x^3+A_3\cdot x^4 \tag{a}$$

根据 Galerkin 法，上面挠度函数还必须满足静力（应力）边界条件：

$$M|_{x=L}=EI\left.\frac{\mathrm{d}^2w}{\mathrm{d}x^2}\right|_{x=L}=0 \tag{b}$$

将式（a）代入式（b），得：

$$-(A_2 \cdot L + A_3 \cdot L^2) \cdot L^2 + A_2 \cdot L^3 + A_3 \cdot L^4 = 0$$

即有：

$$A_2 = -2.5LA_3 \text{ 及 } A_1 = 1.5L^2A_3 \tag{c}$$

所以满足位移与静力边界条件的位移可写为：

$$w = A_3(1.5L^2x^2 - 2.5Lx^3 + x^4) \tag{d}$$

根据例 12-1 对能量泛函 Π 的变分计算得：

$$\delta\Pi = EI\frac{\mathrm{d}^2w}{\mathrm{d}x^2}\delta\left(\frac{\mathrm{d}w}{\mathrm{d}x}\right)\Bigg|_{x=L} + \int_0^L\left[EI\frac{\mathrm{d}^4w}{\mathrm{d}x^4} - q\right]\cdot\delta w\cdot\mathrm{d}x$$

$$= \int_0^L\left[EI\frac{\mathrm{d}^4w}{\mathrm{d}x^4} - q\right]\cdot\delta w\cdot\mathrm{d}x = \int_0^L[24EIA_3 - q](1.5L^2x^2 - 2.5Lx^3 + x^4)\cdot\mathrm{d}x\cdot\delta A_3$$

$$= 0 \tag{e}$$

注意到上式利用了静力边界条件式（b），由于 δA_3 的任意性，所以必须有：

$$\int_0^L[24EIA_3 - q](1.5L^2x^2 - 2.5Lx^3 + x^4)\mathrm{d}x = 0 \tag{f}$$

解上式得：$A_3 = 0.0417\dfrac{q}{EI}$，将结果代入式（c）得：$A_1 = 0.0635\dfrac{qL^2}{EI}$，$A_2 = -0.104\dfrac{qL}{EI}$，所以位移（挠度）的近似解答为：

$$w = 0.0635\frac{qL^2}{EI}x^2 - 0.104\frac{qL}{EI}x^3 + 0.0417\frac{q}{EI}x^4 \tag{g}$$

显然上面解答与 Rayleigh-Ritz 法得到的结果一致。

【例 12-5】 图 12-8 中四边固支的矩形薄板，板的尺寸、坐标如图所示，板的弯曲刚度为 D，受均布荷载 q 作用，求薄板挠度 w 的近似值。

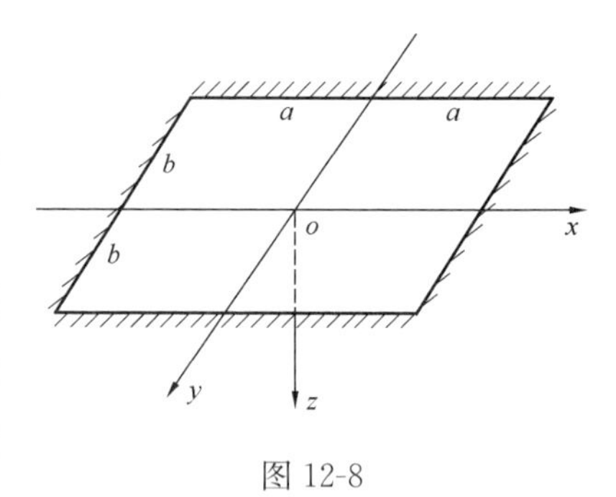

图 12-8

【解】 已知薄板挠度 w 满足的控制（平衡）方程为：$D\nabla^4w - q = 0$，采用 Galerkin 法，可直接对控制方程求解，而不必去计算弹性体的总势能。设挠度 w 为：

$$w = A_1(x^2 - a^2)^2(y^2 - b^2)^2 \tag{a}$$

本问题没有应力边界条件，所设挠度 w 满足所有的位移边界条件：$w|_{x=\pm a} = 0$，$w|_{y=\pm b} = 0$，$\left.\dfrac{\partial w}{\partial x}\right|_{x=\pm a} = 0$，$\left.\dfrac{\partial w}{\partial y}\right|_{y=\pm b} = 0$，由 Galerkin 法，有：

$$\int_{-a}^{a}\int_{-b}^{b}(D\,\nabla^4 w-q)\,(x^2-a^2)^2\,(y^2-b^2)^2\,\mathrm{d}x\mathrm{d}y=0 \tag{b}$$

将式（a）代入式（b），积分后，解方程得待定系数 A_1 ，再代回式（a），得挠度 w 的近似解为：

$$w=\frac{7q}{128(a^4+b^4+\dfrac{4}{7}a^2b^2)D}\,(x^2-a^2)^2\,(y^2-b^2)^2 \tag{c}$$

若要获得更为精确的解，可增加所设挠度的项数。

12.6　最小势能原理求解薄壁悬臂箱梁的剪力滞问题

考察图 12-9（a）的悬臂箱形梁，它是由两块厚度为 t 的水平翼板和两块厚度为 b 的垂直腹板构成。箱梁的左端是嵌固端，在两个腹板上面分别承受均布线荷载 $q/2$ ，建立如图 12-9 所示的坐标系。应用最小势能原理研究翼板中的剪力滞问题。

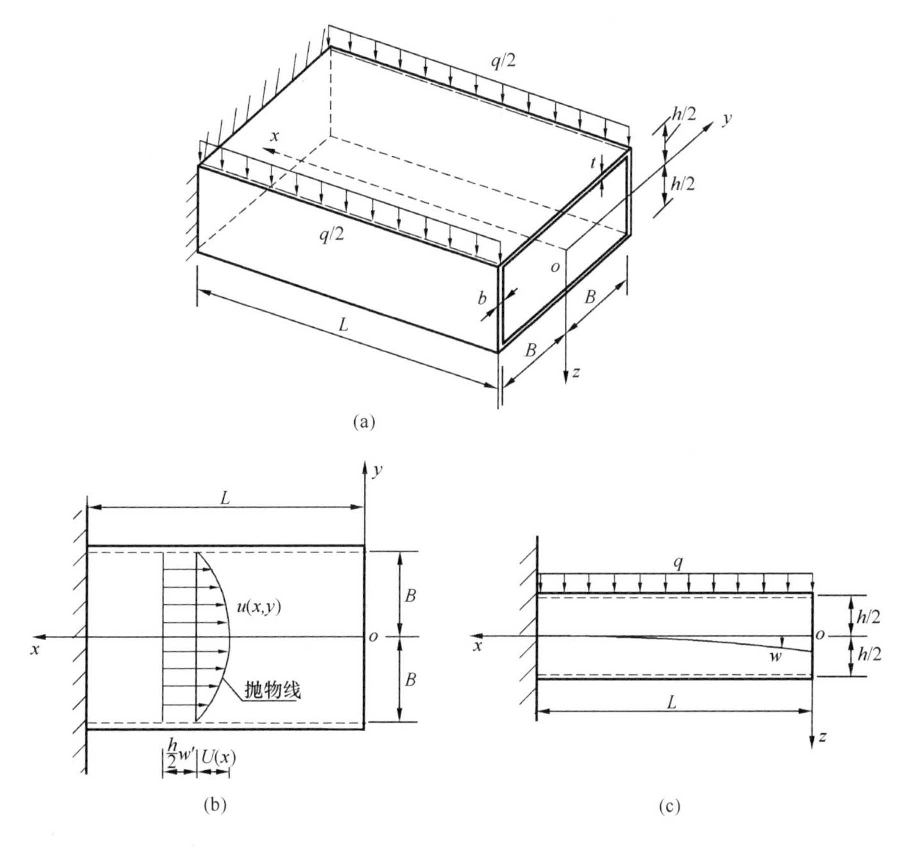

图 12-9　悬臂箱形梁

根据材料力学知识，一般情况下分布荷载 $q(x)$ 与梁截面内弯矩 $M(x)$ 的关系为 $q(x)=M''(x)$ ，于是系统外力势能可以写为：

$$\begin{aligned}\Pi_1 &= -\int_0^L w(x)q(x)\mathrm{d}x = -\int_0^L w(x)M''(x)\mathrm{d}x \\ &= -w(x)M'(x)\big|_0^L + w'(x)M(x)\big|_0^L - \int_0^L w''(x)M(x)\mathrm{d}x \\ &= -\int_0^L w''(x)M(x)\mathrm{d}x \end{aligned} \tag{12-35}$$

上式中 $w(x)$ 为箱梁中性轴在 z 方向的位移（挠度），注意到上式应用了梁的边界条件：$w(x)\big|_{x=L}=0, w'(x)\big|_{x=L}=0, M(x)\big|_{x=0}=0, M'(x)\big|_{x=0}=Q(x)\big|_{x=0}=0$［材料力学中弯矩 $M(x)$ 与剪力 $Q(x)$ 之间的关系］。

悬臂箱梁的应变能包括腹板的应变能 Π_{2-1} 与上下翼板的应变能 Π_{2-2} 。腹板可以视为弯曲的梁，其应变能为：

$$\Pi_{2-1} = \frac{1}{2}\int_0^L EI_{\mathrm{w}}\left[w''(x)\right]^2\mathrm{d}x \tag{12-36}$$

式中：

$$I_{\mathrm{w}} = 2\times bh^3/12 \tag{12-37}$$

为二个腹板对中性轴的惯性矩。将上翼板与腹板的交接处切开，如图 12-10 所示，可以看出翼板内的应力是由腹板板边的剪应力引起的，翼板的受力情形可看成一个平面应力问题。

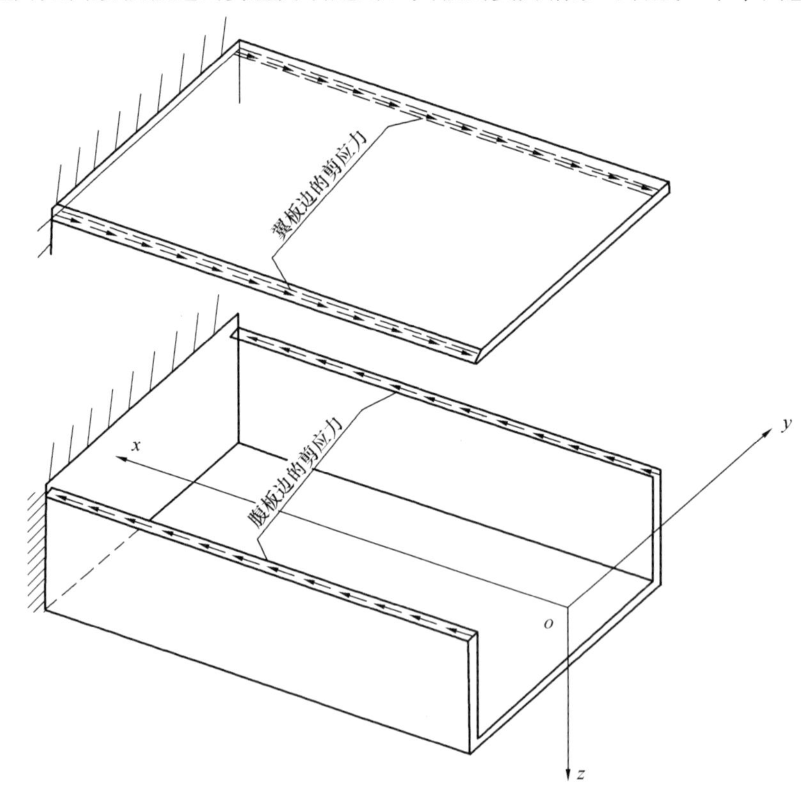

图 12-10

设翼板 y 方向上的位移忽略不计，即 $v=0$，则 $\varepsilon_y=0$，翼板内不为零的应变为 ε_x 与 γ_{xy}，那么上下翼板的应变能之和可以写为：

$$\begin{aligned}\Pi_{2-2}&\approx 2\times\iint\limits_D\left(\frac{1}{2}\sigma_x\varepsilon_x+\frac{1}{2}\tau_{xy}\gamma_{xy}\right)t\,\mathrm{d}x\mathrm{d}y=\iint\limits_D(E\varepsilon_x^2+G\gamma_{xy}^2)t\,\mathrm{d}x\mathrm{d}y\\&=\iint\limits_D\left[E\left(\frac{\partial u}{\partial x}\right)^2+G\left(\frac{\partial u}{\partial y}\right)^2\right]t\,\mathrm{d}x\mathrm{d}y\end{aligned}\tag{12-38}$$

其中翼板内水平位移 u 包括两部分，如图 12-9（b）所示，一部分为随腹板刚性转动的位移 $\frac{h}{2}w'$（材料力学解答）；另一部分是由于板边剪应力的拖拽而产生的位移，这部分位移分布是未知的，可假设这个位移按抛物线分布（有些学者将这个位移假设为三次或四次曲线分布），设抛物线的顶点值为 $U(x)$，于是翼板内水平位移 u 可以表示为：

$$u(x,y)=\begin{cases}\left[\dfrac{h}{2}w'(x)+(1-\dfrac{y^2}{B^2})U(x)\right] & （上翼板）\\-\left[\dfrac{h}{2}w'(x)+\left(1-\dfrac{y^2}{B^2}\right)U(x)\right] & （下翼板）\end{cases}\tag{12-39}$$

注意到上下翼板内的位移方向相反，于是，翼板内不为零的应变 ε_x、γ_{xy} 为：

$$\varepsilon_x=\frac{\partial u}{\partial x}=\begin{cases}\left[\dfrac{h}{2}w''(x)+(1-\dfrac{y^2}{B^2})U'(x)\right] & （上翼板）\\-\left[\dfrac{h}{2}w''(x)+(1-\dfrac{y^2}{B^2})U'(x)\right] & （下翼板）\end{cases},$$

$$\gamma_{xy}=\frac{\partial u}{\partial y}=\begin{cases}-\dfrac{2y}{B^2}U(x) & （上翼板）\\\dfrac{2y}{B^2}U(x) & （下翼板）\end{cases}\tag{12-40}$$

将式（12-40）代入式（12-38），上下翼板的应变能之和整理后为：

$$\begin{aligned}\Pi_{2-2}&=\int_0^L\int_{-B}^{B}\left\{E\left[\frac{h}{2}w''(x)+(1-\frac{y^2}{B^2})U'(x)\right]^2+G\left[\frac{2y}{B^2}U(x)\right]^2\right\}t\,\mathrm{d}y\mathrm{d}x\\&=\int_0^L EBt\left\{\frac{h^2}{2}\left[w''(x)\right]^2+\frac{4}{3}hw''(x)U'(x)+\frac{16}{15}\left[U'(x)\right]^2\right\}\mathrm{d}x+\int_0^L\frac{8t}{3B}GU^2(x)\mathrm{d}x\end{aligned}\tag{12-41}$$

所以系统总势能为：

$$\begin{aligned}\Pi=\Pi_1+\Pi_{2-1}+\Pi_{2-2}&=-\int_0^L w''(x)M(x)\mathrm{d}x+\frac{1}{2}\int_0^L EI_{\mathrm{w}}\left[w''(x)\right]^2\mathrm{d}x\\&+\int_0^L EBt\left\{\frac{h^2}{2}\left[w''(x)\right]^2+\frac{4}{3}hw''(x)U'(x)+\frac{16}{15}\left[U'(x)\right]^2\right\}\mathrm{d}x\\&+\int_0^L\frac{8t}{3B}GU^2(x)\mathrm{d}x\end{aligned}\tag{12-42}$$

根据最小势能原理 $\delta\Pi=0$ ，得：

$$\delta\Pi=\int_0^L\left[-M+E(I_{\mathrm{w}}+Bth^2)w''+\frac{4}{3}EBthU'\right]\delta w''\mathrm{d}x+EBt\left(\frac{4}{3}hw''+\frac{32}{15}U'\right)\delta U\Big|_0^L$$
$$+\int_0^L\left(\frac{16tG}{3B}U-\frac{4}{3}EBthw'''-\frac{32}{15}EBtU''\right)\delta U\mathrm{d}x \tag{12-43}$$

由于 $\delta w''$ ，δU 的任意性以及边界条件 $\delta U|_{x=L}=0$（固支端 $u=0$ ）且 $\delta U|_{x=0}\neq 0$ ，所以有：

$$-M+E(I_{\mathrm{w}}+Bth^2)w''+\frac{4}{3}EBthU'=0 \tag{12-44}$$

$$\frac{16tG}{3B}U-\frac{4}{3}EBthw'''-\frac{32}{15}EBtU''=0 \tag{12-45}$$

$$\frac{4}{3}hw''+\frac{32}{15}U'\Big|_{x=0}=0 \tag{12-46}$$

将式（12-45）对 x 求一次导数，得到的方程为：

$$\frac{4tG}{B}U'-EBthw^{(\mathrm{IV})}-\frac{8}{5}EBtU'''=0 \tag{12-47}$$

由式（12-44）可以分别得到 U' 与 U''' 的表达式，然后将其代入式（12-47）得：

$$w''-\frac{M}{EI}-B^2\frac{E}{G}\left[\frac{2}{5}\left(w''+\frac{M}{EI}\right)''-\frac{1}{3}\cdot\frac{I_{\mathrm{s}}}{I}w^{(\mathrm{IV})}\right]=0 \tag{12-48}$$

式中：

$$\left.\begin{aligned}I_{\mathrm{s}}&=Bh^2t\\ I&=I_{\mathrm{s}}+I_{\mathrm{w}}\end{aligned}\right\} \tag{12-49}$$

式中：I_{s} 为上下翼板对中性轴的惯性矩，I 为整个箱形截面对中性轴的惯性矩。当翼板的剪切变形忽略不计时，即假定 $G\to\infty$ 时，方程（12-48）变为：

$$w''-\frac{M}{EI}=0 \tag{12-50}$$

上式即为箱形梁弯曲的材料力学方程，而方程（12-48）中的第三项是考虑了翼板剪切变形后的修正项。

将方程式（12-44）对 x 求一次导数后，可以得到 w''' 的表达式，然后将其代入方程（12-45）可得到关于 U 的微分方程为：

$$\left(\frac{U''}{h}\right)-k^2\left(\frac{U}{h}\right)=-\frac{5nM'}{8EI} \tag{12-51}$$

式中：

$$\left.\begin{aligned} n &= \frac{1}{1-\dfrac{5}{6}\cdot\dfrac{I_s}{I}} \\ k^2 &= \frac{5n}{2}\cdot\frac{1}{B^2}\cdot\frac{G}{E} \end{aligned}\right\} \tag{12-52}$$

箱梁截面内的弯矩为：

$$M(x)=\frac{1}{2}qx^2 \tag{12-53}$$

将式（12-53）代入式（12-51），解微分方程得：

$$\frac{U}{h}=C_1\cosh kx+C_2\sinh kx+\frac{5nq}{8k^2EI}x \tag{12-54}$$

已知一个定解条件（固支端边界条件）为：

$$U\big|_{x=L}=0 \tag{12-55}$$

又利用式（12-44），约束边界条件式（12-46）可以变为：

$$\left[\frac{M}{EI}+\left(\frac{8}{5}-\frac{4}{3}\frac{I_s}{I}\right)\frac{U'}{h}\right]\bigg|_{x=0}=0 \tag{12-56}$$

因为 $M\big|_{x=0}=0$，由上式可得到另外一个定解条件为：

$$U'\big|_{x=0}=0 \tag{12-57}$$

由定解条件式（12-55）、式（12-57），解得：$C_1=\dfrac{5nq}{8k^3EI}\left(\tanh kL-\dfrac{kL}{\cosh kL}\right)$，$C_2=-\dfrac{5nq}{8k^3EI}$，所以微分方程（12-51）的解为：

$$\frac{U}{h}=\frac{5nq}{8k^3EI}\left[\left(\tanh kL-\frac{kL}{\cosh kL}\right)\cosh kx+kx-\sinh kx\right] \tag{12-58}$$

根据式（12-44），悬臂箱梁挠度 w 满足的方程为：

$$w''=\frac{M}{EI}-\frac{4}{3}\frac{I_s}{I}\left(\frac{U'}{h}\right)=\frac{M}{EI}-\frac{5}{6}\cdot\frac{nq}{k^2EI}\left(\frac{I_s}{I}\right)\left[1-\cosh kx+\left(\tanh kL-\frac{kL}{\cosh kL}\right)\sinh kx\right] \tag{12-59}$$

所以翼板内的正应力分布为：

$$\sigma_{fx}=E\varepsilon_x=\begin{cases} E\left[\dfrac{h}{2}w''(x)+\left(1-\dfrac{y^2}{B^2}\right)U'(x)\right] \\ -E\left[\dfrac{h}{2}w''(x)+\left(1-\dfrac{y^2}{B^2}\right)U'(x)\right] \end{cases}$$

$$=\begin{cases}\dfrac{M(x)}{I}\cdot\left(\dfrac{h}{2}\right)+\dfrac{5nqh}{8k^2I}\left(1-\dfrac{2}{3}\dfrac{I_s}{I}-\dfrac{y^2}{B^2}\right)\left[1+\left(\tanh kL-\dfrac{kL}{\cosh kL}\right)\sinh kx-\cosh kx\right]\\ \text{(上翼板)}\\ -\dfrac{M(x)}{I}\cdot\left(\dfrac{h}{2}\right)-\dfrac{5nqh}{8k^2I}\left(1-\dfrac{2}{3}\dfrac{I_s}{I}-\dfrac{y^2}{B^2}\right)\left[1+\left(\tanh kL-\dfrac{kL}{\cosh kL}\right)\sinh kx-\cosh kx\right]\\ \text{(下翼板)}\end{cases}\tag{12-60}$$

从式（12-60）可以看出，正应力的第一项为材料力学解答，第二项是考虑了剪力（滞）效应的修正项，以上翼板为例，由材料力学得出的翼板内受拉的正应力是均匀分布的（如图 12-11 虚线所示）。但是翼板中受拉的正应力实际上是由腹板边的剪应力引起的，这个剪应力向板内传递过程中呈现了“拖拽滞后”（或剪力滞后，Shear Lag）的现象。根据式（12-60）的分析结果，在靠近固支端的截面上，翼板宽度范围内的拉应力分布并不均匀，而是两边的应力较大，中间的应力较小（如图 12-11 所示），实际最大拉应力大于材料力学所预测的均匀拉应力，这种现象称为“剪力滞效应”（正剪力滞效应）。而离固支端较远的截面上，上翼板宽度范围内的拉应力分布与上述的情况相反，即两边的拉应力较小，中间的拉应力较大，这种现象称之为“负剪力滞效应”（见文献［15］)。正负剪力滞区域之间存在一个过渡点，过渡位置处的实际应力分布与材料力学应力分布相同（如图 12-11 所示）。

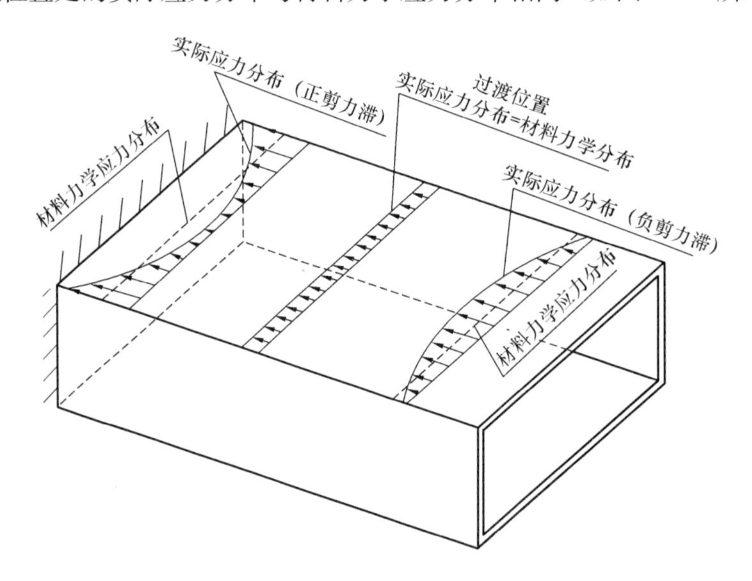

图 12-11 箱形梁的剪力滞效应

如图 12-12 所示，当箱形梁的翼板较宽时，在靠近固支端的截面上，上翼板中间的正应力很小（或甚至为零），这时真正参与工作的翼板宽度小于实际的翼板宽度，工程中采用一个所谓的“有效宽度”来表示实际参与工作的翼板宽度，有效宽度 W_{eff} 定义为：

$$W_{\text{eff}}=\frac{\int_{-B}^{B}\sigma_{\text{fx}}\,\mathrm{d}y}{\sigma_{\text{fmax}}}\tag{12-61}$$

式中：σ_{fmax} 为梁腹与翼板交界处的最大正应力，上式将翼板上的应力图形按静力等效的原则，按最大应力 σ_{fmax} 折算为一个宽度为 W_{eff} 的矩形应力图形来替代实际的应力图形。根据式（12-61）求得固支端（$x=L$）截面上的有效宽度为：

$$W_{\mathrm{eff}}\big|_{x=L}=\xi\cdot(2B) \tag{12-62}$$

式中：

$$\xi=\frac{1+\dfrac{5}{3}\cdot\dfrac{n}{(kL)^2}\cdot\left(1-\dfrac{I_{\mathrm{s}}}{I}\right)\cdot\left[1+\left(\tanh kL-\dfrac{kL}{\cosh kL}\right)\sinh kL-\cosh kL\right]}{1-\dfrac{5}{3}\cdot\dfrac{n}{(kL)^2}\cdot\left(\dfrac{I_{\mathrm{s}}}{I}\right)\cdot\left[1+\left(\tanh kl-\dfrac{kL}{\cosh kL}\right)\sinh kL-\cosh kL\right]} \tag{12-63}$$

这里 ξ 为有效宽度系数。对于受压的混凝土翼板，若需要在受压区配置钢筋，则主要钢筋应配置在翼板有效宽度以内，这样才能使钢筋有效地分担混凝土的压应力。若混凝土翼板位于受拉区，则主要受拉钢筋也应配置在翼板的有效宽度以内，这样才能使钢筋有效地承担拉应力。实际工程中，如果简单地按材料力学的方法来计算翼板，会误认为整个翼板参与工作，这样计算得到的翼板厚度不足以承担实际的荷载，结构会偏于不安全。

本节所讨论的剪力滞问题在薄壁结构中普遍存在，剪力滞容易在局部产生应力集中，可能造成结构的局部失稳、屈服或开裂，在桥梁工程中，剪力滞问题有专题讨论，有兴趣的读者可参看相关的桥梁结构理论文献（如文献［15］）。在建筑工程中，宽翼肋形楼盖梁的有效翼缘宽度（T 形截面翼缘宽度）正是基于剪力滞效应来确定的。关于考虑剪力滞效应的框架 T 形梁负弯矩区纤维布加固问题可参见文献［19］。

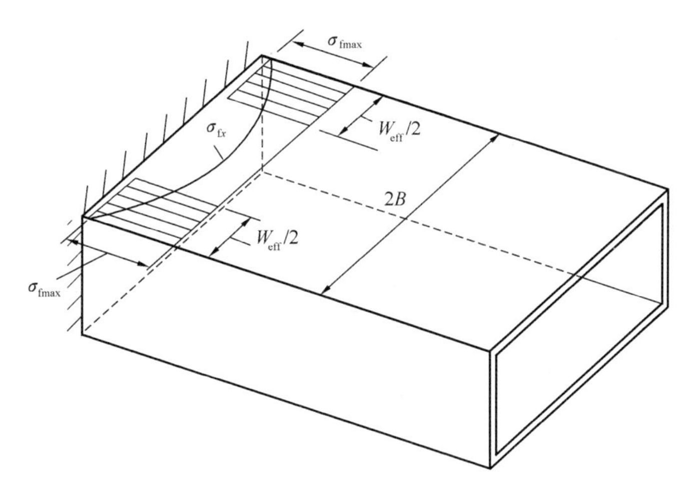

图 12-12　翼板有效宽度 W_{eff}

习　　题

12.1　给定应变场：

$$[\varepsilon]=\begin{bmatrix} x^2+2yx & 8zx & z^3-6xy \\ 8zx & 5y+zy & x^2+2z^3 \\ z^3-6xy & x^2+2z^3 & -x-yz \end{bmatrix}$$

求应变能密度场。

12.2　如图12-13所示为一端固定、一端弹性支承的梁，跨度为L，抗弯刚度EI为常量，弹簧刚度为k，承受分布荷载$q(x)$作用，试用位移变分方程（或最小势能原理）导出以梁挠度表示的平衡微分方程和静力边界条件。

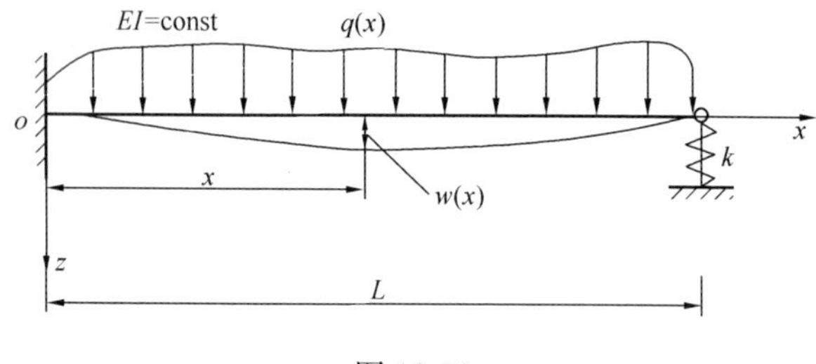

图 12-13

12.3　同习题12.2，梁端受集中荷载F作用（图12-14）。试用Rayleigh-Ritz法求解梁的挠度。梁的挠度函数可选为：$w(x)=B_1\left(1-\cos\frac{\pi x}{2L}\right)$，其中$B_1$为待定系数。

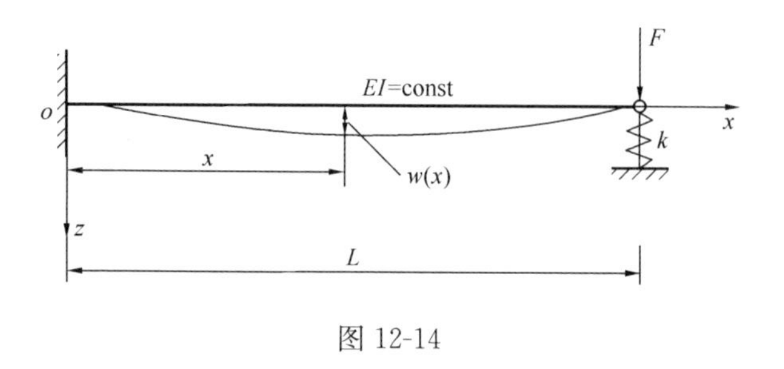

图 12-14

12.4　正方形薄板三边固定，另一边承受法向压力$p=-p_0\sin\frac{\pi x}{b}$的作用，如图12-15所示，设位移函数为：$u=0$，$v=A\sin\frac{\pi x}{b}\sin\frac{\pi y}{2b}$，$A$为待定系数，试用Rayleigh-Ritz法求位移近似解（泊松比$\nu=0$）。

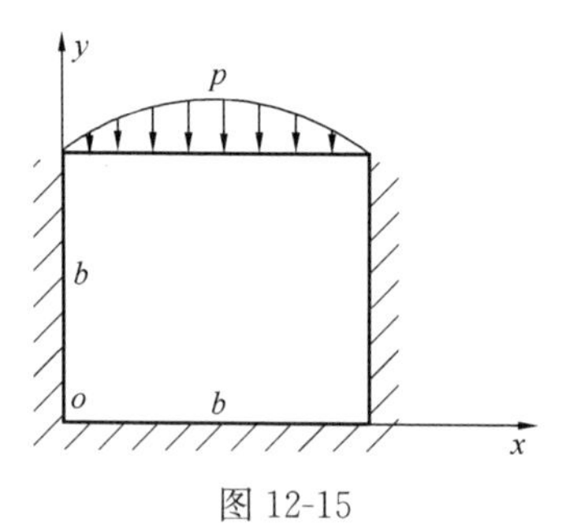

图 12-15

12.5* 如图 12-16 所示的悬臂箱梁，若已知：$t=0.2$m，$b=0.2$m，$h=2.0$m，$B=3.0$m，$L=10.0$m，$q=50.0$kN/m，泊松比 $\nu=0.3$，试分析 $x=10.0$m，5.0m，3.0m 截面上翼板的正应力分布及水平位移分布，并与材料力学的结果进行比较，试分析给出正负剪力滞的过渡点位置，计算出 $x=10.0$m 截面上翼板的有效宽度。

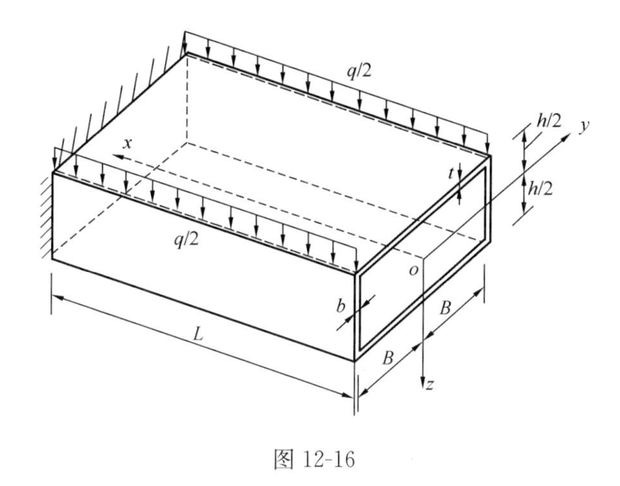

图 12-16

12.6* 应用最小势能原理求解 T 形宽翼简支梁（如宽翼肋形楼盖梁）在均布荷载作用下的有效翼缘宽度。

第二篇

塑　性　力　学

第13章　塑性力学绪论

13.1　概　　述

本书第二篇塑性力学是相对前面第一篇弹性力学而言的，弹性物体在外荷载去掉以后将恢复原状，但当外荷载超出一定限度后，在去掉外荷载后，物体的变形将不能完全恢复，这种保留下来的永久变形称为塑性变形，因此塑性与弹性的主要区别在于变形是否恢复。

土木工程中常见的有两类材料，一类为塑性材料（例如：钢筋、型钢等），这类材料能够经受很大的变形才破坏，具有很好的延性或韧性，金属材料的塑性破坏过程一般认为是材料内部的晶体滑移或错位造成的，因此塑性变形与剪切变形有密切关系，已有的试验表明，金属塑性变形不引起材料体积的改变，而且拉伸与压缩的塑性特征几乎一致，对于不同的金属材料，其塑性特征基本相同；另一类为脆性材料（例如：混凝土、石材、铸铁等），这类材料在破坏前产生的变形很小，其塑性变形能力差，在破坏前没有明显的预兆，破坏具有突然性。塑性材料与脆性材料的屈服特性具有比较大的差别。

塑性力学是固体力学的一个分支学科，其研究问题的方法与弹性力学相同，弹性力学中的连续性假设、均匀性与各向同性假设以及小变形假设也同样适用于塑性力学。在弹性力学中，我们知道弹性体的平衡方程与几何方程都和材料的性质无关，因此弹性力学的平衡方程与几何方程也适用于塑性力学，弹性与塑性的主要差别在于材料应力与应变之间的物理关系（也称为本构关系），因此材料的本构关系是塑性力学的一个重点研究内容。对于实际的土木工程结构，在外荷载作用下，即使结构材料处于塑性状态，这时结构仍然具有承载能力，在某些极端的荷载情况下（例如：罕遇的强烈地震、核爆炸等），结构肯定处于塑性状态，如果要求结构在极端情况下不坍塌（仍具有承载能力），结构工程师需要了解结构在塑性状态下的极限承载能力，因此结构的塑性极限分析也是塑性力学的另外一个重要研究内容。

13.2　单轴拉伸时的塑性现象

图13-1显示了一个典型金属试件在常温、静载下的单轴拉伸应力-应变（σ-ε）曲线，由图可以得到材料的下列力学特征：

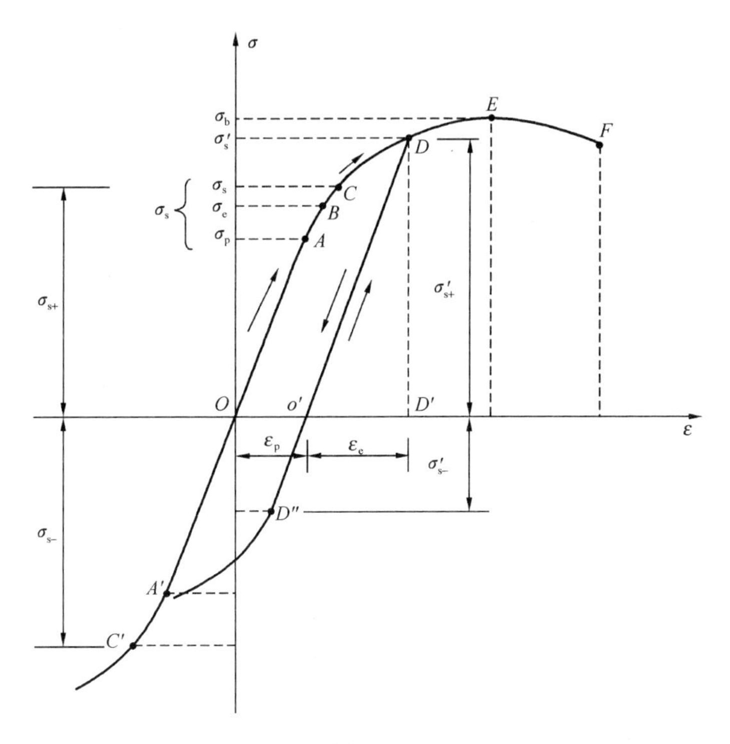

图 13-1

(1) 随着荷载（应力）的增加，应变也增加，在直线 OA 段，应力 σ 与应变 ε 成比例关系，即有：$\sigma = E\varepsilon$，这里弹性模量 E 表示了直线 OA 的斜率。超过 A 点以后，应力 σ 与应变 ε 不再保持比例关系，所以 A 点对应的应力称之为比例极限 σ_p。

(2) 当荷载继续增加，应力与应变为曲线关系，在荷载未超过 B 点时，材料仍保持弹性，即变形是可恢复的，超过 B 点以后，材料将产生残余应变，因此将 B 点对应的应力称为弹性极限 σ_e。

(3) 荷载继续增加，应力与应变仍为曲线关系，超过 C 点以后，在几乎不增加荷载的情况下，变形会迅速增加，这时若去掉外荷载，会产生显著的残余变形，将 C 点对应的应力称为屈服极限 σ_s。由于 A、B、C 三点很接近，为简单计，我们一般可将这三个点合成一个点，用屈服极限 σ_s 来表示（如图示 $\sigma_s = \sigma_{s+}$）。对于各向同性的材料，在反向单轴压缩应力-应变（σ-ε）曲线也具有以上相同的力学性质，对应的压缩屈服极限为 $-\sigma_s$（$\sigma_{s+} = \sigma_{s-}$）。这样，我们可以认为材料在达到屈服极限以前是弹性的，应力应变成正比，服从 Hooke 定律，曲线上 $\sigma = \pm\sigma_s$ 对应的点为初始屈服点，材料由初始弹性阶段进入塑性的过程称为初始屈服。

(4) 材料在屈服以后，材料内部结构因为晶体排列位置改变，材料获得了继续抵抗外荷载的能力，在继续加载后，曲线继续上升，表明材料在屈服后，必须继续增大应力才能使它产生新的塑性变形，这个过程称为加工硬化过程，当曲线到达最高点 E 时，应力达到最大值，E 点对应的应力称为强度极限 σ_b，超过 E 点以后，变形迅速增大，应力开始下降，试件中间的截面减小，出现颈缩现象，直至 F 点发生断裂，这种应力降低，应变增加的现象称为应变软化。

（5）如果在屈服点 C 与最高点 E 之间的某点 D 处卸载，则应力-应变（σ-ε）曲线将沿着与 OA 平行的方向下降，应力-应变增量式 $\Delta\sigma = E \cdot \Delta\varepsilon$ 满足 Hooke 定理。在全部卸除荷载以后，产生残余应变 $Oo' = \varepsilon_p$，因此 D 点对应的应变为 $OD' = \varepsilon_p + \varepsilon_e$，其中 ε_e 为可恢复的弹性应变，ε_p 为不可恢复的塑性应变；若在 o' 点重新加载，则曲线沿着 $o'D$ 直线上升至 D 点，再次进入屈服状态，这种屈服称为后继屈服，对应的屈服应力（对应于 D 点的应力）σ'_s 称为后继屈服应力（极限）。由于硬化的作用，材料的后继屈服极限大于初始屈服极限，即 $\sigma'_s > \sigma_s$，显然 σ'_s 与加载的历史有关。实际工程中，可通过冷拉钢筋（或钢丝）的方法来提高其屈服强度，以达到节省钢材的目的，但冷拉后的钢筋或钢丝，其韧性会降低。

（6）若完全卸载后，在 o' 点反向（压缩）加载，则曲线沿着 Do' 直线延长线下降至 D'' 点后开始屈服，D'' 点对应的应力为（压缩）屈服极限，若压缩屈服极限 σ'_{s-} 小于其拉伸后的屈服限 σ'_{s+}，即 $|\sigma'_{s+}| > |\sigma'_{s-}|$，这种在一个方向上的材料硬化引起其相反方向的软化现象称为 Bauschinger（包辛格）效应。这表明，即使是初始各向同性的材料，在出现塑性变形后，材料就变为各向异性了。

对于软钢材料，其单轴拉伸应力-应变曲线在其屈服极限处有一个明显的平台（图 13-2），从试验结果中很容易得到其屈服极限 σ_s；对于硬钢材料，其单轴拉伸应力-应变曲线无明显的屈服平台（图 13-3），从试验结果中难以判断其屈服极限 σ_s，工程中可取残余应变为 0.2%所对应的应力 $\sigma_s = \sigma_{0.2}$ 为协定的屈服极限。

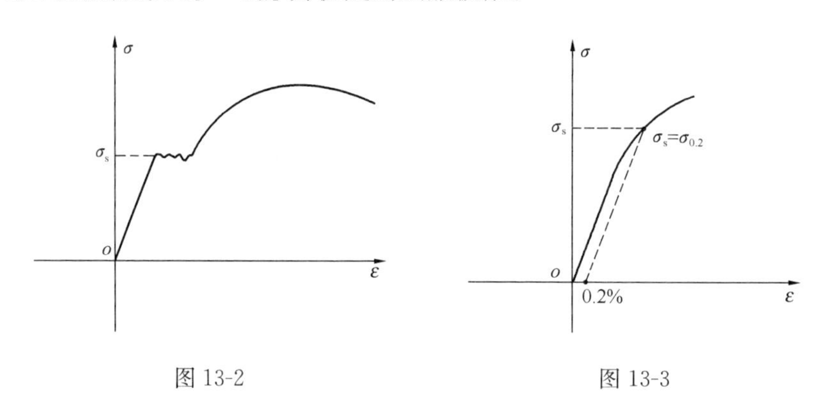

图 13-2　　图 13-3

从以上的单轴拉伸（压缩）试验现象，可以将塑性变形本构关系特点归纳如下：

（1）屈服条件：

$|\sigma| = \sigma_s$：初始屈服条件

$|\sigma| = \sigma'_s$：后继屈服条件

（2）σ-ε 具有多值关系，与加载和卸载路径有关，可表达如下：

弹性阶段：　$\varepsilon = \sigma/E$，$|\sigma| < \sigma_s$ 时

弹塑性阶段：　$|\sigma| \geqslant \sigma_s$ 时

加载（$\sigma d\sigma>0$）：$\varepsilon=\varepsilon_e+\varepsilon_p=\dfrac{\sigma}{E}+f_p(\sigma)$［$f_p(\sigma)$为非线性函数］

卸载（$\sigma d\sigma<0$）：$\Delta\varepsilon=\dfrac{\Delta\sigma}{E}$（线弹性）

13.3 单轴拉伸时理想化的本构关系

在实际工程应用时，常常可将材料的本构关系加以理想化，图13-4给出了几种常用的简化本构模型。

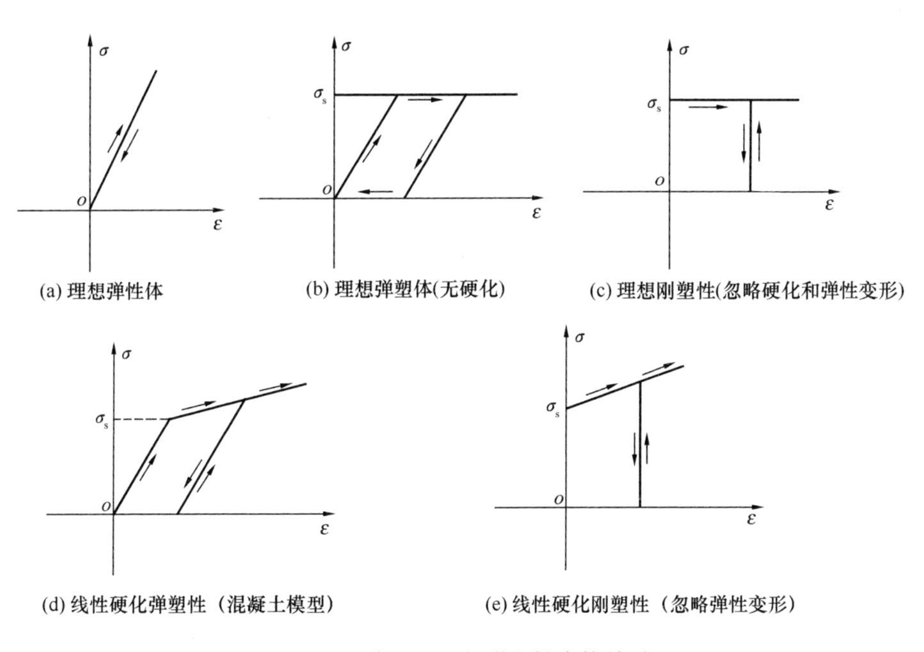

图13-4 常用的理想弹塑性本构关系

习 题

13.1 弹性与塑性的主要区别是什么？

13.2 什么是材料的Bauschinger效应？

13.3 常用的塑性简化模型有哪些？

第 14 章　屈服条件（准则）

物体受到荷载以后，最初发生弹性变形，随着荷载增加，物体内部应力较大的部位开始出现塑性变形，这种由弹性状态进入塑性状态称之为初始屈服。显然物体内某一点的初始屈服与其应力状态有关，那么应力达到什么状态时物体开始屈服呢？以下本章就要回答这个问题，找出物体出现塑性变形时，应力应该满足的条件，这个条件称为初始屈服条件，简称为屈服条件，或屈服函数。

本章将采用张量符号描述应力、应变状态，在阅读本章以前，建议先阅读本书附录 1（张量简介）。

14.1　塑性材料的初始屈服函数、屈服面

物体受到单向拉压时，对于有明显屈服点的情况（图 14-1），应力-应变曲线具有明显的弹塑性界限 $\pm\sigma_s$；对于无明显屈服平台的材料（硬钢），可采用协定的屈服极限来确定其屈服极限 $\pm\sigma_s$，因此单向拉压时，屈服条件为：$|\sigma|=|\sigma_s|$，当应力绝对值小于 σ_s 时，材料处于弹性状态；当应力绝对值大于 σ_s 时，材料处于塑性状态；当应力绝对值等于 σ_s 时，材料正好处于屈服临界状态。

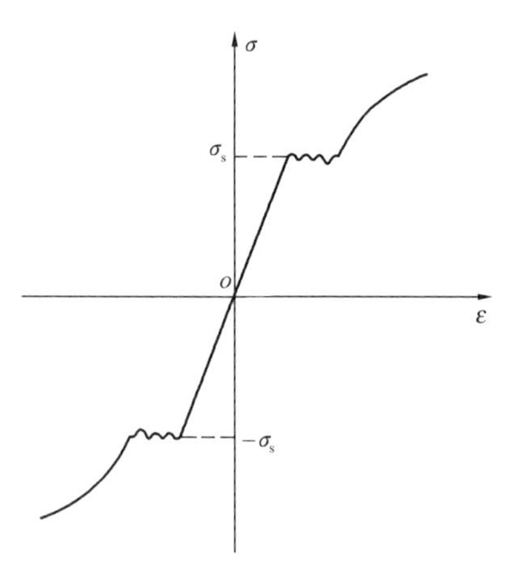

图 14-1　应力-应变曲线具有明显的弹塑性界限 $|\sigma_s|$

对于一般的工程结构而言，结构上的每一点常常处于复杂的应力状态，难以找到图 14-1 中的弹塑性界限。屈服条件与应力状态有关，即屈服条件可表示为应力的函数。

14.1.1　屈服函数（屈服条件）的几种表示方法

一般复杂的应力状态下，屈服条件可表示为应力的函数形式：

$$f(\sigma_{ij})=0 \tag{14-1}$$

这里：σ_{ij} 为应力张量。当把应力坐标转换到主应力坐标下时，所观察到的主应力为（σ_1，σ_2，σ_3），根据张量方程的不变性，方程（14-1）变为：

$$f(\sigma_1, \sigma_2, \sigma_3) = 0 \tag{14-2}$$

注意到：经过以上坐标变换，在主应力空间下，应力得到了简化，应力由二阶张量（矩阵）变为一阶张量（向量）。

试验证实：对于塑性材料（如：金属），屈服只与应力偏张量 S_{ij}（剪应力）有关，应力球张量对屈服几乎没有影响，因此屈服条件式（14-1）又可表达为应力偏张量 S_{ij} 的函数：

$$f(S_{ij}) = 0 \tag{14-3}$$

也可以认为塑性材料的屈服与应力偏张量 S_{ij} 的不变量 I'_1, I'_2, I'_3 有关，其中 $I'_1 = 0$，所以屈服条件也可表达为不变量 I'_2, I'_3 的函数：

$$f(I'_2, I'_3) = 0 \tag{14-4}$$

14.1.2　主应力空间下的屈服条件（屈服曲面）

如图14-2所示，在主应力空间下，屈服条件 $f(\sigma_1, \sigma_2, \sigma_3) = 0$ 表示了空间的一个屈服曲面，在这个面上的任一屈服应力向量（σ_1，σ_2，σ_3）可以表示为：

$$\overrightarrow{OP} = \sigma_1 \vec{e}_1 + \sigma_2 \vec{e}_2 + \sigma_3 \vec{e}_3 \tag{14-5}$$

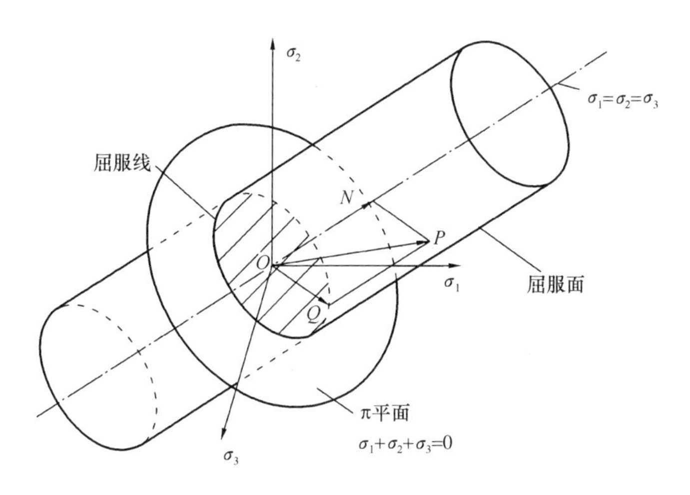

图14-2　主应力空间下的屈服曲面

这里：$\vec{e}_1$，$\vec{e}_2$，$\vec{e}_3$ 表示三个坐标单位矢量（$\vec{e}_1 = \vec{i}$，$\vec{e}_2 = \vec{j}$，$\vec{e}_3 = \vec{k}$），在主应力空间下，过原点（0，0，0）作与三个坐标轴正向等倾角的一条直线 $\sigma_1 = \sigma_2 = \sigma_3$，再作一个过原点（0，0，0）且垂直于直线 $\sigma_1 = \sigma_2 = \sigma_3$ 的平面，根据平面的点发式方程（见附录9），可以得到这个平面方程为：

$$\sigma_1 + \sigma_2 + \sigma_3 = 0 \tag{14-6}$$

上式的平面称为 π 平面。将屈服应力向量 $\overrightarrow{OP}$ 分别在直线 $\sigma_1 = \sigma_2 = \sigma_3$ 及 π 平面上投

影分解（图 14-2）得：$\overrightarrow{OP}=\overrightarrow{ON}+\overrightarrow{OQ}$。

根据第 6.5 节可知，任意一个应力张量（矩阵）可以分解为一个应力球张量和应力偏张量之和：

$$\begin{aligned}\overrightarrow{OP}&=\sigma_1\vec{e}_1+\sigma_2\vec{e}_2+\sigma_3\vec{e}_3=(\sigma_m+S_1)\vec{e}_1+(\sigma_m+S_2)\vec{e}_2+(\sigma_m+S_3)\vec{e}_3\\&=(\sigma_m\vec{e}_1+\sigma_m\vec{e}_2+\sigma_m\vec{e}_3)+(S_1\vec{e}_1+S_2\vec{e}_2+S_3\vec{e}_3)=\overrightarrow{ON}+\overrightarrow{OQ}\end{aligned}\tag{14-7}$$

由于直线 $\sigma_1=\sigma_2=\sigma_3(=\sigma_m)$ 表示了均匀受拉（或受压）的应力状态，所以式（14-7）中 $\overrightarrow{ON}$ 向量表示应力球张量，而 $\overrightarrow{OQ}$ 表示应力偏张量，它限制在 π 平面上取值，满足方程 $\sigma_1+\sigma_2+\sigma_3=0$。在主应力空间下，应力矩阵转变为应力向量，于是在主应力坐标下，式（14-7）可以由文字表述为：

任一屈服应力向量＝应力球向量 ＋（屈服）应力偏向量

试验表明：塑性（金属）材料的屈服只与（屈服）应力偏向量有关，即只与 $\overrightarrow{OQ}$ 有关，当屈服应力向量 $\overrightarrow{OP}$ 在屈服面上变动时，对应的应力偏向量 $\overrightarrow{OQ}$ 端头在 π 平面上扫出一条封闭的曲线，我们把这条曲线称为屈服曲线。

试验还表明，塑性（金属）材料的屈服几乎与应力球向量无关，即：$\overrightarrow{ON}$ 长度的增加或减少，并不影响材料的屈服状态（条件），这表明 $\overrightarrow{OP}$ 在 π 平面上的投影 $\overrightarrow{OQ}$ 保持不变，由此可以推断：屈服面是一个以 $\sigma_1=\sigma_2=\sigma_3$ 为轴线的柱面，而屈服曲线正是屈服柱面与 π 平面的相交线，即：将屈服曲线沿着 $\sigma_1=\sigma_2=\sigma_3$ 轴线方向移动可扫出一个屈服柱面。因此，要研究这个屈服柱面的性质，只需要研究屈服曲线的性质即可。

屈服曲线的性质（以下在 π 平面上讨论）可归纳如下：

（1）屈服曲线是一条封闭曲线，原点被包围在内。

（2）初始屈服只有一次（单值性），屈服曲线是外凸的。

（3）屈服曲线的双重对称性：塑性材料的屈服只与应力偏张量的不变量有关，根据式（14-4），π 平面上的屈服曲线方程可以表达为：

$$f_\pi(I'_2,I'_3)=0\tag{14-8}$$

其中（根据第 6.5 节）：

$$\left.\begin{aligned}I'_2&=\frac{1}{6}[(\sigma_1-\sigma_2)^2+(\sigma_2-\sigma_3)^2+(\sigma_1-\sigma_3)^2]\\I'_3&=(\sigma_1-\sigma_m)(\sigma_2-\sigma_m)(\sigma_3-\sigma_m)\end{aligned}\right\}\tag{14-9}$$

由上式可以看出：I'_2, I'_3 对 $\sigma_1,\sigma_2,\sigma_3$ 具有可交换性，即交换 σ_1，σ_2，σ_3 的位置，不改变 I'_2，I'_3 的值，即不改变屈服曲线方程，因此屈服曲线在 π 平面上关于 σ_1，σ_2，σ_3 三个轴对称（图 14-3）。

若塑性材料首次屈服时无 Bauschinger 效应，即应力的正与负是对称的，在 π 平面上，若点（$-S_1$，$-S_2$，$-S_3$）在屈服曲线上，则点（S_1，S_2，S_3）也一定在屈服曲线上，应力偏张量符号改变时，屈服条件不变，即屈服曲线是关于原点对称的，曲线同时又关于 σ_1，σ_2，σ_3 三轴对称，与三轴线 σ_1，σ_2，σ_3 垂直的轴线分别为 1-1，2-2，3-3，由于上述的双重对称性，屈服曲线必然关于 1-1，2-2，3-3 轴对称。

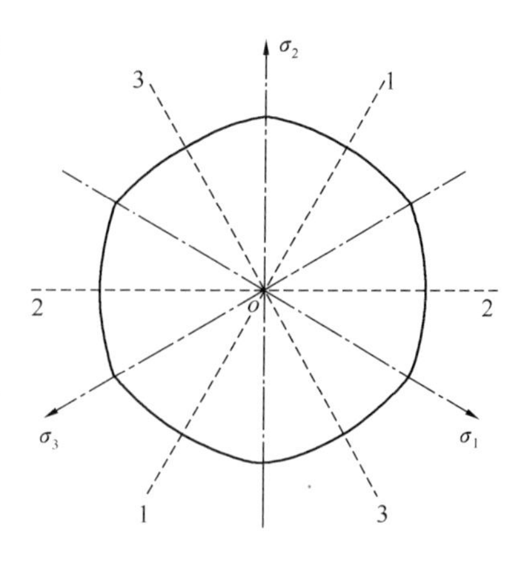

图 14-3　π 平面上的屈服曲线

根据以上分析，屈服曲线共有 6 个对称轴，将曲线等分为 12 部分（30°角），只需由试验确定一个等份的曲线即可知晓整个屈服曲线，进而可以知晓整个屈服面。

当主应力坐标落在屈服面以内时，材料处于弹性状态；当主应力坐标落在屈服面以外时，材料处于塑性状态；当主应力坐标落在屈服面上时，材料正好处于屈服临界状态。

14.1.3　主应力空间坐标与 π 平面坐标的变换关系、应力 Lode 参数

在主应力空间，任一应力向量可以表示为：$\overrightarrow{OP}=\sigma_1\vec{e}_1+\sigma_2\vec{e}_2+\sigma_3\vec{e}_3$，其坐标为（$\sigma_1$，$\sigma_2$，$\sigma_3$），根据附录 10（空间线面夹角公式），可以得到 $\overrightarrow{o\sigma_1}$ 向量（或直线 $o\sigma_1$）与 π 平面夹角（图 14-4）的正弦为：$\sin\theta=1/\sqrt{3}$，于是：$\cos\theta=\sqrt{2/3}$，所以 $\overrightarrow{o\sigma_1}$ 向量在 π 平面上的投影为：$\sigma_1\cos\theta=\sqrt{2/3}\sigma_1$，同理，$\overrightarrow{o\sigma_2}$ 及 $\overrightarrow{o\sigma_3}$ 在 π 平面上的投影分别为：$\sqrt{2/3}\sigma_2$ 及 $\sqrt{2/3}\sigma_3$（图 14-5），再将 $\sqrt{2/3}\sigma_1$，$\sqrt{2/3}\sigma_2$ 及 $\sqrt{2/3}\sigma_3$ 分别投影到 π 平面的 x，y 轴上得：

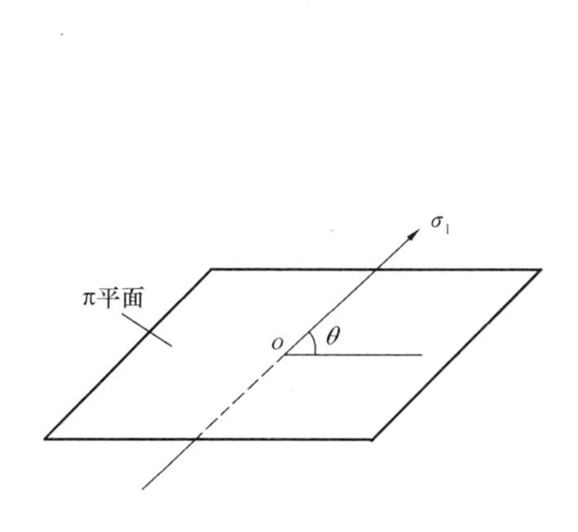

图 14-4　直线 $o\sigma_1$ 与 π 平面夹角

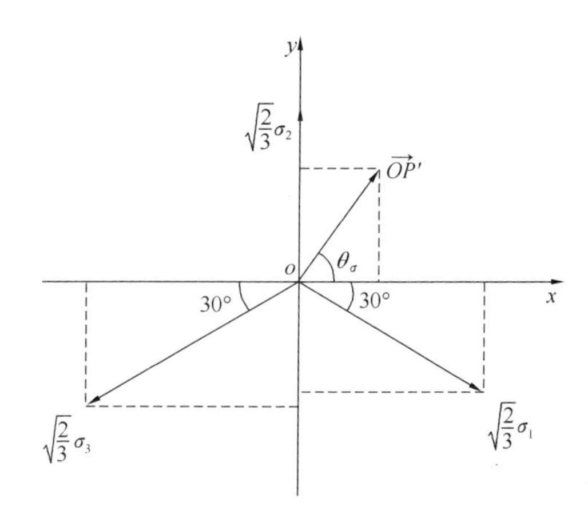

图 14-5　向量$\overrightarrow{OP}=\sigma_1\vec{e}_1+\sigma_1\vec{e}_2+\sigma_3\vec{e}_3$ 在 π 平面上的投影

$$\left.\begin{aligned}x&=\sqrt{\frac{2}{3}}\sigma_1\cos30^\circ-\sqrt{\frac{2}{3}}\sigma_3\cos30^\circ=\frac{\sqrt{2}}{2}(\sigma_1-\sigma_3)\\y&=\sqrt{\frac{2}{3}}\sigma_2-\sqrt{\frac{2}{3}}\sigma_1\sin30^\circ-\sqrt{\frac{2}{3}}\sigma_3\sin30^\circ=\frac{1}{\sqrt{6}}(2\sigma_2-\sigma_1-\sigma_3)\end{aligned}\right\}\tag{14-10}$$

上式为 π 平面坐标 (x, y) 与主应力坐标 $(\sigma_1, \sigma_2, \sigma_3)$ 之间的转换关系式，且有：$\sigma_1 + \sigma_2 + \sigma_3 = 0$。式（14-10）的逆变换式为：

$$
\left.\begin{aligned}
\sigma_1 &= \frac{\sqrt{2}}{2}x - \frac{1}{2}\sqrt{\frac{2}{3}}y \\
\sigma_2 &= \sqrt{\frac{2}{3}}y \\
\sigma_3 &= -\frac{\sqrt{2}}{2}x - \frac{1}{2}\sqrt{\frac{2}{3}}y
\end{aligned}\right\} \tag{14-11}
$$

需要说明的是：一般情况下，三个主应力 σ_1，σ_2，σ_3 具有同等地位，因此 π 平面上 x，y 坐标轴的选取具有任意性，以上是将 σ_2（当 $\sigma_1 \geqslant \sigma_2 \geqslant \sigma_3$ 时，σ_2 视为中主应力）的投影作为 y 轴，若将其他主应力作为 y 轴，以上坐标变换公式（14-10）与式（14-11）将有所不同，但不影响应力分析的最后结果。

根据式（14-10），应力向量 $\overrightarrow{OP}$ 在 π 平面上的投影向量为 $\overrightarrow{OP}' = x\vec{i} + y\vec{j}$，利用式（14-10），$\overrightarrow{OP}'$ 在 π 平面上的长度（模）为：

$$
|\overrightarrow{OP}'| = \sqrt{x^2 + y^2} = \frac{1}{\sqrt{3}}\sqrt{(\sigma_1 - \sigma_2)^2 + (\sigma_2 - \sigma_3)^2 + (\sigma_1 - \sigma_3)^2} = \sqrt{\frac{2}{3}}\sigma_e \tag{14-12}
$$

即应力向量 $\overrightarrow{OP}$ 在 π 平面上的投影等于等效应力 σ_e 乘以 $\sqrt{2/3}$。

设 π 平面上 $\overrightarrow{OP}'$（图 14-5）与 x 轴的夹角为 θ_σ，则：

$$
\tan\theta_\sigma = \frac{y}{x} = \frac{1}{\sqrt{3}}\frac{2\sigma_2 - \sigma_1 - \sigma_3}{\sigma_1 - \sigma_3} \tag{14-13}
$$

令：

$$
\mu_\sigma = \sqrt{3}\tan\theta_\sigma = \frac{2\sigma_2 - \sigma_1 - \sigma_3}{\sigma_1 - \sigma_3} \tag{14-14}
$$

上式中：θ_σ 称为应力 Lode 角，μ_σ 称为应力 Lode 参数。由于 μ_σ 是 π 平面上的应力参数，因此它表征了应力偏量的特点，与平均应力 σ_m 无关。如果设 $\sigma_1 \geqslant \sigma_2 \geqslant \sigma_3$，在三维应力圆中（图 14-6）$\mu_\sigma$ 的几何意义可以表述为：

$$
\mu_\sigma = \frac{P_2P_3 - P_2P_1}{P_3P_1} = \frac{(S_2 - S_3) - (S_1 - S_2)}{(S_1 - S_3)} = \frac{(\sigma_2 - \sigma_3) - (\sigma_1 - \sigma_2)}{(\sigma_1 - \sigma_3)} = \frac{2\sigma_2 - \sigma_1 - \sigma_3}{\sigma_1 - \sigma_3} \tag{14-15}
$$

μ_σ 表示了三个应力圆的相对大小。当 $\sigma_1 \geqslant \sigma_2 \geqslant \sigma_3$ 时，有：$-1 \leqslant \mu_\sigma \leqslant 1$，$-30° \leqslant \theta_\sigma \leqslant 30°$，三个特殊情况是：

（1）单向拉伸状态：$\sigma_2 = \sigma_3 = 0$，$\sigma_1 > 0$，则 $\mu_\sigma = -1$；

（2）纯剪状态：$\sigma_1 = -\sigma_3$，$\sigma_2 = 0$，则 $\mu_\sigma = 0$；

（3）单向压缩状态：$\sigma_1 = \sigma_2 = 0$，$\sigma_3 < 0$，则 $\mu_\sigma = 1$。

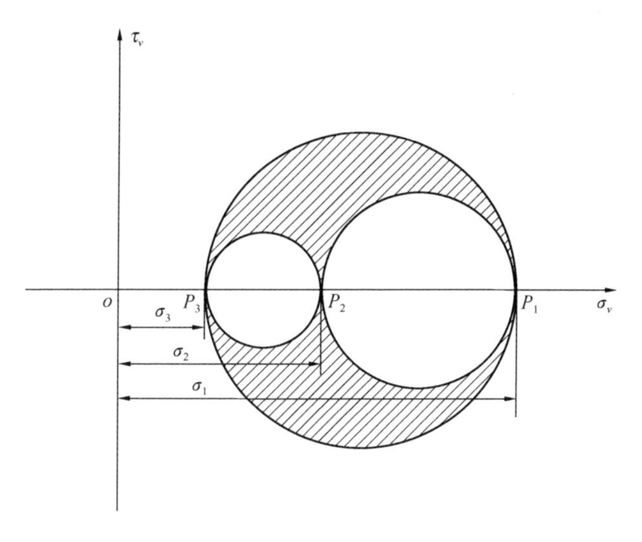

图 14-6

根据参数 μ_σ 就可以确定应力偏量三个主分量的比值为：

$$S_1 : S_2 : S_3 = (-3+\mu_\sigma) : (-2\mu_\sigma) : (3+\mu_\sigma) \tag{14-16}$$

如果保持 μ_σ 不变，就可保证应力偏量三个主分量的比值不变。在材料塑性性质的试验研究中，常常采用应力 Lode 参数来确定试验是简单加载还是复杂加载。

14.2　塑性材料的常用屈服条件（准则）

14.2.1　Tresca 屈服条件（最大剪应力条件）

Tresca 根据试验认为：当最大剪应力达到材料所固有的某一数值时，材料就发生屈服，即：

$$\tau_{\max} = \frac{1}{2}k \tag{14-17}$$

式中：k 为与材料有关的常数，上式为 Tresca 屈服条件。

若已知应力状态：$\sigma_1 \geqslant \sigma_2 \geqslant \sigma_3$，则：$\tau_{\max} = (\sigma_1 - \sigma_3)/2$，即：$\sigma_1 - \sigma_3 = k$ 时屈服发生。一般情况下，事先无法判断 σ_1、σ_2、σ_3 大小的次序，所以 Tresca 屈服条件一般可写成：

$$\begin{aligned} |\sigma_1 - \sigma_2| &= k \qquad & \sigma_1 - \sigma_2 &= \pm k \\ |\sigma_2 - \sigma_3| &= k \Rightarrow & \sigma_2 - \sigma_3 &= \pm k \\ |\sigma_1 - \sigma_3| &= k \qquad & \sigma_1 - \sigma_3 &= \pm k \end{aligned} \tag{14-18}$$

上式表示了主应力空间内的六个平面方程，这六个平面围成了一个垂直于 π 平面的正六边形柱面，如图 14-7 所示，这个柱面与 π 平面的交线（屈服线）如图 14-7 所示，为一个正六边形。

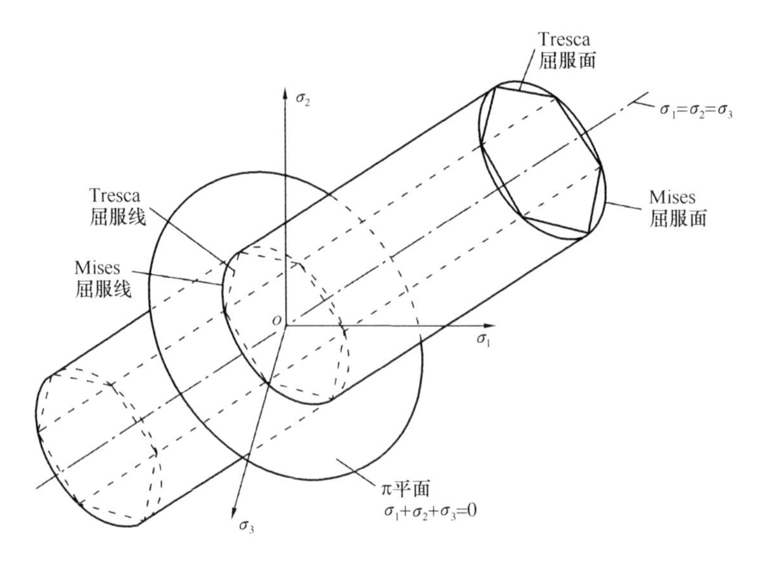

图 14-7　Tresca 屈服面与 Mises 屈服面

如何确定 π 平面上的屈服线呢？以下以空间平面 $\sigma_1-\sigma_3=k$ 与 π 平面的交线为例进行说明，两个平面的交线可由下列两个平面方程确定：

$$\begin{cases}\sigma_1-\sigma_3=k\\ \sigma_1+\sigma_2+\sigma_3=0\end{cases}$$

以上方程是在主应力坐标下讨论的，现将坐标转到 π 平面上，将式（14-11）代入上式得到 oxy 坐标下的直线（参数）方程为：

$$\left.\begin{aligned}x&=\frac{\sqrt{2}}{2}k\\ y&=\sqrt{\frac{3}{2}}\sigma_2\end{aligned}\right\}$$

上式中 k 为常数，σ_2 可为任意的参数，以上参数方程表示图 14-8 中的直线 BC；当 k 的符号为负时，表示直线 FG，π 平面上的其他直线依此类推。

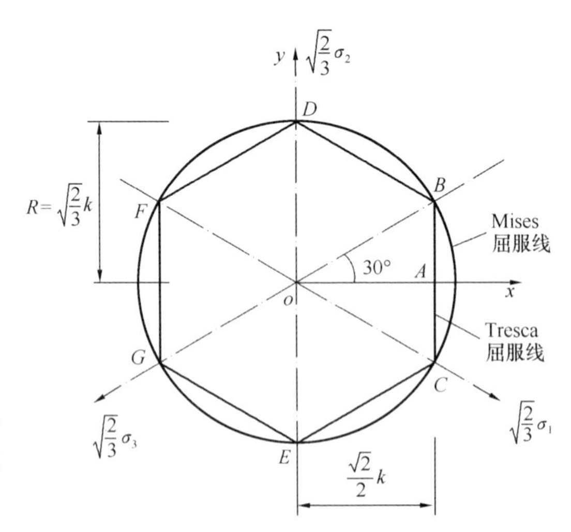

图 14-8　Tresca 屈服面和 Mises 屈服面与 π 平面的交线（屈服线）

14.2.2　Mises 屈服条件

Tresca 屈服条件只考虑了主应力中最大及最小应力的影响，中间应力没有考虑进去，且 Tresca 屈服条件在正六边形角点处的导数不连续，引起数学上的不方便。Mises 考虑在 π 平面上，用 Tresca 正六边形的外接圆作为屈服条件，如图 14-8 所示，外接圆的半径为 $R=\sqrt{\frac{2}{3}}k$，于是 π 平面上的圆方程可以写为：

$$x^2+y^2=\left(\sqrt{\frac{2}{3}}k\right)^2 \tag{14-19}$$

将坐标变换式（14-10）代入式（14-19），得：

$$\sigma_e=\frac{1}{\sqrt{2}}\sqrt{(\sigma_1-\sigma_2)^2+(\sigma_2-\sigma_3)^2+(\sigma_1-\sigma_3)^2}=k \tag{14-20}$$

上式为 Mises 屈服条件，即当等效应力 σ_e 等于 k 时，材料进入屈服状态。Mises 屈服条件在主应力空间表示了一个垂直于 π 平面的圆柱面，该柱面外接于 Tresca 正六边形柱面，如图 14-7 所示。Mises 屈服条件比 Tresca 屈服条件更接近于试验结果。

14.2.3 Mises 屈服条件的畸变能解释

根据弹性力学，物体内的弹性比能为：

$$A=\frac{1}{2}\sigma_{ij}\varepsilon_{ij} \tag{14-21}$$

在主应力空间下：

$$\begin{aligned}A&=\frac{1}{2}\sigma_i\varepsilon_i=\frac{1}{2}(\sigma_1\varepsilon_1+\sigma_2\varepsilon_2+\sigma_3\varepsilon_3)\\&=\frac{1}{2}[(s_1+\sigma_m)(e_1+\varepsilon_m)+(s_2+\sigma_m)(e_2+\varepsilon_m)+(s_3+\sigma_m)(e_3+\varepsilon_m)]\\&=\frac{1}{2}\Big[3\underbrace{\sigma_m\varepsilon_m}_{\text{球张量}}+(\underbrace{s_1e_1+s_2e_2+s_3e_3}_{\text{偏张量}})\Big]=\frac{3}{2}\sigma_m\varepsilon_m+\frac{1}{2}s_ie_i=\underbrace{A_v}_{\text{体积应变能}}+\underbrace{A_d}_{\substack{\text{畸变能}\\\text{（形状改变）}}}\end{aligned} \tag{14-22}$$

式中畸变能为：

$$A_d=\frac{(1+\nu)}{6E}[(\sigma_1-\sigma_2)^2+(\sigma_2-\sigma_3)^2+(\sigma_3-\sigma_1)^3] \tag{14-23}$$

当畸变能 A_d 满足下式时：

$$A_d=\frac{(1+\nu)}{3E}k^2 \tag{14-24}$$

材料开始屈服。不难发现 Mises 屈服条件式（14-20）与式（14-24）等价，上式为 Mises 屈服条件的畸变能解释。

此外 Mises 屈服条件其他表述为：

（1）八面体上的剪应力满足下式时：

$$\begin{aligned}\tau_{oct}&=\frac{1}{3}\sqrt{(\sigma_x-\sigma_y)^2+(\sigma_y-\sigma_z)^2+(\sigma_z-\sigma_x)^2+6(\tau_{xy}^2+\tau_{xz}^2+\tau_{yz}^2)}\\&=\frac{1}{3}\sqrt{(\sigma_1-\sigma_2)^2+(\sigma_2-\sigma_3)^2+(\sigma_1-\sigma_3)^2}=\frac{\sqrt{2}}{3}k\end{aligned} \tag{14-25}$$

材料开始屈服。

（2）偏应力张量的第二不变量满足下式时：

$$I'_2 = \frac{1}{6}[(\sigma_1-\sigma_2)^2+(\sigma_2-\sigma_3)^2+(\sigma_3-\sigma_1)^2] = \frac{1}{3}k^2 \tag{14-26}$$

材料开始屈服。

显然，以上式（14-25）及式（14-26）都与 Mises 屈服条件式（14-20）等价。

【例 14-1】写出平面应力状态的屈服条件。

【解】（1）按 Tresca 屈服条件：

$$\left.\begin{aligned}|\sigma_1-\sigma_2| &= k\\ |\sigma_2-\sigma_3| &= k\\ |\sigma_1-\sigma_3| &= k\end{aligned}\right\}$$

对于平面应力问题：$\sigma_3=0$，取 $k=\sigma_s$ 得：

$$\left.\begin{aligned}\sigma_1-\sigma_2 &= \pm\sigma_s\\ \sigma_2 &= \pm\sigma_s\\ \sigma_1 &= \pm\sigma_s\end{aligned}\right\}$$

上式为六个直线方程，在平面上表示了六条直线，如图 14-9 中虚线所示，六条虚线围成了一个六边形区域，当应力坐标（σ_1，σ_2）落在六边形区域内时，材料处于弹性状态；当（σ_1，σ_2）落在六边形区域外时，材料处于塑性状态；当（σ_1，σ_2）落在六边形边界上时，材料处于弹塑性临界状态。

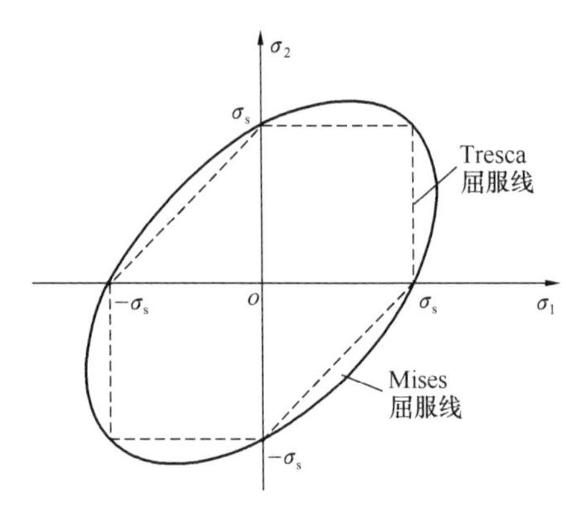

图 14-9　Mises 与 Tresca 屈服曲线

（2）按 Mises 屈服条件：

$$\sigma_e = \frac{1}{\sqrt{2}}\sqrt{(\sigma_1-\sigma_2)^2+(\sigma_2-\sigma_3)^2+(\sigma_1-\sigma_3)^2} = k$$

将 $\sigma_3=0$，$k=\sigma_s$ 代入上式得：

$$\sigma_1^2-\sigma_1\sigma_2+\sigma_2^2=\sigma_s^2$$

上式为一个椭圆方程，如图 14-9 中实线所示，在平面上表示了一个斜向的椭圆，它正好内接于 Tresca 六边形屈服曲线，当应力坐标（σ_1，σ_2）落在椭圆内时，材料处于弹性状态；当（σ_1，σ_2）落在椭圆外时，材料处于塑性状态；当（σ_1，σ_2）落在椭圆边界上时，材料处于弹塑性临界状态。

【例 14-2】写出图 14-10 所示圆杆在拉伸及扭转联合作用下的屈服条件。

【解】根据图 14-10 中的应力状态，杆内不为零的应力为：σ_z，$\tau_{xz}=\tau_{zx}$，$\tau_{yz}=\tau_{zy}$，其他应力：$\sigma_x=\sigma_y=\tau_{xy}=\tau_{yx}=0$。

(1) 按 Mises 屈服条件

取 $k=\sigma_s$，则：

$$\sigma_e=\frac{1}{\sqrt{2}}\sqrt{(\sigma_1-\sigma_2)^2+(\sigma_2-\sigma_3)^2+(\sigma_3-\sigma_1)^2}$$

$$=\frac{1}{\sqrt{2}}\sqrt{(\sigma_x-\sigma_y)^2+(\sigma_y-\sigma_z)^2+(\sigma_z-\sigma_x)^2+6(\tau_{xy}^2+\tau_{yz}^2+\tau_{zx}^2)}=\sigma_s$$

即：　$\sqrt{\sigma_z^2+3(\tau_{yz}^2+\tau_{zx}^2)}=\sigma_s$

或：　$\sqrt{\sigma^2+3\tau^2}=\sigma_s$

式中：$\sigma=\sigma_z$，$\tau^2=\tau_{yz}^2+\tau_{zx}^2$，上式正是材料力学中的第四强度理论。

(2) 按 Tresca 屈服条件

取 $k=\sigma_s$，根据图中的应力状态，求下列特征值方程：

$$\begin{vmatrix}-\sigma & 0 & \tau_{xz}\\ 0 & -\sigma & \tau_{yz}\\ \tau_{xz} & \tau_{yz} & \sigma_z-\sigma\end{vmatrix}=0$$

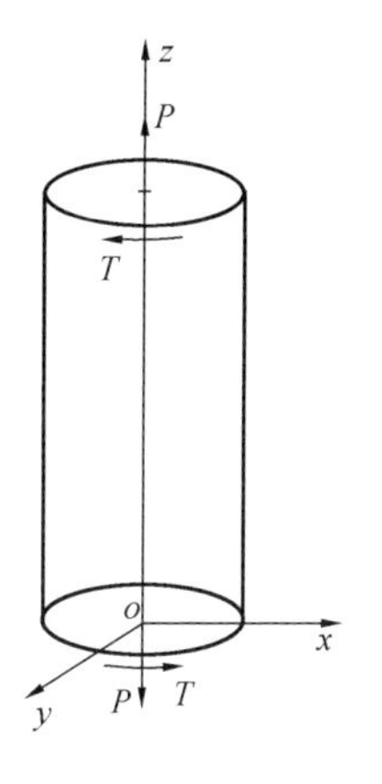

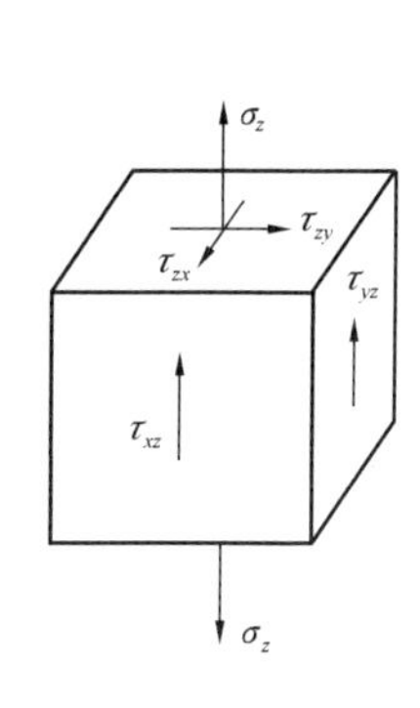

图 14-10

解之：

$$\left.\begin{aligned}\sigma_1&=\frac{1}{2}\left[\sigma_z+\sqrt{\sigma_z^2+4(\tau_{xz}^2+\tau_{yz}^2)}\right]\\ \sigma_2&=0\\ \sigma_3&=\frac{1}{2}\left[\sigma_z-\sqrt{\sigma_z^2+4(\tau_{zx}^2+\tau_{zy}^2)}\right]\end{aligned}\right\}$$

所以：$\tau_{max}=\frac{1}{2}(\sigma_1-\sigma_3)=\frac{1}{2}\sqrt{\sigma_z{}^2+4(\tau_{xz}^2+\tau_{yz}^2)}=\frac{k}{2}=\frac{\sigma_s}{2}$

得：$\sqrt{\sigma_z^2+4(\tau_{xz}^2+\tau_{yz}^2)}=\sigma_s$

或：$\sqrt{\sigma^2+4\tau^2}=\sigma_s$，式中：$\sigma=\sigma_z$，$\tau^2=\tau_{yz}^2+\tau_{zx}^2$，这正是材料力学中的第三强度理论。

14.3　脆性材料的屈服条件（准则）

以上的 Tresca 与 Mises 屈服条件都是针对塑性（金属）材料而言的，对于铸铁、岩石、混凝土等材料，Tresca 与 Mises 屈服准则都不能反映它们的真实情况。这些脆性材料，它们的抗拉强度都很小，所能承担的拉应变也很小，材料抗压强度要远高于其抗拉强度。材料在破碎之前变形很小，没有明显的塑性变形。

14.3.1 Mohr-Coulomb 屈服条件

Coulomb 考虑任何材料的剪切强度源自于两方面：(1) 材料中原子或分子之间的黏结力；(2) 剪切滑移面上的干摩擦 (Coulomb 摩擦)。基于这个概念，剪切屈服 (滑移) 面上的剪切强度 τ_n 可以表示为 (如图 14-11 所示)：

$$\tau_n = C + \sigma_n \tan\phi \tag{14-27}$$

式中：C 表示材料内部原子 (或分子) 之间的黏结强度，σ_n 为滑移面上的法向应力，$\tan\phi$ 为摩擦系数，ϕ 为内摩擦角。

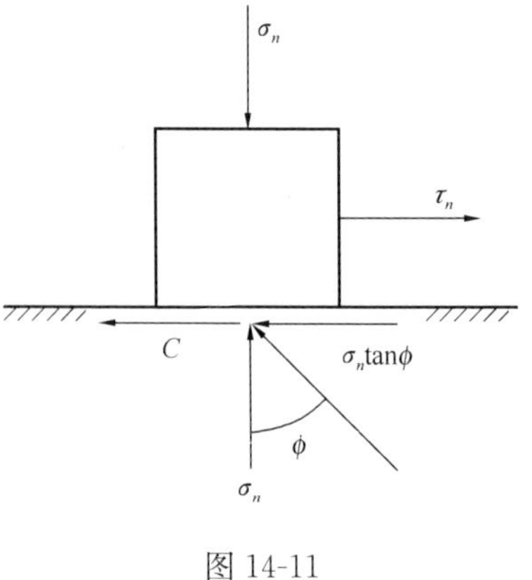

图 14-11

Coulomb 认为当材料内某一面上的剪应力达到上述强度时，材料发生屈服 (破坏)。由于采用 Mohr 圆能很好地描述式 (14-27) 的屈服条件，因此式 (14-27) 称之为 Mohr-Coulomb 屈服准则，Mohr-Coulomb 屈服条件可以重写为：

$$\tau = C + \sigma \tan\phi \tag{14-28}$$

上式中：材料参数 $\tan\phi$、C 为正数，上式中应力 σ 默认为压应力，用正数来表示，显然方程 (14-28) 表示一条直线。当在应力平面 (σ, τ) 上来表达这条直线时，以上应力的符号应按实际应力的符号来确定，这条直线表示材料屈服时 Mohr 应力圆的包络线，当材料处于简单的单向拉伸与压缩情况，且材料达到屈服 (破坏) 时：$\sigma_1 = \sigma_s^+$，$\sigma_2 = 0$，$\sigma_3 = 0$；$\sigma_1 = 0$，$\sigma_2 = 0$，$\sigma_3 = -\sigma_s^-$，此时可分别在应力平面 (σ, τ) 得到两个应力圆，如图 14-12 中的虚线圆所示，于是方程 (14-28) 就表达了与两个应力圆相切的包络直线，如图 14-12 所示，其中 $\tan\phi$ 表示包络直线的斜率，C 为包络线在 τ 轴上的截距，由于包络线的倾角会发生变化，若设材料参数 $\tan\phi$、C 为正数，则 $\tan\phi$ 与 C 前面的符号可为正或负，如图 14-12 所示，对于脆性材料而言，包络线可以有两条，它们分别为：

$$\tau = C - \sigma \tan\phi \tag{14-29}$$

$$\tau = -C + \sigma \tan\phi \tag{14-30}$$

上述方程 (14-29) 与方程 (14-30) 所表示的切线如图 14-12 所示，切线的斜率分别为 $\tan(\pm\phi)$，截距分别为 $\mp C$。对于一般的三维应力状态 (如图 14-12 实线圆所示)，已知主应力 $\sigma_1 \geqslant \sigma_2 \geqslant \sigma_3$，则由 σ_1，σ_3 组成的外围应力圆与两条包络线相切，相交的切点分别为 Q 与 Q'，切点 Q 的坐标为：$\left(\frac{\sigma_1+\sigma_3}{2}+\frac{\sigma_1-\sigma_3}{2}\sin\phi, \frac{\sigma_1-\sigma_3}{2}\cos\phi\right)$，$Q'$ 的坐标为 $\left(\frac{\sigma_1+\sigma_3}{2}+\frac{\sigma_1-\sigma_3}{2}\sin\phi, -\frac{\sigma_1-\sigma_3}{2}\cos\phi\right)$，$Q$ 点在包络切线方程 $\tau = C - \sigma\tan\phi$ 上，于是将 Q 点坐标代入该切线方程有：

$$\frac{\sigma_1-\sigma_3}{2}=C\cos\phi-\frac{\sigma_1+\sigma_3}{2}\sin\phi \tag{14-31}$$

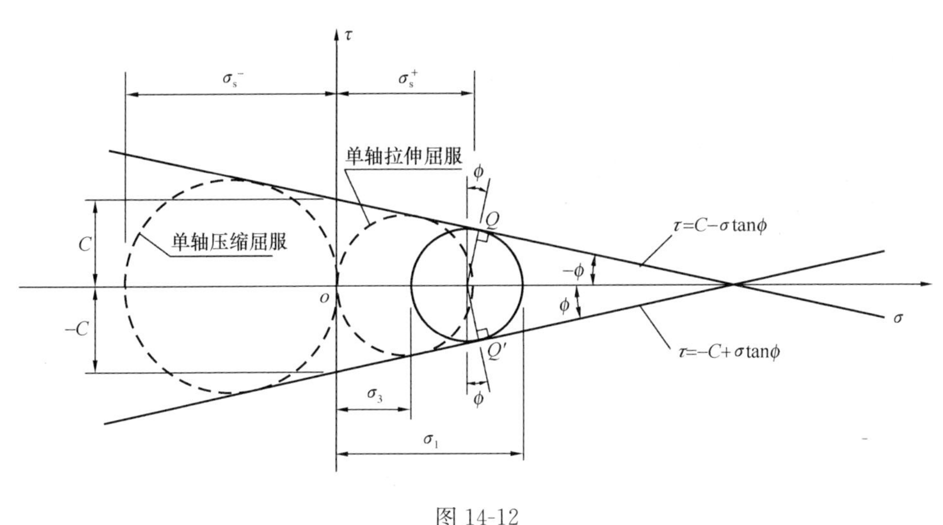

图 14-12

同样，将 Q' 点代入包络切线方程 $\tau=-C+\sigma\tan\phi$，可得到与式（14-31）完全相同的方程，这里的材料常数 ϕ 与 C 可由试验确定。式（14-31）为以主应力表示的 Mohr-Coulomb 屈服条件。一般情况下，当主应力 $\sigma_1,\sigma_2,\sigma_3$ 的大小顺序未知时，Mohr-Coulomb 屈服条件可以写为：

$$\begin{cases}\left|\dfrac{\sigma_1-\sigma_3}{2}\right|=C\cos\phi-\dfrac{\sigma_1+\sigma_3}{2}\sin\phi\\ \left|\dfrac{\sigma_1-\sigma_2}{2}\right|=C\cos\phi-\dfrac{\sigma_1+\sigma_2}{2}\sin\phi\\ \left|\dfrac{\sigma_2-\sigma_3}{2}\right|=C\cos\phi-\dfrac{\sigma_2+\sigma_3}{2}\sin\phi\end{cases} \tag{14-32}$$

或

$$\begin{cases}\pm\dfrac{\sigma_1-\sigma_3}{2}=C\cos\phi-\dfrac{\sigma_1+\sigma_3}{2}\sin\phi\\ \pm\dfrac{\sigma_1-\sigma_2}{2}=C\cos\phi-\dfrac{\sigma_1+\sigma_2}{2}\sin\phi\\ \pm\dfrac{\sigma_2-\sigma_3}{2}=C\cos\phi-\dfrac{\sigma_2+\sigma_3}{2}\sin\phi\end{cases} \tag{14-33}$$

式（14-33）在主应力空间表示了六个平面方程，这六个平面在空间组成了一个六棱锥面，它的图形如图 14-13 所示。式（14-33）的六个平面与 π 平面（$\sigma_1+\sigma_2+\sigma_3=0$）分别相交可以在 π 平面上得到六条屈服线，它们的形状如图 14-14 所示，其中实线为 Mohr-Coulomb 屈服线，虚线为 Tresca 屈服线。

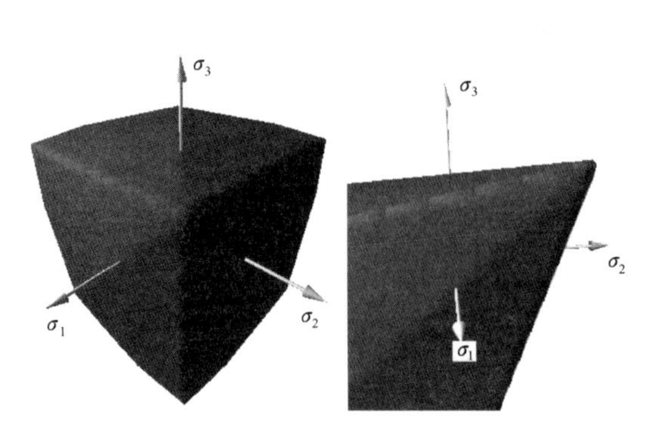

图 14-13 在主应力空间下的 Mohr-Coulomb 屈服面

图片来源：encyclopedia. thefreedictionary. com.

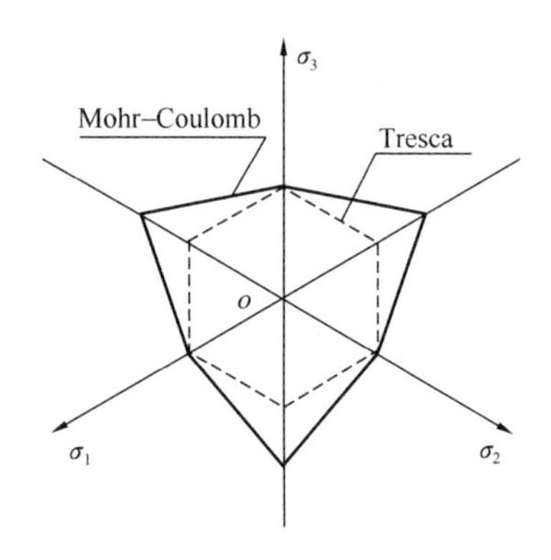

图 14-14 Mohr-Coulomb 屈服面在 π 平面上的屈服线

当不考虑材料的内摩擦时，$\phi=0$ ，Mohr-Coulomb 屈服条件退化为：

$$\begin{cases}\pm\dfrac{\sigma_1-\sigma_3}{2}=C\\ \pm\dfrac{\sigma_1-\sigma_2}{2}=C\\ \pm\dfrac{\sigma_2-\sigma_3}{2}=C\end{cases}\tag{14-34}$$

上式即为 Tresca 屈服条件，因此 Mohr-Coulomb 屈服条件是 Tresca 屈服条件的推广形式。

材料在单轴拉伸屈服时（图 14-12 虚线圆）：$\sigma_1=\sigma_s^+,\sigma_2=\sigma_3=0$ ，代入式（14-31）：

$$\frac{\sigma_s^+}{2}=C\cos\phi-\frac{\sigma_s^+}{2}\sin\phi\tag{14-35}$$

材料在单轴压缩屈服时：$\sigma_1=\sigma_2=0,\sigma_3=-\sigma_s^-$ ，代入式（14-31）：

$$\frac{\sigma_s^-}{2}=C\cos\phi+\frac{\sigma_s^-}{2}\sin\phi\tag{14-36}$$

由式（14-35）、式（14-36）二式得：

$$\left.\begin{aligned}\sigma_s^+&=\frac{2C\cos\phi}{1+\sin\phi}\\ \sigma_s^-&=\frac{2C\cos\phi}{1-\sin\phi}\end{aligned}\right\}\tag{14-37}$$

式（14-37）表明，压缩屈服应力（强度）σ_s^- 要远大于拉伸屈服应力（强度）σ_s^+ ，这与脆性材料（混凝土、岩石等）的力学性能相符合。通过试验测定 σ_s^+ 与 σ_s^- ，然后根据式（14-37）可以得到材料常数 ϕ 与 C。

由 Mohr-Coulomb 屈服条件式（14-33）可以看出，脆性材料的屈服不仅与应力偏张量有关，还与应力球张量有关，这与塑性（金属）材料有很大的不同。

对于平面应力状态，设 $\sigma_3=0$，利用式（14-37），则屈服条件式（14-33）退化为：

$$\left.\begin{aligned}\sigma_1&=\sigma_s^+\\ \sigma_1&=-\sigma_s^-\\ \sigma_2&=\sigma_s^+\\ \sigma_2&=-\sigma_s^-\\ \frac{\sigma_1}{\sigma_s^+}-\frac{\sigma_2}{\sigma_s^-}&=1\\ \frac{\sigma_2}{\sigma_s^+}-\frac{\sigma_1}{\sigma_s^-}&=1\end{aligned}\right\}\tag{14-38}$$

上式在 σ_1-σ_2 平面上显示六条直线（图 14-15），这六条直线围成一个封闭区域，当应力坐标落在区域内时，材料处于弹性，当应力坐标落在边界直线上时，材料正好处于临界屈服（破坏）状态，当应力坐标落在区域以外时，材料已进入屈服（破坏）状态。图 14-15 与混凝土在二维应力状态下的试验结果相符合。

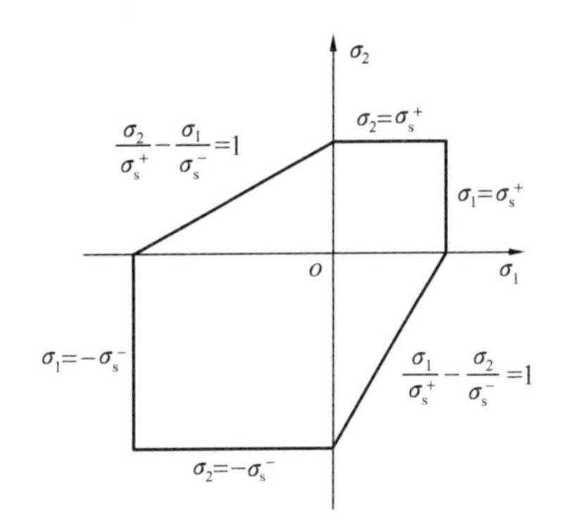

图 14-15　二维应力状态下的 Mohr-Coulomb 屈服条件

14.3.2　Drucker-Prager 屈服条件

试验结果表明 Mohr-Coulomb 屈服条件符合铸铁、土、岩石与混凝土这类材料的屈服（破坏）特征。但由于它的屈服面在主应力空间内是一个六棱锥面，在锥面的棱边上会引起函数的导数不连续，给数学处理带来困难。为了解决这一问题，Drucker 与 Prager 提出了一个内切（或外接）于 Mohr-Coulomb 六棱锥面的圆锥形屈服面，它的形式为：

$$\sqrt{I_2'}=A+BI_1\tag{14-39}$$

上式即为 Drucker-Prager 屈服条件，其中：I_2' 为应力偏张量的第二不变量，I_1 为应力张量的第一不变量，A、B 为材料常数，可通过试验确定。若以等效应力与静水应力来表示，则式（14-39）可以写为：

$$\sigma_e=a+b\sigma_m\tag{14-40}$$

式中：σ_e 为等效应力，σ_m 为静水应力（正应力的平均值），a,b 为材料常数，从式（14-40）可以看出，当不考虑静水应力时，取 $b=0$，则式（14-40）即变为 Mises 屈服条件，因此 Drucker-Prager 屈服条件可以看成是 Mises 屈服条件在考虑了静水应力后的一种修正（或推广）形式。

将式（14-39）以主应力表示为：

$$\sqrt{\frac{1}{6}\left[(\sigma_1-\sigma_2)^2+(\sigma_1-\sigma_3)^2+(\sigma_2-\sigma_3)^2\right]}=A+B(\sigma_1+\sigma_2+\sigma_3)\tag{14-41}$$

上式在主应力空间中的三维屈服面表现为圆锥面（图 14-16），屈服面与 π 平面的交线为圆形屈服线，如图 14-17 所示。

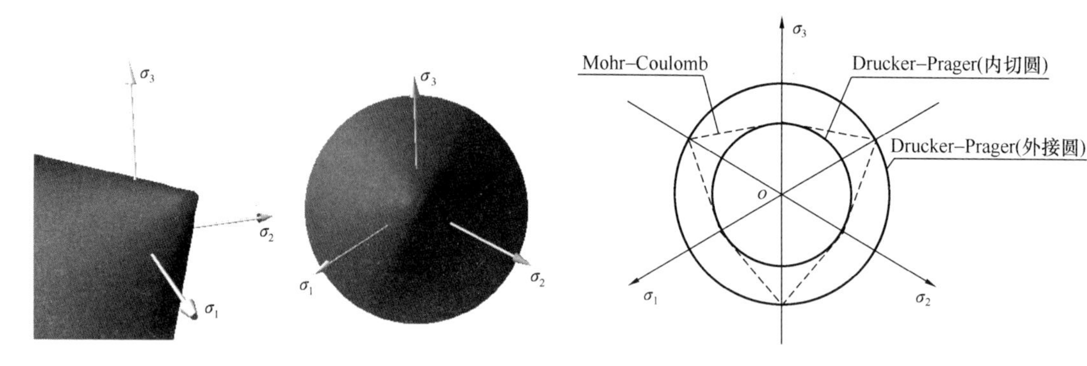

图 14-16 在主应力空间下的 Drucker-Prager 屈服面

图片来源：encyclopedia. thefreedictionary. com.

图 14-17 Drucker-Prager 屈服面在 π 平面上的屈服线

在单轴拉伸屈服时：$\sigma_1=\sigma_s^+,\sigma_2=\sigma_3=0$，应用式（14-41）得：

$$\frac{\sigma_s^+}{\sqrt{3}}=A+B\sigma_s^+ \tag{14-42}$$

在单轴压缩屈服时：$\sigma_1=\sigma_2=0,\sigma_3=-\sigma_s^-$，应用式（14-41）得：

$$\frac{\sigma_s^-}{\sqrt{3}}=A-B\sigma_s^- \tag{14-43}$$

联立式（14-42）与式（14-43），求解得：

$$\left.\begin{aligned}A&=\frac{2}{\sqrt{3}}\left(\frac{\sigma_s^+\sigma_s^-}{\sigma_s^++\sigma_s^-}\right)\\B&=\frac{1}{\sqrt{3}}\left(\frac{\sigma_s^+-\sigma_s^-}{\sigma_s^++\sigma_s^-}\right)\end{aligned}\right\} \tag{14-44}$$

根据试验结果，由式（14-44）可以得到材料常数 A 与 B。

【例 14-3】 一个材料的拉伸与压缩屈服强度分别为 σ_s^+ 与 σ_s^-，且有：$\sigma_s^+=\sigma_s^-/10$，该材料单元应力状态如图 14-18（a）所示，承受正应力 σ 与剪应力 τ 作用，试根据 Mohr-Coulomb 及 Drucker-Prager 屈服准则，分别导出该材料单元的屈服（破坏）曲线。

【解】（1）采用 Mohr-Coulomb 屈服准则

根据图 14-18（a）的应力状态，可设：$\sigma_x=\sigma,\tau_{xy}=\tau$，其他应力分量为零，于是根据弹性力学 6.2 节，可得三个主应力为：

$$\sigma_1=\frac{\sigma}{2}+\sqrt{\left(\frac{\sigma}{2}\right)^2+\tau^2},\ \sigma_2=0,\ \sigma_3=\frac{\sigma}{2}-\sqrt{\left(\frac{\sigma}{2}\right)^2+\tau^2} \tag{a}$$

注意到 $\sigma_1\geqslant\sigma_2\geqslant\sigma_3$，采用 Mohr-Coulomb 屈服准则式（14-31），将式（14-31）重写为：

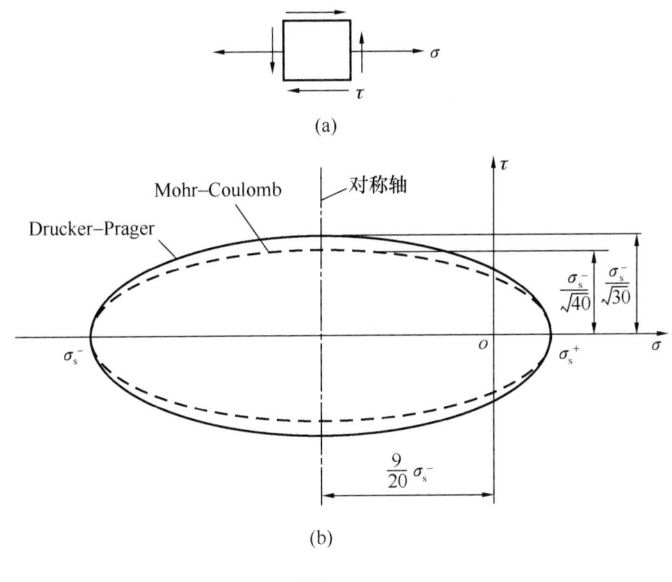

图 14-18

$$\frac{\sigma_1}{\left(\dfrac{2C\cos\phi}{1+\sin\phi}\right)}-\frac{\sigma_3}{\left(\dfrac{2C\cos\phi}{1-\sin\phi}\right)}=1 \tag{b}$$

利用式（14-37），上式变为：

$$\frac{\sigma_1}{\sigma_s^+}-\frac{\sigma_3}{\sigma_s^-}=1 \tag{c}$$

将式（a）主应力表达式代入上式，得：

$$\frac{\sigma+\sqrt{\sigma^2+4\tau^2}}{2\sigma_s^+}-\frac{\sigma-\sqrt{\sigma^2+4\tau^2}}{2\sigma_s^-}=1 \tag{d}$$

将 $\sigma_s^+=\sigma_s^-/10$ 代入上式，重新整理得：

$$\frac{\left(\sigma+\dfrac{9}{20}\sigma_s^-\right)^2}{\left(\dfrac{11}{20}\sigma_s^-\right)^2}+\frac{\tau^2}{\left(\dfrac{\sigma_s^-}{\sqrt{40}}\right)^2}=1 \tag{e}$$

上式为一个椭圆屈服曲线，如图 14-18（b）虚线所示。

（2）采用 Drucker-Prager 屈服准则

采用 Drucker-Prager 屈服准则式（14-41），将 $\sigma_s^+=\sigma_s^-/10$ 代入式（14-44）得材料常数 A 与 B 为：

$$\left.\begin{aligned}A&=\frac{2}{\sqrt{3}}\left(\frac{\sigma_s^+\sigma_s^-}{\sigma_s^++\sigma_s^-}\right)=\frac{2}{11\sqrt{3}}\sigma_s^-\\B&=\frac{1}{\sqrt{3}}\left(\frac{\sigma_s^+-\sigma_s^-}{\sigma_s^++\sigma_s^-}\right)=-\frac{9}{11\sqrt{3}}\end{aligned}\right\} \tag{f}$$

将式（a）主应力表达式及式（f）代入式（14-41），得：

$$\frac{\left(\sigma+\frac{9}{20}\bar{\sigma_s}\right)^2}{\left(\frac{11}{20}\bar{\sigma_s}\right)^2}+\frac{\tau^2}{\left(\frac{\bar{\sigma_s}}{\sqrt{30}}\right)^2}=1 \tag{g}$$

上式也为一个椭圆屈服曲线，如图 14-18（b）实线所示。

习　题

14.1　试证明式（14-16）。

14.2　写出平面应变状态的 Tresca 与 Mises 屈服条件，用 σ_x、σ_y、τ_{xy} 表示，取 $\nu=\frac{1}{2}$、$\sigma_z\neq 0$、$\varepsilon_z=\gamma_{xz}=\gamma_{yz}=0$。

14.3　写出图 14-19 所示圆筒的 Tresca 与 Mises 屈服条件，表达式用外力 P 与 T 表示。

14.4　证明 Mises 屈服条件可以采用下列的表述形式：

（1）用应力的第一、第二不变量表示为：$I_1^2+3I_2=\sigma_s^2$；

（2）用主应力偏张量分量 S_1,S_2,S_3 表示为：$\frac{3}{2}(S_1^2+S_2^2+S_3^2)=\sigma_s^2$。

14.5　证明 Mises 圆的半径为：$R=\sqrt{S_1^2+S_2^2+S_3^2}$。

14.6　已知两端封闭的薄壁圆管，其内半径为 r，厚度为 t，受内压 p 及轴向拉应力 σ 作用，试按 Tresca 与 Mises 屈服条件给出圆管屈服时 p 与 σ 应满足的条件（材料的拉伸屈服极限为 σ_s）。

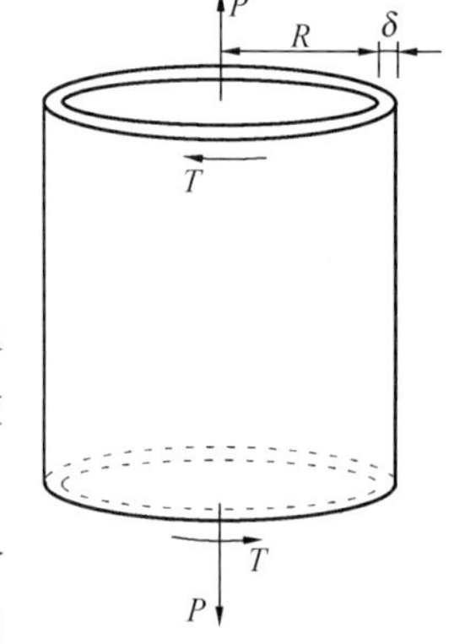

图 14-19

14.7　一个材料单元承受三个比例荷载作用，三个荷载工况的主应力分别为：(1)（2σ，σ，0）；(2)（σ，σ，0）；(3)（0，$-\sigma$，$-\sigma$）。试根据以下四个屈服准则，分别求出材料开始屈服时 σ 的最大幅值。

（1）Mises 屈服准则 $\sigma_e=k$；

（2）Tresca 屈服准则 $\tau_{max}=k$；

（3）Mohr-Coulomb 屈服准则
$$\left.\begin{aligned}\left|\frac{\sigma_1-\sigma_3}{2}\right|&=C\cos\phi-\frac{\sigma_1+\sigma_3}{2}\sin\phi\\\left|\frac{\sigma_1-\sigma_2}{2}\right|&=C\cos\phi-\frac{\sigma_1+\sigma_2}{2}\sin\phi\\\left|\frac{\sigma_2-\sigma_3}{2}\right|&=C\cos\phi-\frac{\sigma_2+\sigma_3}{2}\sin\phi\end{aligned}\right\};$$

（4）Drucker-Prager 屈服准则 $\sqrt{I_2'}=A+BI_1$。

第 15 章　塑性应力-应变关系

上一章讨论了材料在外荷载下弹性与塑性的界限，即屈服条件。本章将研究塑性材料在跨过了弹性与塑性的界限之后的（即后继屈服过程）应力-应变关系。

15.1　后　继　屈　服

材料在简单拉伸情况下，如图 15-1 所示，当应力跨过了（固定的）初始屈服点后卸载，然后再重新加载，材料到达卸载前的最高应力点后，材料再次进入塑性状态，产生新的塑性变形，对应的最高应力点就是材料新的屈服点，这个应力点称为后继屈服点，后继屈服点与固定的初始屈服点不同，它在应力-应变曲线上是可变的，它依赖于加载-卸载的历史路径。后继屈服点是后继加载时，弹性与塑性的新的分界点。

材料在复杂应力状态下也有初始屈服与后继屈服的问题，对应于拉伸情况下的初始屈服点与后继屈服点，在主应力空间下表现为初始屈服面与后继屈服面，例如：Mises 与 Tresca 的初始屈服面分别表现为固定的圆柱面及六角棱柱面。如图 15-2 所示，当应力超出了初始屈服面 $\sum_0$，落在初始屈服面以外时，材料会产生新的塑性变形，出现新的屈服面 $\sum_1$，卸载后，如果继续按原始路径加载到达后继屈服面 $\sum_1$，材料的后继屈服面 $\sum_1$ 会根据不同的应力变化过程而发生变化。

对于理想弹塑性材料而言，在简单拉伸情况下，材料的屈服应力 σ_s 不变，即应力达

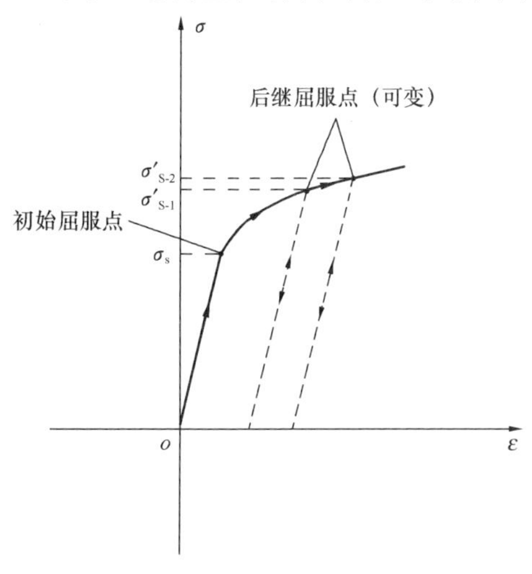

图 15-1　单轴拉伸的后继屈服过程

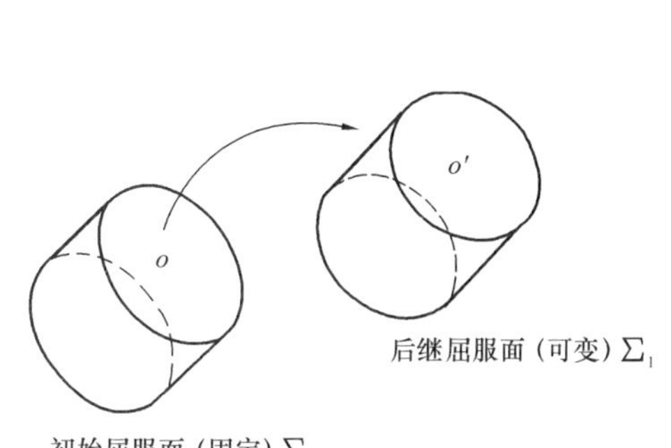

图 15-2　初始屈服面与后继屈服面

到 σ_s 时，荷载再也加不上去，应力-应变曲线表现为一条水平直线（图 15.3a）；在复杂应力状态下，后继屈服面与初始屈服面相同，可以用方程 $f(\sigma_1, \sigma_2, \sigma_3)=0$ 来表示，由于荷载加不上去，荷载只能在初始屈服面上滑动（图 15.3b）。

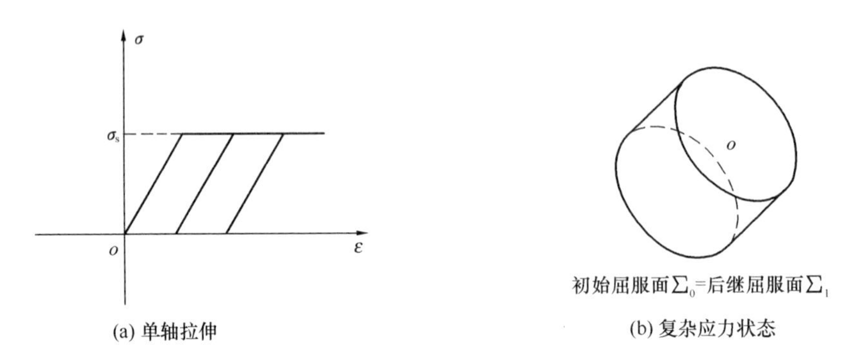

图 15-3 理想弹塑性材料的初始屈服与后继屈服

对于硬化材料而言，因为材料硬化，后继屈服面将不同于初速屈服面，在主应力空间下，后继屈服面（或后继屈服函数）可以表达为：

$$f(\sigma_1, \sigma_2, \sigma_3, k)=0 \tag{15-1}$$

式中：k 为硬化参数，它反映了塑性变形的大小及其历史，后继屈服面就是以 k 为参数的一族曲面。后继屈服面用来确定材料是处于弹性（处于面内），还是塑性（处于面外）。

15.2 加、卸载准则

结构弹塑性分析通常是一个过程分析，由于弹塑性应力-应变关系是变化的，对于每一个计算步骤需要选取相应的应力-应变关系，而材料后继屈服时，加载时是塑性状态，而卸载时是弹性状态，它们采用的应力-应变关系不相同，因此我们必须首先判定材料是处于加载（塑性）还是卸载（弹性）状态，才能确定下一步计算所采用的本构关系，以下针对理想塑性材料及硬化材料分别讨论其加、卸载准则。

1. 理想塑性材料

理想塑性材料的屈服函数为 $f(\sigma_1, \sigma_2, \sigma_3)=0$，由于材料无硬化，加载函数等于屈服函数。

加载（或中性变载）情况下：由于应力增不上去，在加载及中性变载的情况下，应力只能保持在屈服面上流动。根据图 15-4，加载（或中性变载）时，应力增量只能沿屈服面切向流动，即：应力增量向量与曲面法向向量垂直，于是有：

$$d\vec{\sigma} \cdot \vec{n}=0 \tag{15-2}$$

式中：$\vec{n}$ 为曲面外法向向量，$d\vec{\sigma}$ 为应力增量向量。根据 $f(\sigma_1, \sigma_2, \sigma_3)=0$ 有：

$$df(\sigma_1, \sigma_2, \sigma_3)=f(\sigma_1+d\sigma_1, \sigma_2+d\sigma_2, \sigma_3+d\sigma_3)-f(\sigma_1, \sigma_2, \sigma_3)$$

$$=\frac{\partial f}{\partial\sigma_1}\mathrm{d}\sigma_1+\frac{\partial f}{\partial\sigma_2}\mathrm{d}\sigma_2+\frac{\partial f}{\partial\sigma_3}\mathrm{d}\sigma_3=\left(\frac{\partial f}{\partial\sigma_1},\frac{\partial f}{\partial\sigma_2},\frac{\partial f}{\partial\sigma_3}\right)\begin{pmatrix}\mathrm{d}\sigma_1\\ \mathrm{d}\sigma_2\\ \mathrm{d}\sigma_3\end{pmatrix}=0 \tag{15-3}$$

上式中：应力增量为 $\mathrm{d}\vec{\sigma}=(\mathrm{d}\sigma_1,\mathrm{d}\sigma_2,\mathrm{d}\sigma_3)^{\mathrm{T}}$，根据微分几何理论，外法线向量为：

$$\vec{n}=\left(\frac{\partial f}{\partial\sigma_1},\frac{\partial f}{\partial\sigma_2},\frac{\partial f}{\partial\sigma_3}\right)^{\mathrm{T}} \tag{15-4}$$

卸载情况下：应力增量指向屈服曲面内（图 15-4），应力增量向量与曲面法向向量的夹角大于 90°，于是有：

$$\mathrm{d}\vec{\sigma}\cdot\vec{n}<0 \tag{15-5}$$

或：

$$\left(\frac{\partial f}{\partial\sigma_1},\frac{\partial f}{\partial\sigma_2},\frac{\partial f}{\partial\sigma_3}\right)\begin{pmatrix}\mathrm{d}\sigma_1\\ \mathrm{d}\sigma_2\\ \mathrm{d}\sigma_3\end{pmatrix}<0 \tag{15-6}$$

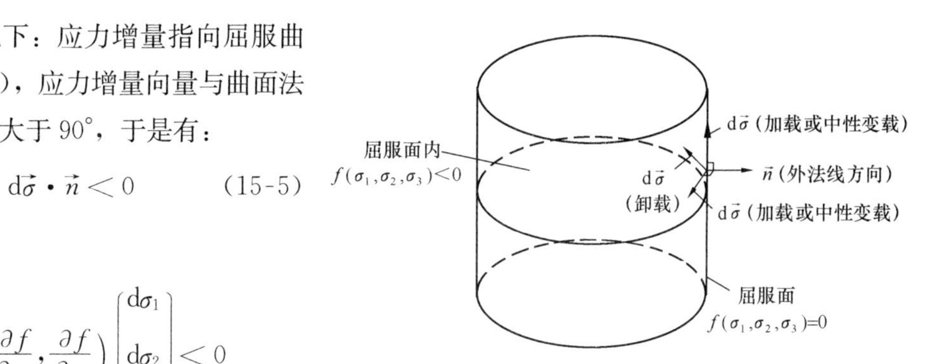

图 15-4　理想塑性材料加载（或中性变载）及卸载的应力变化方向

弹性状态下：应力处于屈服面内，有：

$$f(\sigma_1,\sigma_2,\sigma_3)<0 \tag{15-7}$$

2. 硬化材料

如图 15-5 所示，硬化材料屈服函数（或加载函数）为：

$$f(\sigma_1,\sigma_2,\sigma_3,k)=0 \tag{15-8}$$

加载情况下：应力增量指向屈服面的外面，向另一个后继屈服面过渡，此时应力增量向量 $\mathrm{d}\vec{\sigma}$ 与曲面法向向量 $\vec{n}$ 的夹角小于 90°，满足的方程为：

$$\left.\begin{aligned}&f(\sigma_1,\sigma_2,\sigma_3,k)=0\\&\frac{\partial f}{\partial\sigma_1}\mathrm{d}\sigma_1+\frac{\partial f}{\partial\sigma_2}\mathrm{d}\sigma_2+\frac{\partial f}{\partial\sigma_3}\mathrm{d}\sigma_3>0\end{aligned}\right\} \tag{15-9}$$

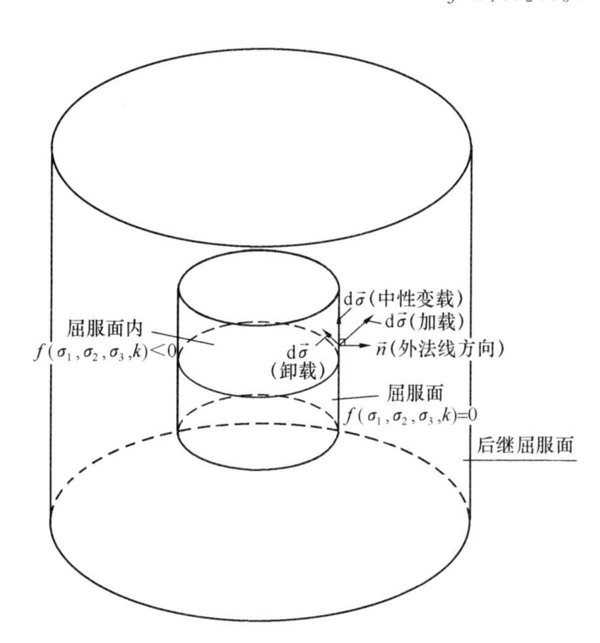

图 15-5　硬化材料加载、中性变载及卸载的应力变化方向

卸载情况下：应力增量指向屈服面的内部，此时应力增量向量 $\mathrm{d}\vec{\sigma}$ 与曲面

法向向量 $\vec{n}$ 的夹角大于 90°，满足的方程为：

$$\left.\begin{aligned} & f(\sigma_1,\sigma_2,\sigma_3,k)=0 \\ & \frac{\partial f}{\partial \sigma_1}\mathrm{d}\sigma_1+\frac{\partial f}{\partial \sigma_2}\mathrm{d}\sigma_2+\frac{\partial f}{\partial \sigma_3}\mathrm{d}\sigma_3<0 \end{aligned}\right\} \tag{15-10}$$

中性变载下：应力增量沿屈服面切向流动，此时应力增量向量 $\mathrm{d}\vec{\sigma}$ 与曲面法向向量 $\vec{n}$ 垂直，满足的方程为：

$$\left.\begin{aligned} & f(\sigma_1,\sigma_2,\sigma_3,k)=0 \\ & \frac{\partial f}{\partial \sigma_1}\mathrm{d}\sigma_1+\frac{\partial f}{\partial \sigma_2}\mathrm{d}\sigma_2+\frac{\partial f}{\partial \sigma_3}\mathrm{d}\sigma_3=0 \end{aligned}\right\} \tag{15-11}$$

弹性状态下（屈服面内）：

$$f(\sigma_1,\sigma_2,\sigma_3,k)<0 \tag{15-12}$$

【例 15-1】 对硬化材料，处于平面应力状态（$\sigma_3=0$），先加载 $\sigma_1=\sigma_2=\sigma_s$，正好开始屈服。然后再施加无限小应力增量 $\mathrm{d}\sigma_1=-\mathrm{d}\sigma_2$，试按 Mises 屈服条件，考察此过程是加载还是卸载。

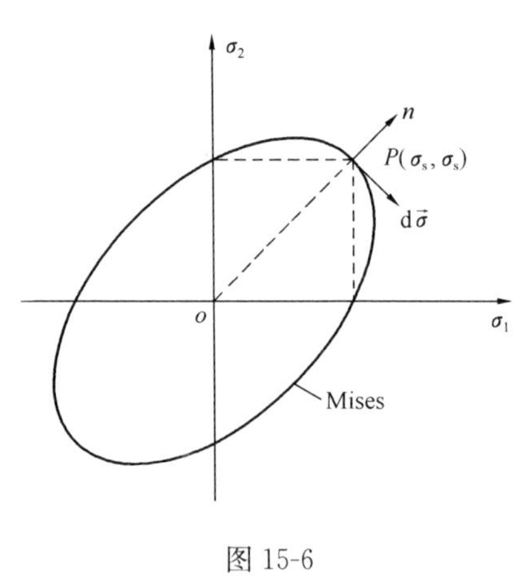

图 15-6

【解】 平面应力状态 Mises 屈服条件为：

$$\sigma_1^2-\sigma_1\sigma_2+\sigma_2^2=\sigma_s^2$$

即加载函数为：

$$f(\sigma_1,\sigma_2,\sigma_3,k)=\sigma_1^2-\sigma_1\sigma_2+\sigma_2^2-\sigma_s^2=0$$

因为：

$$\left(\frac{\partial f}{\partial \sigma_1},\frac{\partial f}{\partial \sigma_2}\right)\begin{pmatrix}\mathrm{d}\sigma_1\\ \mathrm{d}\sigma_2\end{pmatrix}=3(\sigma_1-\sigma_2)\mathrm{d}\sigma_1=0$$

所以此过程为中性变载，即应力增量 $\mathrm{d}\vec{\sigma}$ 在屈服线上滑动（图 15-6）。

15.3 材料硬化模型

1. 单一曲线假设

对于各向同性、简单加载（各应力分量同时成比例增加）的塑性材料，假定材料硬化特性可以表示为：

$$\sigma_e=\Phi(\varepsilon_e) \tag{15-13}$$

式中：σ_e，ε_e 分别为等效应力与等效应变，简单拉伸情况时：$\sigma_e=\sigma$，$\varepsilon_e=\varepsilon$，此时图 15-7（b）的单向拉伸应力-应变关系（曲线）与式（15-13）（复杂应力状态）相同。即：复杂应力状态下的应力-应变关系可以用单向拉伸时的应力-应变关系来替代。

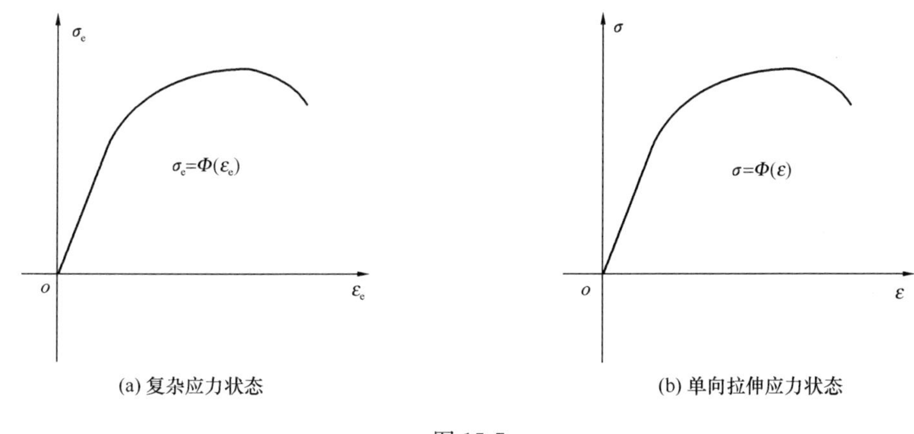

(a) 复杂应力状态　　(b) 单向拉伸应力状态

图 15-7

2. 等向硬化模型

不考虑 Bauschinger 效应，假定：材料在一个方向上得到硬化，则在所有方向上（关于 o 点对称）都有同等硬化。对于单轴拉压情况，如图 15-8（a）所示，拉伸时的后继屈服应力 σ'_{s+} 与压缩时的后继屈服应力 σ'_{s-}，两者大小相等。对于复杂应力状态，初始屈服条件为 $f(\sigma_1,\sigma_2,\sigma_3)=0$，其后继屈服条件可以写为：

$$f(\sigma_1,\sigma_2,\sigma_3)-K(k)=0 \tag{15-14}$$

其中：$K(k)$ 表示了材料常数 k 的函数。对于 Mises 屈服准则，方程（15-14）在 π 平面上表示了以 $K(k)$ 为参数的一族同心圆；对于 Tresca 屈服准则，方程（15-14）在 π 平面上表示了一族同心正六边形。在主应力空间上，屈服面的位置不变，但大小发生了改变。

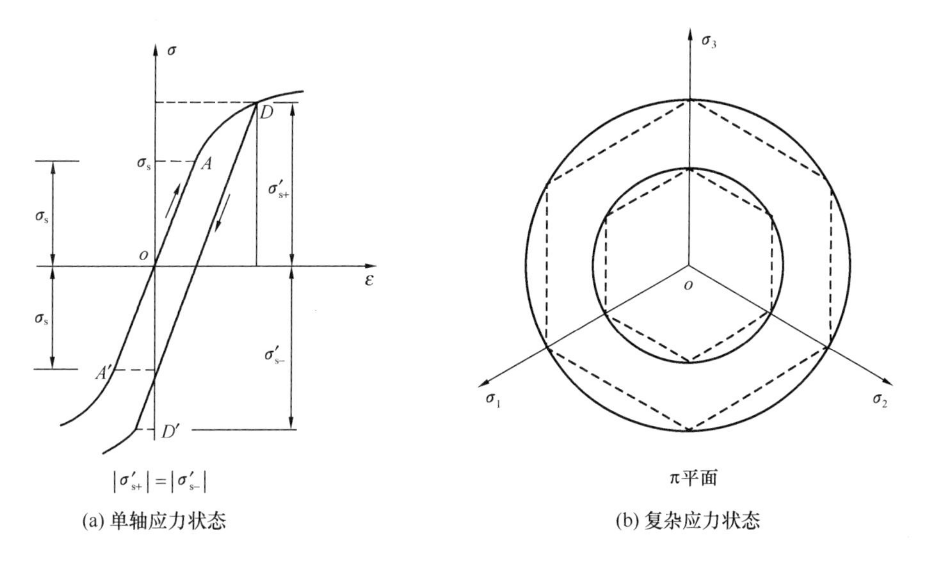

(a) 单轴应力状态　　(b) 复杂应力状态

图 15-8　等向硬化模型

3. 随动硬化模型

考虑 Bauschinger 效应，假定：材料在一个方向上得到硬化，则在相反方向上将同等

弱化。对于单轴拉压情况，如图 15-9（a）所示，拉伸时的后继屈服应力 σ'_{s+} 增加多少，则压缩时的后继屈服应力 σ'_{s-} 相应地减少多少，即保持 $|\sigma'_{s+}|+|\sigma'_{s-}|=2\sigma_s$，在图 15-9（a）中，相当于直线 AA' 平移到 DD'，且与直线 DD' 重合。

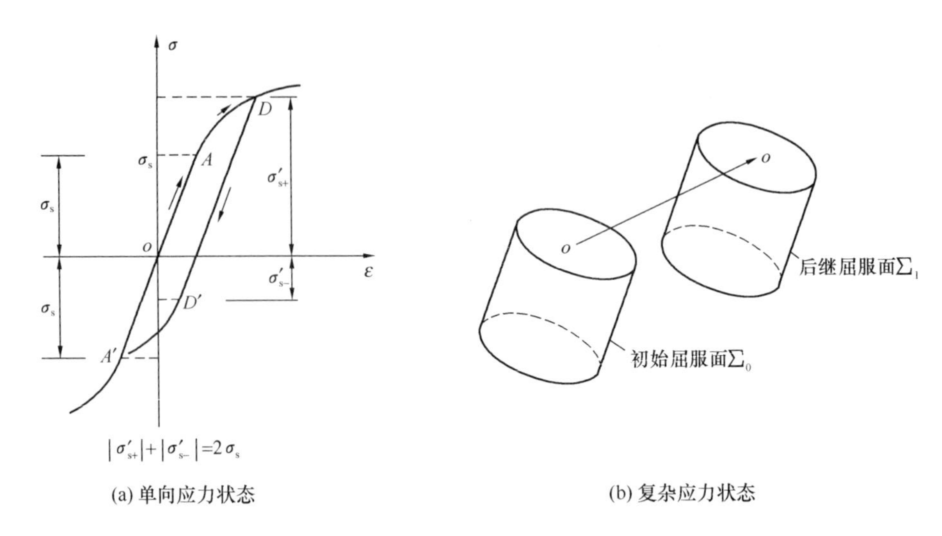

(a) 单向应力状态　　(b) 复杂应力状态

图 15-9　随动硬化模型

复杂应力状态下，初始屈服面为 $f(\sigma_{ij})-c=0$，式中 c 为常数，则后继屈服面可以表达为：

$$f(\sigma_{ij}+\hat{\sigma}_{ij})-c=0 \tag{15-15}$$

式中：$\hat{\sigma}_{ij}$ 表示应力位移，c 为常数，如图 15-9（b）所示，相对于初始屈服面，后继屈服面在空间作了一个平移，其大小与形状不变，但位置发生了改变。

15.4　Drucker 公设

1. 稳定材料和不稳定材料

单轴拉伸的情形下，材料存在两种应力-应变情形，如图 15-10（a）所示的材料，$\frac{d\sigma}{d\varepsilon}>0$ 及 $\frac{d^2\sigma}{d\varepsilon^2}<0$（曲线向上凸），加载过程中，应力增量所做功恒为正，具有这种性质的材料称为稳定材料；如图 15-10（b）所示的材料，应力-应变曲线处于下降段，此时 $\frac{d\sigma}{d\varepsilon}<0$，应力增量做负功，具有这种性质的材料称为不稳定材料。

2. Drucker 公设

单轴拉伸的情形下容易定义稳定材料，然而复杂应力状态下，如何定义稳定材料？Drucker 给出了如下的公设，在图 15-11 的应力空间内讨论如下的应力循环：

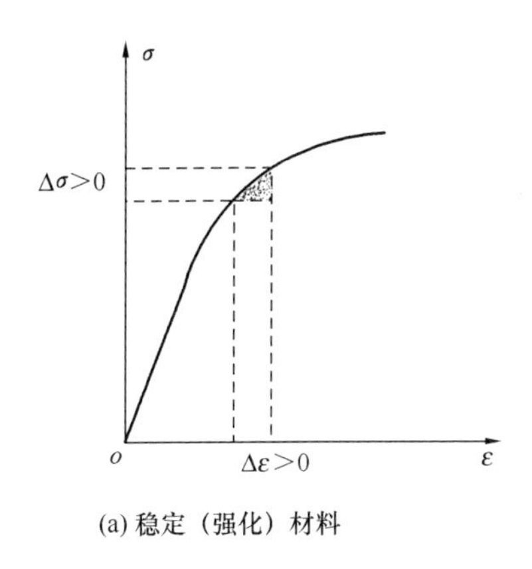

(a) 稳定（强化）材料

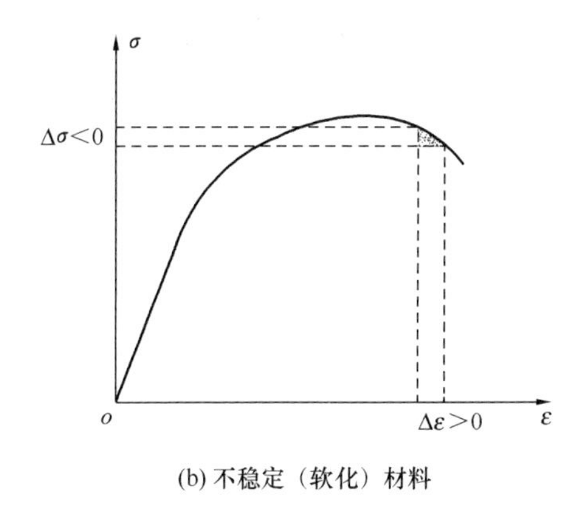

(b) 不稳定（软化）材料

图 15-10　稳定材料和不稳定材料

$$\sigma_{ij}^{0}\underbrace{\rightarrow}_{\text{加载}}\sigma_{ij}\underbrace{\rightarrow\sigma_{ij}+\mathrm{d}\sigma_{ij}}_{\mathrm{d}\varepsilon_{ij}^{\mathrm{p}}\ (\text{塑性应变})}\underbrace{\rightarrow}_{\text{卸载}}\sigma_{ij}^{0}$$

某一屈服面 $\sum_1$ 内某一应力状态 σ_{ij}^0（A 点）处于平衡，然后对物体加载，使该点正好到达屈服面 $\sum_1$ 上，对应的 B 点应力状态为 σ_{ij}，此时再增加一个微小的荷载，使该点正好进入和 $\sum_1$ 相邻的另一后继屈服面 $\sum_2$ 上，此时对应 C 点的应力为 $\sigma_{ij}+\mathrm{d}\sigma_{ij}$，对应过程②产生塑性变形为 $\mathrm{d}\varepsilon_{ij}^{\mathrm{p}}$，然后按路径 CA 卸载，退回到初始应力状态 σ_{ij}^0，在以上三个过程中，①和③过程是弹性过程，不产生新的塑性变形，只有过程②产生新的塑性变形，这个过程的塑性功为：$(\sigma_{ij}+\mathrm{d}\sigma_{ij}-\sigma_{ij}^0)\mathrm{d}\varepsilon_{ij}^{\mathrm{p}}=(\sigma_{ij}-\sigma_{ij}^0)\mathrm{d}\varepsilon_{ij}^{\mathrm{p}}$（这里 $\mathrm{d}\sigma_{ij}$ 与 σ_{ij} 相比为高阶无穷小量，可略去不计），若塑性功满足下式：

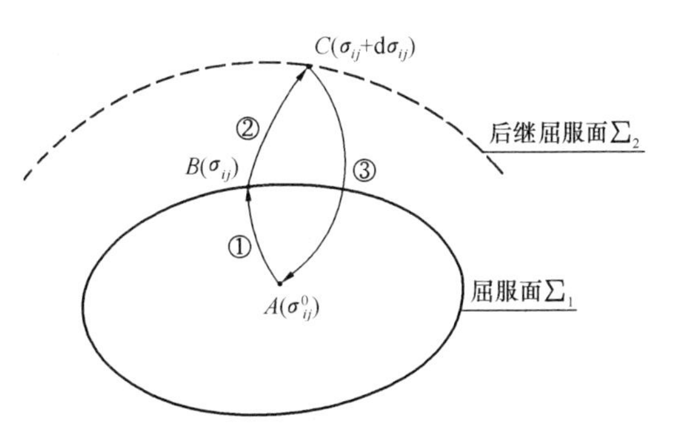

图 15-11　应力循环

$$(\sigma_{ij}-\sigma_{ij}^0)\mathrm{d}\varepsilon_{ij}^{\mathrm{p}}\geqslant 0 \tag{15-16}$$

则材料是稳定的，这就是 Drucker 公设。

3. 屈服面（加载面）总是外凸的

若以上初始应力点 A 位于屈服面 $\sum_1$ 上，则对于稳定材料有：

$$\mathrm{d}\sigma_{ij}\cdot\mathrm{d}\varepsilon_{ij}^{\mathrm{p}}\geqslant 0 \tag{15-17}$$

根据式（15-17），可以证明，在屈服面上两矢量 $\mathrm{d}\vec{\sigma}$（应力空间内）、$\mathrm{d}\vec{\varepsilon}$（应变空间内）的夹角为锐角，由此可证明屈服面为凸曲面（证明从略）。

15.5 塑性本构关系的增量理论与全量理论

15.5.1 增量理论

塑性材料进入塑性状态后，应力-应变关系具有多值性，且与加载和卸载路径有关，本构关系一般情况表现为局部的增量关系（而不是全量关系）。

弹塑性体内任一点总应变 ε_{ij} 为：

$$\varepsilon_{ij}=\varepsilon_{ij}^{\mathrm{e}}+\varepsilon_{ij}^{\mathrm{p}} \tag{15-18}$$

式中：$\varepsilon_{ij}^{\mathrm{e}}$，$\varepsilon_{ij}^{\mathrm{p}}$ 分别为弹性应变及塑性应变。上式的增量形式为：

$$\mathrm{d}\varepsilon_{ij}=\mathrm{d}\varepsilon_{ij}^{\mathrm{e}}+\mathrm{d}\varepsilon_{ij}^{\mathrm{p}} \tag{15-19}$$

塑性材料的变形可如下描述：

塑性材料变形 → 体积变形 ＋ 形状（畸变）变形

体积变形 ⇓ 弹性 ⇓ 与应力球张量有关

形状（畸变）变形 ⇓ 弹性变形＋塑性变形 ⇓ 与应力偏张量有关

塑性状态下，塑性变形仅与应力偏张量有关，应力偏张量的体应力为零，不发生体积改变，因而塑性体积应变为零（也可认为在塑性状态下，材料不可压缩），即有：

$$\mathrm{d}\varepsilon_{ii}^{\mathrm{p}}=0 \tag{15-20}$$

所以：

$$\mathrm{d}\varepsilon_{\mathrm{m}}=\frac{1}{3}\mathrm{d}\varepsilon_{ii}=\frac{1}{3}(\mathrm{d}\varepsilon_{ii}^{\mathrm{e}}+\mathrm{d}\varepsilon_{ii}^{\mathrm{p}})=\frac{1}{3}\mathrm{d}\varepsilon_{ii}^{\mathrm{e}}=\mathrm{d}\varepsilon_{\mathrm{m}}^{\mathrm{e}} \tag{15-21}$$

在弹性阶段，本构关系为：

$$\frac{\mathrm{d}S_{ij}}{\mathrm{d}e_{ij}^{\mathrm{e}}}=2G \tag{15-22}$$

$$\frac{\mathrm{d}\sigma_{\mathrm{m}}}{\mathrm{d}\varepsilon_{\mathrm{m}}}=3K \tag{15-23}$$

式（15-22）为应力偏张量（剪应力）与应变偏张量（剪应变）之间的关系；式（15-23）为应力球张量（体应力）与应变球张量（体应变）之间的关系。

由于塑性应变 $\mathrm{d}\varepsilon_{ij}^{\mathrm{p}}$ 只与应变偏张量有关，则有：

$$\mathrm{d}\varepsilon_{ij}^{\mathrm{p}}=\mathrm{d}e_{ij}-\mathrm{d}e_{ij}^{\mathrm{e}} \tag{15-24}$$

式中：$\mathrm{d}e_{ij}$ 为总应变偏张量的增量，$\mathrm{d}e_{ij}^{\mathrm{e}}$ 弹性应变偏张量的增量，将式（15-22）代入式（15-24）：

$$d\varepsilon_{ij}^{p} = de_{ij} - de_{ij}^{e} = de_{ij} - \frac{dS_{ij}}{2G} \tag{15-25}$$

增量理论假定：塑性应变增量与应力偏量成正比，即：

$$d\varepsilon_{ij}^{p} = S_{ij} \cdot d\lambda \tag{15-26}$$

式中：$d\lambda$ 为比例常数，决定于加载历史。将式（15-26）代入式（15-24）得：

$$S_{ij} \cdot d\lambda = de_{ij} - \frac{dS_{ij}}{2G} \tag{15-27}$$

或

$$de_{ij} = \frac{dS_{ij}}{2G} + S_{ij} \cdot d\lambda \tag{15-28}$$

上式表示了增量型的应力偏量与应变偏量之间的关系，称为 Prandtl-Reuss 方程，$d\lambda$ 可由屈服条件确定。将假定条件 $d\varepsilon_{ij}^{p} = S_{ij} \cdot d\lambda$ 在主应力、主应变空间内展开为：

$$\left.\begin{aligned} d\varepsilon_{1}^{p} &= (\sigma_1 - \sigma_m) \cdot d\lambda \\ d\varepsilon_{2}^{p} &= (\sigma_2 - \sigma_m) \cdot d\lambda \\ d\varepsilon_{3}^{p} &= (\sigma_3 - \sigma_m) \cdot d\lambda \end{aligned}\right\} \tag{15-29}$$

由上式得：

$$(d\varepsilon_1^p - d\varepsilon_2^p)^2 + (d\varepsilon_1^p - d\varepsilon_3^p)^2 + (d\varepsilon_2^p - d\varepsilon_3^p)^2 = (d\lambda)^2[(\sigma_1 - \sigma_2)^2 + (\sigma_1 - \sigma_3)^2 + (\sigma_2 - \sigma_3)^2] \tag{15-30}$$

所以：

$$d\lambda = \frac{d\gamma_{oct}^{p}}{2\tau_{oct}} \tag{15-31}$$

其中：

$$\left.\begin{aligned} \tau_{oct} &= \frac{1}{3}\sqrt{(\sigma_1 - \sigma_2)^2 + (\sigma_2 - \sigma_3)^2 + (\sigma_1 - \sigma_3)^2} \\ d\gamma_{oct}^{p} &= \frac{2}{3}\sqrt{(d\varepsilon_1^p - d\varepsilon_2^p)^2 + (d\varepsilon_1^p - d\varepsilon_3^p)^2 + (d\varepsilon_2^p - d\varepsilon_3^p)^2} \end{aligned}\right\} \tag{15-32}$$

式中：τ_{oct} 为八面体剪应力，$d\gamma_{oct}^{p}$ 为八面体塑性剪应变的微分表达式，若引入：

$$\sigma_e = \frac{3}{\sqrt{2}}\tau_{oct}, \ \varepsilon_e = \frac{1}{\sqrt{2}}\gamma_{oct}^{p} \tag{15-33}$$

式中：σ_e 为等效应力，ε_e 为等效塑性应变，注意到塑性状态下，材料不可压缩，取 $\nu = 0.5$，这时式（15-33）的塑性等效应变与 6.10 节中的弹性等效应变一致。所以式（15-31）可以重写为：

$$d\lambda = \frac{3}{2} \cdot \frac{d\varepsilon_e}{\sigma_e} \tag{15-34}$$

或

$$d\varepsilon_{ij}^{p}=\frac{3}{2}\cdot\frac{d\varepsilon_{e}}{\sigma_{e}}\cdot S_{ij} \tag{15-35}$$

注意到式（15-34）及式（15-35）中重复的 e 下标不求和。式（15-35）为 Prandtl-Reuss 方程的另一形式。为便于应用，根据式（15-22），式（15-23），式（15-28）及式（15-35），将增量型的本构关系写为下列分量的展开形式：

$$\left.\begin{aligned}
&de_{x}=\frac{dS_{x}}{2G}+\frac{3S_{x}d\varepsilon_{e}}{2\sigma_{e}},\ de_{xy}=\frac{d\tau_{xy}}{2G}+\frac{3\tau_{xy}d\varepsilon_{e}}{2\sigma_{e}}\\
&de_{y}=\frac{dS_{y}}{2G}+\frac{3S_{y}d\varepsilon_{e}}{2\sigma_{e}},\ de_{yz}=\frac{d\tau_{yz}}{2G}+\frac{3\tau_{yz}d\varepsilon_{e}}{2\sigma_{e}}\\
&de_{z}=\frac{dS_{z}}{2G}+\frac{3S_{z}d\varepsilon_{e}}{2\sigma_{e}},\ de_{xz}=\frac{d\tau_{xz}}{2G}+\frac{3\tau_{xz}d\varepsilon_{e}}{2\sigma_{e}}\\
&d\varepsilon_{m}=\frac{d\sigma_{m}}{3K}
\end{aligned}\right\} \tag{15-36}$$

对于理想弹塑性材料，由于材料无硬化，加载函数=屈服函数，若采用 Mises 屈服条件，则材料屈服后有：$\sigma_{e}=\sigma_{s}$，根据式（15-35）得理想弹塑性材料增量型本构关系为：

$$d\varepsilon_{ij}^{p}=\frac{3}{2}\cdot\frac{d\varepsilon_{e}}{\sigma_{s}}\cdot S_{ij} \tag{15-37}$$

对于理想刚塑性材料，忽略弹性应变部分（$d\varepsilon_{ij}=d\varepsilon_{ij}^{p}+d\varepsilon_{ij}^{e}\approx d\varepsilon_{ij}^{p}$），且：$\sigma_{e}=\sigma_{s}$，则式（15-35）可写为：

$$d\varepsilon_{ij}=\frac{3}{2}\cdot\frac{d\varepsilon_{e}}{\sigma_{s}}\cdot S_{ij} \tag{15-38}$$

上式即为理想刚塑性材料的 Levy-Mises 方程。

15.5.2 全量理论

一般情况，要得到全量 σ_{ij} 与 ε_{ij} 之间的关系，需对增量方程积分，一般与加载路径有关（即与积分路径有关），但简单加载情况下，可与路径无关。全量理论的充分条件（简单加载定理）为：

（1）小变形；（2）材料不可压缩，$\nu=0.5$；（3）等效应力、应变之间成幂函数关系：$\sigma_{e}=A\varepsilon_{e}^{m}$($A$，$m$ 为常数)；（4）外荷载按比例增长。

在简单加载的情况下，任一点的应力分量都按同一比例增长。即：

$$\sigma_{ij}=k\sigma_{ij}^{0} \tag{15-39}$$

式中：σ_{ij}^{0} 为 t_{0} 时刻参考应力，$k=k(t)$ 为时间增长函数。则：

$$\left.\begin{aligned}
S_{ij}&=kS_{ij}^{0}\\
\sigma_{e}&=k\sigma_{e}^{0}
\end{aligned}\right\} \tag{15-40}$$

式中：σ_e^0 为 t_0 时刻的等效应力，所以根据式（15-35）有：

$$d\varepsilon_{ij}^p = \frac{3}{2} \cdot \frac{d\varepsilon_e}{\sigma_e} \cdot S_{ij} = \frac{3}{2} \cdot \frac{d\varepsilon_e}{k\sigma_e^0} \cdot kS_{ij}^0 = \frac{3}{2} \cdot \frac{d\varepsilon_e}{\sigma_e^0} \cdot S_{ij}^0$$

于是：

$$\varepsilon_{ij}^p = \int d\varepsilon_{ij}^p = \frac{3}{2}\int \frac{d\varepsilon_e}{\sigma_e^0} S_{ij}^0 = \frac{3}{2} \frac{S_{ij}^0}{\sigma_e^0} \int d\varepsilon_e = \frac{3}{2} \frac{S_{ij}^0}{\sigma_e^0} \varepsilon_e = \frac{3}{2} \frac{kS_{ij}^0}{k\sigma_e^0} \varepsilon_e = \frac{3}{2} \frac{S_{ij}}{\sigma_e} \varepsilon_e \quad (15\text{-}41)$$

上式为全量的本构方程，注意到式（15-41）中重复的 e 下标不求和。在小变形条件下，Hyushin（依留申）进一步证明了下式成立：

$$e_{ij} = \frac{3}{2} \frac{S_{ij}}{\sigma_e} \varepsilon_e \quad (15\text{-}42)$$

如果按单一曲线假设，等效应力与等效应变满足式（15-13），则全量型的本构关系可以归纳为：

$$\left.\begin{aligned} \varepsilon_m &= \frac{1-2\nu}{E}\sigma_m \\ e_{ij} &= \frac{3}{2} \frac{S_{ij}}{\sigma_e} \varepsilon_e \\ \sigma_e &= \Phi(\varepsilon_e) \end{aligned}\right\} \quad (15\text{-}43)$$

上式表示加载时的全量本构关系，卸载时本构关系不服从上式，卸载时符合弹性规律，即符合式（15-22）和式（15-23）。

15.5.3　理想弹塑性材料的拉扭联合应力应变分析

如图 15-12 所示的薄壁管，承受拉力 P 及扭矩 T 的作用，采用柱坐标描述管壁内的应力分量，任一点的应力状态如图 15-12 所示，有轴向拉应力 σ_z（对应有轴向应变 ε_z）及环向剪应力 $\tau_{z\theta} = \tau_{\theta z}$（对应有环向剪应变 $\gamma_{z\theta} = \gamma_{\theta z}$），其他应力分量及对应的应变分量为零。薄壁管的拉扭组合试验可用来研究增量理论与全量理论的适用范围，它的优点在于应力分量各自只与一外力有关，各应力分量之间互不相互影响，只要调整外力，就可得到各应力分量的不同加载路径；此外应变分量 ε_z，$\gamma_{z\theta}$ 也是相互独立的，也可以通过变形加载，以实现不同应变的加载路径。

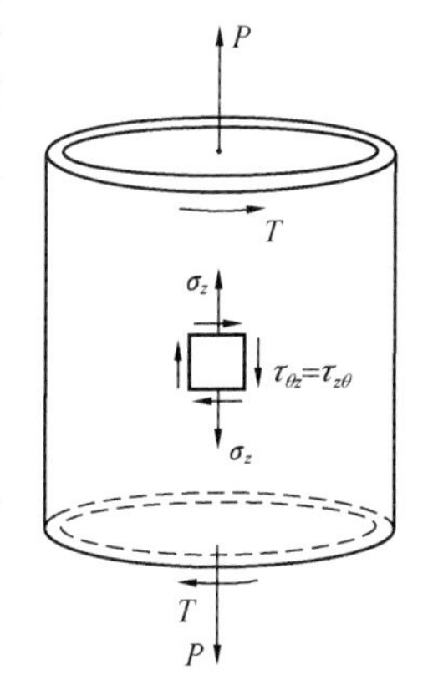

图 15-12　薄壁管受拉扭组合作用

对于理想弹塑性材料，在弹性阶段的本构关系为：$\sigma_z = E\varepsilon_z$，$\tau_{z\theta} = G\gamma_{z\theta}$。进入塑性以后，按 Mises 屈服条件，仿照例 14-2 的分析，得屈服后的应力关系为：

$$\frac{\sigma_z^2}{\sigma_s^2} + \frac{\tau_{z\theta}^2}{\left(\frac{\sigma_s}{\sqrt{3}}\right)^2} = 1 \quad (15\text{-}44)$$

上式表示屈服曲线为椭圆，在椭圆以内，材料处于弹性状态，由于为理想弹塑性材料，材料屈服后，应力分量只能在椭圆屈服线上滑动，即屈服后的应力分量始终满足方程（15-44）。

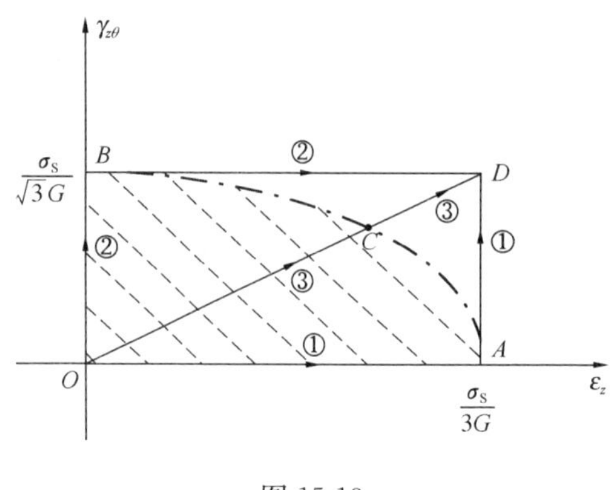

图 15-13

为简单计，设材料体积不可压缩，即：$\nu=0.5$，那么：$E=3G$，对应于式（15-44）的应力屈服条件，其应变关系为：

$$\frac{\varepsilon_z^2}{\left(\frac{\sigma_s}{3G}\right)^2}+\frac{\gamma_{z\theta}^2}{\left(\frac{\sigma_s}{\sqrt{3}G}\right)^2}=1 \tag{15-45}$$

上式表示了如图 15-13 中的椭圆曲线（点划线所示），在椭圆阴影以内为弹性区。以下分别采用增量理论与全量理论，计算图 15-13 中三条不同的应变加载路径所对应的应力值。

1. 采用增量理论求解

根据式（15-19），有：

$$\mathrm{d}\varepsilon_z=\mathrm{d}\varepsilon_z^e+\mathrm{d}\varepsilon_z^p,\quad \mathrm{d}\gamma_{z\theta}=\mathrm{d}\gamma_{z\theta}^e+\mathrm{d}\gamma_{z\theta}^p \tag{15-46}$$

其中弹性应变增量为：

$$\mathrm{d}\varepsilon_z^e=\frac{\mathrm{d}\sigma_z}{E},\ \mathrm{d}\gamma_{z\theta}^e=\frac{\mathrm{d}\tau_{z\theta}}{G} \tag{15-47}$$

根据式（15-26），塑性应变增量为：

$$\mathrm{d}\varepsilon_z^p=S_z\mathrm{d}\lambda=(\sigma_z-\sigma_m)\mathrm{d}\lambda=\frac{2}{3}\sigma_z\mathrm{d}\lambda,\ \mathrm{d}\gamma_{z\theta}^p=2\tau_{z\theta}\mathrm{d}\lambda \tag{15-48}$$

将式（15-47）及式（15-48）代入式（15-46）得：

$$\mathrm{d}\varepsilon_z=\frac{\mathrm{d}\sigma_z}{E}+\frac{2}{3}\sigma_z\mathrm{d}\lambda,\ \mathrm{d}\gamma_{z\theta}=\frac{\mathrm{d}\tau_{z\theta}}{G}+2\tau_{z\theta}\mathrm{d}\lambda \tag{15-49}$$

在理想塑性时 $\mathrm{d}\lambda$ 无法确定，从上式消去 $\mathrm{d}\lambda$ 得：

$$\frac{\mathrm{d}\varepsilon_z-\mathrm{d}\sigma_z/E}{\mathrm{d}\gamma_{z\theta}-\mathrm{d}\tau_{z\theta}/G}=\frac{\sigma_z}{3\tau_{z\theta}} \tag{15-50}$$

由式（15-44）得 $\tau_{z\theta}=\frac{\sigma_s}{\sqrt{3}}\sqrt{1-\left(\frac{\sigma_z}{\sigma_s}\right)^2}$，将式（15-44）微分得 $\sigma_z\mathrm{d}\sigma_z+3\tau_{z\theta}\mathrm{d}\tau_{z\theta}=0$，则有：

$$\mathrm{d}\tau_{z\theta}=-\frac{\sqrt{3}}{3}\frac{\sigma_z\mathrm{d}\sigma_z}{\sqrt{\sigma_s^2-\sigma_z^2}} \tag{15-51}$$

将上式代入式（15-50），消去 $\tau_{z\theta}$，$\mathrm{d}\tau_{z\theta}$ 得：

$$\frac{\mathrm{d}\sigma_z}{\mathrm{d}\varepsilon_z}=G\sqrt{1-\left(\frac{\sigma_z}{\sigma_s}\right)^2}\left[3\sqrt{1-\left(\frac{\sigma_z}{\sigma_s}\right)^2}-\frac{\sqrt{3}\sigma_z}{\sigma_s}\frac{\mathrm{d}\gamma_{z\theta}}{\mathrm{d}\varepsilon_z}\right] \tag{15-52}$$

同理，消去 σ_z，$d\sigma_z$ 得：

$$\frac{d\tau_{z\theta}}{d\gamma_{z\theta}}=G\sqrt{1-\left(\frac{\sqrt{3}\tau_{z\theta}}{\sigma_s}\right)^2}\left[\sqrt{1-\left(\frac{\sqrt{3}\tau_{z\theta}}{\sigma_s}\right)^2}-\frac{3\tau_{z\theta}}{\sigma_s}\frac{d\varepsilon_z}{d\gamma_{z\theta}}\right] \tag{15-53}$$

三条加载路径如图 15-13 所示，其中 A，B，C 及 D 点的坐标分别为 $A(\sigma_s/(3G),0)$，$B(0,\sigma_s/(\sqrt{3}G))$，$C(\sigma_s/(\sqrt{18}G)，\sigma_s/(\sqrt{6}G))$，$D(\sigma_s/(3G)，\sigma_s/(\sqrt{3}G))$。

加载路径①是 OAD，OA 段在椭圆区域内为弹性阶段，初始点的应变与应力为：$\varepsilon_z^0=0$，$\gamma_{z\theta}^0=0$，$\sigma_z^0=0$，$\tau_{z\theta}^0=0$，根据弹性理论，A 点的应变与应力为：$\varepsilon_z^A=\sigma_s/(3G)$，$\gamma_{z\theta}^A=0$，$\sigma_z^A=E\varepsilon_z^A=\sigma_s$，$\tau_{z\theta}^A=0$；$AD$ 段在椭圆区域外，为塑性阶段，且 $d\varepsilon_z=0$，$\varepsilon_z^D=\sigma_s/(3G)$，$\gamma_{z\theta}^D=\sigma_s/(\sqrt{3}G)$，利用式（15-53），将式（15-53）在 AD 段积分得：

$$\int_{\tau_{z\theta}^A}^{\tau_{z\theta}^D}\frac{d\tau_{z\theta}}{\left[1-\left(\frac{\sqrt{3}\tau_{z\theta}}{\sigma_s}\right)^2\right]}=\int_{\gamma_{z\theta}^A}^{\gamma_{z\theta}^D}Gd\gamma_{z\theta}$$

积分得：

$$\frac{1}{2}\ln\left[\frac{1+\sqrt{3}\tau_{z\theta}/\sigma_s}{1-\sqrt{3}\tau_{z\theta}/\sigma_s}\right]\Bigg|_{\tau_{z\theta}^A}^{\tau_{z\theta}^D}=1$$

得 D 点剪应力为：$\tau_{z\theta}^D=0.439\sigma_s$，理想弹塑性材料屈服后的应力关系应满足式（15-44），所以 D 点正应力为：$\sigma_z^D=\sigma_s\sqrt{1-\left(\frac{\sqrt{3}\tau_{z\theta}^D}{\sigma_s}\right)^2}=0.65\sigma_s$。

加载路径②是 OBD，OB 段在椭圆区域内为弹性阶段，BD 段在椭圆区域外为塑性阶段，利用式（15-52）进行 BD 段积分，类似地求出 D 点的应力为：$\sigma_z^D=0.76\sigma_s$，$\tau_{z\theta}^D=0.375\sigma_s$。

加载路径③是 OCD，OC 段在椭圆区域内为弹性阶段，按弹性理论 C 点的应变与应力为：$\varepsilon_z^C=\sigma_s/(\sqrt{18}G)$，$\gamma_{z\theta}^C=\sigma_s/(\sqrt{6}G)$，$\sigma_z^C=\sigma_s/\sqrt{2}$，$\tau_{z\theta}^C=\sigma_s/\sqrt{6}$；$CD$ 段在椭圆区域外为塑性阶段，屈服后的应力关系应满足式（15-44），即：应力增量满足 $\sigma_z d\sigma_z+3\tau_{z\theta}d\tau_{z\theta}=0$，将 C 点的应力代入之，则从 C 点出发的应力增量满足关系式 $d\sigma_z=-\sqrt{3}d\tau_{z\theta}$，从 C 点出发的应力可表示为 $\sigma_z^C+d\sigma_z$，$\tau_{z\theta}^C+d\tau_{z\theta}$，它们在塑性状态下要满足式（15-44），即：

$$\frac{(\sigma_z^C+d\sigma_z)^2}{\sigma_s^2}+\frac{(\tau_{z\theta}^C+d\tau_{z\theta})^2}{\left(\frac{\sigma_s}{\sqrt{3}}\right)^2}=1 \tag{15-54}$$

将 $\sigma_z^C=\sigma_s/\sqrt{2}$，$\tau_{z\theta}^C=\sigma_s/\sqrt{6}$ 代入上式可得：$d\sigma_z=d\tau_{z\theta}=0$，即应力增量为零，且 CD 段的应变关系为：$d\gamma_{z\theta}=\sqrt{3}d\varepsilon_z$，为比例加载，那么增量方程（15-52）与方程（15-53）可以重写为：

$$\left.\begin{aligned}\frac{\mathrm{d}\sigma_z}{\mathrm{d}\varepsilon_z}=G\sqrt{1-\left(\frac{\sigma_z}{\sigma_s}\right)^2}\left[3\sqrt{1-\left(\frac{\sigma_z}{\sigma_s}\right)^2}-\frac{3\sigma_z}{\sigma_s}\right]=0\\\frac{\mathrm{d}\tau_{z\theta}}{\mathrm{d}\gamma_{z\theta}}=G\sqrt{1-\left(\frac{\sqrt{3}\tau_{z\theta}}{\sigma_s}\right)^2}\left[\sqrt{1-\left(\frac{\sqrt{3}\tau_{z\theta}}{\sigma_s}\right)^2}-\frac{\sqrt{3}\tau_{z\theta}}{\sigma_s}\right]=0\end{aligned}\right\}\tag{15-55}$$

从上式可知：CD 段上应力必须满足：

$$3\sqrt{1-\left(\frac{\sigma_z}{\sigma_s}\right)^2}-\frac{3\sigma_z}{\sigma_s}=0,\sqrt{1-\left(\frac{\sqrt{3}\tau_{z\theta}}{\sigma_s}\right)^2}-\frac{\sqrt{3}\tau_{z\theta}}{\sigma_s}=0\tag{15-56}$$

由上式可以得到 D 点的应力为：$\sigma_z^{\mathrm{D}}=\sigma_s/\sqrt{2}$，$\tau_{z\theta}^{\mathrm{D}}=\sigma_s/\sqrt{6}$，与 C 点的应力相同。以上的计算表明，增量理论的结果与加载路径有关。

需要说明的是，本例通过应变增量来求解应力，但如果已知应力增量，这里却无法确定应变，这是因为理想弹塑性材料的应力达到屈服时，应变可无限增长。

2. 采用全量理论求解

由式（15-42）得：

$$S_{ij}=\frac{2}{3}\frac{\sigma_e}{\varepsilon_e}e_{ij}\tag{15-57}$$

据此将以上两个应力-应变分量方程分别写为：

$$\left.\begin{aligned}\frac{2}{3}\sigma_z=\frac{2}{3}\frac{\sigma_e}{\varepsilon_e}\varepsilon_z\\\tau_{z\theta}=\frac{2}{3}\frac{\sigma_e}{\varepsilon_e}\left(\frac{1}{2}\gamma_{z\theta}\right)\end{aligned}\right\}\tag{15-58}$$

当材料屈服时 $\sigma_e=\sigma_s$，取 $\nu=0.5$，注意到：$\varepsilon_r=\varepsilon_\theta=-0.5\varepsilon_z$，得：

$$\varepsilon_e=\frac{\sqrt{2}}{2(1+\nu)}\sqrt{(\varepsilon_r-\varepsilon_\theta)^2+(\varepsilon_r-\varepsilon_z)^2+(\varepsilon_z-\varepsilon_\theta)^2+\frac{3}{2}(\gamma_{r\theta}^2+\gamma_{zr}^2+\gamma_{z\theta}^2)}=\sqrt{\varepsilon_z^2+\frac{1}{3}\gamma_{z\theta}^2}\tag{15-59}$$

于是：

$$\left.\begin{aligned}\sigma_z=\frac{\sigma_s\varepsilon_z}{\sqrt{\varepsilon_z^2+\frac{1}{3}\gamma_{z\theta}^2}}\\\tau_{z\theta}=\frac{1}{3}\frac{\sigma_s\gamma_{z\theta}}{\sqrt{\varepsilon_z^2+\frac{1}{3}\gamma_{z\theta}^2}}\end{aligned}\right\}\tag{15-60}$$

将 D 点的坐标点 $\varepsilon_z=\sigma_s/(3G)$，$\gamma_{z\theta}=\sigma_s/(\sqrt{3}G)$ 代入上式得 D 点的应力为：$\sigma_z^{\mathrm{D}}=\sigma_s/\sqrt{2}$，$\tau_{z\theta}^{\mathrm{D}}=\sigma_s/\sqrt{6}$，与增量理论加载路径③的结果一样。

上述分析表明，由于加载路径不同，虽然最终达到的变形一样，但对应的应力却不相同，但在比例加载（简单加载）的情况下（路径③为比例加载），全量理论的结果与增量理论相同。

习　　题

15.1　对硬化材料，处于平面应力状态（$\sigma_3=0$），先加载 $\sigma_1=\sigma_s$，$\sigma_2=0$ 正好开始屈服。然后再施加（无限小）应力增量 $d\sigma_1>0$，$d\sigma_2=0$，试按 Mises 屈服条件，考察此过程是加载还是卸载。

15.2　给出简单拉伸时的增量理论与全量理论的本构关系。

15.3 薄壁圆管为理想弹塑性材料，受拉扭作用，服从 Mises 屈服条件，且 $\nu=0.5$，考虑图 15-14 的加载路径，分别用增量理论与全量理论求 $\varepsilon_z=\sigma_s/E$，$2\sigma_s/E$，$3\sigma_s/E$，$4\sigma_s/E$ 时对应的 σ_z。

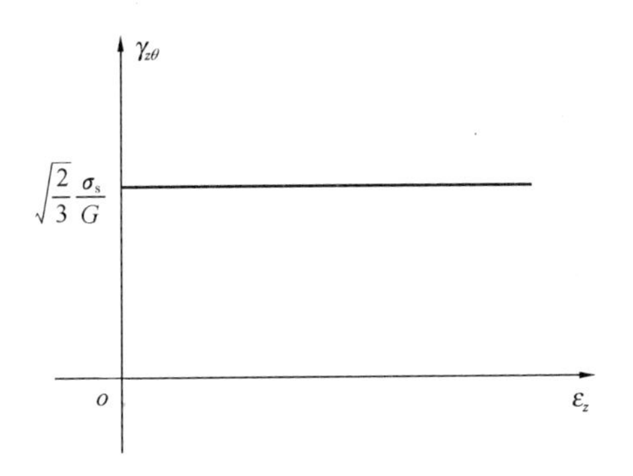

图 15-14

15.4　一圆杆，材料是不可压缩的，且服从 Mises 屈服条件，若首先将杆拉至屈服，然后在保持拉伸应变不变的情况下，再将杆扭转角度 $\kappa=\tau_s/(GR)$，式中 R 为圆杆半径，τ_s 为材料的剪切屈服极限，试求此时圆杆中的应力。

第 16 章　结构弹塑性分析

土木工程结构的工作状态可按图 16-1 表示，许多工程结构是按弹性设计的，其计算的方法可按弹性理论计算（第 1～12 章），弹性理论设计的上限阈值就是屈服条件（第 14 章）。在某些偶然荷载情况下，结构材料可能超过弹性范围处于弹塑性状态，这时并不意味着结构就倒塌破坏，事实上，处于弹塑性状态的结构仍具有承载能力，结构工程师需要了解在某些极端的荷载情况下结构的塑性极限承载能力。本章将分析几种工程结构的弹塑性问题，给出结构的塑性极限承载力。

弹性状态 → 弹塑性状态 → 塑性极限状态（极限承载力分析）

↓

屈服条件

图 16-1　工程结构的工作状态

16.1　弹塑性力学边值问题的提法

对于图 16-2 的弹塑性体，假定为理想弹塑性材料，其区域为 V，它由应力边界 S_σ 与位移边界 S_u 所包围，在应力边界上已知外荷载 $P_i(i=1,2,3)$，在位移边界上已知位移 $\overline{u}_i(i=1,2,3)$，该结构物的弹塑性力学边值问题可分别按全量理论与增量理论表述如下。

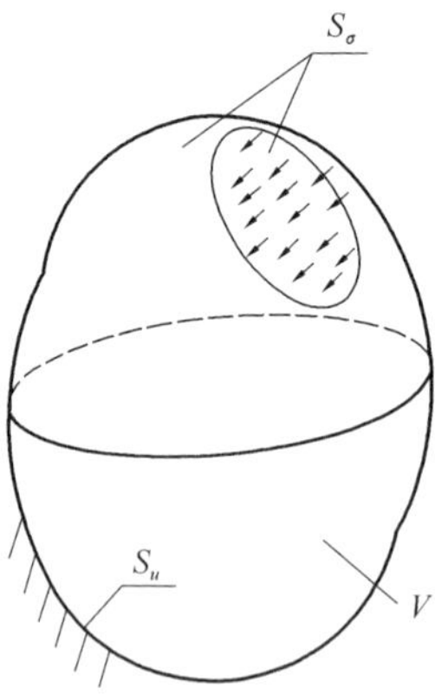

S_σ

S_u

V

图 16-2

16.1.1　全量理论边值问题

（1）平衡方程：

$$\sigma_{ij,j}+X_i=0 \tag{16-1}$$

（2）几何方程：

$$\varepsilon_{ij}=\frac{1}{2}(u_{i,j}+u_{j,i}) \tag{16-2}$$

（3）本构关系：

弹性区：

$$\varepsilon_{ij}=\frac{1+\nu}{E}\sigma_{ij}-\frac{\nu}{E}\sigma_{kk}\cdot\delta_{ij} \tag{16-3}$$

塑性区：

$$s_{ij} = \sigma_{ij} - \frac{1}{3}\sigma_{kk}\delta_{ij} \tag{16-4}$$

$$e_{ij} = \varepsilon_{ij} - \frac{1}{3}\varepsilon_{kk}\delta_{ij} \tag{16-5}$$

$$\sigma_{kk} = \frac{E}{1-2\nu}\varepsilon_{kk} \tag{16-6}$$

$$s_{ij} = \frac{2}{3}\frac{\sigma_e}{\varepsilon_e}e_{ij} \tag{16-7}$$

以上式（16-1）～式（16-7）中：σ_{ij}、ε_{ij} 分别为应力、应变张量，s_{ij} 为应力偏张量，e_{ij} 为应变偏张量，σ_{kk} 为应力球张量，ε_{kk} 为应变球张量，其他符号同前。

（4）边界条件：

在应力边界 s_σ 上：

$$\sigma_{ij}l_j = P_i \tag{16-8}$$

在位移边界 s_u 上：

$$u_i = \overline{u}_i \tag{16-9}$$

16.1.2　增量理论边值问题

（1）平衡方程：

$$\mathrm{d}\sigma_{ij,j} + \mathrm{d}X_i = 0 \tag{16-10}$$

（2）几何方程：

$$\mathrm{d}\varepsilon_{ij} = \frac{1}{2}(\mathrm{d}u_{i,j} + \mathrm{d}u_{j,i}) \tag{16-11}$$

（3）本构关系：

弹性区：

$$\mathrm{d}\varepsilon_{ij} = \frac{1+\nu}{E}\mathrm{d}\sigma_{ij} - \frac{\nu}{E}\mathrm{d}\sigma_{kk}\cdot\delta_{ij} \tag{16-12}$$

塑性区：

$$\mathrm{d}\sigma_{ij} = \mathrm{d}s_{ij} + \frac{1}{3}\mathrm{d}\sigma_{kk}\cdot\delta_{ij} \tag{16-13}$$

$$\mathrm{d}\varepsilon_{ij} = \mathrm{d}e_{ij} + \frac{1}{3}\mathrm{d}\varepsilon_{kk}\delta_{ij} \tag{16-14}$$

$$\mathrm{d}e_{ij} = \frac{1+\nu}{E}\mathrm{d}s_{ij} + s_{ij}\,\mathrm{d}\lambda \tag{16-15}$$

$$\mathrm{d}\varepsilon_{kk} = \frac{1-2\nu}{E}\mathrm{d}\sigma_{kk} \tag{16-16}$$

（4）边界条件：

在应力边界 S_σ 上：

$$d\sigma_{ij}l_j = dP_i \tag{16-17}$$

在位移边界 S_u 上：

$$du_i = d\overline{u}_i \tag{16-18}$$

16.2　三杆桁架的弹塑性分析

如图 16-3 所示的三杆桁架受到竖向力 P 的作用，三个杆的截面面积均为 A，由软钢制成，材料按理想塑性材料考虑（采用图 13-4b 的应力-应变关系），材料的屈服极限为 σ_s，试分析该桁架的弹性极限承载力 P_e 与塑性极限承载力 P_p。

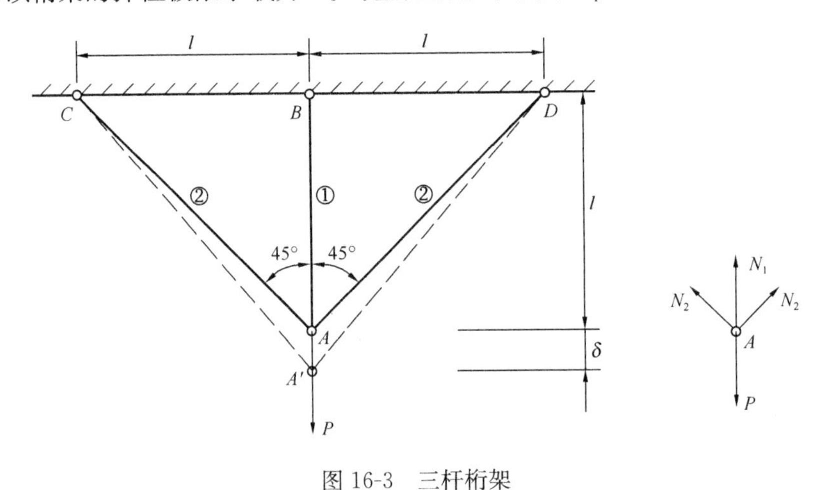

图 16-3　三杆桁架

取节点 A 为隔离体，设直杆 AB 的内力为 N_1，由于桁架的对称性，左右两斜杆的内力相同，均为 N_2，在小变形条件下，根据节点 A 的平衡条件得：

$$N_1 + 2N_2\cos45^\circ = P \tag{16-19}$$

A 点在荷载 P 作用下，产生的竖向位移为 δ，根据位移协调条件，杆①、②的应变满足下式：

$$\left.\begin{aligned}\varepsilon_1 &= \frac{\delta}{l}\\ \varepsilon_2 &= \frac{\sqrt{(l+\delta)^2+l^2}-\sqrt{2}l}{\sqrt{2}l} \approx \frac{\delta}{2l}\end{aligned}\right\} \tag{16-20}$$

根据式（16-20），得到补充方程为：

$$N_1 = 2N_2 \tag{16-21}$$

所以杆的内力为：

$$N_1=\frac{2P}{2+\sqrt{2}},\ N_2=\frac{P}{2+\sqrt{2}} \tag{16-22}$$

（1）弹性极限状态时：

显然杆①受到的力较大，弹性极限状态时，杆①首先屈服，即：$N_1=\sigma_s A$，利用式（16-22），得弹性极限承载力：

$$P_e=\frac{(2+\sqrt{2})\sigma_s A}{2} \tag{16-23}$$

（2）塑性极限状态时：

当外力 $P>P_e$ 时，由于杆①的荷载加不上去，杆①的荷载始终保持为 $N_1=\sigma_s A$，多余的荷载将由杆②承担，当 $N_2=\sigma_s A$ 时，所有杆均进入塑性状态，达到塑性极限状态，这时位移协调条件式（16-20）仍满足，但式（16-21）将不再成立，将 $N_1=N_2=\sigma_s A$ 代入平衡方程式（16-19）得塑性极限承载力：

$$P_p=(1+\sqrt{2})\sigma_s A \tag{16-24}$$

塑性与弹性极限承载力的比值为：$P_p/P_e=1.414$。

16.3　梁的弹塑性弯曲

如图 16-4 所示，受均布荷载的简支梁，梁的截面尺寸及坐标如图示。根据材料力学（弹性力学），梁内的应力设为：$\sigma_x=\sigma\,(\neq 0)$，$\sigma_y\approx 0$（与 σ_x 比，可忽略不计），$\tau_{xy}=\tau(\neq 0)$，其余应力为零。

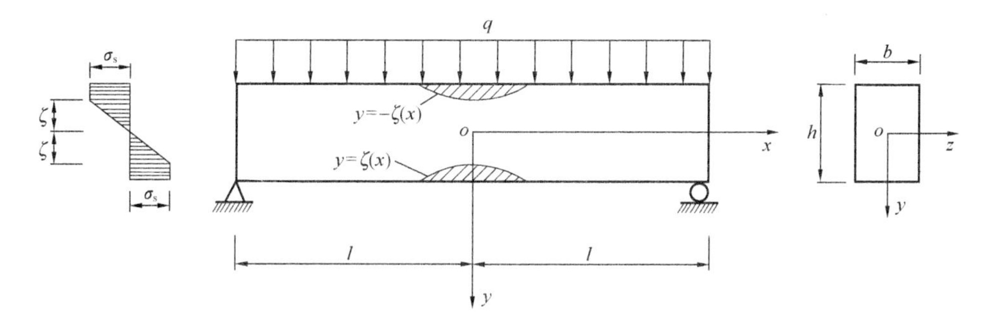

图 16-4　简支梁的弹塑性弯曲

按 Mises 屈服条件有：

$$\sigma_e=\frac{1}{\sqrt{2}}\sqrt{(\sigma_x-\sigma_y)^2+(\sigma_y-\sigma_z)^2+(\sigma_z-\sigma_x)^2+6(\tau_{xy}^2+\tau_{yz}^2+\tau_{zx}^2)}$$

$$=\sqrt{\sigma^2+3\tau^2}=\sigma_s \tag{16-25}$$

在小变形下，τ 比 σ 小得多，所以 $\sqrt{\sigma^2+3\tau^2}\approx\sigma$，于是屈服条件可近似写为：

$$\sigma=\sigma_s \tag{16-26}$$

设梁的变形满足平截面假设，有：$\varepsilon_x=ky$，k 为曲率，小变形下 $k=-\dfrac{d^2v}{dx^2}$，v 为 y 方向上的位移（挠度）。所以：

$$\varepsilon_x=-y\frac{d^2v}{dx^2} \tag{16-27}$$

假定材料为理想弹塑性材料，于是发生塑性变形后，弹性区应力为：

$$\sigma=E\varepsilon_x=-Ey\frac{d^2v}{dx^2} \tag{16-28}$$

塑性区应力为：

$$\sigma=\pm\sigma_s \tag{16-29}$$

应力首先在上下边达到屈服值，塑性区逐渐向内扩展。设 $y=\pm\zeta(x)$ 为弹塑性分界面（图 16-4），则：

$$\sigma=\begin{cases}-\sigma_s & -\dfrac{h}{2}\leqslant y<-\zeta & \text{塑性(压)}\\ \dfrac{y\sigma_s}{\zeta} & -\zeta\leqslant y\leqslant\zeta & \text{弹性}\\ \sigma_s & \zeta<y\leqslant\dfrac{h}{2} & \text{塑性(拉)}\end{cases} \tag{16-30}$$

任一截面 x 处的弯矩为：

$$M(x)=\int_{-h/2}^{+h/2}\sigma by\,dy=2b\int_0^{h/2}\sigma y\,dy=2b\left[\int_\zeta^{h/2}\sigma y\,dy+\int_0^\zeta\sigma y\,dy\right]=2\sigma_s b\left(\frac{1}{8}h^2-\frac{1}{6}\zeta^2\right) \tag{16-31}$$

又：

$$M(x)=\frac{1}{2}q(l^2-x^2) \tag{16-32}$$

所以有：

$$\frac{1}{2}q(l^2-x^2)=2\sigma_s b\left(\frac{1}{8}h^2-\frac{1}{6}\zeta^2\right) \tag{16-33}$$

由此得到弹塑性分界线方程为：

$$y^2=\zeta^2(x)=\left(\frac{3}{4}h^2-\frac{3}{2}\frac{ql^2}{\sigma_s b}\right)+\frac{3}{2}\frac{q}{\sigma_s b}x^2 \tag{16-34}$$

显然弹塑性分界线为双曲线，最大弯矩发生在截面 $x=0$ 处，弹性极限状态时：$\zeta=\pm h/2$，

将 $x=0$，$\zeta=\pm h/2$ 代入式（16-33），得弹性极限荷载为：

$$q_e=\frac{\sigma_s b}{3}\left(\frac{h}{l}\right)^2 \tag{16-35}$$

当 $x=0$ 截面全部成为塑性区时，变形可无限制地变大，出现塑性铰，结构变为机构，视为破坏状态，此时为塑性极限状态 $\zeta=0$，将 $x=0$，$\zeta=0$ 代入式（16-33），得塑性极限荷载为：

$$q_p=\frac{\sigma_s b}{2}\left(\frac{h}{l}\right)^2 \tag{16-36}$$

塑性与弹性极限荷载的比值为：$q_p/q_e=1.5$。

16.4　厚壁圆环（筒）的弹塑性分析

如图 16-5 所示受内压 p 的厚壁圆环（筒），其弹性解按式（5-45），取 $q_1=p$，$q_2=0$，得：

$$\left.\begin{aligned}\sigma_r&=-\frac{\left(\frac{b}{r}\right)^2-1}{\left(\frac{b}{a}\right)^2-1}p\\ \tau_{r\theta}&=0\\ \sigma_\theta&=\frac{\left(\frac{b}{r}\right)^2+1}{\left(\frac{b}{a}\right)^2-1}p\end{aligned}\right\} \tag{16-37}$$

对于平面应力问题（圆环问题），$\sigma_z=0$，环内任一点应力状态如图 16-5 所示，即有：$\sigma_1=\sigma_\theta$，$\sigma_2=0$，$\sigma_3=\sigma_r$，筒内最大剪应力发生在内壁 $r=a$ 处，所以：

$$\tau_{max}=\left.\frac{\sigma_1-\sigma_3}{2}\right|_{r=a}=\left.\frac{\sigma_\theta-\sigma_r}{2}\right|_{r=a}=\frac{\left(\frac{b}{a}\right)^2}{\left(\frac{b}{a}\right)^2-1}p \tag{16-38}$$

由 Tresca 屈服条件，当 $\tau_{max}=\frac{1}{2}\sigma_s$ 时，发生屈服，即有：$\frac{(b/a)^2}{(b/a)^2-1}p=\frac{1}{2}\sigma_s$，所以屈服发生时的内压力，即弹性极限压力为：

$$p_e=\frac{\sigma_s}{2}\left[1-\left(\frac{a}{b}\right)^2\right] \tag{16-39}$$

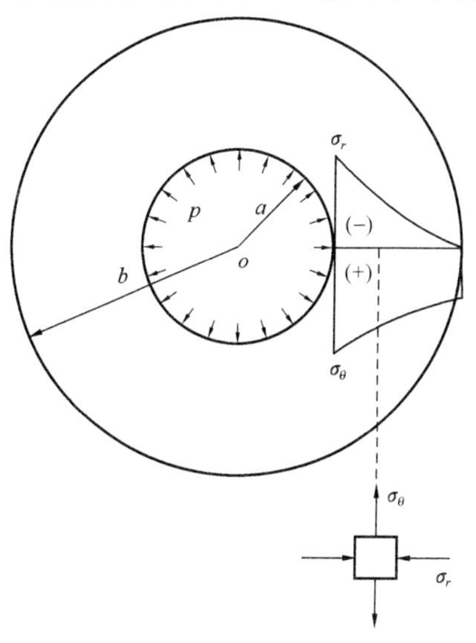

图 16-5　厚壁圆环（筒）的弹性解

当筒内压力 $p > p_e$ 时，圆筒还可以继续工作，设圆筒为理想弹塑性材料，这时筒内会产生一个塑性区域，设塑性半径为 ρ（图 16-6 阴影部分），ρ 为待求的未知量，在塑性区域，轴对称（无体力）平衡方程为：

$$\frac{\mathrm{d}\sigma_r}{\mathrm{d}r}+\frac{\sigma_r-\sigma_\theta}{r}=0 \tag{16-40}$$

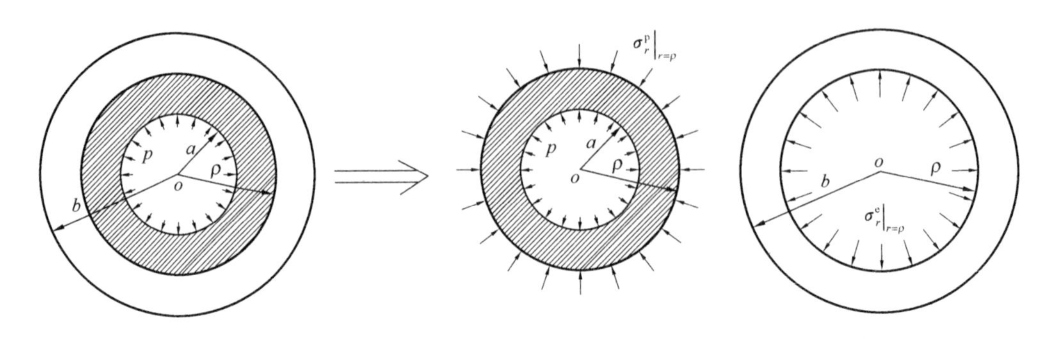

图 16-6　厚壁圆环（筒）的弹塑性解

设材料服从 Tresca 屈服准则，屈服区内任一点有：

$$\sigma_\theta-\sigma_r=\sigma_\mathrm{s} \tag{16-41}$$

将式（16-41）代入式（16-40）：

$$\frac{\mathrm{d}\sigma_r}{\mathrm{d}r}-\frac{\sigma_\mathrm{s}}{r}=0 \tag{16-42}$$

积分上式，得：$\sigma_r=\sigma_\mathrm{s}\ln r+C$，由边界条件：$\sigma_r\big|_{r=a}=-p$，得到 $C=-\sigma_\mathrm{s}\ln a-p$，所以：$\sigma_r=\sigma_\mathrm{s}\ln\dfrac{r}{a}-p$，又由式（16-41）得：$\sigma_\theta=\sigma_r+\sigma_\mathrm{s}=\sigma_\mathrm{s}\left(1+\ln\dfrac{r}{a}\right)-p$，所以塑性区的应力解为：

$$\left.\begin{aligned}&\sigma_r=\sigma_\mathrm{s}\ln\frac{r}{a}-p\\&\sigma_\theta=\sigma_\mathrm{s}\left(1+\ln\frac{r}{a}\right)-p\\&\tau_{r\theta}=0\end{aligned}\right\}\quad(a\leqslant r\leqslant\rho) \tag{16-43}$$

以下求弹性区应力解，如图 16-6 所示，将弹性区与塑性区分离，其交界面上的径向应力应相等：

$$\sigma_r^{\mathrm{p}}\big|_{r=\rho}=\sigma_r^{\mathrm{e}}\big|_{r=\rho}=\sigma_\rho \tag{16-44}$$

根据式（16-43）：

$$\sigma_\rho=\sigma_r^{\mathrm{p}}\big|_{r=\rho}=\sigma_\mathrm{s}\ln\frac{\rho}{a}-p \tag{16-45}$$

弹性区在其内圆 $r=\rho$ 上的应力，可根据式（16-37）得到（注意到此时 $a=\rho$）：

$$\left.\begin{aligned}&\sigma_r\big|_{r=\rho}=\sigma_\rho\\&\sigma_\theta\big|_{r=\rho}=\frac{\left(\frac{b}{\rho}\right)^2+1}{\left(\frac{b}{\rho}\right)^2-1}\sigma_\rho\\&\tau_{r\theta}=0\end{aligned}\right\}\tag{16-46}$$

考虑到内圆 $r=\rho$ 上的应力状态正好达到屈服点，满足 Tresca 屈服条件式（16-41），将式（16-46）中的 $\sigma_r\big|_{r=\rho}$ 与 $\sigma_\theta\big|_{r=\rho}$ 代入式（16-41），并利用式（16-45），得：

$$\ln\frac{\rho}{a}=\frac{p}{\sigma_s}+\frac{1}{2}\left[\left(\frac{b}{\rho}\right)^2-1\right]\tag{16-47}$$

上式是关于 ρ 所满足的超越方程，求解这个方程即可得到 ρ 的数值（数值解），即可得到弹塑性分界面位置。塑性区域的应力解答由式（16-43）确定，根据式（16-37）可得到弹性区域的应力解答为：

$$\left.\begin{aligned}&\sigma_r=-\frac{\left(\frac{b}{r}\right)^2-1}{\left(\frac{b}{\rho}\right)^2-1}\left(\sigma_s\ln\frac{\rho}{a}-p\right)\\&\sigma_\theta=\frac{\left(\frac{b}{r}\right)^2+1}{\left(\frac{b}{\rho}\right)^2-1}\left(\sigma_s\ln\frac{\rho}{a}-p\right)\\&\tau_{r\theta}=0\end{aligned}\right\}\quad(\rho\leqslant r\leqslant b)\tag{16-48}$$

显然当 $\rho=b$ 时，圆筒内所有点都处于塑性状态，结构处于流动状态，为极限承载力状态，将 $\rho=b$ 代入式（16-47）得塑性极限内压力为：

$$p_p=\sigma_s\ln\frac{b}{a}\tag{16-49}$$

塑性与弹性极限内压力比值为：

$$\frac{p_p}{p_e}=\frac{2\ln\frac{b}{a}}{1-\left(\frac{a}{b}\right)^2}\tag{16-50}$$

16.5　混凝土板的塑性极限承载力

混凝土板在极端荷载作用下（如核爆炸、罕遇强烈地震等）可采用塑性法设计，设计的原则：允许结构破坏，但保证结构不坍塌，由此需要计算板的塑性极限承载能力。以下采用屈服线计算理论。

16.5.1 屈服线计算假定

(1) 板在行将破坏时，在最大弯矩处形成屈服线；

(2) 沿屈服线只有屈服弯矩 M_u 作用，屈服线相当于一条塑性铰线，可产生单向塑性转动，屈服铰线具有足够的转动能力；

(3) 与屈服线相连的板可看成刚性板；

(4) 假定板内的剪切和黏结破坏不会早于板的弯曲破坏；

(5) 破坏机构由试验确定。

根据已有的试验，图 16-7 显示了正方形板与矩形板的屈服线分布（破坏机构）。

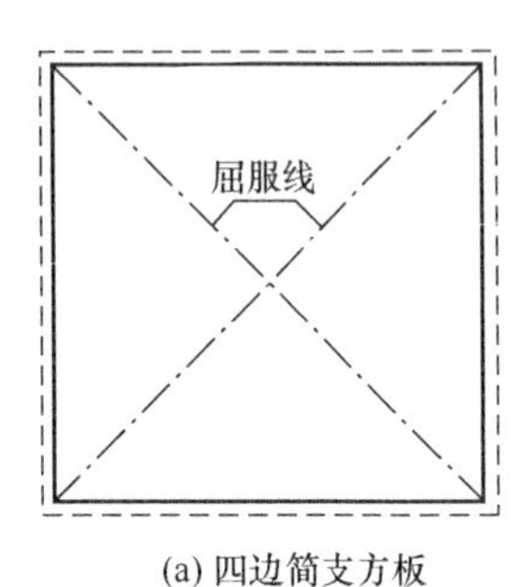

(a) 四边简支方板

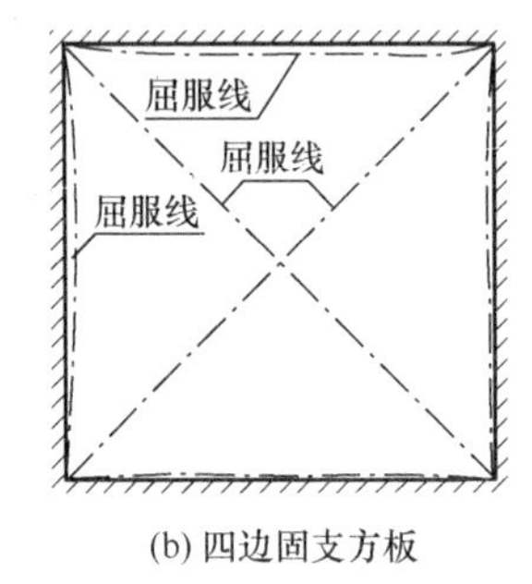

(b) 四边固支方板

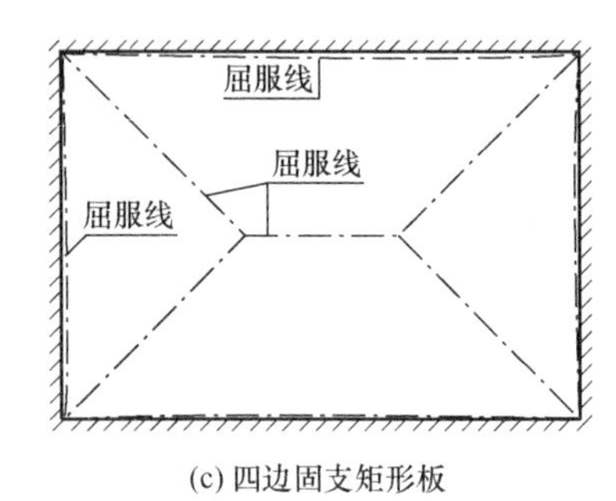

(c) 四边固支矩形板

图 16-7 常见混凝土板的屈服线

16.5.2 屈服线计算理论

1. 屈服线上的抵抗弯矩 M_u

以图 16-8 所示的斜屈服线上的抵抗弯矩计算为例，设 x 方向上配筋所产生的抵抗（分布）弯矩为 M_{ux}（对于混凝土板而言，这个抵抗弯矩可根据钢筋混凝土结构理论确定），在长度 $L\sin\theta$ 上的总抵抗弯矩为 $M_{ux}L\sin\theta$，这个弯矩在屈服线上的分量为：

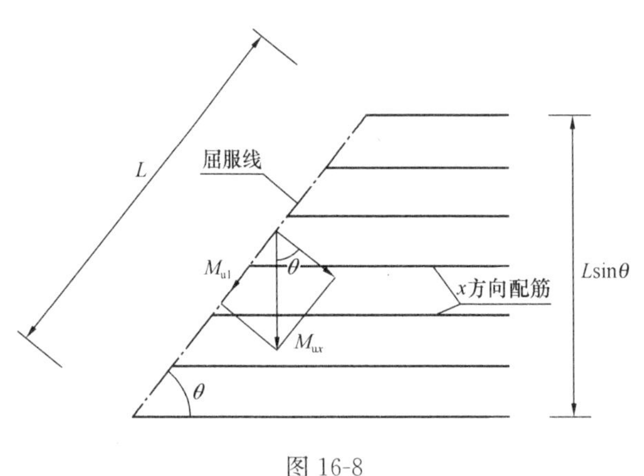

图 16-8

$$M_{u1} = (M_{ux}L\sin\theta)\cdot\sin\theta = M_{ux}L\ \sin^2\theta \tag{16-51}$$

同理，y 方向上的配筋抵抗弯矩在屈服线上的分量为：

$$M_{u2} = (M_{uy}L\cos\theta)\cdot\cos\theta = M_{uy}L\ \cos^2\theta \tag{16-52}$$

屈服斜线上总的抵抗弯矩为：

$$M_u = M_{u1} + M_{u2} = M_{ux}L\ \sin^2\theta + M_{uy}L\ \cos^2\theta \tag{16-53}$$

2. 虚功原理

作用在板上有均布外荷载，屈服线上有抵抗弯矩（视为内力），若给破坏机构一个虚位移，那么外力与内力均要做虚功，设外力虚功与内力虚功分别为 $W_{外}$，$W_{内}$，根据虚功原理有：

$$W_{外} = W_{内} \tag{16-54}$$

由以上虚功原理可以确定板的塑性极限荷载。

下面以图 16-7（b）所示的四边固支的正方形板为例说明板的塑性与弹性极限荷载计算原理。该板受均布荷载 q 作用，当处于塑性极限情况时，四边固支板的屈服线如图 16-9 所示，根据板的弹性理论，板的固支边所受弯矩比跨中大，首先在板周边固支端上出现 4 条板顶裂缝，称为负屈服线，随着荷载的增加，在板跨中出现 2 条斜向板底裂缝，称为正屈服线，屈服铰线将板分为 4 个刚性板。

（1）外力虚功：

给破坏机构如图 16-10 所示的虚位移 δ，则图 16-9 中 1/4 阴影刚性板的外力虚功为：

$$W_{外1/4} = F \times \frac{\delta}{3} = \left(q\frac{L^2}{4}\right) \times \frac{\delta}{3} = \frac{q\delta}{12}L^2 \tag{16-55}$$

式中：F 为阴影刚性板所受到的（合）外力，所以整个机构的外力虚功为：

$$W_{外} = \frac{q\delta}{12}L^2 \times 4 = \frac{q\delta}{3}L^2 \tag{16-56}$$

（2）内力虚功：

设板跨中 x，y 方向的（分布）抵抗弯矩分别为：$M_{ux} = M_{uy} = M$，四边固端支座 x，y 方向的（分布）抵抗弯矩分别为 $M_{ux}^0 = M_{uy}^0 = M$，则支座屈服线 AD 上（图 16-9）的抵抗弯矩为：

$$M_n^0 = ML \tag{16-57}$$

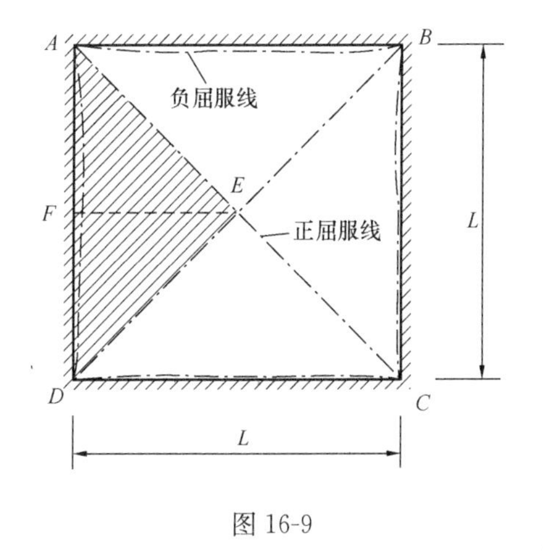

图 16-9

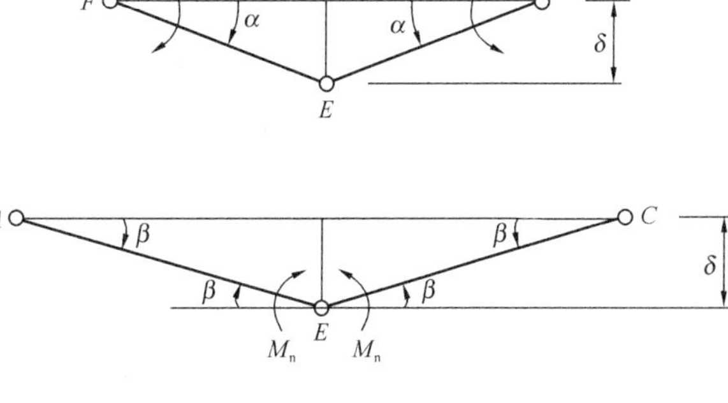

图 16-10

根据式（16-53），斜屈服线 AC 上的抵抗弯矩为：

$$M_{\mathrm{n}} = M_{\mathrm{ux}} L_{斜} \sin^2\theta + M_{\mathrm{uy}} L_{斜} \cos^2\theta = ML_{斜} = \sqrt{2}ML \tag{16-58}$$

支座屈服线 AD 的转角为：

$$\alpha = \frac{\delta}{EF} = \frac{2\delta}{L} \tag{16-59}$$

斜屈服线 DB 的转角为：

$$\beta = \frac{\delta}{AE} = \frac{\delta}{\frac{\sqrt{2}}{2}L} = \sqrt{2}\,\frac{\delta}{L} \tag{16-60}$$

于是内力虚功：

$$W_{内} = 4W_{\mathrm{AD}} + 2W_{\mathrm{DB}} = 4M_{\mathrm{n}}^0 \cdot \alpha + 2 \times (2 \times M_{\mathrm{n}} \cdot \beta) = 16ML\delta \tag{16-61}$$

注意到计算斜屈服线 DB 上的内力虚功 W_{DB} 时，斜屈服线上两边都作用有抵抗弯矩 M_{n}，两个抵抗弯矩 M_{n} 分别在其虚转角 β 上产生虚功，因而其虚功为 $2 \times M_{\mathrm{n}} \cdot \beta$。将式（16-56）及式（16-61）代入式（16-54）得：

$$\frac{q\delta}{3}L^2 = 16ML\delta \tag{16-62}$$

由上式得塑性极限荷载为：

$$q_{\mathrm{p}} = \frac{48M}{L^2} \tag{16-63}$$

根据第 9 章板的弹性理论，可根据工程设计手册，得板四边固端所受到的弯矩为：$M_x^0 = M_y^0 = 0.0513qL^2$，当固端弯矩值达到抵抗弯矩 $M_{\mathrm{ux}}^0 = M_{\mathrm{uy}}^0 = M$ 时，对应的荷载为弹性极限荷载，由方程：

$$0.0513qL^2 = M \tag{16-64}$$

得弹性极限荷载为：

$$q_{\mathrm{e}} = \frac{19.49M}{L^2} \tag{16-65}$$

塑性与弹性极限荷载的比值为：

$$\frac{q_{\mathrm{p}}}{q_{\mathrm{e}}} = \frac{48}{19.49} = 2.46 \tag{16-66}$$

16.6　压杆的塑性失稳

对于柔度较大的压杆，根据材料力学，其失稳荷载 P_{cr} 的弹性解如下：

$$P_{cr}=\frac{\pi^2}{l^2}EI\text{(两端铰支)}$$

$$P_{cr}=\frac{4\pi^2}{l^2}EI\text{(两端固支)} \tag{16-67}$$

式中：l 为压杆杆长，EI 为压杆的抗弯刚度。当 l 变小时，压杆成为中柔度杆或短柱，这时失稳荷载 P 增大，且杆内压缩应力 $\sigma_z=P/A$（A 为压杆的截面面积）也增大，有可能在压缩应力超过屈服应力 σ_s 以后才会失稳，由于外界干扰引起压杆发生弯曲变形，因而产生附加弯矩（图 16-11a）M，附加弯矩在压杆凸边（右手边）产生附加拉应力，使得压杆右手边压应力下降，使得区域 A_2（阴影区域）为卸载区，本构方程可采用下降段的线弹性关系（图 16-11b），附加弯矩在压杆凹边（左手边）产生附加压应力，压杆左手边压应力上升，使得区域 A_1 为加载区，本构方程为上升段的弹塑性关系（图 16-11b），压杆本构方程可由下列增量形式来表示：

$$\Delta\sigma_z=\begin{cases}E_t\cdot\Delta\varepsilon_z=\dfrac{d\sigma}{d\varepsilon}\cdot\Delta\varepsilon_z & \text{加载区域 } A_1(\Delta\varepsilon_z>0)\\ E\cdot\Delta\varepsilon_z & \text{卸载区域 } A_2(\Delta\varepsilon_z<0)\end{cases} \tag{16-68}$$

式中：$\Delta\sigma_z$，$\Delta\varepsilon_z$ 分别为轴向应力与应变增量，E_t 为加载区的切向刚度。

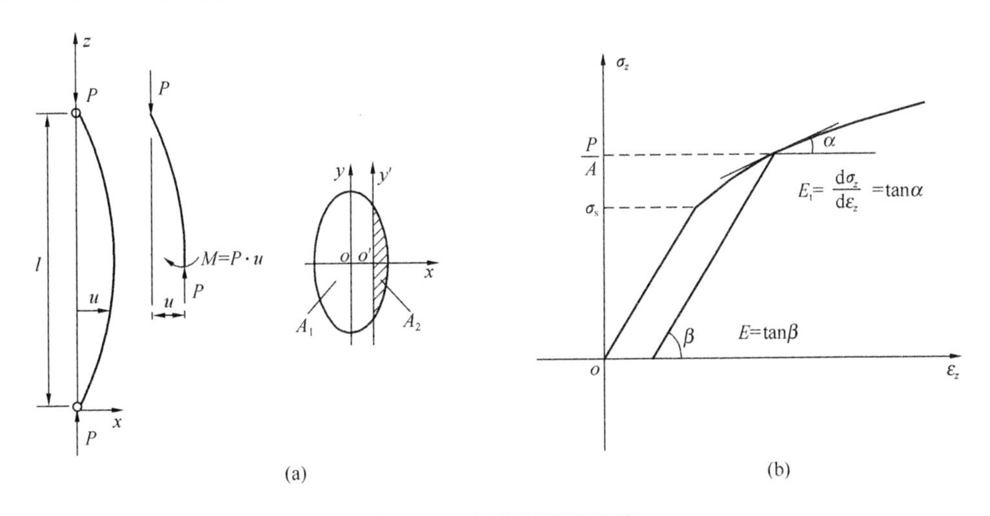

图 16-11　压杆的塑性失稳

在弹塑性弯曲过程中，若平截面假定仍然成立，则附加弯曲引起的附加应变可以写为：

$$\Delta\varepsilon_z=\frac{x}{\rho} \tag{16-69}$$

式中：x 为坐标，以图 16-11（a）中的 y' 轴（中性轴）作为分界线计算，$\rho=-\dfrac{d^2u}{dz^2}$ 为杆的曲率半径，于是方程（16-68）可以改写为：

$$\Delta\sigma_z = \begin{cases} E_t \cdot \dfrac{x}{\rho} & \text{加载区域 } A_1(\Delta\varepsilon_z > 0) \\ E \cdot \dfrac{x}{\rho} & \text{卸载区域 } A_2(\Delta\varepsilon_z < 0) \end{cases} \tag{16-70}$$

压杆屈曲时，由于附加弯矩 M，在截面上产生的内力为：

$$N = \iint_A \Delta\sigma_z \mathrm{d}x\mathrm{d}y = \iint_{A_1} \frac{x}{\rho} E_t \mathrm{d}x\mathrm{d}y + \iint_{A_2} \frac{x}{\rho} E \mathrm{d}x\mathrm{d}y = E_t S_1 + E S_2 = 0 \tag{16-71}$$

$$M = \iint_A \Delta\sigma_z \mathrm{d}x\mathrm{d}y \cdot x = \iint_{A_1} \frac{E_t}{\rho} x^2 \mathrm{d}A + \iint_{A_2} \frac{E}{\rho} x^2 \mathrm{d}A = \frac{E_t}{\rho} I_1 + \frac{E}{\rho} I_2 = \frac{I E_k}{\rho} \tag{16-72}$$

式中：

$$\left.\begin{aligned} & S_1 = \iint_{A_1} x \mathrm{d}x\mathrm{d}y, \quad S_2 = \iint_{A_2} x \mathrm{d}x\mathrm{d}y \\ & I_1 = \iint_{A_1} x^2 \mathrm{d}x\mathrm{d}y, \quad I_2 = \iint_{A_2} x^2 \mathrm{d}x\mathrm{d}y \\ & E_k = \frac{E_t I_1 + E I_2}{I} \end{aligned}\right\} \tag{16-73}$$

其中：E_k 为折减模量，且：$E_t \leqslant E_k \leqslant E$，$I$ 为整个截面对 y 轴的面积矩，根据式 (16-71) 可以确定加载区与卸载区的分界线位置。所以根据式 (16-72)，弹塑性挠曲方程可以写为：

$$M = \frac{E_k I}{\rho} \tag{16-74}$$

于是与材料力学的推导一样，可以得到塑性失稳的临界荷载为：

$$\begin{aligned} & P_{crp} = \frac{\pi^2}{l^2} E_k I(\text{两端铰支}) \\ & P_{crp} = \frac{4\pi^2}{l^2} E_k I(\text{两端固支}) \end{aligned} \tag{16-75}$$

以下以矩形截面杆为例，求解压杆的塑性失稳荷载，如图 16-12 所示，有：

$$\left.\begin{aligned} & S_1 = \iint_{A_1} x \mathrm{d}x\mathrm{d}y = \int_{-b_1}^{0} x h \mathrm{d}x = -\frac{b_1^2}{2} h \\ & S_2 = \iint_{A_2} x \mathrm{d}x\mathrm{d}y = \int_{0}^{b_2} x h \mathrm{d}x = \frac{b_2^2}{2} h \end{aligned}\right\} \tag{16-76}$$

所以：

$$\left.\begin{aligned} & E_t\left(-\frac{b_1^2}{2} h\right) + E\left(\frac{b_2^2}{2} h\right) = 0 \\ & b_1 + b_2 = b \end{aligned}\right\} \tag{16-77}$$

求解上式得：

$$b_1 = \frac{b\sqrt{E}}{\sqrt{E}+\sqrt{E_t}}, \quad b_2 = \frac{b\sqrt{E_t}}{\sqrt{E}+\sqrt{E_t}} \tag{16-78}$$

且：

$$I_1 = \int_{-b_1}^{0} x^2 h \mathrm{d}x = \frac{h}{3}b_1^3,\ I_2 = \int_{0}^{b_2} x^2 h \mathrm{d}x = \frac{h}{3}b_2^3,\ I = \frac{hb^3}{12} \tag{16-79}$$

所以：

$$E_k = \frac{E_t I_1 + EI_2}{I} = \frac{4EE_t}{(\sqrt{E}+\sqrt{E_t})^2} \tag{16-80}$$

由式（16-80）可以看出塑性屈曲荷载取决于切向刚度 E_t，即决定于材料的 σ_z-ε_z 曲线与加载过程，如图 16-13 所示，当塑性材料出现水平屈服段时，$E_t = \tan\alpha = 0$，这时，$E_k = 0$，此时压杆已无弯曲刚度，屈曲荷载趋于零，这表明压杆一旦进入屈服状态，结构就失去稳定性。

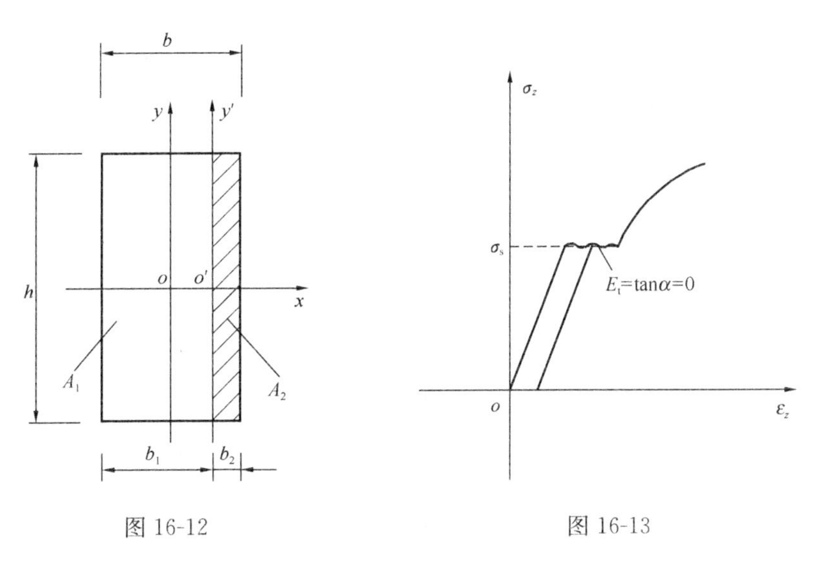

图 16-12　　图 16-13

16.7　弹塑性扭转

16.7.1　圆杆的弹塑性扭转

1. 弹性解

如图 16-14 所示半径为 R 的圆杆，两个端面受到扭矩 M_T 作用，圆杆扭转的弹性解为：

$$\left.\begin{aligned} \tau &= G\kappa r \\ M_T &= GJ\kappa \end{aligned}\right\} \tag{16-81}$$

式中：κ 为相对扭转角，G 为剪切弹性模量，$J=\pi R^4/2$ 为极惯性矩。

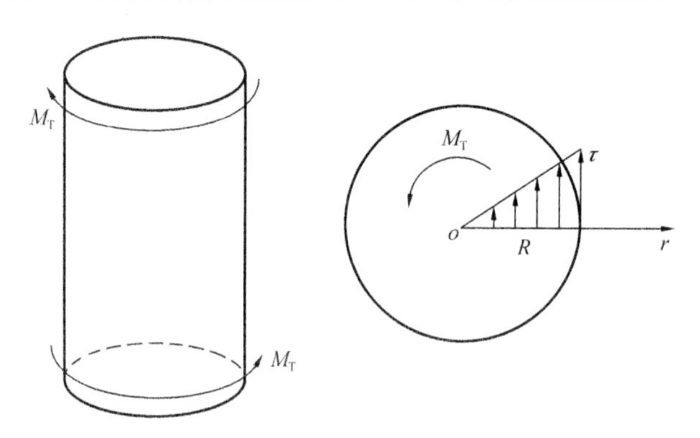

图 16-14　圆杆的弹性扭转

当杆内最大剪应力 $\tau_{\max}=\tau|_{r=R}$ 达到塑性极限值时，对应的弹性极限扭矩为 M_T^e，按 Mises 屈服准则，当：$\sigma_e=\frac{1}{\sqrt{2}}\sqrt{(\sigma_x-\sigma_y)^2+(\sigma_y-\sigma_z)^2+(\sigma_x-\sigma_z)^2+6(\tau_{xy}^2+\tau_{zy}^2+\tau_{zx}^2)}=\sigma_s$ 时发生屈服，即：$\sigma_e=\frac{1}{\sqrt{2}}\sqrt{6(\tau_{zy}^2+\tau_{zx}^2)}=\frac{1}{\sqrt{2}}\sqrt{6\tau^2}=\sigma_s$，即：

$$\tau=\frac{\sigma_s}{\sqrt{3}}=\tau_{\max} \tag{16-82}$$

根据式（16-81）与式（16-82），得：$\tau=\frac{\sigma_s}{\sqrt{3}}=\tau_{\max}=G\kappa R$，由此得 $\kappa=\frac{\sigma_s}{\sqrt{3}GR}$，所以弹性极限扭矩为：

$$M_T^e=GJ\kappa=\frac{\pi}{2\sqrt{3}}\sigma_s R^3 \tag{16-83}$$

2. 弹塑性解

当 $M_T>M_T^e$ 时，假设材料为理想弹塑性材料，圆杆外围部分材料进入塑性状态，截面剪应力分布如图 16-15 所示，设弹塑性分界面为 $r=\rho$，于是剪应力分布为：

$$\tau=\begin{cases}\frac{\tau_s}{\rho}r & 0\leqslant r\leqslant\rho \quad (\text{弹性})\\ \tau_s & \rho<r\leqslant R \quad (\text{塑性})\end{cases} \tag{16-84}$$

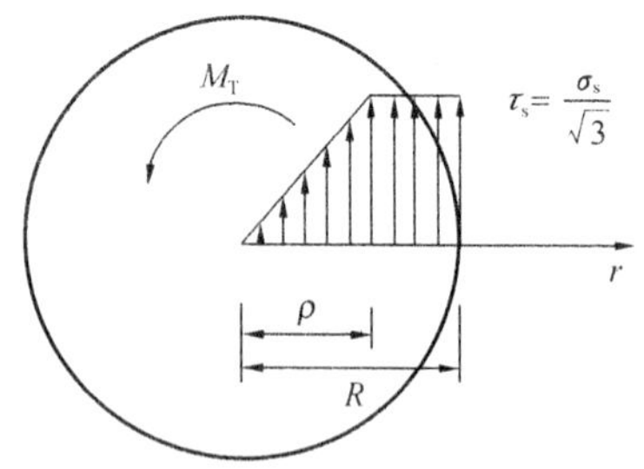

图 16-15　截面弹塑性剪应力分布

弹塑性扭矩为：

$$M_T=\int_0^\rho\tau\cdot 2\pi r^2\,\mathrm{d}r+\int_\rho^R\tau\cdot 2\pi r^2\,\mathrm{d}r=\frac{2}{3}\pi\tau_s R^3-\frac{1}{6}\pi\tau_s\rho^3 \tag{16-85}$$

当 $\rho=0$ 时，全截面进入塑性状态，将 $\rho=0$ 代入式（16-85）得塑性极限扭矩为：

$$M_T^p = \frac{2}{3}\pi\tau_s R^3 \tag{16-86}$$

塑性与弹性极限扭矩的比值为：

$$\frac{M_T^p}{M_T^e} = \frac{4}{3} \tag{16-87}$$

16.7.2　全塑性扭转与砂堆比拟

对于理想弹塑性材料，当圆形（半径为 R）受扭截面进入全塑性状态时（图 16-16a）：

平衡方程为：

$$\frac{\partial \tau_{zx}}{\partial x} + \frac{\partial \tau_{zy}}{\partial y} = 0 \tag{16-88}$$

此时存在塑性扭转应力函数 φ_p，有：

$$\tau_{zx} = \frac{\partial \varphi_p}{\partial y},\ \tau_{zy} = -\frac{\partial \varphi_p}{\partial x} \tag{16-89}$$

由于为理想弹塑性材料，应力分量满足下列的 Mises 屈服条件：

$$\tau^2 = \tau_{zx}^2 + \tau_{zy}^2 = \tau_s^2 \tag{16-90}$$

将式（16-89）代入式（16-90），得：

$$\left(\frac{\partial \varphi_p}{\partial y}\right)^2 + \left(\frac{\partial \varphi_p}{\partial x}\right)^2 = [\mathrm{grad}\varphi_p]^2 = \tau_s^2 \tag{16-91}$$

即：

$$|\mathrm{grad}\varphi_p| = \tau_s \tag{16-92}$$

式中：$\mathrm{grad}\varphi_p = \frac{\partial \varphi_p}{\partial x}\vec{i} + \frac{\partial \varphi_p}{\partial y}\vec{j}$，边界条件为（同弹性力学）：

侧面边界条件：

$$\varphi_p|_S = 0 \tag{16-93}$$

端面边界条件：

$$2\iint_D \varphi_p \mathrm{d}x\mathrm{d}y = M_T^p \tag{16-94}$$

考虑在半径为 R 的空地上均匀堆砂，最后可堆成一个如图 16-16（b）所示的圆锥体，设堆砂的极限高度为 h，考察圆锥体斜面上的一个质量为 m 的砂粒（图 16-16b），在极限高度下，砂粒的下滑力 $mg\sin\alpha$ 正好与其摩擦力 $f = \mu mg\cos\alpha$ 保持平衡，即有：$f = \mu mg\cos\alpha = mg\sin\alpha$，$\mu = \tan\alpha$，这里 μ 为砂粒的摩擦系数，α 为摩擦角。于是全截面塑性扭转与砂堆比拟如下：

$$|\mathrm{grad}\varphi_{\mathrm{p}}| = \tau_{\mathrm{s}} \quad \Leftrightarrow \quad |\mathrm{grad}w| = \tan\alpha = \mu$$

$$\varphi_{\mathrm{p}}|_{S} = 0\text{(侧边界 }S\text{ 上)} \quad \Leftrightarrow \quad w|_{S} = 0\text{ (底边界 }S\text{ 上)}$$

$$2\iint_{D}\varphi_{\mathrm{p}}\mathrm{d}x\mathrm{d}y = M_{\mathrm{T}}^{\mathrm{p}} \quad \Leftrightarrow \quad 2\iint_{D}w\mathrm{d}x\mathrm{d}y = 2V$$

对应的比拟参数分别为：$\tau_{\mathrm{s}}\Leftrightarrow\tan\alpha$，$\varphi_{\mathrm{p}}\Leftrightarrow w$，$M_{\mathrm{T}}^{\mathrm{p}}\Leftrightarrow 2V$。依据这种比拟关系，可以通过计算砂堆体积 $2V$，从而得到全塑性极限扭矩 $M_{\mathrm{T}}^{\mathrm{p}}$。如图 16-16（b）所示的砂堆体积为 $V=\pi R^2 h/3$，根据比拟关系有：$\tau_{\mathrm{s}}=\tan\alpha$，所以圆截面极限扭矩为：

$$M_{\mathrm{T}}^{\mathrm{p}} = 2V = \frac{2}{3}\pi R^2 h = \frac{2}{3}\pi R^2(R\tan\alpha) = \frac{2}{3}\pi R^3\tau_{\mathrm{s}} \tag{16-95}$$

上式的解答与式（16-86）完全相同。

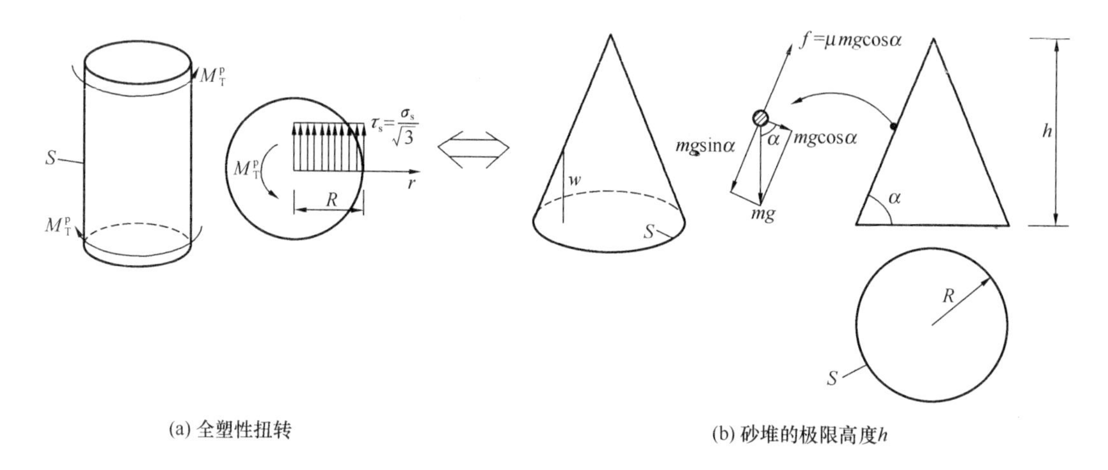

图 16-16　全塑性扭转与砂堆比拟

对于矩形截面，按微分方程来求解塑性极限扭矩将会很复杂，如果通过计算砂堆的体积，将会变得简单，如图 16-17 所示矩形截面，堆砂后的几何形状如图 16-17 所示，将图 16-17 的砂堆比拟图形分解为图 16-18 的两个图形，它们对应的体积分别为 V_1，V_2，它们的体积分别为：

$$\left.\begin{aligned} V_1 &= \frac{ah}{2}(b-a) \\ V_2 &= \frac{1}{3}a^2 h \end{aligned}\right\} \tag{16-96}$$

根据比拟关系有：$h=\dfrac{a}{2}\tan\alpha=\dfrac{a}{2}\tau_{\mathrm{s}}$，所以塑性极限扭矩为：

$$M_{\mathrm{T}}^{\mathrm{p}} = 2V = 2(V_1+V_2) = \frac{a^2}{6}(3b-a)\cdot\tau_{\mathrm{s}}$$

实际的矩形截面砂堆模型如图 16-19 所示，其他非矩形截面的砂堆模型如图 16-20 所示，堆完砂堆后，只需将全部用砂的体积用量筒测量出来，即可得到对应的塑性极限扭矩。

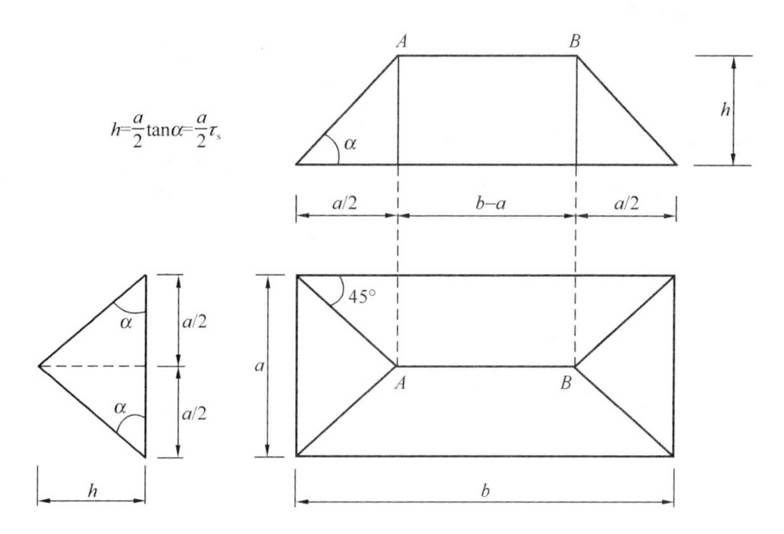

图 16-17　矩形截面的砂堆比拟图形

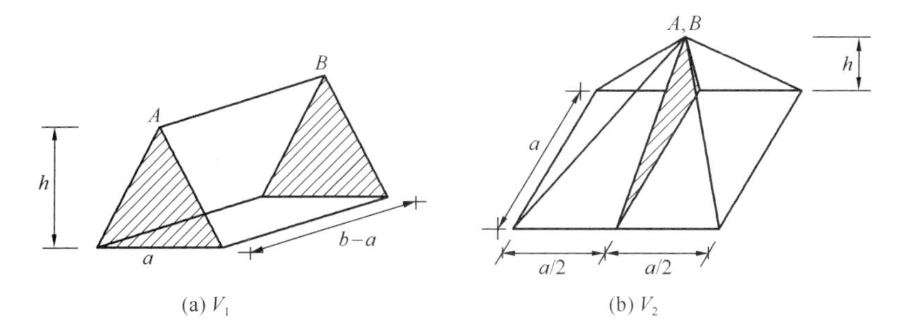

图 16-18　砂堆比拟图形的分解

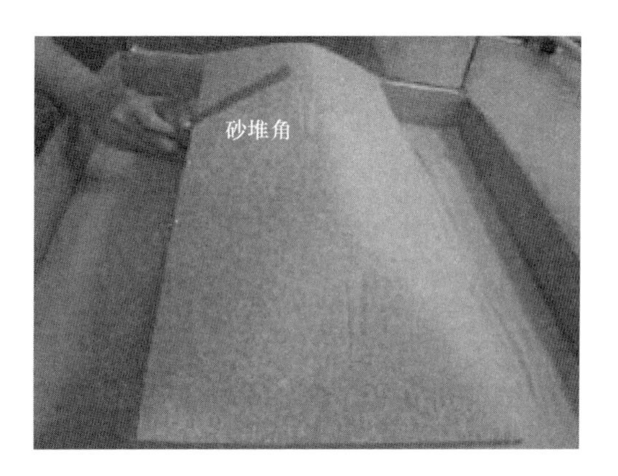

图 16-19　实际矩形截面的砂堆模型

图片来源：encyclopedia. thefreedictionary. com.

图 16-20　其他形状截面的砂堆比拟

图片来源：encyclopedia. thefreedictionary. com.

16.7.3　矩形截面弹塑性扭转与薄膜-屋顶比拟

当实际扭矩在弹性与塑性极限扭矩之间时，截面上既有弹性区，也有塑性区，若采用微分方程求解弹塑性边界将变得十分困难，若采用薄膜-屋顶来比拟，问题将变得比较简单。在一块平板上，开一个与实际受扭矩形截面相同的孔洞，在孔洞下方覆盖一张薄膜，将膜周边固定，在膜上部采用透明板制作一个与砂堆模型一样的屋顶（图 16-21）。在膜下方施加均布压力，当压力较小时，薄膜挠度较小，薄膜并不接触屋面，如图 16-21（a）所示，此时扭转截面处于弹性状态。随着压力的增加，薄膜将部分接触屋面，截面进入弹塑性状态，如图 16-21（b）所示，薄膜与屋顶的重叠面（阴影部分）的斜率都相同，为塑性区，未接触部分（空白部分）为弹性区，由此可以测得弹塑性的分界线。当压力继续

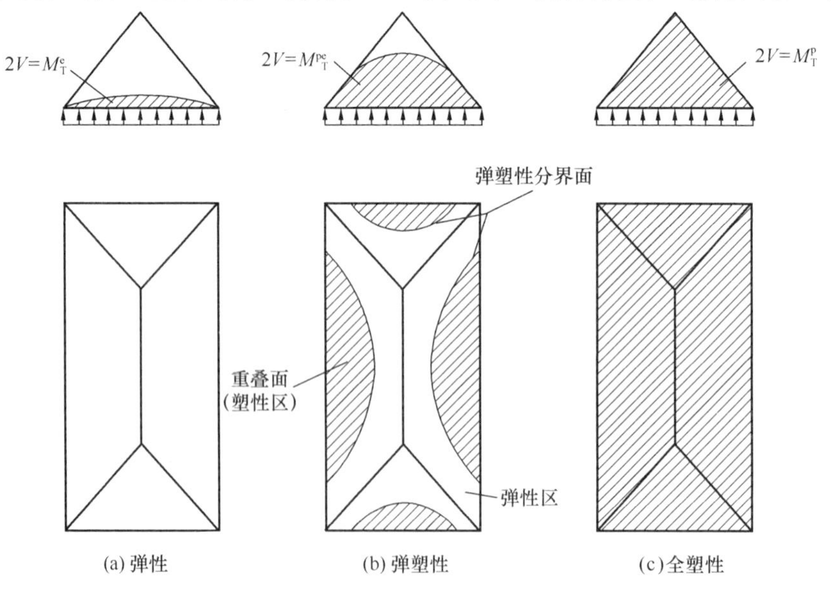

图 16-21　薄膜-屋顶比拟图

增大时，接触面逐步扩大，最后薄膜与屋面全部接触，此时截面进入全塑性状态，如图 16-21（c）所示。

16.8　理想刚塑性平面滑移线场理论

16.8.1　塑性平面应变问题

滑移线场理论在求解塑性平面应变问题时是十分有效的，特别适用于边坡的塑性滑移稳定分析。

根据第 3 章，将平面应变问题的特点归纳如下：

（1）应变特点：$\varepsilon_z = 0$，$\gamma_{zx}(=\gamma_{xz}) = \gamma_{zy}(=\gamma_{yz}) = 0$，$\varepsilon_x \neq 0$，$\varepsilon_y \neq 0$，$\gamma_{xy} \neq 0$。

（2）应力特点：$\tau_{xz}(=\tau_{zx}) = 0$，$\tau_{yz}(=\tau_{zy}) = 0$，$\sigma_x \neq 0$，$\sigma_y \neq 0$，$\tau_{xy} \neq 0$，设材料不可压缩，则 $\nu = 1/2$，于是有：$\sigma_z = \nu(\sigma_x + \sigma_y) = (\sigma_x + \sigma_y)/2$。

（3）材料假定符合下列理想刚塑性本构关系（图 16-22）：

$$\sigma = \begin{cases} 0 & \sigma < \sigma_s \\ \sigma_s & \sigma \geqslant \sigma_s \end{cases} \tag{16-97}$$

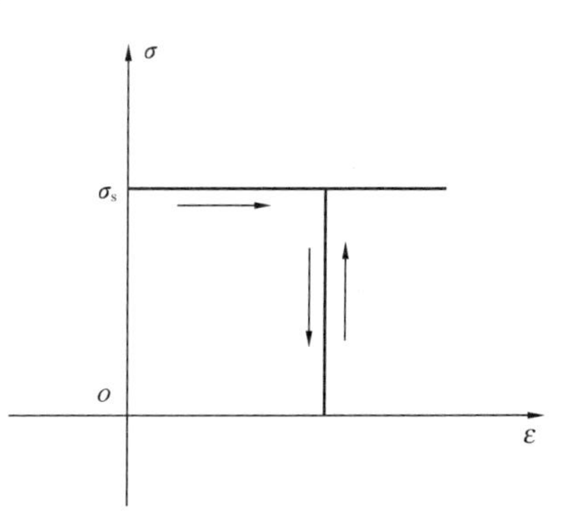

图 16-22　理想刚塑性本构关系

（4）屈服条件：

根据以上应力特点，特征方程为：

$$\begin{vmatrix} \sigma_x - \sigma & \tau_{xy} & 0 \\ \tau_{yx} & \sigma_y - \sigma & \tau_{yz} \\ 0 & \tau_{zy} & \sigma_z - \sigma \end{vmatrix} = 0$$

求得主应力为：

$$\left.\begin{aligned} \sigma_1 &= \frac{1}{2}(\sigma_x + \sigma_y) + \frac{1}{2}\sqrt{(\sigma_x - \sigma_y)^2 + 4\tau_{xy}^2} \\ \sigma_2 &= \sigma_z = \frac{1}{2}(\sigma_x + \sigma_y) \\ \sigma_3 &= \frac{1}{2}(\sigma_x + \sigma_y) - \frac{1}{2}\sqrt{(\sigma_x - \sigma_y)^2 + 4\tau_{xy}^2} \end{aligned}\right\} \tag{16-98}$$

于是屈服条件为：

按 Tresca 屈服条件：$\tau_{\max} = (\sigma_1 - \sigma_3)/2 = k$，根据式（16-98）得：

$$\left(\frac{\sigma_x - \sigma_y}{2}\right)^2 + \tau_{xy}^2 = k^2 \qquad \left(k = \frac{\sigma_s}{2}\right) \tag{16-99}$$

按 Mises 屈服条件：$\sigma_e = \frac{1}{\sqrt{2}}\sqrt{(\sigma_1 - \sigma_2)^2 + (\sigma_1 - \sigma_3)^2 + (\sigma_2 - \sigma_3)^2} = \sigma_s$，根据式(16-98）得：

$$\left(\frac{\sigma_x-\sigma_y}{2}\right)^2+\tau_{xy}^2=k^2 \qquad \left(k=\frac{1}{\sqrt{3}}\sigma_s\right) \tag{16-100}$$

屈服条件也可用八面体上的剪应力来表述：

$$\begin{aligned}\tau_{oct}&=\frac{1}{3}\sqrt{(\sigma_x-\sigma_y)^2+(\sigma_y-\sigma_z)^2+(\sigma_z-\sigma_x)^2+6(\tau_{xy}^2+\tau_{xz}^2+\tau_{yz}^2)}\\&=\frac{1}{3}\sqrt{(\sigma_1-\sigma_2)^2+(\sigma_2-\sigma_3)^2+(\sigma_3-\sigma_1)^2}=\frac{\sqrt{2}}{3}\sigma_s\end{aligned} \tag{16-101}$$

上式的屈服条件与式（16-100）完全相同。发生屈服时，八面体上的正应力为：

$$\sigma_{oct}=\frac{1}{3}(\sigma_1+\sigma_2+\sigma_3)=\sigma_m=\frac{1}{2}(\sigma_x+\sigma_y) \tag{16-102}$$

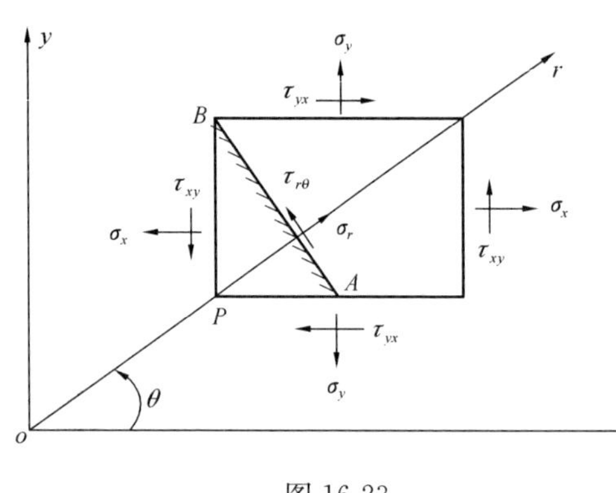

图 16-23

即：屈服面上的正应力为平均应力 $\sigma_m=(\sigma_x+\sigma_y)/2$。在图 16-23 的平面应力状态下，由式（16-98）可以看出 σ_z 总是为中间应力，材料的屈服与中间正应力无关，仅与最大与最小正应力有关，即仅与 σ_x，σ_y，τ_{xy} 有关。设在图 16-23 中，在角度 θ 下，与径向坐标 r 垂直的截面 AB 上的应力为 σ_r，$\tau_{r\theta}$，根据三角板 PAB 的平衡条件，可以得到：

$$\left.\begin{aligned}\sigma_r&=\frac{\sigma_x+\sigma_y}{2}+\frac{\sigma_x-\sigma_y}{2}\cos2\theta+\tau_{xy}\sin2\theta\\\tau_{r\theta}&=\frac{\sigma_y-\sigma_x}{2}\sin2\theta+\tau_{xy}\cos2\theta\end{aligned}\right\} \tag{16-103}$$

当 AB 截面处于屈服（滑动）状态时，这个截面可看成八面体截面，此时该截面上的应力为：

$$\left.\begin{aligned}\sigma_r&=\sigma_m=\frac{1}{2}(\sigma_x+\sigma_y)\\\tau_{r\theta}&=k\end{aligned}\right\} \tag{16-104}$$

将式（16-104）代入式（16-103）得：

$$\left.\begin{aligned}\sigma_m&=\sigma_m+\frac{\sigma_x-\sigma_y}{2}\cos2\theta+\tau_{xy}\sin2\theta\\k&=\frac{\sigma_y-\sigma_x}{2}\sin2\theta+\tau_{xy}\cos2\theta\\\sigma_m&=\frac{\sigma_x+\sigma_y}{2}\end{aligned}\right\} \tag{16-105}$$

方程（16-105）可用图 16-24 的 Mohr 应力圆来表示，σ_x，σ_y，τ_{xy} 为图 16-23 中微体的应力

分量，注意采用Mohr应力圆表达时，剪应力 τ_{xy} 的符号按材料力学的规定（与弹性力学的规定不同），使单元体顺时针转动的剪应力为正，反之为负。

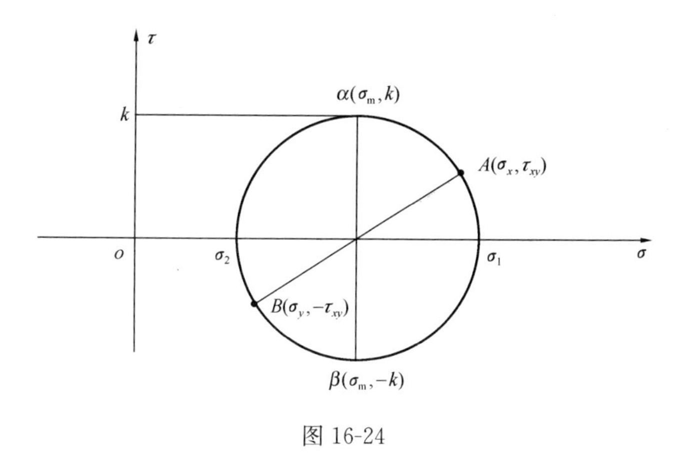

图 16-24

将式（16-105）中的应力分量 σ_x，σ_y，τ_{xy} 视为未知量，解式（16-105），得：

$$\left.\begin{aligned} \sigma_x &= \sigma_m - k\sin 2\theta \\ \sigma_y &= \sigma_m + k\sin 2\theta \\ \tau_{xy} &= k\cos 2\theta \end{aligned}\right\} \tag{16-106}$$

材料达到屈服时，如图 16-25 所示，每个微体的最大剪应力都等于 k，最大剪应力面上的正应力都等于该点的平均应力 σ_m，材料在最大剪应力方向产生滑移，每个微体两个方向上剪应力相互垂直，将各微体最大剪应力方向连接起来便可得到两族正交曲线，这两族正交曲线称为滑移线，如图 16-25 所示。一族称之为 α 滑移线，如图 16-26（a）所示，α 滑移线的方向将使微体产生顺时针方向的转动趋势；另一族称之为 β 滑移线，如图 16-26（b）所示，β 滑移线的方向将使微体产生逆时针方向的转动趋势。选择 α、β 滑移线的正向所构成的曲线坐标为正交的右手曲线坐标系。

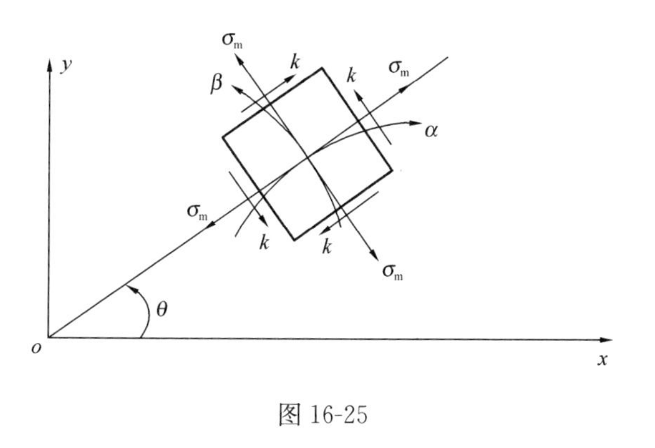

图 16-25

由图 16-26（a）与图 16-26（b）中的微体所示，可以发现对于 α、β 滑移线分别有：

$$\left.\begin{aligned} \frac{dy}{dx} &= \tan\theta \quad \alpha\text{滑移线} \\ \frac{dy}{dx} &= -\cot\theta \quad \beta\text{滑移线} \end{aligned}\right\} \tag{16-107}$$

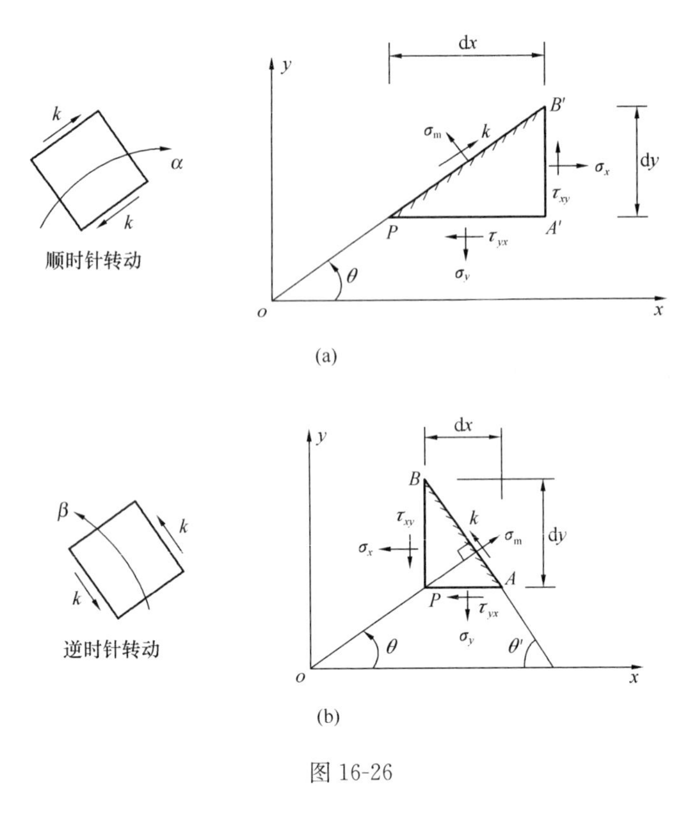

图 16-26

16.8.2　Hencky 应力方程（应力沿滑移线的变化规律）

平面问题的平衡方程为：

$$\left.\begin{aligned}\frac{\partial \sigma_x}{\partial x}+\frac{\partial \tau_{xy}}{\partial y}=0\\ \frac{\partial \tau_{yx}}{\partial x}+\frac{\partial \sigma_y}{\partial y}=0\end{aligned}\right\}\qquad(16\text{-}108)$$

将式（16-106）代入式（16-108），得：

$$\left.\begin{aligned}\frac{\partial \sigma_{\mathrm{m}}}{\partial x}-2k\left(\cos 2\theta\cdot\frac{\partial \theta}{\partial x}+\sin 2\theta\cdot\frac{\partial \theta}{\partial y}\right)=0\\ \frac{\partial \sigma_{\mathrm{m}}}{\partial y}-2k\left(\sin 2\theta\cdot\frac{\partial \theta}{\partial x}-\cos 2\theta\cdot\frac{\partial \theta}{\partial y}\right)=0\end{aligned}\right\}\qquad(16\text{-}109)$$

在图 16-25 中，若将坐标 xoy 逆时针转动 θ 角，则 x，y 坐标分别与 α，β 滑移线的切线相重合，设 α，β 的切线坐标分别为 s_α，s_β，则：$\theta=0$，$x\rightarrow s_\alpha$，$y\rightarrow s_\beta$，方程（16-109）变为：

$$\left.\begin{aligned}\frac{\partial \sigma_{\mathrm{m}}}{\partial s_\alpha}-2k\frac{\partial \theta}{\partial s_\alpha}=0\\ \frac{\partial \sigma_{\mathrm{m}}}{\partial s_\beta}+2k\frac{\partial \theta}{\partial s_\beta}=0\end{aligned}\right\}\qquad(16\text{-}110)$$

将上式分别沿 α、β 线积分，即对坐标 s_α、s_β 积分，有：

$$\left.\begin{aligned}\sigma_{\mathrm{m}}-2k\theta=C_\alpha\\\sigma_{\mathrm{m}}+2k\theta=C_\beta\end{aligned}\right\}\tag{16-111}$$

式中 C_α，C_β 为积分常数，它们由应力边界条件确定。方程（16-111）为 Hencky 应力方程，它们为满足屈服条件的平衡方程，表示了应力沿滑移线的变化规律。

综合方程（16-107）与方程（16-111）有：

$$\left.\begin{aligned}&\text{沿}\,\alpha\,\text{滑移线：}\frac{\mathrm{d}y}{\mathrm{d}x}=\tan\theta,\ \sigma_{\mathrm{m}}-2k\theta=C_\alpha\\&\text{沿}\,\beta\,\text{滑移线：}\frac{\mathrm{d}y}{\mathrm{d}x}=-\cot\theta,\ \sigma_{\mathrm{m}}+2k\theta=C_\beta\end{aligned}\right\}\tag{16-112}$$

根据式（16-112），可以推断滑移线的性质如下：

（1）沿线性质

将式（16-112）写为增量形式有：

$$\left.\begin{aligned}\alpha\,\text{滑移线：}\Delta\sigma_{\mathrm{m}}=2k\Delta\theta\\\beta\,\text{滑移线：}\Delta\sigma_{\mathrm{m}}=-2k\Delta\theta\end{aligned}\right\}\tag{16-113}$$

沿同一根滑移线移动时，$\Delta\sigma_{\mathrm{m}}$ 与 $\Delta\theta$ 成线性关系，若滑移线为直线段，则 $\Delta\theta=0$，$\Delta\sigma_{\mathrm{m}}=0$，即直滑移线上的平均应力等于常数，$\sigma_{\mathrm{m}}=\mathrm{const}$。

如图 16-27 所示滑移线网，若已知 o 点的平均应力 $\sigma_{\mathrm{m}}^{\mathrm{o}}$，那么其他各节点的应力可由 $\sigma_{\mathrm{m}}^{\mathrm{o}}$ 计算得到。由式（16-113），A，B，C 各点的应力分别为：

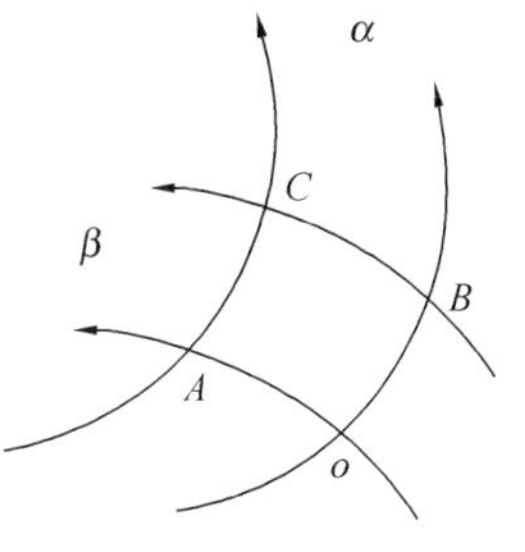

图 16-27

$$\sigma_{\mathrm{m}}^{\mathrm{A}}=\sigma_{\mathrm{m}}^{\mathrm{o}}-2k(\theta_{\mathrm{A}}-\theta_{\mathrm{o}})\tag{16-114}$$

$$\sigma_{\mathrm{m}}^{\mathrm{B}}=\sigma_{\mathrm{m}}^{\mathrm{o}}+2k(\theta_{\mathrm{B}}-\theta_{\mathrm{o}})\tag{16-115}$$

$$\begin{aligned}\sigma_{\mathrm{m}}^{\mathrm{C}}&=\sigma_{\mathrm{m}}^{\mathrm{A}}+2k(\theta_{\mathrm{C}}-\theta_{\mathrm{A}})=\sigma_{\mathrm{m}}^{\mathrm{o}}-2k(\theta_{\mathrm{A}}-\theta_{\mathrm{o}})+2k(\theta_{\mathrm{C}}-\theta_{\mathrm{A}})\\&=\sigma_{\mathrm{m}}^{\mathrm{o}}-2k(2\theta_{\mathrm{A}}-\theta_{\mathrm{C}}-\theta_{\mathrm{o}})\end{aligned}\tag{16-116}$$

或：

$$\begin{aligned}\sigma_{\mathrm{m}}^{\mathrm{C}}&=\sigma_{\mathrm{m}}^{\mathrm{B}}-2k(\theta_{\mathrm{C}}-\theta_{\mathrm{B}})\\&=\sigma_{\mathrm{m}}^{\mathrm{o}}+2k(2\theta_{\mathrm{B}}-\theta_{\mathrm{C}}-\theta_{\mathrm{o}})\end{aligned}\tag{16-117}$$

（2）跨线性质

所谓跨线性质是指从一根滑移线跨到另一根滑移线上时，σ_{m} 与 θ 之间的变化规律。从式（16-116）和式（16-117）可以得到：

$$\theta_{\mathrm{o}}+\theta_{\mathrm{C}}=\theta_{\mathrm{A}}+\theta_{\mathrm{B}}\tag{16-118}$$

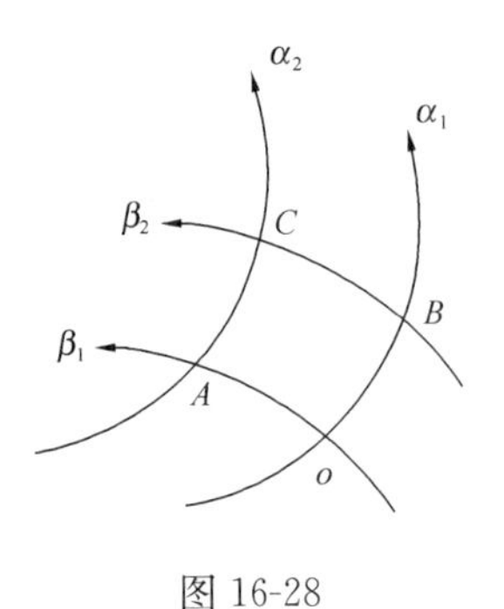

图 16-28

表明任一四边形两对角节点处的 θ 和相等。式（16-118）还可写成：

$$\theta_{A} - \theta_{o} = \theta_{C} - \theta_{B} \tag{16-119}$$

或：

$$\theta_{B} - \theta_{o} = \theta_{C} - \theta_{A} \tag{16-120}$$

如图 16-28 所示，上式表明跨线之间的角度变化是相等的。同理，有下式：

$$\sigma_{m}^{A} - \sigma_{m}^{o} = \sigma_{m}^{C} - \sigma_{m}^{B} \tag{16-121}$$

或：

$$\sigma_{m}^{B} - \sigma_{m}^{o} = \sigma_{m}^{C} - \sigma_{m}^{A} \tag{16-122}$$

上式表明跨线之间的平均应力变化也是相等的。由此可以得出一般结论：同族跨线之间的滑移线间的平均应力及角度变化均相等。

16.8.3 简单的滑移线场

（1）均匀应力状态的滑移线场

设某一区域内，两族滑移线为正交的平行直线族，如图 16-29 所示，此区域内任一点的平均应力 σ_m 与 θ 相同，这样的区域称为均匀应力状态滑移线场，其 xoy 坐标下的应力分量，可按式（16-106）计算，例如，当 $\theta = \dfrac{\pi}{4}$，得：

$$\left.\begin{aligned} \sigma_x &= \sigma_m - k \\ \sigma_y &= \sigma_m + k \\ \tau_{xy} &= 0 \end{aligned}\right\}$$

（2）中心扇形滑移线场

如图 16-30 所示的滑移线，设 α 线为一族汇交的射线，β 线为一族同心圆弧，这种滑移

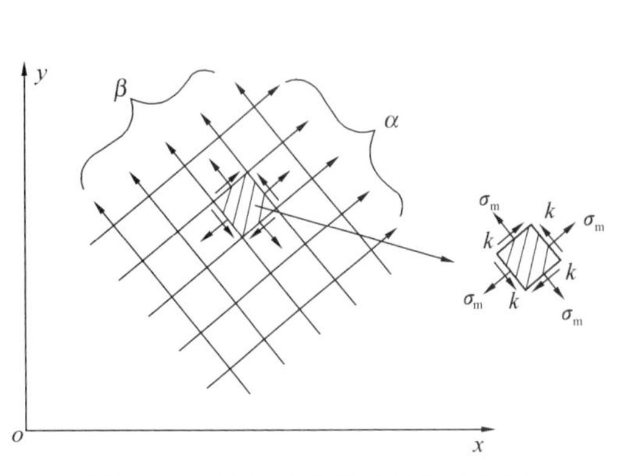

图 16-29 均匀应力状态的滑移线场

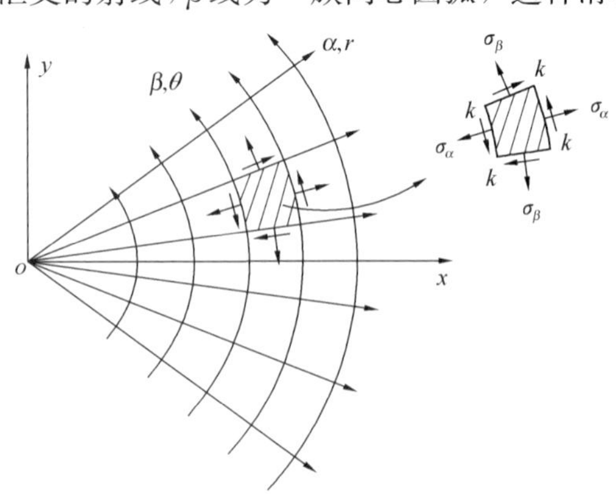

图 16-30 中心扇形滑移线场

线场称为中心扇形滑移线场。根据以上滑移线的沿线性质，在同一直线段上的平均应力保持不变，因此平均应力仅为 θ 的函数，即：

$$\sigma_m = \sigma_m(\theta) \tag{16-123}$$

在图 16-30 中的极坐标下，有：

$$\left.\begin{aligned}\sigma_\alpha &= \sigma_r = \sigma_m(\theta)\\ \sigma_\beta &= \sigma_\theta = \sigma_m(\theta)\end{aligned}\right\} \tag{16-124}$$

根据式（16-106），xoy 坐标下的应力表达式为：

$$\left.\begin{aligned}\sigma_x &= \sigma_m(\theta) - k\sin 2\theta\\ \sigma_y &= \sigma_m(\theta) + k\sin 2\theta\\ \tau_{xy} &= k\cos 2\theta\end{aligned}\right\} \tag{16-125}$$

沿 β 线计算，若已知：$\sigma_m(0) = \sigma_m^0$，根据式（16-112），得：

$$\sigma_m(\theta) = \sigma_m^0 - 2k\theta \tag{16-126}$$

沿 α 线计算，根据式（16-112），得：

$$\sigma_m(\theta) = \sigma_m^0 + 2k\theta \tag{16-127}$$

16.8.4　应力边界条件

在边界上取一个微体如图 16-31 所示，设边界上的分布正应力 σ_n 与剪应力 $\tau_n(\tau_n \leqslant k)$ 已知，由图示微体的平衡条件，得应力边界条件为：

$$\left.\begin{aligned}\sigma_n &= \sigma_x\cos^2\varphi + \sigma_y\sin^2\varphi + \tau_{xy}\sin 2\varphi\\ \tau_n &= \frac{1}{2}(\sigma_y - \sigma_x)\sin 2\varphi + \tau_{xy}\cos 2\varphi\end{aligned}\right\} \tag{16-128}$$

当材料处于塑性状态时，其应力分量满足式（16-106），将式（16-106）代入式（16-128），得：

$$\left.\begin{aligned}\sigma_n &= \sigma_m - k\sin 2(\theta - \varphi)\\ \tau_n &= k\cos 2(\theta - \varphi)\end{aligned}\right\} \tag{16-129}$$

解上式，得：

$$\left.\begin{aligned}\theta &= \varphi \pm \frac{1}{2}\arccos\frac{\tau_n}{k} + m_1\pi\\ \sigma_m &= \sigma_n + k\sin 2(\theta - \varphi)\end{aligned}\right\} \tag{16-130}$$

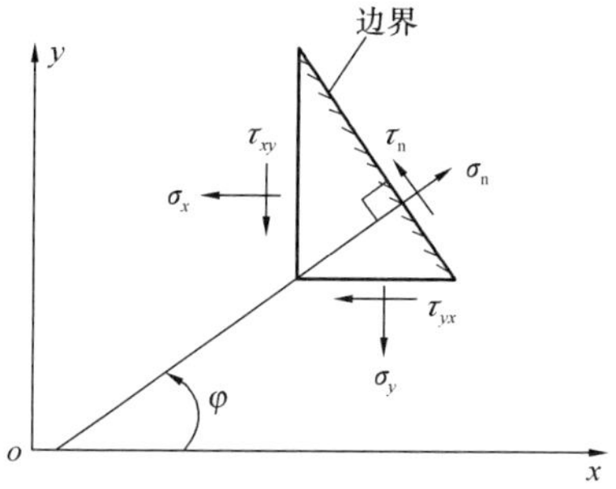

图 16-31　边界上已知正应力 σ_n 与剪应力 τ_n

式中 m_1 为整数，上式表明边界上的 σ_m 与 θ 不唯一确定，原因在于剪应力的方向不确定，可通过实际具体问题来唯一确定。

16.8.5 单边受压楔形坡体稳定分析

考虑如图 16-32 所示的楔形坡体，顶角 $2\gamma > \frac{\pi}{2}$，OD 边上承受法向的均布压力 p。选坐标如图示，可假定楔形坡体塑性极限状态下的滑移线如图 16-32 所示，以下分析在这种滑移线下对应的极限均布压力 p。这种事先假定滑移线场的分析方法有点类似于 Rayleigh-Ritz 方法的思想。OA 边为直线自由边界，设由 OA 出发的 45°滑移正交直线组成的区域 OAB 是一个均匀应力滑移线场，其 α 与 β 线都是直线，且 β 方向与 x 轴夹角为 $(\gamma-\pi/4)$，同时 OD 边为承受均布压力的直线边界，假设三角形区域 OCD 中的滑移线也为两族直线，构成了另一个均匀应力滑移线场，但其应力大小与 OAB 区域内的不同，假设连接二者的过渡区有一族为直滑移线，OBC 假设为中心扇形滑移线场，这样 $OABCD$ 区域为塑性滑移区，其中 $ABCD$ 是一条滑移线，也是分界线，$ABCD$ 线以下为刚性区域。

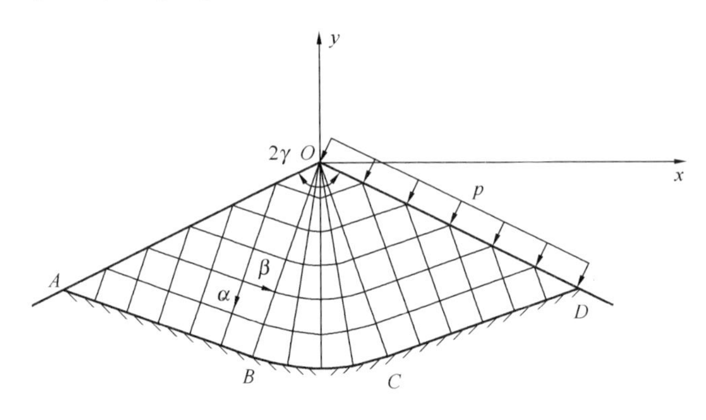

图 16-32 楔形坡体

以下考察 $ABCD$ 滑移线上（为 β 滑移线）的平均应力变化，首先考察边界上 A、D 两点的平均应力，分别取包含 A、D 两点的微体如图 16-33 所示，A 点处于自由表面 OA 上，D 点处于受压表面 OD 上，楔形体 $OABCD$ 在屈服滑动时，滑移线为 $ABCD$，且整个楔形体有从右向左滑动的趋势，因此包含 A、D 两点微体所受剪应力的方向如图 16-33 所示（剪应力 k 的方向应与楔形体滑动的趋势相反），根据两个微体的静力平衡条件，可得到 A、D 两点的平均应力为：

$$\sigma_{m}^{A}=-k,\ \sigma_{m}^{D}=k-p \tag{16-131}$$

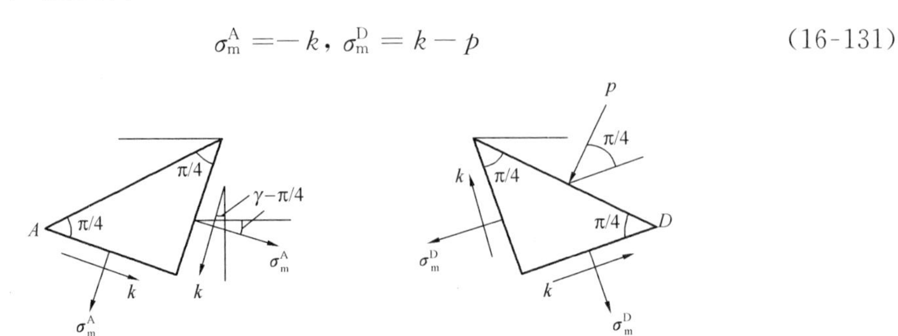

图 16-33 A、D 点的边界条件

根据图 16-33 中 A、D 两点所受剪力的方向可以确定 α 与 β 线的方向（α 线上的剪力使微体产生顺时针方向的转动趋势；β 线上的剪力使微体产生逆时针方向的转动趋势）。根据滑移线的沿线性质式（16-113），沿 β 滑移线，有：

$$\sigma_m^A = \sigma_m^B = -k,\ \sigma_m^C = \sigma_m^D = k - p \tag{16-132}$$

及

$$\sigma_m^C - \sigma_m^B = -2k\Delta\theta = -2k \cdot \angle BOC = -2k(2\gamma - \pi/2) \tag{16-133}$$

将式（16-132）代入式（16-133），得楔形体 $OABCD$ 屈服滑动的极限荷载为：

$$p_p = p = 2k(2\gamma + 1 - \pi/2) \tag{16-134}$$

16.8.6　其他坡体稳定分析

根据图 16-32 楔形坡体滑移的极限荷载结果，即式（16-134），很容易得到图 16-34（其中 2γ 分别为 $2\pi/3$ 及 $\pi/2$）的屈服滑动极限荷载。

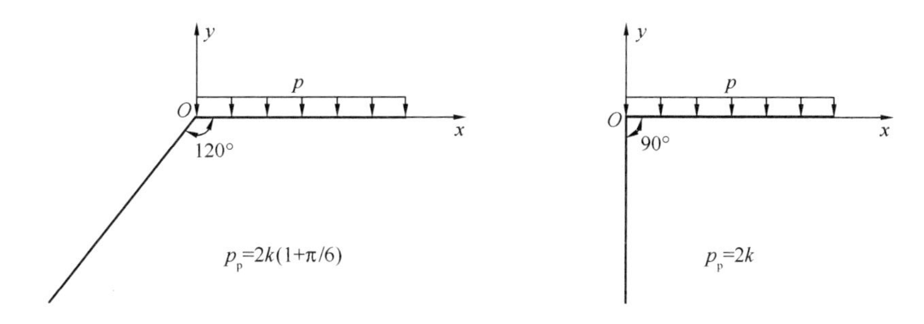

图 16-34

条形基础下的地基稳定性问题。如图 16-35 所示，因为基础具有对称性，取其一半研究其地基滑移稳定性问题，可借助式（16-134），取 $2\gamma = \pi$，得地基滑移的极限荷载为：

$$p_p = p = 2k(1 + \pi/2) \tag{16-135}$$

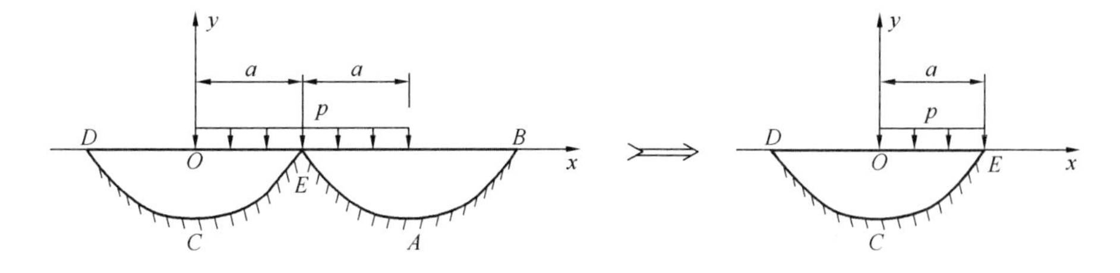

图 16-35　条形地基屈服滑移

习　　题

16.1　如图 16-36 所示集中荷载作用下的简支梁，求：（1）结构弹塑性状态时的弹塑性分界线；（2）求结构的塑性极限荷载 P_p。

16.2　试求圆形等截面杆的塑性失稳折减刚度 E_k。

16.3　求图 16-7（a）四边简支正方形混凝土板的塑性极限荷载。

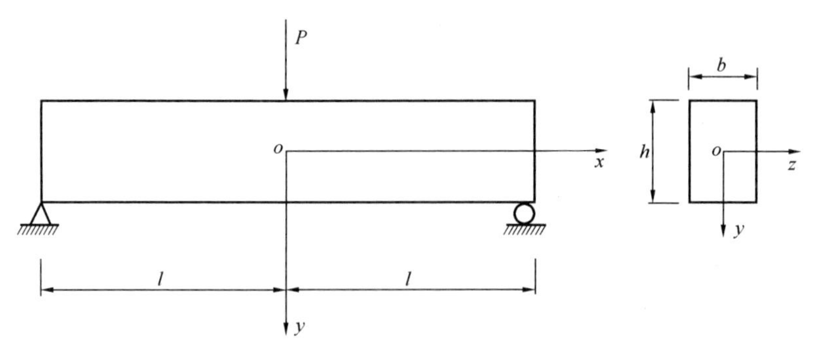

图 16-36

16.4* 研究四周固支矩形混凝土板的塑性极限荷载。

16.5 试求正方形和三角形（边长都为 a）截面柱体的塑性极限扭矩。

16.6 求图 16-37 所示平顶坡体的塑性极限压力 p_p。

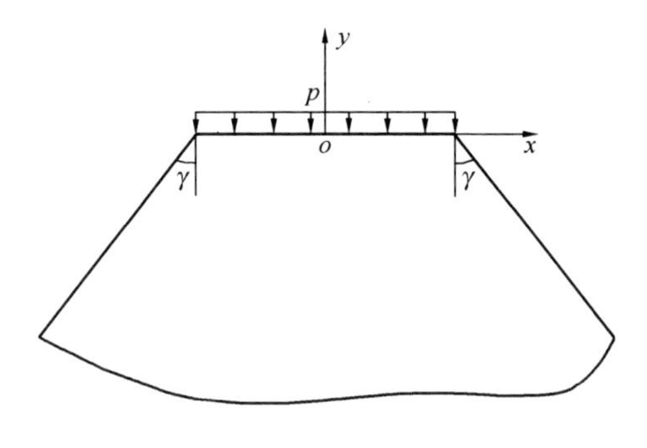

图 16-37

附　录

附录1　张量简介

1.1　下标记法

以 $x_i(i=1,2,3)$ 表示直角坐标系的坐标，$\vec{e}_i(i=1,2,3)$ 表示三个坐标单位矢量，即：

$$\begin{gathered}x \rightarrow x_1, y \rightarrow x_2, z \rightarrow x_3 \\ \vec{i} \rightarrow \vec{e}_1, \vec{j} \rightarrow \vec{e}_2, \vec{k} \rightarrow \vec{e}_3\end{gathered} \tag{附 1.1}$$

则：位移分量、应力矩阵及应变矩阵有如下的下标记法：

$$u、v、w \rightarrow u_i(i=1,2,3),\ u \rightarrow u_1、v \rightarrow u_2、w \rightarrow u_3 \tag{附 1.2}$$

$$[\sigma]=\begin{pmatrix}\sigma_x & \tau_{xy} & \tau_{xz} \\ \tau_{yx} & \sigma_y & \tau_{yz} \\ \tau_{zx} & \tau_{zy} & \sigma_z\end{pmatrix} \rightarrow \begin{pmatrix}\sigma_{11} & \sigma_{12} & \sigma_{13} \\ \sigma_{21} & \sigma_{22} & \sigma_{23} \\ \sigma_{31} & \sigma_{32} & \sigma_{33}\end{pmatrix} \rightarrow \sigma_{ij}\begin{pmatrix}i=1,2,3 \\ j=1,2,3\end{pmatrix} \tag{附 1.3}$$

$$[\varepsilon] \rightarrow \varepsilon_{ij}\begin{pmatrix}i=1,2,3 \\ j=1,2,3\end{pmatrix} \tag{附 1.4}$$

1.2　Kronecker δ_{ij}

Kronecker 符号的定义为：

$$\delta_{ij}=\vec{e_i} \cdot \vec{e_j}=\begin{cases}1\ (i=j) \\ 0\ (i \neq j)\end{cases} \tag{附 1.5}$$

所以：

$$\delta_{ij}=\begin{pmatrix}\delta_{11} & \delta_{12} & \delta_{13} \\ \delta_{21} & \delta_{22} & \delta_{23} \\ \delta_{31} & \delta_{32} & \delta_{33}\end{pmatrix}=\begin{pmatrix}1 & 0 & 0 \\ 0 & 1 & 0 \\ 0 & 0 & 1\end{pmatrix}=[I] \tag{附 1.6}$$

1.3　求和约定（Einstein 求和约定）

定义：若 $A_i(i=1,2,3)$、$A_j(j=1,2,3)$，当同一项中指标重复两次时，表示指标从1到3求和，例如：

$$\sum_{i=1}^{3} A_i B_i=A_i B_i=A_1 B_1+A_2 B_2+A_3 B_3 \tag{附 1.7}$$

上式求和式简写为 A_iB_i，其中 i 为“哑标”（也可以为 j、k 等其他符号，只要重复即可）。例如：

$$\frac{\partial A_j}{\partial x_j} = \frac{\partial A_1}{\partial x_1} + \frac{\partial A_2}{\partial x_2} + \frac{\partial A_3}{\partial x_3}$$

$$A_{ij}B_j = A_{i1}B_1 + A_{i2}B_2 + A_{i3}B_3$$

$$A_{ij}B_{ij} = A_{1j}B_{1j} + A_{2j}B_{2j} + A_{3j}B_{3j}$$
$$= (A_{11}B_{11} + A_{12}B_{12} + A_{13}B_{13}) + (A_{21}B_{21} + A_{22}B_{22} + A_{23}B_{23}) + (A_{31}B_{31} + A_{32}B_{32} + A_{33}B_{33})$$

1.4 坐标变换（转轴变换）

坐标转轴变换如附图 1.1 所示：

$$ox_1x_2x_3 \rightarrow ox'_1x'_2x'_3$$

x'_1、x'_2、x'_3 三个轴在 $ox_1x_2x_3$ 坐标下的方向余弦可分别作如下的表示：

$$\begin{matrix} (l_1, m_1, n_1) & (l_2, m_2, n_2) & (l_3, m_3, n_3) \\ \downarrow & \downarrow & \downarrow \\ (\beta_{11}, \beta_{12}, \beta_{13}) & (\beta_{21}, \beta_{22}, \beta_{23}) & (\beta_{31}, \beta_{32}, \beta_{33}) \end{matrix}$$

于是：$\beta_{ij} = \vec{e}'_i \cdot \vec{e}_j$，式中 $\vec{e}_k$，$\vec{e}'_k (k=1,2,3)$ 分别表示原始坐标与新坐标下的基向量，β_{ij} 表示 ox'_i 轴与 ox_j 轴夹角的余弦。任一向量 $\vec{v}$，在两个坐标系下，其值要相等：

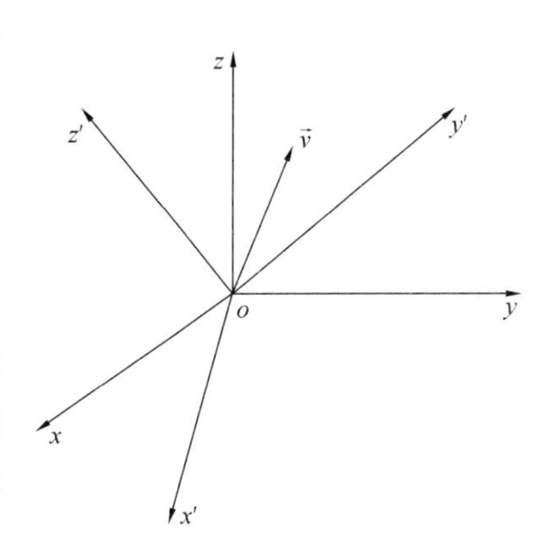

附图 1.1 坐标转轴变换

$$\vec{v} = x'_j \vec{e'_j} = x_j \vec{e_j} \qquad (附 1.8)$$

两边同时点乘以 $\vec{e'_i}$ 得：

$$x'_j(\vec{e'_j} \cdot \vec{e'_i}) = x_j(\vec{e_j} \cdot \vec{e'_i}) \Rightarrow x'_j\delta_{ij} = x_j \cdot \beta_{ij} \Rightarrow x'_i = \beta_{ij}x_j$$

于是有线性变换：

$$\{x'\} = [T]\{x\} \qquad (附 1.9)$$

$[T]$ 为正交矩阵：

$$[T] = \begin{bmatrix} \beta_{11} & \beta_{12} & \beta_{13} \\ \beta_{21} & \beta_{22} & \beta_{23} \\ \beta_{31} & \beta_{32} & \beta_{33} \end{bmatrix} \qquad (附 1.10)$$

1.5 张量的定义

（1）零阶张量

零阶张量有（$3^0=1$）一个元素，如果它是坐标变换下的不变量，它就是零阶张量，标量就是零阶张量：

$$\varphi'(x_1',x_2',x_3') = \varphi(x_1,x_2,x_3) = \text{标量} \tag{附 1.11}$$

例如：温度场 $T = T(x_1',x_2',x_3') = T(x_1,x_2,x_3)$，密度场 $\rho = \rho(x_1',x_2',x_3') = \rho(x_1,x_2,x_3)$ 皆为零阶张量。

（2）一阶张量

一阶张量有（$3^1=3$）3 个元素，这 3 个元素 $T_i(i=1,2,3)$ 随坐标系的变化规律为：

$$T_i' = \beta_{ij} T_j \quad (i=1,2,3) \tag{附 1.12}$$

则：由这三个元素所组成的整体为一阶张量。例如：向量场（速度场、位移场等）皆为一阶张量。

（3）二阶张量

二阶张量有（$3^2=9$）9 个元素，这 9 个元素 $A_{ij}(i,j=1,2,3)$ 随坐标系变化规律为：

$$A_{ij}' = \beta_{im}\beta_{jn}A_{mn} \quad (i,j,m,n=1,2,3) \tag{附 1.13}$$

则：由这 9 个元素所组成的整体为二阶张量。例如：应力与应变矩阵在转轴变换时满足上述变换规律，所以应力及应变矩阵为二阶张量。

（4）三阶张量

三阶张量有（$3^3=27$）27 个元素，这 27 个元素 $A_{ijk}(i,j,k=1,2,3)$ 随坐标系的变化规律为：

$$A_{ijk}' = \beta_{il}\beta_{jm}\beta_{kn}A_{lmn} \quad (i,j,k,m,n,l=1,2,3) \tag{附 1.14}$$

则：由这 27 个元素所组成的整体为三阶张量。其他更高阶的张量定义依此类推。

1.6 置换符号

定义：

$$e_{ijk} = \begin{cases} 1 & \text{当 } i,j,k \text{ 顺循环时 } e_{123}=e_{231}=e_{312}=1 \\ -1 & \text{当 } i,j,k \text{ 逆循环时 } e_{321}=e_{132}=e_{213}=-1 \\ 0 & \text{当 } i,j,k \text{ 有两个相同者，为零的共 21 项} \end{cases} \tag{附 1.15}$$

e_{ijk} 为三阶张量，应用举例如下：

$$\begin{vmatrix} a_{11} & a_{12} & a_{13} \\ a_{21} & a_{22} & a_{23} \\ a_{31} & a_{32} & a_{33} \end{vmatrix} = e_{ijk}a_{i1}a_{j2}a_{k3} \tag{附 1.16}$$

$$\vec{e}_i \times \vec{e}_j = e_{ijk}\vec{e}_k \tag{附 1.17}$$

1.7 偏导数的下标记法

定义：

$$u_{i,j}=\frac{\partial u_i}{\partial x_j}\Rightarrow(\text{二阶张量})$$

$$\varepsilon_{ij,k}=\frac{\partial \varepsilon_{ij}}{\partial x_k}\Rightarrow(\text{三阶张量}) \quad (附 1.18)$$

$$\sigma_{ij,k}=\frac{\partial \sigma_{ij}}{\partial x_k}\Rightarrow(\text{三阶张量})$$

1.8 弹性力学基本方程的张量表述

弹性力学基本方程可采用张量表述如下：

平衡方程：
$$\sigma_{ij,i}+X_j=0 \quad (附 1.19)$$

几何方程：
$$\varepsilon_{ij}=\frac{1}{2}(u_{i,j}+u_{j,i}) \quad (附 1.20)$$

物理方程：
$$\varepsilon_{ij}=\frac{1+\nu}{E}\sigma_{ij}-\frac{\nu}{E}\sigma_{kk}\cdot\delta_{ij}$$

或：
$$\sigma_{ij}=\lambda\varepsilon_{kk}\delta_{ij}+2\mu\varepsilon_{ij} \quad (附 1.21)$$

应力边界条件：
$$P_j=\sigma_{ij}n_i(S_\sigma\text{ 上}) \quad (附 1.22)$$

位移边界条件：
$$u_i=\overline{u}_i(S_u\text{ 上}) \quad (附 1.23)$$

以上式（附 1.19）～式（附 1.23）中，σ_{ij}、ε_{ij} 分别为应力、应变张量，u_i 为位移矢量（张量），P_j 为应力边界上已知的外部面力矢量（张量），n_i 为应力边界上外法线方向余弦，$\overline{u}_i$ 为位移边界上已知的位移（张量）。

1.9 张量的并积表示与张量方程的不变性

一阶张量的并积表示：

$$\mathbf{T}=T_i\cdot\vec{e}_i \quad (附 1.24)$$

二阶张量的并积表示：

$$\mathbf{T}=T_{ij}\vec{e}_i\otimes\vec{e}_j \quad (附 1.25)$$

三阶张量的并积表示：

$$\mathbf{T}=T_{ijk}\vec{e}_i\otimes\vec{e}_j\otimes\vec{e}_k \quad (附 1.26)$$

张量的并积运算，设：$\mathbf{A}=A_{ijk}\vec{e}_i\otimes\vec{e}_j\otimes\vec{e}_k$，$\mathbf{B}=B_{lmn}\vec{e}_l\otimes\vec{e}_m\otimes\vec{e}_n$，则：

$$\mathbf{C}=\mathbf{A}\otimes\mathbf{B}=A_{ijk}\cdot B_{lmn}\vec{e}_i\otimes\vec{e}_j\otimes\vec{e}_k\otimes\vec{e}_l\otimes\vec{e}_m\otimes\vec{e}_n \quad (附 1.27)$$

以上三阶张量的并积变为六阶张量，并积增加张量的阶数，但点积降低（缩并）张量的阶数。

张量方程具有不随坐标改变的性质，称为张量方程的不变性。当坐标变换时，新老基

矢的关系为 $\vec{e}_i = \beta_{j'i}\vec{e}'_{j'}$，则有：

$$\begin{aligned}\mathbf{A} &= A_{ijk}\vec{e}_i \otimes \vec{e}_j \otimes \vec{e}_k = A_{ijk}\beta_{i'i}\vec{e}'_{i'} \otimes \beta_{j'j}\vec{e}'_{j'} \otimes \beta_{k'k}\vec{e}'_{k'} \\ &= A_{ijk}\beta_{i'i}\beta_{j'j}\beta_{k'k}\vec{e}'_{i'} \otimes \vec{e}'_{j'} \otimes \vec{e}'_{k'} = A_{i'j'k'}\vec{e}'_{i'} \otimes \vec{e}'_{j'} \otimes \vec{e}'_{k'} = \mathbf{A}'\end{aligned} \tag{附 1.28}$$

由以上方程可以看出，张量的形式不随坐标而改变。所以张量方程具有不随坐标改变的性质，图示如下：

$$\underbrace{\mathbf{A} - \mathbf{B} = \mathbf{0} \Rightarrow \mathbf{A}' - \mathbf{B}' = \mathbf{0}}$$

坐标变换

物理规律是客观存在的
与坐标系的选择无关

附图 1.2

例如：一般曲线坐标下的弹性力学方程组的张量表达式在任何坐标下都具有统一的形式。但弹性力学分量方程在不同的坐标系下是变化的。

附录 2 Euler 微分方程的一般解法

Euler 微分方程的一般形式为：

$$a_n x^n y^{(n)} + a_{n-1} x^{n-1} y^{(n-1)} + \cdots + a_1 x y' + a_0 y = f(x) \tag{附 2.1}$$

式中：$a_n, a_{n-1}, \cdots, a_1, a_0$ 为常数。作变换 $x = e^t$ 代入 Euler 方程，就可化为关于 t 的常系数线性微分方程，求解后，再作逆变换 $t = \ln x$ 就得到方程（附 2.1）的解答。

附录 3 矩阵的正交变换

若矩阵 $[T]$ 具有性质：

$$[T]^{\mathrm{T}} = [T]^{-1} \tag{附 3.1}$$

则：$[T]$ 称为正交矩阵。若线性变换 $\{x\} = [T]\{x'\}$ 中的 $[T]$ 为正交矩阵，这个变换称为正交变换。正交变换保持向量的尺度不变。因为有：

$$\|\{x\}\|^2 = \{x\}^{\mathrm{T}}\{x\} = \{x'\}^{\mathrm{T}}[T]^{\mathrm{T}}[T]\{x'\} = \{x'\}^{\mathrm{T}}\{x'\} = \|\{x'\}\|^2 \tag{附 3.2}$$

坐标的旋转变换都具有上述的性质，为正交变换。

【例 1】 平面直角坐标系 ox_1x_2 中，所观察到的二次曲线为：$x_1^2 - \sqrt{3}x_1x_2 + 2x_2^2 = 1$，写成矩阵（二次型）形式：

$$\{x\}^{\mathrm{T}}[A]\{x\} = 1$$

其中：$\{x\}^{\mathrm{T}}=\{x_1,x_2\}$，矩阵 $[A]=\begin{bmatrix}1 & -\sqrt{3}/2\\ -\sqrt{3}/2 & 2\end{bmatrix}$ 是二次型的系数矩阵，为实对称矩阵，它的特征方程为：

$$\begin{vmatrix}1-\lambda & -\sqrt{3}/2\\ -\sqrt{3}/2 & 2-\lambda\end{vmatrix}=0 \quad\Rightarrow\quad \lambda^2-3\lambda+5/4=0$$

特征值为 $\lambda_1=5/2$，$\lambda_2=1/2$，对应单位化的特征向量为：

$$\{l_1,m_1\}^{\mathrm{T}}=\{1/2,-\sqrt{3}/2\}=\{\cos(-\pi/3),\sin(-\pi/3)\},$$
$$\{l_2,m_2\}^{\mathrm{T}}=\{\sqrt{3}/2,1/2\}=\{-\sin(-\pi/3),\cos(-\pi/3)\}$$

所以正交变换矩阵为：

$$[T]=\begin{bmatrix}l_1 & l_2\\ m_1 & m_2\end{bmatrix}=\begin{bmatrix}1/2 & \sqrt{3}/2\\ -\sqrt{3}/2 & 1/2\end{bmatrix}$$

坐标变换的旋转角度为 $\theta=-\pi/3=-60^\circ$（见附图 3.1），将正交变换 $\{x\}=[T]\{x'\}$ 代入二次曲线方程得：

$$\{x\}^{\mathrm{T}}[A]\{x\}=1\Rightarrow\{x'\}^{\mathrm{T}}[T]^{\mathrm{T}}[A][T]\{x'\}=1$$
$$\Rightarrow\{x'\}^{\mathrm{T}}\begin{bmatrix}\lambda_1 & 0\\ 0 & \lambda_2\end{bmatrix}\{x'\}=1\Rightarrow\frac{x'^2_1}{(\sqrt{2/5})^2}+\frac{x'^2_2}{(\sqrt{2})^2}=1。$$

由附图 3.1 可见，在旋转后的坐标 $ox'_1x'_2$ 下，所看到的二次曲线为一个标准椭圆曲线。

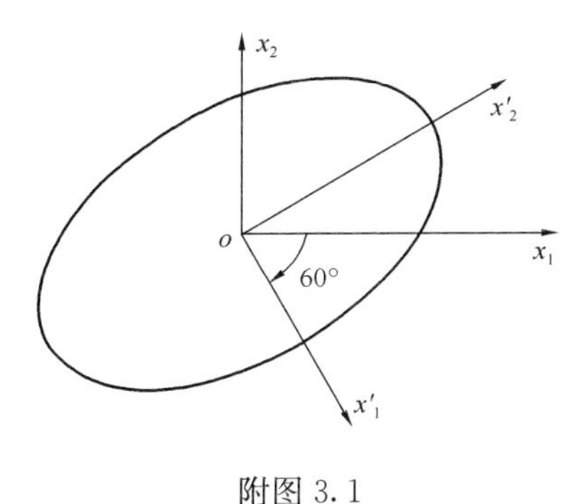

附图 3.1

附录 4　方 向 导 数 公 式

设向量 $\vec{r}$ 方向的方向余弦为（$\cos\alpha$，$\cos\beta$，$\cos\gamma$），则函数 $u=u(x,y,z)$ 沿 $\vec{r}$ 方向的方向导数为：

$$\frac{\partial u}{\partial r}=\frac{\partial u}{\partial x}\cos\alpha+\frac{\partial u}{\partial y}\cos\beta+\frac{\partial u}{\partial z}\cos\gamma \tag{附 4.1}$$

附录 5 Green（格林）公式

设 S 为平面区域 D 的边界曲线，$P(x,y)$，$Q(x,y)$ 在 D 上具有一阶连续偏导数，则有：

$$\iint_D \left(\frac{\partial Q}{\partial x} - \frac{\partial P}{\partial y} \right) \mathrm{d}x\mathrm{d}y = \oint_S P\,\mathrm{d}x + Q\mathrm{d}y \qquad (\text{附 } 5.1)$$

附录 6 二重积分中值定理

设函数 $f(x,y)$ 在封闭区域 D 上连续，ΔS 为 D 区域围成的面积，则在 D 区域内至少存在一点 $(\xi,\ \zeta)$ 使得：

$$\iint_D f(x,y)\mathrm{d}x\mathrm{d}y = f(\xi,\ \zeta) \cdot \Delta S \qquad (\text{附 } 6.1)$$

附录 7 变 分 原 理

7.1 泛函的概念

泛函的定义为：

$$J = J[y(x)] \qquad (\text{附 } 7.1)$$

式中：变量 J 为自变函数 $y(x)$ 的函数。对应一个函数 $y(x)$，就有一个函数值 J（附图 7.1）。

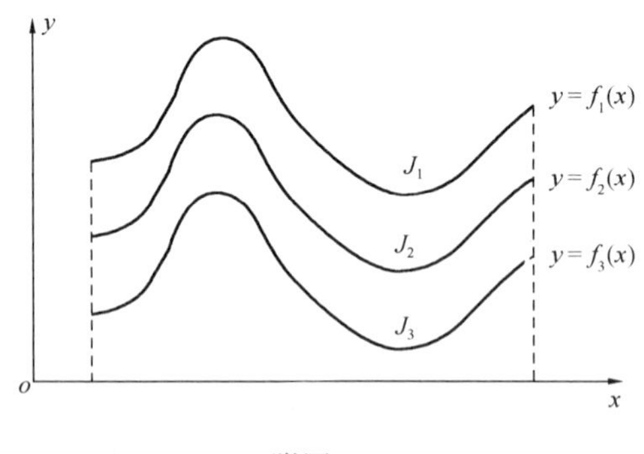

附图 7.1

【例 2】 柱面上 A，B 两点的距离（附图 7.2）可以写为：

$$L = \int_A^B \mathrm{d}s = \int_A^B \sqrt{[x'(t)]^2 + [y'(t)]^2 + [z'(t)]^2}\,\mathrm{d}t$$

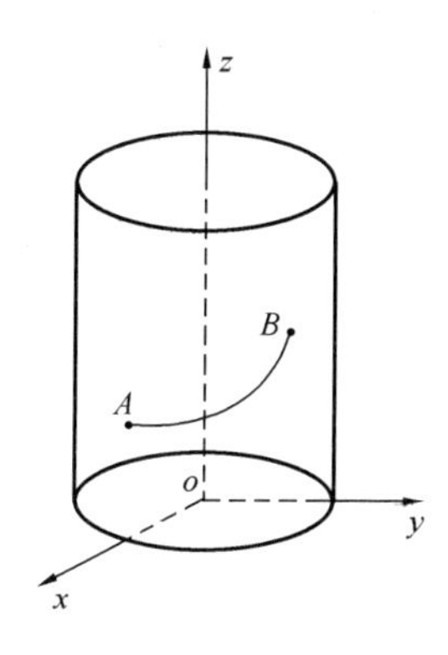

附图 7.2

L 的值依赖于 AB 的曲线，曲线不同，L 也不同。显然 L 为泛函，它是自变函数 $\begin{cases} x = x(t) \\ y = y(t) \\ z = z(t) \end{cases}$ 的函数。

7.2 变分的概念与运算

函数 $y(x)$ 的微分为 $\mathrm{d}y = y'(x)\mathrm{d}x$，这时函数 $y(x)$（表示一条曲线）保持不变。当函数为泛函的自变函数时，$y(x)$ 的变分是 x 的函数，对于每一个 x，它是由新函数 $Y(x)$ 与 $y(x)$ 之差所确定，即 $\delta y(x) = Y(x) - y(x)$，这时自变函数 $y(x)$ 已发生了改变，变为 $Y(x) = y(x) + \delta y(x)$，如附图 7.3 所示。

变分 δy 的运算规则与微分相同，变分与微分的次序可以交换。

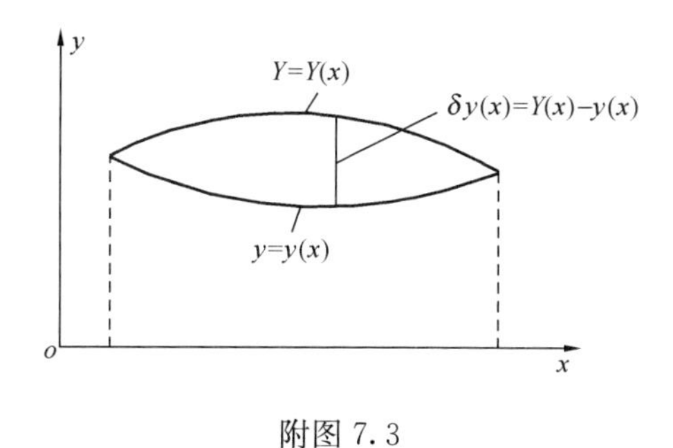

附图 7.3

7.3 泛函的极值

与函数有极值一样，泛函也有极值（极大值与极小值），对于例 2 的问题，当 AB 的曲线为螺旋线时，L 具有极小值（最小值）。在自然界中，当一只在 A 点的螳螂要攻击处于 B 点的蝉时，螳螂所选取的攻击路线为螺旋线，按这个路线螳螂可以在最短的时间内捕获到蝉。

7.4 变分法

求泛函 $J = J[y(x)]$ 极值的方法称为变分法。根据变分理论，可通过让泛函的一阶变分等于零来求得相应的函数 $y(x)$，使泛函取极值，即：

$$\delta J = \delta J[y(x)] = 0 \tag{附 7.2}$$

当二阶变分 $\delta^2 J[y(x)] > 0$ 为极小值，$\delta^2 J[y(x)] < 0$ 为极大值。

例如：求例 2 柱面上 A，B 两点距离 L 的极值，按一阶变分为零得：

$$\delta L = \int_A^B \delta\sqrt{[x'(t)]^2 + [y'(t)]^2 + [z'(t)]^2}\,\mathrm{d}t$$

$$= \int_A^B \frac{x'(t)x''(t) + y'(t)y''(t) + z'(t)z''(t)}{\sqrt{[x'(t)]^2 + [y'(t)]^2 + [z'(t)]^2}}\delta t\,\mathrm{d}t = 0$$

由于 δt 具有任意性，要使 $\delta L = 0$，必有：

$$x'(t)x''(t) + y'(t)y''(t) + z'(t)z''(t) = 0$$

上式微分方程即为 L 取极值的必要条件，当 AB 为螺旋线时：$x = a\cos t$，$y = a\sin t$，$z = kt$ 正是上述微分方程的解，根据几何实际判断，当 AB 为螺旋线时，曲线的展开线为直线，L 具有最小值。

附录 8　Gauss（高斯）公式

设空间区域 V 是由分片光滑的封闭曲面 S 所围成，函数 $P(x,y,z)$，$Q(x,y,z)$，$R(x,y,z)$ 在 V 内具有一阶连续偏导数，则有：

$$\iiint_V \left(\frac{\partial P}{\partial x} + \frac{\partial Q}{\partial y} + \frac{\partial R}{\partial z}\right)\mathrm{d}x\mathrm{d}y\mathrm{d}z = \oint\!\!\oint_S P\,\mathrm{d}y\mathrm{d}z + Q\mathrm{d}x\mathrm{d}z + R\mathrm{d}x\mathrm{d}y$$

$$= \oint\!\!\oint_S (P\cos\alpha + Q\cos\beta + R\cos\gamma)\mathrm{d}S \tag{附 8.1}$$

这里：S 是 V 整个边界的曲面，$\cos\alpha$，$\cos\beta$，$\cos\gamma$ 是 S 在点 (x,y,z) 处的外法线向量的方向余弦。

附录 9　空间点发式平面方程

在三维空间坐标下，已知一个平面过点 (x_0,y_0,z_0)，有一个垂直于这个平面的向量为 $\{A,B,C\}$，则这个平面方程为：

$$A(x - x_0) + B(y - y_0) + C(z - z_0) = 0 \tag{附 9.1}$$

例如：对于 14.1.2 节中的 π 平面，在主应力空间下：$x \rightarrow \sigma_1, y \rightarrow \sigma_2, z \rightarrow \sigma_3$，过点 $(x_0, y_0, z_0) = (0,0,0)$，且垂直于向量 $\{A,B,C\} = \{1,1,1\}$，根据式（附 9.1）得 π 平面方程为：

$$\sigma_1 + \sigma_2 + \sigma_3 = 0 \tag{附 9.2}$$

附录 10　空间线面夹角公式

在三维空间坐标下，设一平面的方程为：$A_1x + B_1y + C_1z + D_1 = 0$，一直线方程为：$\dfrac{x-x_1}{l_1} = \dfrac{y-y_1}{m_1} = \dfrac{z-z_1}{n_1}$，其中 (l_1, m_1, n_1) 为该直线的方向余弦，那么，该直线与平面的夹角 θ 由下式确定：

$$\sin\theta = \frac{|l_1A_1 + m_1B_1 + n_1C_1|}{\sqrt{l_1^2 + m_1^2 + n_1^2}\sqrt{A_1^2 + B_1^2 + C_1^2}} \tag{附 10.1}$$

例如：对于 14.1.3 节中 $\overrightarrow{o\sigma_1}$ 向量与 π 平面的夹角可按上述公式计算，在主应力空间下，$o\sigma_1$ 直线的方向余弦可以表达为：$(l_1, m_1, n_1) = (1,0,0)$，$\pi$ 平面方程的系数为：$A_1 = B_1 = C_1 = 1$，代入式（附 10.1）得：$\sin\theta = \dfrac{1}{\sqrt{3}}$。

部分习题参考答案

第 2 章习题

2.2 $\sigma_x=\sigma_y=-\dfrac{\nu}{1-\nu}q$，$\sigma_z=-q$，$\theta=-\dfrac{1}{E}\dfrac{(1+\nu)(1-2\nu)}{1-\nu}q$，$\tau_{\max}=\pm\dfrac{1-2\nu}{2(1-\nu)}q$

2.3 $X=-12x-1$，$Y=6x^2$，$Z=-2$

2.4 当 $b=a=0$ 时，应变状态才可能。

2.5 D

第 3 章习题

3.2 (a) $v|_{\mathrm{AB}}=0$，$\tau_{xy}|_{\mathrm{AB}}=0$；(b) $\sigma_x|_{\mathrm{AB}}=\gamma y$，$\tau_{xy}|_{\mathrm{AB}}=0$；

(c) $\sigma_x\cos\alpha+\tau_{xy}\sin\alpha|_{\mathrm{AB}}=0$，$\tau_{xy}\cos\alpha+\sigma_y\sin\alpha|_{\mathrm{AB}}=0$

3.4 $\nabla^4\varphi=-(1-\nu)\nabla^2V$（平面应力），$\nabla^4\varphi=-\dfrac{1-2\nu}{1-\nu}\nabla^2V$（平面应变）

3.5 (a) $\sigma_y|_{y=-\frac{h}{2}}=-\dfrac{q_0x}{l}$，$\tau_{xy}|_{y=-\frac{h}{2}}=0$；$\sigma_y|_{y=\frac{h}{2}}=0$，$\tau_{xy}|_{y=\frac{h}{2}}=\tau_0$；

$$\int_{-\frac{h}{2}}^{\frac{h}{2}}\sigma_x|_{x=0}\mathrm{d}y=0,\ \int_{-\frac{h}{2}}^{\frac{h}{2}}\tau_{xy}|_{x=0}\mathrm{d}y+P=0,\ \int_{-\frac{h}{2}}^{\frac{h}{2}}\sigma_x|_{x=0}y\mathrm{d}y-M=0$$

(b) $\sigma_x|_{x=h}=0$，$\tau_{xy}|_{x=h}=0$，$\sigma_x|_{x=0}=0$，$\tau_{xy}|_{x=0}=0$；

$$\int_0^h\sigma_y|_{y=0}\mathrm{d}x+P\sin\alpha=0,\ \int_0^h\tau_{xy}|_{y=0}\mathrm{d}x+P\cos\alpha=0,$$

$$\int_0^h\sigma_y|_{y=0}x\mathrm{d}x+P\sin\alpha\cdot\frac{h}{4}=0$$

3.6 $A=-q/(\tan\beta-\beta)$，$B=\tan\beta-\beta$，$C=-\beta$

3.7 $A=0$，$B=-\gamma_1$，$C=\cot\beta(\gamma-2\gamma_1\cot^2\beta)$，$D=\gamma_1\cot^2\beta-\gamma$

第 4 章习题

4.1 C

4.2 可以解决悬臂梁一端受集中力 P 与集中弯矩 M 的问题。

4.3 $\sigma_x=-\dfrac{2p}{h^3l}x^3y-\dfrac{4p}{h^3l}xy^3-\left(\dfrac{2pl}{h^3}-\dfrac{3p}{5hl}\right)xy$

$\sigma_y=\dfrac{2p}{h^3l}xy^3-\dfrac{3p}{2hl}xy-\dfrac{p}{2l}x$

$$\tau_{xy}=-\frac{3p}{h^3 l}x^2y^2+\frac{p}{h^3 l}y^4+\frac{3p}{4hl}x^2+\left(\frac{pl}{h^3}-\frac{3p}{10hl}\right)y^2+\frac{ph}{80l}-\frac{pl}{4h}$$

4.4 可以求解两端分别承受有轴力、剪力及弯矩的梁。

4.5 $\sigma_x=\gamma x\cot\alpha-2\gamma y\cot^2\alpha$，$\sigma_y=-\gamma y$，$\tau_{xy}=-\gamma y\cot\alpha$

4.6 $\sigma_x=0$，$\sigma_y=\frac{2qy}{h}(1-\frac{3x}{h})-\gamma y$，$\tau_{xy}=\frac{qx}{h}(\frac{3x}{h}-2)$

4.7 $A=-\frac{q}{3lh^3}$，$B=\frac{q}{5lh^3}$，$C=\frac{q}{4lh}$，$D=-\frac{q}{10lh}$，$E=-\frac{q}{12l}$，$F=\frac{qh}{80l}$

4.8 $\sigma_x=-\frac{12P}{h^3}xy$，$\sigma_y=0$，$\tau_{xy}=-\frac{3P}{2h}+\frac{6P}{h^3}y^2$

4.9 $\sigma_x=-\frac{F}{b}-\frac{12y}{b^3}(M-qbx+Fx)$，$\sigma_y=0$，$\tau_{xy}=q\left(\frac{1}{2}-\frac{6y^2}{b^2}\right)-\frac{6F}{b}\left(\frac{1}{4}-\frac{y^2}{b^2}\right)$

第 5 章习题

5.1 $\sigma_\theta\big|_{AB(\theta=\alpha)}=-\left(1-\frac{r}{H}\sin\alpha\right)q_0$，$\tau_{r\theta}\big|_{AB(\theta=\alpha)}=0$

5.2 $\sigma_\theta\big|_{\theta=0}=-q_0$，$\tau_{r\theta}\big|_{\theta=0}=0$；$\sigma_\theta\big|_{\theta=\alpha}=0$，$\tau_{r\theta}\big|_{\theta=\alpha}=-\tau_0$

$$\int_0^\alpha\sigma_r r\cos\theta\mathrm{d}\theta-\int_0^\alpha\tau_{r\theta}r\sin\theta\mathrm{d}\theta-\tau_0 r\cos\alpha=0,$$

$$\int_0^\alpha\sigma_r r\sin\theta\mathrm{d}\theta+\int_0^\alpha\tau_{r\theta}r\cos\theta\mathrm{d}\theta+P+q_0 r-\tau_0 r\sin\alpha=0,$$

$$\frac{1}{2}q_0r^2+\int_0^\alpha\tau_{r\theta}r^2\mathrm{d}\theta=0$$

5.4 按平面应变问题考虑：

$$\sigma_r=\frac{a^2b^2}{b^2-a^2}\,\frac{q_2-q}{r^2}+\frac{a^2q-b^2q_2}{b^2-a^2},\ \sigma_\theta=-\frac{a^2b^2}{b^2-a^2}\,\frac{q_2-q}{r^2}+\frac{a^2q-b^2q_2}{b^2-a^2},\ \tau_{r\theta}=0$$

$$u_r=\frac{1}{E}\left[-\frac{(1+\nu)a^2b^2(q_2-q)}{(b^2-a^2)r}+\frac{(1-\nu)(qa^2-q_2b^2)}{b^2-a^2}r\right],\ u_\theta=0$$

其中 $q_2=\frac{2qa^2}{(1+\nu)a^2+(1-\nu)b^2}$

5.5 $\sigma_{\theta,\max}=4q$，$\sigma_{\theta,\min}=-4q$

5.6 (a) $\sigma_r=-q\left(\frac{\cos2\theta}{\sin\alpha}+\cot\alpha\right)$，$\sigma_\theta=q\left(\frac{\cos2\theta}{\sin\alpha}-\cot\alpha\right)$，$\tau_{r\theta}=q\frac{\sin2\theta}{\sin\alpha}$

(b) $\sigma_r=-\frac{kr}{N}\left(3\cos\frac{\alpha}{2}\cos3\theta+\cos\frac{3\alpha}{2}\cos\theta\right)$，$\sigma_\theta=\frac{3kr}{N}\left(\cos\frac{\alpha}{2}\cos3\theta-\cos\frac{3\alpha}{2}\cos\theta\right)$，

$\tau_{r\theta}=\frac{kr}{N}\left(3\cos\frac{\alpha}{2}\sin3\theta-\cos\frac{3\alpha}{2}\sin\theta\right)$，其中 $N=3\cos\frac{\alpha}{2}\sin\frac{3\alpha}{2}-\cos\frac{3\alpha}{2}\sin\frac{\alpha}{2}$

(c) $\sigma_r=-q$，$\sigma_\theta=-q$，$\tau_{r\theta}=0$

5.7 $\sigma_r=-\frac{\sin\alpha-2\alpha\cos\alpha}{2\alpha\cos2\alpha-\sin2\alpha}q\sin2\theta-2\cos\alpha\cdot q\theta-\frac{2\cos2\alpha(\sin\alpha-2\alpha\cos\alpha)}{2\alpha\cos2\alpha-\sin2\alpha}\cdot q\theta$

$$\sigma_\theta=\frac{\sin\alpha-2\alpha\cos\alpha}{2\alpha\cos2\alpha-\sin2\alpha}q\sin2\theta-2\cos\alpha\cdot q\theta-\frac{2\cos2\alpha(\sin\alpha-2\alpha\cos\alpha)}{2\alpha\cos2\alpha-\sin2\alpha}\cdot q\theta$$

$$\tau_{r\theta}=-\frac{\sin\alpha-2\alpha\cos\alpha}{2\alpha\cos2\alpha-\sin2\alpha}q\cos2\theta+q\cos\alpha+\frac{q\cos2\alpha(\sin\alpha-2\alpha\cos\alpha)}{2\alpha\cos2\alpha-\sin2\alpha}$$

5.8　$\sigma_x=-\frac{2P}{(\alpha-\sin\alpha)}\cdot\frac{x^2y}{(x^2+y^2)^2}$，$\sigma_y=-\frac{2P}{(\alpha-\sin\alpha)}\cdot\frac{y^3}{(x^2+y^2)^2}$，

$\tau_{xy}=-\frac{2P}{(\alpha-\sin\alpha)}\cdot\frac{xy^2}{(x^2+y^2)^2}$

5.9　设 $\varphi=C\theta$，$\sigma_r=0$，$\sigma_\theta=0$，$\tau_{r\theta}=-\left(\frac{b}{r}\right)^2q$，$u_r=0$，$u_\theta=\frac{(1+\nu)qb^2}{E}\left(\frac{1}{r}-\frac{r}{a^2}\right)$

5.10　$\sigma_x=-\sum_{i=1}^{n}\frac{2P}{\pi}\cdot\frac{x^3}{[x^2+(y-y_i)^2]^2}$，$\sigma_y=-\sum_{i=1}^{n}\frac{2P}{\pi}\cdot\frac{x(y-y_i)^2}{[x^2+(y-y_i)^2]^2}$，

$\tau_{xy}=-\sum_{i=1}^{n}\frac{2P}{\pi}\cdot\frac{x^2(y-y_i)}{[x^2+(y-y_i)^2]^2}$

5.11　$\sigma_x=-\frac{2q}{\pi}\int_{y_1}^{y_2}\frac{x^3\mathrm{d}\xi}{[x^2+(y-\xi)^2]^2}$，$\sigma_y=-\frac{2q}{\pi}\int_{y_1}^{y_2}\frac{x(y-\xi)^2\mathrm{d}\xi}{[x^2+(y-\xi)^2]^2}$，

$\tau_{xy}=-\frac{2q}{\pi}\int_{y_1}^{y_2}\frac{x^2(y-\xi)\mathrm{d}\xi}{[x^2+(y-\xi)^2]^2}$

第 6 章习题

6.1　总应力 $\vec{F}_v=\begin{pmatrix}10.66\\-2.80\\-1.87\end{pmatrix}\times10^7\mathrm{N/m^2}$，正应力 $\sigma_v=2.61\times10^7\mathrm{N/m^2}$，

剪应力 $\tau_v=\sqrt{|\vec{F_V}|^2-\sigma_V^2}=10.87\times10^7\mathrm{N/m^2}$

6.2　B

6.3　C

6.4　$\begin{bmatrix}2&0&3.5\\0&3&-2\\3.5&-2&1.0\end{bmatrix}=\begin{bmatrix}2&0&0\\0&2&0\\0&0&2\end{bmatrix}+\begin{bmatrix}0&0&3.5\\0&1&-2\\3.5&-2&-1\end{bmatrix}$

6.5　$\sigma_r=351.6\mathrm{MPa}$，$\sigma_\theta=505.4\mathrm{MPa}$，$\tau_{r\theta}=0$

6.6　B

6.7　$\sigma_1=\sigma_y$，$\sigma_{2,3}=\frac{\sigma_x+\sigma_z}{2}\pm\sqrt{\left(\frac{\sigma_x-\sigma_z}{2}\right)^2+\tau_{xz}{}^2}$

6.8　$\sigma_x=2\mathrm{MPa}$，$\sigma_1=4\mathrm{MPa}$，$\sigma_2=2\mathrm{MPa}$，$\sigma_3=0\mathrm{MPa}$

6.9　$\varepsilon_1=0.001$，$\varepsilon_2=0.0005$，$\varepsilon_3=-0.0001$；$\begin{cases}l_1=\pm0.976\\m_1=\pm0.206\\n_1=\mp0.079\end{cases}$　$\begin{cases}l_2=\pm0.217\\m_2=\mp0.952\\n_2=\pm0.216\end{cases}$

$$\begin{cases} l_3 = \pm 0.023 \\ m_3 = \pm 0.226 \\ n_3 = \pm 0.974 \end{cases}$$

6.10 $\varepsilon_x = -0.003$，$\varepsilon_y = 0.003$，$\gamma_{xy} = 0.0012$，$\sigma_x = \frac{E}{1-\nu^2}(\varepsilon_x + \nu\varepsilon_y) = -4.69 \times 10^4 \mathrm{N/m^2}$，

$\sigma_y = \frac{E}{1-\nu^2}(\varepsilon_y + \nu\varepsilon_x) = 4.69 \times 10^4 \mathrm{N/m^2}$，$\tau_{xy} = \frac{E}{2(1+\nu)}\gamma_{xy} = 0.936 \times 10^4 \mathrm{N/m^2}$

6.11 $\varepsilon_1 = 0, \varepsilon_{2,3} = \frac{a+c}{2} \pm \sqrt{b^2 + \left(\frac{a-c}{2}\right)^2}$

第 7 章习题

7.2 $\sigma_z = \frac{-P}{8\pi(1-\nu)} \cdot \left[\frac{(1-2\nu)z}{R^3} + \frac{3z^3}{R^5}\right]$

7.3 基础平面内任一点 $(\bar{x}, \bar{y})$ 的沉降为：

$$S(\bar{x}, \bar{y}) = \psi_s \sum_{i=1}^{n} \Delta S_i(\bar{x}, \bar{y}) = \frac{3\psi_s q}{2\pi} \sum_{i=1}^{n} \frac{1}{E_{si}} \int_{z_{i-1}}^{z_i} \left[\iint_D \frac{z^3 \mathrm{d}x\mathrm{d}y}{[(\bar{x}-x)^2 + (\bar{y}-y)^2 + z^2]^{\frac{5}{2}}}\right] \mathrm{d}z$$

积分区域 D 为图示圆形区域。

7.4 $w|_{\substack{x=0,y=0\\z=0}} = \frac{4(1-\nu^2)q}{\pi E} \cdot \left(b\sinh^{-1}\frac{a}{b} + a\sinh^{-1}\frac{b}{a}\right)$

$w|_{\substack{x=a,y=b\\z=0}} = \frac{2(1-\nu^2)q}{\pi E} \cdot \left(b\sinh^{-1}\frac{a}{b} + a\sinh^{-1}\frac{b}{a}\right)$

7.6 7.3cm

7.7 $a = b = \left[\frac{3(1-\nu^2)FR}{2E}\right]^{\frac{1}{3}}$，$q_0 = \frac{3F}{2\pi}\left[\frac{2E}{3(1-\nu^2)FR}\right]^{\frac{2}{3}}$

第 8 章习题

8.2 C

8.3 $|\tau_{\max}| = \frac{15\sqrt{3}M}{2a^3}$，$\kappa = \frac{15\sqrt{3}M}{Ga^4}$

8.4 $|\tau_{\max}| = G\kappa(2a-b)$，$\tau_B = G\kappa\left(a - \frac{b^2}{4a}\right)$

8.5 $\frac{s\delta}{6A}$，$\frac{s^2\delta^2}{12A^2}$

第 9 章习题

9.2 $w = \frac{Pxy}{2(1-\nu)D}$，$M_x = M_y = 0$，$M_{xy} = -\frac{P}{2}$，

$Q_x = Q_y = V_x = V_y = 0$，$R_O = R_B = -P$(向下)，$R_A = R_C = -P$(向上)。

9.3 $w = -\dfrac{M}{2D}x^2 + \dfrac{Ma}{2D}x$，$M_x = M$，$M_y = \nu M$，$M_{xy} = V_x = V_y = R = 0$

9.4 $w = \dfrac{q_0 \sin\dfrac{\pi x}{a}\sin\dfrac{\pi y}{b}}{\pi^4 D\left(\dfrac{1}{a^2}+\dfrac{1}{b^2}\right)^2}$，$M_x = \dfrac{q_0}{\pi^2\left(\dfrac{1}{a^2}+\dfrac{1}{b^2}\right)^2}\left(\dfrac{1}{a^2}+\dfrac{\nu}{b^2}\right)\sin\dfrac{\pi x}{a}\sin\dfrac{\pi y}{b}$，

$M_y = \dfrac{q_0}{\pi^2\left(\dfrac{1}{a^2}+\dfrac{1}{b^2}\right)^2}\left(\dfrac{\nu}{a^2}+\dfrac{1}{b^2}\right)\sin\dfrac{\pi x}{a}\sin\dfrac{\pi y}{b}$

9.5 $w = \dfrac{4q_0}{\pi^6 D}\sum_{m=1}^{\infty}\sum_{n=1}^{\infty}\dfrac{(-1)^{m+n}-(-1)^m}{mn\left(\dfrac{m^2}{a^2}+\dfrac{n^2}{b^2}\right)^2}\sin\dfrac{m\pi x}{a}\sin\dfrac{n\pi y}{b}$

第 10 章习题

10.1 $w(x,y,t) = a_0\cos\left[\pi^2\sqrt{\dfrac{D}{\rho h}}\left(\dfrac{1}{a^2}+\dfrac{1}{b^2}\right)t\right]\sin\dfrac{\pi x}{a}\sin\dfrac{\pi y}{b}$

10.2 最低固有频率 $\omega_1 = \dfrac{28.9}{a^2}\sqrt{\dfrac{D}{\rho h}}$

第 11 章习题

11.1 $\sigma_x = -E\alpha T_v$

11.2 铝套筒 $\sigma_A = -E_A T_v\left(\alpha_A - \dfrac{\alpha_A E_A A_A + \alpha_S E_S A_S}{kL + E_A A_A + E_S A_S}\right)$

钢棒 $\sigma_S = -E_S T_v \cdot \left(\alpha_S - \dfrac{\alpha_A E_A A_A + \alpha_S E_S A_S}{kL + E_A A_A + E_S A_S}\right)$

其中：A_A，A_S 分别为铝套筒与钢棒的截面面积，T_v 为温度改变。

11.4 $\sigma_x = E\alpha T_0\left(\dfrac{2}{\pi} - \cos\dfrac{\pi y}{2b}\right)$，$\sigma_y = \tau_{xy} = 0$

第 12 章习题

12.2 $\dfrac{d^4 w}{dx^4} = \dfrac{q(x)}{EI}$，$M|_{x=L} = EI\left.\dfrac{d^2 w}{dx^2}\right|_{x=L} = 0$，$\left.\left(kw - EI\dfrac{d^3 w}{dx^3}\right)\right|_{x=L} = 0$

12.3 $w(x) = \dfrac{32L^3 F}{\pi^4 EI + 32kL^3}\left(1 - \cos\dfrac{\pi x}{2L}\right)$

12.4 $v = -\dfrac{8}{3\pi^2}\cdot\dfrac{p_0 b}{E}\sin\dfrac{\pi x}{b}\sin\dfrac{\pi y}{2b}$

第 14 章习题

14.2 Tresca 屈服条件：$(\sigma_x - \sigma_y)^2 + 4\tau_{xy}^2 = \sigma_s^2$

Mises 屈服条件：$\frac{3}{4}(\sigma_x-\sigma_y)^2+3\tau_{xy}^2=\sigma_s^2$

14.3 Mises 屈服条件：$\sigma_z^2+3\sigma_{z\theta}^2=\sigma_s^2$，Tresca 屈服条件：$\sigma_z^2+4\sigma_{z\theta}^2=\sigma_s^2$，

其中：$\sigma_z=\frac{P}{\pi\delta(2R+\delta)}$，$\sigma_{z\theta}=\frac{T}{\pi R\delta(2R+\delta)}$。

14.6 Mises 屈服条件：$\sigma^2+3\left(\frac{pr}{2t}\right)^2=\sigma_s^2$，

Tresca 屈服条件：若 $\sigma\geqslant\frac{pr}{2t}$，$\frac{\sigma}{\sigma_s}+\frac{pr}{2t\sigma_s}=1$；若：$\sigma<\frac{pr}{2t}$，$\frac{pr}{t\sigma_s}=1$。

第 15 章习题

15.1 加载过程

15.2 简单拉伸时：$\sigma_x=\sigma$，其他应力分量为零。

增量本构关系为：弹性状态时：$d\sigma_x=d\sigma=Ed\varepsilon_x$，$d\varepsilon_y=-\nu d\varepsilon_x$，$\varepsilon_z=-\nu d\varepsilon_x$。

塑性状态时：$de_x=\frac{1}{3}\frac{d\sigma}{G}+\frac{2}{3}\sigma d\lambda$，$de_x:de_y:de_z=1:-0.5:-0.5$。

全量本构关系为：弹性状态时：$\sigma_x=\sigma=E\varepsilon_x$，$\varepsilon_y=-\nu\varepsilon_x$，$\varepsilon_z=-\nu\varepsilon_x$ 。

塑性状态时：$e_x=\varepsilon_x$，$e_x:e_y:e_z=1:-0.5:-0.5$。

15.3 增量理论：$\sigma_z=\sigma_s\tanh(E\varepsilon_z/\sigma_s)$，取值：$\sigma_z=0.762\sigma_s$，$0.964\sigma_s$，$0.995\sigma_s$，$0.999\sigma_s$

15.4 剪应力 $\tau=\frac{\sigma_s}{\sqrt{3}R}\rho$，正应力 $\sigma=\sigma_s\sqrt{1-\left(\frac{\rho}{R}\right)^2}$，其中 $0\leqslant\rho\leqslant R$，$\tau_s=\sigma_s/\sqrt{3}$

第 16 章习题

16.1 塑性状态时的弹塑性分界线：$y^2=\zeta^2(x)=\left(\frac{3}{4}h^2-\frac{3}{2}\frac{pl}{\sigma_s b}\right)\pm\frac{3}{2}\frac{px}{\sigma_s b}$

塑性极限荷载：$P_p=\frac{bh^2}{2l}\sigma_s$

16.3 $q_p=\frac{24M}{L^2}$，$q_e=\frac{19.49M}{L^2}$，$q_p/q_e=1.23$

16.5 正方形塑性极限扭矩 $M_T^p=2V=\frac{a^3}{3}\cdot\tau_s$，三角形塑性极限扭矩 $M_T^p=2V=\frac{a^3}{12}\cdot\tau_s$

16.6 $p_p=2k(\gamma+1)$

参 考 文 献

［1］ 徐芝纶. 弹性力学(上、下册)［M］. 5版. 北京：高等教育出版社，2016.

［2］ 吴家龙. 弹性力学［M］. 3版. 北京：高等教育出版社，2016.

［3］ 江理平，唐寿高，王俊民. 工程弹性力学［M］. 上海：同济大学出版社，2002.

［4］ TIMOSHENKO S P，GOODIER J N. Theory of Elasticity［M］. 3rd Edition. 北京：清华大学出版社(影印版)，2004.

［5］ 王龙甫. 弹性理论［M］. 北京：科学出版社，1982.

［6］ 凌伟，黄上恒. 工程应用弹性力学［M］. 西安：西安交通大学出版社，2008.

［7］ 王光钦，丁桂保，杨杰. 弹性力学［M］. 3版. 北京：清华大学出版社，2015.

［8］ 钱伟长，叶开源. 弹性力学［M］. 北京：科学出版社，1956.

［9］ 孔祥安，江晓禹，金学松. 固体接触力学［M］. 北京：中国铁道出版社，1999.

［10］ 王俊奎，丁立祚. 弹性固体力学［M］. 北京：中国铁道出版社，1990.

［11］ 中国建筑科学研究院. 建筑地基基础设计规范：GB 50007—2011［S］. 北京：中国建筑工业出版社，2011.

［12］ 藤智明，朱金铨. 混凝土结构及砌体结构［M］. 2版. 北京：中国建筑工业出版社，2003.

［13］ 王铁梦. 工程结构裂缝控制［M］. 2版. 北京：中国建筑工业出版社，2017.

［14］ REISSNER E. Analysis of shear lag in box beams by the principle of minimum potential energy.［J］. Quarterly of Applied Mathematics. 1946，4：268-278.

［15］ 张士铎，王文州. 桥梁工程结构中的负剪力滞效应［M］. 北京：人民交通出版社，2004.

［16］ 李波，李遇春，吴晓涵. 混凝土试件劈裂抗拉强度的数值研究［J］. 结构工程师，2016，32(3)：45-49.

［17］ 贾世文，李遇春. 相邻荷载对既有基础的沉降影响分析［J］. 结构工程师，2010，26(1)：74-78.

［18］ 谢子洋，李遇春. 单向板在线荷载作用下的次弯矩与配筋分析［J］. 结构工程师，2017，33(3)：27-31.

［19］ 田敬，李遇春，宗刚. 论框架T形梁负弯矩区纤维布加固的有效性［J］. 结构工程师，2009，25(4)：124-128.

［20］ 卓卫东. 应用弹塑性力学［M］. 2版. 北京：科学出版社，2013.

［21］ 徐秉业，刘信声，沈新普. 应用弹塑性力学［M］. 2版. 北京：清华大学出版社，2017.

［22］ 杨桂通. 弹塑性力学引论［M］. 2版. 北京：清华大学出版社，2013.

［23］ 陈明祥. 弹塑性力学［M］. 北京：科学出版社，2007.

［24］ 毕继红，王晖. 工程弹塑性力学［M］. 2版. 天津：天津大学出版社，2008.

［25］ SHAMES I H，COZZARELI F A. Elastic and Inelastic Stress Analysis：Revised Printing［M］.

New Jersey：Prentice-Hall，1997.

[26] RICHARDS R Jr. Principles of Solid Mechanics [M]. Florida：CRC Press LLC，2000.

[27] BORESI A P，CHONG K P. Elasticity in Engineering Mechanics [M]. 2nd Edition. New York：John Wiley & Sons，2000.

[28] 王仁，黄文彬，黄筑平. 塑性力学引论 [M]. 修订版. 北京：北京大学出版社，1992.

[29] 夏志皋. 塑性力学[M]. 上海：同济大学出版社，1991.

[30] 尚福林. 塑性力学基础[M]. 3 版. 西安：西安交通大学出版社，2018.

[31] 陈惠发，萨里普 A F. 弹性与塑性力学[M]. 余天庆，王勋文，刘再华，编译. 北京：中国建筑工业出版社，2004.

[32] 熊祝华. 塑性力学基础知识[M]. 北京：高等教育出版社，1986.

[33] 余同希，薛璞. 工程塑性力学[M]. 2 版. 北京：高等教育出版社，2010.

[34] CHEN W F，HAN D J. Plasticity for Structural Engineers [M]. Florida：J Ross Pub，2007.